智能制造与装备制造业转型升级丛书

电气自动化新技术丛书

交流电机数字控制系统

第 3 版

李永东　郑泽东　编著

机 械 工 业 出 版 社

本书全面系统地介绍了现代交流电机控制系统的基本原理、设计方法和数字控制技术，在介绍了交流电机数字控制系统的理论基础和硬件基础之后，分别阐述了交流电机控制系统的不同控制方法及其数字化的实现，重点介绍了已得到广泛应用的矢量控制系统、直接转矩控制系统的控制原理、控制规律和设计方法，并对无速度传感器控制系统和同步电机控制系统也给予了详细的介绍。

本次修订，第 2 章，增加一些最新的硬件设计方案，如 CPLD 和 FPGA 的方案等。第 3 章增加最近在高铁和地铁中用得比较多的特定消谐 PWM、中间 60°调制 PWM、SVPWM 过调制、方波调制等。第 4 章，增加最近研究比较多的模糊控制、模型预测控制（MPC）、多相电机矢量控制、双馈电机控制等。第 6 章，对永磁同步电机 PMSM 部分的内容进行较大修订。

本书适宜于从事电气传动自动化、电机及其控制、电力电子技术的科技人员阅读，也可作为大专院校有关教师、研究生和高年级本科生的教学参考书。

图书在版编目（CIP）数据

交流电机数字控制系统/李永东，郑泽东编著. —3 版. —北京：机械工业出版社，2016.10（2022.2 重印）
（智能制造与装备制造业转型升级丛书. 电气自动化新技术丛书）
ISBN 978-7-111-54831-7

Ⅰ.①交… Ⅱ.①李…②郑… Ⅲ.①交流电机-数字控制系统 Ⅳ.①TM340.12

中国版本图书馆 CIP 数据核字（2016）第 217220 号

机械工业出版社（北京市百万庄大街 22 号　邮政编码 100037）
策划编辑：罗　莉　责任编辑：罗　莉　责任校对：肖　琳
封面设计：陈　沛　责任印制：单爱军
北京虎彩文化传播有限公司印刷
2022 年 2 月第 3 版第 3 次印刷
169mm×239mm·20.5 印张·415 千字
3501—4000 册
标准书号：ISBN 978-7-111-54831-7
定价：69.00 元

《电气自动化新技术丛书》
序　言

科学技术的发展，对于改变社会的生产面貌，推动人类文明向前发展，具有极其重要的意义。电气自动化技术是多种学科的交叉综合，特别在电力电子、微电子及计算机技术迅速发展的今天，电气自动化技术更是日新月异。毫无疑问，电气自动化技术必将在建设"四化"、提高国民经济水平中发挥重要的作用。

为了帮助在经济建设第一线工作的工程技术人员能够及时熟悉和掌握电气自动化领域中的新技术，中国自动化学会电气自动化专业委员会和中国电工技术学会电控系统与装置专业委员会联合成立了《电气自动化新技术丛书》编辑委员会，负责组织编辑《电气自动化新技术丛书》。丛书将由机械工业出版社出版。

本丛书有如下特色：

一、本丛书是专题论著，选题内容新颖，反映电气自动化新技术的成就和应用经验，适应我国经济建设急需。

二、理论联系实际，重点在于指导如何正确运用理论解决实际问题。

三、内容深入浅出，条理清晰，语言通俗，文笔流畅，便于自学。

本丛书以工程技术人员为主要读者，也可供科研人员及大专院校师生参考。

编写出版《电气自动化新技术丛书》，对于我们是一种尝试，难免存在不少问题和缺点，希广大读者给予支持和帮助，并欢迎大家批评指正。

《电气自动化新技术丛书》
编辑委员会

第6届《电气自动化新技术丛书》
编辑委员会的话

自1992年本丛书问世以来，在中国自动化学会电气自动化专业委员会和中国电工技术学会电控系统与装置专业委员会学会领导和广大作者的支持下，在前5届编辑委员会的努力下，至今已发行丛书53种55多万册，受到广大读者的欢迎，对促进我国电气自动化新技术的发展和传播起到了巨大作用。

许多读者来信，表示这套丛书对他们的工作帮助很大，希望我们再接再厉，不断地推出介绍我国电气自动化新技术的丛书。本届编委决定选择一些大家所关心的新选题，继续组织编写出版，欢迎从事电气自动化研究的学者就新选题积极投稿；同时对受读者欢迎的已经出版的丛书，我们将组织作者进行修订再版，以满足广大读者的需要。为了更加方便读者阅读，我们将对今后新出版的丛书进行改版，扩大了开本。

我们诚恳地希望广大读者来函，提出您的宝贵意见和建议，以使本丛书编写得更好。

在本丛书的出版过程中，得到了中国电工技术学会、天津电气传动设计研究所等单位提供的出版基金支持，在此我们对这些单位再次表示感谢。

第6届《电气自动化新技术丛书》

编辑委员会

2011年10月19日

前　　言

交流电机控制系统由于不存在直流电机控制系统维护困难和难以实现高速驱动等缺点，近年来发展很快。其突出的优点是：电机制造成本低，结构简单，维护容易，可以实现高压大功率及高速驱动，适宜在恶劣条件下工作，系统成本将不断下降，并能获得和直流电机控制系统相媲美或更好的控制性能。欧美及日本在20世纪80年代初已经推出一系列商品化的高性能全数字化交流电机控制系统和产品。我国也有不少单位在研究、开发和引进交流电机控制系统的技术、元器件和装备，取得了一些有价值的研究成果，推广了一批较成熟的交流电机控制技术，引起了国家有关部门的重视，初步形成了研究、推广、应用交流电机控制系统的热潮。

交流电机控制技术虽然经过了多年的迅速发展，但至今仍是国内外学者和工业界研究的重要课题。尤其是微处理器应用于交流电机控制系统以来，控制系统结构发生了很大变化，硬件大大简化，软件实现的功能不但越来越复杂，而且日新月异。目前，交流电机控制已经成为一门集电机、电力电子、自动化、计算机控制和数字仿真于一体的新兴学科。因此，了解和掌握交流电机数字控制系统的工作原理和设计方法，不但可以根据实际需要选择合理的控制方案，以达到投资和收益最佳，而且对消化吸收国外引进技术不无裨益，同时对进一步深入研究和发展交流电机的控制理论和方法也是必不可少的。

全书共分6章及3个附录。绪论简述了交流电机控制系统的发展和基本类型，及数字控制系统的一般问题和交流电机数字控制系统的特点。第1章主要介绍数字控制系统的理论基础，给出这些理论的一般性结论，并试图在以后各章中把它们应用到实际系统的设计中。第2章对最新的32位数字信号处理器（DSP）和一些新的主流单片机做了介绍，增加了一些最新的硬件设计方案，如CPLD和FPGA方案等。第3章介绍电压型PWM变频调速异步电机控制系统的基本原理，重点是获得广泛应用的PWM技术（尤其是空间电压矢量PWM技术）和通用变频器的数字化实现，增加了在高铁和地铁中用得比较多的特定消谐PWM、中间60°调制PWM、SVPWM过调制、方波调制等。第4章介绍了异步电机矢量控制系统及其数字化实现，重点是得到广泛应用的磁场定向矢量控制系统及其他高性能控制方法，内容涉及磁通观测、电流调节和无速度传感器系统，增加了最近研究比较多的模糊控制、模型预测控制（MPC）、多相电机矢量控制、双馈电机控制等。第5章介绍全数字化直接转矩控制系统的最新发展和硬软件结构。第6章介绍同步电机数字控制系统的实现，对永磁同步电机PMSM部分的内容进行较大修订。在研究和应用交流电机数字控制系统时，必须了解交流电机多变量强耦合的本质及其动态描述方程，并找出各种坐标变换下电机动态方程的本质联系及电机动态过程中输入（电压、电流）和输出（转矩及转速）之间的关系，但这方面的推导和内容对工程技术人员来讲略显繁杂，故将其放入附录 A 中。附录 B 为自动控制系统的经典设计方法，在设计交流电机调速系统中也是必须知道的。总之，读者可根据不同的控制目标和要求，决定采用何种控制方法及其数字化实现方案。控制目标和方法的不同，导致控制算法和系统硬软件结构的很大差别。新增附录 C 为变频器控制下的异步电机参数测量。

在本书的第 1 版中，本人的同事和研究生参与完成了大量的整理和编辑工作。其中，冬雷完成了第 2 章大部分内容的编写工作及第 3 章的部分内容；陈杰完成了第 4 章大部分内容的编写工作及第 1 章的部分内容；李明才完成了第 1 章大部分内容；曾毅完成了第 5 章大部分内容；侯轩完成了第 6 章大部分内容；孙涓涓参与了第 2 章的编写和第 4 章及附录 B 的整理工作。此外，谭卓辉、胡虎、曲树笋、李敏、梁艳、苑国锋和刘永恒等同学也参与了很多章节的整理、录入及编辑工作。李永东和王长江制订了本书最初的编写大纲，李永东并负责前言、绪论、第 3 ~ 5 章的初稿及附录 A 的撰写和全书的统一修改、润色和审定工作。

本书的第 2 版和第 3 版的修订工作主要由郑泽东副教授完成，李永东教授进行整体筹划和审定，在 DSP 控制软硬件、异步电机双馈控制和永磁电机控制方面增加了不少内容。

衷心感谢读者对本书的支持，我们会继续吸收大家的意见，对本书内容不断进行修订，以使大家能够更好地掌握和应用交流电机数字控制方法，推动我国交流电机高性能控制技术的不断进步。

作　者

2016 年 10 月于清华园

目　　录

绪论

0.1　交流电机控制系统的发展和现状

　　电机[⊖]控制系统主要可分为转矩控制、速度控制和位置控制等。传统的电气传动系统一般指速度控制系统，广泛地应用于机械、矿山、冶金、化工、纺织、造纸、水泥等领域。在电动汽车、地铁、电力机车等电气化交通领域，多采用转矩控制系统。对于位置控制（伺服）系统，目前国际上较多采用运动控制这一名称。运动控制系统通过伺服驱动装置将给定指令变成期望的机构运动，一般功率较小，并有定位要求和频繁起制动的特点，在导航系统、雷达天线、数控机床、加工中心、机器人、打印机、复印机、磁记录仪、磁盘驱动器等领域得到广泛应用。

　　从19世纪90年代初第一条三相输电线路建成至今，全世界使用的电力能源中，除了少部分的光伏发电，其余绝大部分的电能由同步电机和双馈风力发电机等电机发出，而60%～70%的电能通过各种电机加以利用。未来电能在终端能源消费中所占的比例要提高到80%以上，其中绝大部分的电能都用来驱动电机，包括各种工业自动化系统、电气化交通、风机水泵、空调等。在电机用电中，交流电机占比超过80%，其中大多数为异步电机直接拖动。永磁同步电机因为其功率密度和效率比较高，在近年来也得到了快速的发展，在伺服控制、电动汽车等领域得到了广泛的应用。直流电机由于控制简单、调速平滑、性能良好，在电力传动领域曾经一度占据主导地位。然而，直流电机结构上存在的机械换向器和电刷，使它具有一些难以克服的固有缺点，如造价偏高，维护困难，寿命短，单机容量和最高电压都受到一定限制等。

　　20世纪70年代初，一场石油危机席卷全球，工业发达国家投入大量人力、财力研究节能措施。人们发现，占电机用电量一半以上的风机、泵类负载是靠阀门和挡板来调节流量或压力的，其拖动电机一般工作在恒速状态，从而造成了大量的电能浪费。如用改变电机转速的方法调节风量或流量，在压力保持不变的情况下，一般可节电20%～30%。在工业化国家，经济型交流电机调速装置已大量地使用在

　　⊖　书中所述未指明的电机均指电动机。

这类负载中，成为重要的节能手段。同时，随着电力电子技术和微电子技术的迅速发展，高性能的交流电机控制系统也开始出现，经过近十几年的不断努力，性能得到很大改善，成本不断下降。随着技术的不断成熟，交流调速系统将在几乎所有工业应用领域中取代直流电机控制系统。

由于交流电机控制系统的种种突出优点，国外大学和公司投入大量人力、财力加以研究，并在20世纪80年代已经推出了一系列商品化的交流电机控制系统，我国也从20世纪90年代开始，逐步形成了完善的变频器产业，但是普遍为低控制性能产品，对于高性能应用领域，我国的产品尚不及国外产品，特别是在工业机器人、冶金轧机、电气化交通等领域，我国的核心技术还存在较大差距。为进一步提高交流电机控制系统的性能，需要真正掌握以下几个部分的核心技术：

1. 采用新型电力电子器件的变换器和脉宽调制（PWM）技术

电力电子器件的不断进步，为交流电机控制系统的完善提供了物质保证，尤其是可关断器件的出现，如金属氧化物半导体场效应晶体管（MOSFET）、绝缘栅双极型晶体管（IGBT）、集成门极换流晶闸管（IGCT）的实用化，使得数字化脉宽调制（PWM）技术成为可能。目前电力电子器件正向高压、大功率、高频化、组合化和智能化方向发展。如果说计算机是现代生产设备的大脑的话，那么上述电力电子器件及其装置则是支配手足（电机）动作的肌肉和神经，即实现弱电控制强电的关键所在。典型的电力电子变频装置有电流型、电压型和交-交型三种。电流型变频器的优点在于给同步电动机供电时可实现自然换相，并且容量可以做得很大。但对于应用广泛的中小型异步电机来说，其强迫换相装置则显得过于笨重。因此，PWM电压型变频器在中小功率电机控制系统中无疑占主导地位。目前已有采用MOSFET和IGBT的成熟产品，开关频率可达15~20kHz，实现无噪声驱动。值得注意的是，目前国外正在加紧研制新型变频器，如矩阵式变频器，串、并联谐振式变频器，有源钳位型多电平变频器等也开始进入实用阶段。随着宽禁带电力电子半导体技术的发展，电力电子器件的工作电压、效率、开关频率等方面的指标都有飞速提升，未来市场化之后，会给变频器、电力传动领域、甚至电力系统等带来新的变革。

2. 应用矢量控制技术及现代控制理论

交流电机是一个多变量、非线性的被控对象，过去的电压/频率（V/F）恒定控制都是从电机稳态方程出发研究其控制特性的，动态控制效果均不理想。20世纪70年代初提出的用矢量变换的方法研究电机的动态控制过程，不但控制各变量的幅值，同时控制其相位，并利用状态重构和估计的现代控制概念，巧妙地实现了交流电机磁通和转矩的重构和解耦控制，从而促进了交流电机控制系统走向实用化。目前国外用变频电源供电的异步电机采用矢量控制技术已成功地应用于轧机主传动、电力机车牵引系统和数控机床等中。此外，为解决系统复杂性和控制精度之间的矛盾，又提出了一些新的控制方法，如直接转矩控制、电压定向控制和定子磁场定向控制等。尤其自从高性能微处理器用于实时控制之后，使得现代控制理论中各种控制方法得到应用，如二次型性能指标的最优控制、模糊控制、基于神经元网络的自学习控制、模型预测控制（MPC）等，可提高系统的动态性能，滑模（Sliding Mode）变结构控制可增强系统的鲁棒性，状态观测器和卡尔曼滤波器可以获得无法实测的状态信息，自适应和鲁棒控制则能全面地提高系统的性能。

3. 广泛应用计算机技术

随着微电子技术的发展，数字式控制处理芯片的运算能力和可靠性得到很大提高，这使得以单片机、数字信号处理器为控制核心的全数字化控制系统取代了传统的模拟器件控制系统。计算机的应用主要体现在两个方面：一是控制用微机，交流电机数字控制系统既可用专门的硬件电路，也可以采用总线形式。对高性能运动控制系统来说，由于控制系统复杂，要求存储多种数据和快速实时处理大量的信息，可采用微处理机加数字信号处理器（DSP）的方案，除实现复杂的控制规律外，也便于故障监视、诊断和保护、人机对话等功能的实现。可编程逻辑器件如 CPLD、FPGA 的大量应用，也使硬件电路的设计更加灵活、功能更加丰富，并且通过与 DSP 芯片的配合，可以提高控制系统的运算速度。计算机的第二个应用就是数字仿真和计算机辅助设计（CAD）。仿真时如发现系统性能不理想，则可用人机对话的方式改变控制器的参数、结构以至控制方式，直到满意为止。这样得到的参数可直接加在系统上，避免了实际调试的盲目性及发生事故的可能性。目前已有多种软件包，可用于指导系统设计。全数字仿真技术、半物理仿真技术的不断发展，也大大加快了交流控制系统的研究进程。

4. 开发新型电机和无机械传感器技术

各种交流控制系统的发展对电机本身也提出了更高的要求。电机设计和建模有了新的研究内容，诸如三维涡流场的计算、考虑转子运动及外部变频供电系统方程的联解、电机阻尼绕组的合理设计及笼条的故障检测等问题。为了更详细地分析电机内部过程，如绕组短路或转子断条等问题，多回路理论应运而生。为了对电机实现计算机实时控制，一些简化模型也脱颖而出。目前在小功率运动控制系统中得到重视和广泛应用的是永磁同步电机，其物质基础是具有较大剩磁和矫顽磁力的新型永磁材料（钐钴、钕铁硼）的迅速发展。此外，开关变磁阻理论及新材料的发展使开关磁阻电机迅速发展。开关磁阻电机与反应式步进电机相类似，在加了转子位置检测后可有效地解决失步问题，可方便地起动、调速或点控，同时因为其结构可靠，所以可以应用于工作环境比较恶劣的场合。一般来说，为了满足高性能交流传动的需要，转速闭环控制是必不可少的。为了实现转速和位置的反馈控制，须用光电码盘（增量式或绝对式）、旋转变压器等来检测反馈量。但由于速度传感器的安装带来了系统成本增加、体积增大、可靠性降低、易受工作环境影响等缺陷，使得成本合理、性能良好的无速度传感器交流调速系统成为一个研究热点，并在实际中逐步得到应用。该技术是在电机转子和机座上不安装电磁或光电传感器的情况下，利用检测到的电机电压、电流和电机的数学模型推测出电机转子位置和转速的技术，具有不改造电机、省去昂贵的机械传感器、降低维护费用和不怕粉尘与潮湿环境的影响等优点，一般可应用于除伺服系统之外的大多数场合。

0.2　交流电机控制系统的类型

不论是同步电机还是异步电机，采用矢量控制技术及新的控制方法后，系统性能均大大提高，可完全取代直流电机在电气控制领域中的主导地位。目前典型的高性能交流电机控制系统有以下几种：

1. 同步电机控制系统

（1）无换向器电机控制系统　采用交-直-交电流型逆变器给普通同步电机供电，整流及逆变部分均由晶闸管构成，利用同步电机电流可以超前电压的特点，使逆变器的晶闸管工作在自然换相状态。同时检测转子磁极的位置，用以选通逆变器的晶闸管，使电机工作在自同步状态，故又称为自控式同步电机控制系统。其特点是直接采用普通同步电机和普通晶闸管构成系统，容量可以做得很大，电机转速也可做得很高，如法国早期的高速列车即采用此方案，技术比较成熟。其缺点是由于电流采用方波供电，而电机绕组为正弦分布，产生的低速转矩脉振较大。目前主要在一些大容量同步机调速中应用。近年来逐步被 IGBT、IGCT 逆变器所取代。

（2）交-交变频供电同步电机控制系统　逆变器采用普通晶闸管组成的交-交循环变流电路，提供三相正弦电流给普通同步电机。采用矢量控制后可对励磁电流进行瞬态补偿，因此系统动态性能优良，已广泛应用在轧机主传动控制系统中。其特点是容量可以很大，但调速范围有一定限制，只能从 1/2 同步速往下调。

（3）采用 IGCT 的交-直-交变频供电同步电机控制系统　逆变器采用集成门极换流晶闸管（IGCT）组成的交-直-交变频器，提供变压变频交流电给同步电机，容量可以做得比较大。同步电机采用矢量控制，因此转矩和转速控制精度比较高，应用在轧机主传动控制系统中。

（4）正弦波永磁同步电机控制系统　电机转子采用永磁材料，定子绕组仍为正弦分布绕组。如通以三相正弦交流电，可获得较理想的旋转磁场，并产生平稳的电磁转矩。采用矢量控制技术使 d 轴电流分量为零，用 q 轴电流直接控制转矩，系统控制性能可以达到很高水平。缺点是需要使用昂贵的绝对位置编码器，采用普通增量式码盘实现上述要求虽有一些限制，但采取一定措施后仍是可能的。

（5）方波永磁同步电机控制系统　又称为无刷直流电机控制系统，转子采用永磁材料，定子为整距集中绕组，以产生梯形波磁场和感应电动势，如通以三相方波交变电流，当电流和感应电动势同相位时，理论上可产生平稳的电磁转矩。其主要特点是磁极位置检测和无换向器电机一样，非常简单，选通及系统控制容易实现。其缺点是由于定子电感的存在，实际上电流达不到理想的方波，在换相时刻的叠流现象会造成转矩脉动，对系统低速性能有一定的影响。

2. 异步电机控制系统

（1）坐标变换矢量控制系统　所谓矢量控制，即不但控制被控量的大小，而且要控制其相位。在 F. Blascheke 提出的转子磁场定向矢量控制系统中，其通过坐标变换和电压补偿，巧妙地实现了异步电机磁通和转矩的解耦和闭环控制。此时参考坐标系放在同步旋转磁场上，并使 d 轴和转子磁场方向重合，于是转子磁场 q 轴分量为零。电磁转矩方程得到简化，即在转子磁通恒定的情况下，转矩和 q 轴电流分量成正比，因此异步电机的机械特性和他励直流电机的机械特性完全一样，得到方便的控制。为了保持转子磁通恒定，就必须对它实现反馈控制，因此人们想到利用转子方程构成磁通观测器。由于转子时间常数 T_r 随温度上升变化的范围比较大，目前提出了很多 T_r 的实时辨识方法，使系统的动静态特性得到一定的提高。

（2）转差频率矢量控制系统　有时为简化控制系统的结构，直接忽略转子磁通的过渡过程，即在转子方程中，令 $\Psi_{rd} \approx L_m i_{sd}$，于是得到 d 轴电流，而 q 轴电流可直接从转矩参考值，即转速调节器的输出中求得，这样构成的系统，磁通采用开环控制，结构大为简化，且很适合电流型逆变器或电流控制 PWM 电压型逆变器供电的异步电机控制系统。进一步简化，即只考虑稳态方程后，还可得出转差频率控制系统和开环的电压/频率恒定控制系统，其控制精度虽然不高，但在量大面广的风机、泵类负载调速节能领域中得到广泛应用。

（3）直接和间接转矩控制系统　直接转矩控制法是直接在定子坐标系上计算磁通的模和转矩的大小，并通过磁通和转矩的直接跟踪，即双位调节，来实现 PWM 控制和系统的高动态性能。从转矩的角度看，只关心转矩的大小，磁通本身的小范围误差并不影响转矩的控制性能。因此，这种方法对参数变化不敏感。此外，由于电压开关矢量的优化，降低了逆变器的开关频率和开关损耗。电压定向控制是在交流电机广义派克方程的基础上提出的一种磁通和转矩间接控制方法。这种方法把参考坐标系放在同步旋转磁场上，并使 d 轴与定子电压矢量重合，并根据磁通不变的条件，求得其动态控制规律，间接控制了定转子磁通和电机的转矩。为实现上述控制规律，须观测某些派克方程状态变量。此规律不但避免了传统矢量控制系统中繁杂的坐标变换，还可使磁通和转矩的控制完全解耦，因此，在此基础上可方便地实现速度和位置控制。

3. 高精度交流电机运动控制

在坐标变换矢量控制系统中，机械特性和电磁特性的解耦控制是通过把参考坐标系放在旋转磁场上来实现的，这样构成的运动控制（位置伺服）系统具有响应快的优点，但是在电流环和转速环之外再加上一个位置环，整个系统调整起来比较困难。于是，在解耦控制的基础上，又提出了各种高精度和快速响应位置伺服控制方法。

（1）滑模变结构控制　变结构控制，使系统的结构可以在控制过程的各个瞬间，根据系统中某些参数的状态以跃变的方式有目的地变化，从而将不同的结构特性揉合在一起，取得比固定结构系统更完善的性能指标。滑模（Sliding Mode）控制方法是变结构控制中最主要的内容。在滑模变结构系统中，应使系统运动轨迹在速度和角度相平面上沿某一选定曲线运动至原点，而且不需精确的建模，因此系统结构简单，易于实现，且能获得优良的动静态特性。目前研究的重点是无静差滑模变结构控制。

（2）最优位置控制系统 在有效地控制了磁通的基础上，可以直接应用最优控制理论设计位置环，此时只考虑电机的机械特性，从而使整个控制系统大大简化。如希望电机到达给定位置时间最短及控制能量最小，可选用二次型函数作为目标泛函。应用最大值原理中的横截条件及庞特里亚金关系式，即可得到系统的黎卡提方程，如果各系数矩阵均为二阶时，可用解析法解出最优控制规律。当系统阶数超过三阶时，实时求解则变得比较困难。

（3）速度及位置传感器 无论采用哪种控制方案，高精度交流电机控制系统均离不开高精度的位置和速度传感器件。目前满足高精度位置和速度反馈的器材有测速发电机、光电编码器和旋转变压器-解算器。测速发电机有交、直流两种，无刷测速发电机目前已做得很精密。光电码盘有增量式和绝对式两种，一般绝对式码盘比较贵，但在高性能控制系统中是必不可少的。解算器的工作原理和旋转变压器相类似。为了实现无刷化，采用两个同轴线圈做变压器，给转子励磁绕组中通入高频正弦电压信号。当转子转动时，可以在两相定子绕组中感应出两相正交的输出电压，对这两个信号进行一定的处理和运算，即可得到所需的位置、速度和磁极位置信号。解算器又称为无刷旋转变压器。

4. 开关磁阻电机控制系统

开关磁阻电机又称为电流调节步进电机，其结构和感应式步进电机相类似，只是定子极对数和转子极对数不相等。定子绕组可以是三相也可以是四相的，由于电磁转矩仅由定转子磁阻产生，因此每相绕组只需一个功率器件，即可产生所需转矩。由于结构简单、转矩转动惯量比高，开关磁阻电机可实现高速驱动，并非常适合运动控制系统。其主要缺点是有转矩脉动和噪声。目前已提出多种方法来解决这些问题。总之，随着技术的不断完善，开关磁阻电机控制系统正显示出越来越宽阔的应用前景。

综上所述，由于交流电机控制系统克服了直流电机控制系统维护困难及难以实现高速驱动等弱点，发展很快。即传统的手动、继电、模拟控制技术已让位于一个集电机、电力电子、自动化、计算机控制、数字仿真技术于一体的新兴学科。

0.3 交流电机数字控制系统的特点

数字控制系统也称作计算机控制系统，是自动控制理论和计算机技术相结合的产物，一般指计算机（本书通常指微处理器）参与控制的开环或闭环系统。通常具有精度高、速度快、存储量大和有逻辑判断功能等特点，因此可以实现高级复杂的控制方法，获得快速精密的控制效果。计算机技术的发展已使整个人类社会面貌发生了可观的变化，自然也应用到工业生产及各种电机控制系统中。而且，计算机所具有的信息处理能力，能够进一步把电机控制、过程控制和生产管理有机地结合起来，从而实现工厂、企业的全面自动化管理。

相对于传统的模拟控制系统而言，数字控制系统的优点是：

• 精心设计的微机控制系统能显著地降低控制器硬件成本。根据目前微机的发展趋势来看，此优点变得越来越明显，对于复杂控制系统尤其如此。为用户专门设计的大规模集成电路（VLSI）加软件构成的控制芯片，或为大批量生产设计的专用集成电路（ASIC）均使系统硬件成本大大降低。体积小、重量轻、耗能少是它们附带的共同优点。

• 改善系统可靠性。VLSI使线路连线减少到最少，其平均无故障时间（MT-BF）大大长于分立元器件电路。经验表明，正确设计的微机控制系统的可靠性大大优于电机控制系统中的其他元器件。但要保证其工作在额定值以下，如温升不能超过允许值。

• 数字电路不存在温漂问题，不存在参数变化的影响。内部计算是100%的准确，但一般受字长影响存在量化误差。采用32位处理器代替16位处理器，在定点处理器中采用适当定标，或者采用新型浮点处理器，可以避免溢出，并保证计算精度。

• 可以设计统一的硬件电路，以适合于不同的电机控制系统。软件设计具有很大的灵活性，可以有不同的版本，还可以加快产品的更新换代。

• 可以完成复杂的功能，指令、反馈、校正、运算、判断、监控、报警、数据处理、故障诊断、状态估计、触发控制、PWM脉冲产生、坐标变换等。

数字控制系统的不足是：

• 存在采样和量化误差。尽管计算机内部的数字量非常精确，但和外部打交道均通过数-模（D-A）、模-数（A-D）转换器。A-D、D-A转换器的位数和计算机的字长是一定的，增加位数和字长及提高采样频率可以减少这一误差，但不可以无限制地增加。采用脉宽调制PWM技术控制电力电子变换器时，PWM的占空比控制精度也受计数器长度、时钟频率等的影响，同样存在量化误差。

• 响应速度往往慢于专用的硬件或模拟系统。计算机处理信号是以串行方式进行的，尽管微处理机的速度提高很快，但要完成很多任务仍需较长时间。此外，采样时间的延迟可能造成系统的不稳定和控制误差。

• 对软件实现的功能不容易使用仪器（如示波器、万用表）直接观测，需要专门的手段来读取内部控制变量进行调试。

由于交流电机控制系统的复杂性以及生产应用对其性能的要求越来越高，尽管模拟控制技术具有动态响应快、较容易调试和无量化误差的优点，但还是被数模混合控制技术，以及全数字化控制技术所替代。在一些特殊场合，也可以采用可编程逻辑器件（CPLD和FPGA等）的程序设计来代替传统的分立器件组成的模拟控制电路。一般认为，交流电机控制系统既可以用专门的硬件电路，也可以用通用的微机来实现控制。采用微机控制时，首先对被控制对象参量进行检测采样，并通过A-D转换器将模拟量转换为数字量，再由微机按一定控制算法对这些数字量进行处理，其结果由D-A转换器输出给功率放大单元，或由微机输出的PWM信号直接控制电力电子系统中的开关器件，使系统输出达到给定值。随着微机，尤其是单片微机（简称单片机）和数字信号处理器技术的迅猛发展，现代交流电机控制系统中的多数控制和信号处理功能都可以借助于微机加以实现。例如，采用微机可方便地实现电力电子变流器的控制极（门极、栅极或基极）触发控制、逆变器的PWM脉冲信号产生、反馈信号的处理、各种计算和控制功能，以及系统的故障保护和诊断，并实现与上位机和其他设备之间的通信等。

在交流电机控制系统中微机的应用可具体归纳如下：

● 相控变流器的门极触发控制：在传统交流电机控制系统、软启动器、直流输电系统中，仍大量使用晶闸管变流装置。与一般模拟系统的同步信号产生的方式有所不同，在设计时充分利用了微机的多个高速输入口（HSI）的功能。首先，将同步变压器输出的三相互差120°的正弦电压经滤波移相、限幅、过零比较、反相后，得到滞后30°的方波信号，然后将三相方波信号直接送入微机的高速输入口，其上升和下降沿分别与三相交流输入的换相点对应。利用高速输入口灵活的触发方式记录下换相点发生的时刻及此时电源的状态，并发出中断申请，使CPU进入同步中断处理程序，以换相点时刻为起点发送触发信号，这样可以简化硬件，省略了一般模拟控制系统中的同步锁相环节和单稳脉冲发生器。

● 逆变器的PWM脉冲信号的产生：目前已经提出并得到应用的PWM方案不下10种，尤其是微机应用于PWM技术数字化以后，花样更是不断翻新。从正弦PWM到空间电压矢量PWM，从最优PWM到预测PWM，再到随机PWM，目前均有全数字化的方案出现，其中以规则采样数字化正弦PWM和空间矢量PWM技术较为成熟，因此应用得也较为广泛。新型的数字信号处理器还可以直接实现移相PWM、随时改变PWM的周期、比较事件的动作状态、死区大小及极性等，这一部分内容将在本书中有较为详尽的论述。

● 反馈信号处理：反馈信号一般包括电压、电流、转速、位置，甚至还有转矩和磁通。对通常电力电子系统中的反馈电压、电流信号，一般经过检测、信号调理、A-D转换后输入计算机中，可以采用模拟滤波，也可以采用数字滤波的方法去掉测量误差和干扰。但对于电机控制系统中的转速、转矩和磁通来讲，就不那么简单了。这些变量的传感器价格昂贵，直接造成系统成本的大幅上升。因此，人们通常希望用低廉的传感器检测它们，或用估算及状态观测的方法从已检测到的电压、电流及位置信号中将其算出。这些复杂的算法在过去的模拟控制系统中是不可能实现的。随着微机，尤其是 DSP 的迅速发展，可实现越来越复杂的算法及状态观测器。

- 多种计算和控制功能：如前所述，微机控制系统的一大优点即可实现复杂的算法和控制功能，如各种状态观测器、坐标转换、矢量控制、自适应控制、模糊控制、最优控制、滑模变结构控制等，都可以很方便地采用高速微处理器（如 DSP）来实时完成，从而大大提高了系统的整体性能和灵活性，并可实现多采样周期控制系统。

- 故障保护和诊断以及和上位机的通信：对一般微机控制系统来说，借助于 D-A 或者数字显示对系统变量进行限幅监控是很方便的。一旦某个信号超过限幅值，可采取中断方式进行自动处理或保护，并自动记录存储故障状态，同时发出警告信号和显示故障信息代码，用户可方便地根据故障信息判断发生故障的原因和位置。此时借助于计算机，还可方便地进行开机自诊断、参数预置及离线或在线辨识。在电力电子系统中，使用微机进行调试和诊断的优点是：可由熟练技术人员进行，调试周期短，程序化、规范化、智能化、不容易出错或由于人为的因素造成设备损坏。最后，还可借助串行通信和网络通信功能进行远程操作和故障诊断（在用户不知道的情况下，即为其排除故障），借助网络实现群控和集散控制及过程自动化。

0.4　数字控制系统的一般问题

古典控制理论于 20 世纪 40 年代发展起来，至今仍广泛地应用在工程控制领域中，其中应用较普遍的是以传递函数为基础的频率法和根轨迹法。这些方法用来处理单输入-单输出的单变量线性自动控制系统是卓有成效的。随着技术的进步，自动控制系统日益复杂，出现了多输入-多输出的多变量系统、非线性系统、时变系统等，古典控制理论已经难以分析和设计这些复杂的系统了。到 20 世纪 60 年代逐渐形成了以状态空间法为基础的现代控制理论，现代控制理论复杂的计算和控制必须依赖于计算机完成，因此计算机控制的应用和控制理论的发展是紧密相关的。

1. 计算机控制系统的构成

图 0-1 表示一个典型的闭环计算机控制系统的原理框图。在这个系统中，给定和反馈的连续信号被 A-D 转换器采样后得到一串脉冲输出，其时间和幅值都是离散的，采样时间具有均匀的频率，幅值代表采样瞬间连续信号 $e(t)$ 的大小。此脉冲输出为一数字信号 $e^*(t)$，经过数字计算机的运算处理，给出数字控制信号 $u^*(t)$，然后通过 D-A 转换器使数字量恢复成连续的控制量 $u(t)$，再去控制被控对象（负载）。由数字计算机、接口电路、A-D 转换器、D-A 转换器等组成的控制器称为数字控制器，如图 0-1 所示。其中，数字校正装置（调节器）的控制规律

是由编制的计算机程序来实现的。

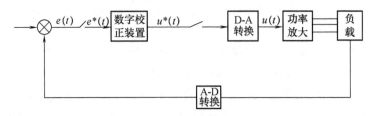

图 0-1　闭环计算机控制系统的原理框图

在分析数字控制器时，经常把 A-D 转换器和 D-A 转换器的工作过程理想化，即认为 A-D 转换器相当于一个采样周期为 T、采样时间为零的理想采样开关，且不考虑有限字长的量化精度问题，数字计算机相当于离散控制器或数字调节器，D-A 转换器则相当于一个保持器。从图 0-1 可以看出，数字控制系统的一些主要特点：

首先，计算机只能接收和处理数字量，所以必须配备 A-D、D-A 转换器和各种接口电路；其次，指令、反馈、校正都是由计算机来完成的，即用程序来实现的，因此通过修改软件即可改变系统控制策略和结构，但同时，因为采样周期受计算机和运算速度的限制，不可能无限小，受采样频率的限制，动态响应的快速性往往赶不上模拟系统。

2. 计算机控制系统的硬件

目前商品化的微处理机种类很多，选择合适的微处理芯片和系统构成方式是交流电机的数字控制系统设计的关键。目前常用的数字处理器，如单片机，本身包括很多功能，并且根据电力电子变换器和电力传动控制系统的需求，进行了专门的设计，再加上一些简单的外围芯片就可以构成系统，对一般系统也就够用了。对于高性能的电机控制系统，如交流电机磁场定向矢量控制系统来说，由于控制较复杂，要求存储多种信息和快速实时处理大量的信息，可采用微处理机加数字信号处理器（DSP，如摩托罗拉、飞思卡尔的 DSP 和 TI 公司的 TMS320 系列等），这些芯片除了具有比较强的运算能力外，还集成了 AD 采样模块、PWM 产生模块、串行通信模块等功能单元。除实现复杂的控制规律外，也便于故障监视诊断和保护。选择合适的微处理器芯片，针对被控对象的具体任务，自行开发和设计一个微处理器系统，是目前微处理器系统设计中经常使用的方法。这种方法具有针对性强、投资少、系统简单、灵活等特点，特别是对于批量生产，更有其独特的特点。

不论是采用现成的微处理器总线系统，还是利用微处理器芯片自行设计，都得注意的是，根据被控对象的任务，选择适合系统应用的微处理器（单片机/DSP）系统。由于微处理器品种极多，选用微机时，应特别注意以下几点：

1）选机时要适当留有余地，既考虑当前应用，又要照顾长远发展，因此要求系统有较强的扩展能力。

2）主机能满足设计需要，外围设备尽量配备齐全，最好从一个厂商配齐。

3）系统要具有良好的结构，便于使用和维修，用于研究开发项目时，尽可能选购具有标准总线的产品。

4）要选择那些技术力量、维修力量强，并能提供良好技术服务的厂商的产品。图样、资料齐全，备品备件充足。

5）有丰富的系统软件，如 C 语言等高级语言程序、通信程序等。特别是对系统机，要求具有自开发能力，最好配备一定的开发和应用软件。还要有比较完整的监控程序。

3. 计算机控制系统的软件

软件是完成各种功能的计算机程序的总和，是计算机控制系统的神经中枢，整个系统都是在软件指挥下完成的。按语言分，它有机器语言、汇编语言、高级语言；按功能分，它有系统软件、应用软件、数据库。

● 系统软件：由计算机设计者提供，用于管理计算机及系统调试，包括 C 语言/编译（C-code/Compiler）程序、操作系统（Operatins System）、调试（Debug）程序、软件模拟（Simulator）程序。

● 应用软件：面向用户本身的程序，由用户自己编写，是数字控制的核心。包括 A-D、D-A 转换程序，数据采集、滤波程序，控制算法（传统 PID 各种复杂算法，如智能控制等）。

● 数据库：建立存放数据的表格和形式，以便查询、显示、修改、调用这些数据。

4. 系统设计

在系统设计时，需综合应用软硬件知识，将复杂系统划分为便于实现的组成部分，特别强调"软硬兼施"的能力。

首先确定系统结构如何，例如采用开环还是闭环控制，或仅是一个数据采集处理系统。如是闭环控制，还应确定采用集中式控制，还是分布式控制（Distributed Control）。在这种分布式控制系统（DCS）中，只有必要的信息才送上位机，其他检测、反馈、控制都用本地的处理器控制系统就地解决。

其次，软硬件的折中问题，必须综合考虑。一种功能可用软件，也可用硬件来实现，需根据实时性和性能价格比来综合平衡后确定。一般硬件实现速度快，节省CPU 时间，但成本较高。如模拟系统动辄要十多块板子；而软件实现成本较低，在硬件不变的情况下，可方便地更改控制规律、参数以及结构。尤其可实现较复杂的运算和控制规律，如现代控制理论中的二次型、滑模式、状态观测器、自适应控制等，但缺点是速度慢、实时性较差。

一般原则：在保证实时控制的条件下，尽量采用软件实现。但也不排除在复杂系统中，对某一部分软件进行固化，如矢量控制模块、无刷直流电机控制芯片，要根据其总体情况反复分析比较确定。总之，计算机的应用为更先进的控制算法和信号处理（如操作、监控、管理、控制、计算、诊断等）展示了广阔的前景。

事实上，目前具备了微处理器系统开发工作条件，一是有了各种各样的开发工具；二是市场芯片资源丰富，且价格便宜；三是技术已经成熟，现在有很多关于微处理器的图书、资料供设计者参考。利用各种硬件电路、系统软件和应用软件，可以方便地进行系统设计。

最后，提出几条原则供选择时参考。

1）在研究开发阶段，一般选用内部包含随机存取存储器（RAM）的处理器，这样程序的下载和调试都比较方便。

2）若设计的系统可批量生产，则可选用带 ROM 或 Flash 的数字信号处理器，往往还会在 Flash 中进行读写的加密处理，以保护知识产权。由于部分程序在 Flash 或者 ROM 中运行速度要比在内部 RAM 中运行要慢，所以还可以在程序运行的初始化阶段，把最核心的控制程序从 Flash 中复制到内部 RAM 中运行。

3）根据用户的特殊要求及性能价格比等诸因素的考虑，注意选用特殊功能微处理器，例如可以把开发完成的程序用 CPLD 或者 FPGA 来实现，这样一方面运行速度快，另外保密性也好，很难被破解。

5. 信号的采样及采样周期的选择

从原理上讲，数字控制系统属于典型的采样控制系统，目前主要利用采样系统理论来进行系统的分析和设计，包括连续域离散化设计法（间接法）和离散域设计法（直接法）两种。

在数字控制系统中，连续信号一般须经过采样、量化、编码，变为数字信号，再由计算机来处理。其采样通常认为是瞬时完成的，相邻两个采样时刻之间的时间间隔称为采样周期 T，本书讨论的采样信号都是采样周期 T 不变的均匀采样。为了尽可能地减少转换前后信号的不一致性，正确选择采样周期的大小是十分重要的，采样周期首先要受采样定理的约束。

香农采样定理：如果采样时间 T 小于系统最小时间常数的 $1/2$，那么系统经采样及保持后，可恢复系统的特性。

采样定理告诉我们，要使采样信号能够不失真地恢复原来的连续信号，必须正确选择采样频率 $f = 1/T$，使之不小于连续信号频谱中最高频率的 2 倍。

要使采样信号复现原有的信号，可以外加低通滤波器，最常用的低通滤波器是零阶保持器，计算机的输出通道中的寄存器和 D-A 转换器就具有零阶保持器的功能。它把数字控制器输出的数字信号恢复成一个阶梯形的模拟信号。复现信号与原有信号之间是有畸变的，并且产生滞后相移，这对于系统的动态特性将产生不良影响。采样周期越短，则影响越小，但是采样周期还要满足控制器内数字运算所需时间的要求，不能无限地减短。如果采样周期比系统最小时间常数短得多，则把离散系统近似地看成连续系统来处理，即把连续系统的规律加以离散化即可。

采样频率的确定要考虑以下一些因素。

（1）根据系统的动态特性选择采样频率

● 首先根据香农采样定理，采样频率要高于系统信号最高频率的 2 倍。直接应用这个定理并不是那么容易，有些信号的频率很高，直接应用香农采样定理，采样周期短，计算机实现不了，因此只能采取近似的方法，就是某一信号的频率尽管很高，但其幅值在输出中影响不大（小于 10%），可以忽略不计。尤其当信号的频率大于系统的闭环频带时，其幅值将很快衰减，因此采样频率通常由系统的闭环频带确定，至少大于系统的闭环频带的 2 倍，工程设计时，一般取 4~10 倍。

● 依据信号重构误差及允许延迟时间选择采样频率。为从离散信号中恢复连续信号，一般采用保持器，常用零阶保持器。对开环系统，一般由重构误差来决定 f；对闭环系统，保持器产生的延迟比误差更重要，零阶保持器可以近似看成为一个延迟环节，通常希望在系统开环截止频率 ω_c 处，零阶保持器产生的相位延迟不大于 $10°$，有经验公式 $T \leqslant (0.15 \sim 0.3)/\omega_c$。

（2）采样频率与系统的抗干扰性　有人建议依据系统对随机信号的抗干扰性来选择采样频率。因为系统在 T 内失去控制作用，因此也就谈不上抗干扰性，所以采样频率越高，抗干扰性越好。标准是随机干扰作用下的输出响应的方差不超过给定界限时的 f 作为系统的采样频率。

（3）前置滤波器的设计和采样频率　前置波滤器是串在采样器前面的低通滤波器。它有两个作用：一是滤除连续信号中高于 1/2 采样频率的频谱分量，使采样信号基本频谱的低频段中尽可能不混有原连续信号的高频分量，保证采样信号的基本频谱和原连续信号的频谱最大限度地接近；二是滤除高频干扰。一般对反馈信号采取一阶前置滤波。

如果反馈信号中的干扰信号远离系统频带，选择足够高的交接频率，这时不影响系统的设计，可以按系统的动态特性要求来选择采样频率。如果反馈信号中干扰信号频率固定，又接近系统所希望的频带，可以采用陷波器，不影响系统的设计和采样频率的选取。如果干扰信号的频率不固定，又接近系统频带，此时要把滤波器看成系统的一部分，就会影响系统的设计和采样频率的选取。

（4）影响采样频率选择的其他因素

● 采样频率与系统设计方法有关。

连续域离散化设计的方法，重点在模拟连续系统的控制结构及方法，因此要求 f 较高，以致可以忽略离散化的影响，性能可以和连续系统相比。

离散域直接设计方法是在事先知道 f 时进行的，可以采用较低的采样频率得到同样的系统性能，这是离散域设计的最重要的好处。例如最少拍无纹波系统，用连续域离散化设计方法是很难实现的。离散域直接设计方法的采样频率也受到很多限制，不能太低。

● 采样频率与计算精度。

T 越小，舍入误差越大，如测速时，计数个数减少，丢一个脉冲相对影响较大；T 越大，舍入误差越小，比如测速可以达到很高的精度，但动态响应变差。

精度和动态响应存在着永远的矛盾，解决的方法是变 T 方法，如 M/T 法测速。高速时，T 减少；低速时，T 加大，保证很高的低速精度。

此外，采样频率还与系统参数变化灵敏度、计算机工作负载、计算精度、系统的能控及能观特性等因素有关。

（5）多采样频率的配置　在多回路闭环控制系统中，考虑到各个回路的频带不同，参量变化快慢不同，实际系统均采用多个采样频率。采用多采样频率控制的好处是：

- 可以有效地减少计算机的运算量，降低计算机的运算速度要求。
- 根据宽频带回路的快变信号，选择相应的高采样频率，可以有效地减小高频补偿器数字化带来的动态误差；根据窄频带回路的慢变信号，选择相应的低采样频率，可以有效地减小其低频补偿器的量化误差、死区和不灵敏区等。

多采样频率的配置原则是，根据不同的回路频率来配置不同的采样频率。采样频率一般为回路频带的 6~8 倍。就单个回路来说，采样频率的选择和单采样频率系统是相同的。

为了使多采样频率系统的分析和设计简单，使多采样频率在计算机中实现简单，除保证同步采样的要求外，采样频率之比通常采用整数，如采样频率之比 $n = 2，4，\cdots$。

最后，比例因子的选择和有限字长效应对数字控制系统的实现也很重要，这一点将在下一章中详细讨论。

第 1 章

数字控制系统的理论基础

1.1 概述

数字控制系统由控制对象、执行器、测量环节和数字调节器（包括采样保持器、A-D 转换器、数字计算机、D-A 转换器和保持器）等组成，如图 1-9 所示。连续信号一般通过 A-D 转换器进行采样、量化、编码变成时间上和大小上都是离散的数字信号 $e(kT)$，经过计算机的加工处理，给出数字控制信号 $u(kT)$，然后通过 D-A 转换器使数字量恢复成连续的控制量 $u(t)$，再去控制被控对象。其中，由数字计算机、接口电路、A-D 转换器、D-A 转换器等组成的部分称为数字控制器，数字控制器的控制规律是由编制的计算机程序来实现的。

数字控制系统作为离散时间系统，可以采用差分方程来描述，并使用 z 变换法和离散状态空间法来分析和设计数字控制系统。数字控制系统设计方法通常有连续域离散化设计法（如数字 PID 调节）、离散域直接设计法（如最少拍控制）、离散状态空间设计法（如最少能量控制、离散二次型最优控制）、复杂规律控制系统的设计法（如串级控制、前馈控制、纯滞后补偿设计以及多变量解耦控制）等。

数字控制系统的设计，一般先不考虑计算机有限字长的幅值量化作用，把计算机视为采样控制系统，根据采样系统理论进行分析设计，然后利用误差理论研究计算机有限字长的幅值量化误差对系统性能的影响。

在本章中，不打算详细叙述数字控制系统的各种理论，因为此类内容已在较多文献和书籍中论及，对数字控制系统的各种理论感兴趣的读者可参见所列参考文献。下面仅给出这些理论的一般性结论，并试图在以后各章中把它们应用到实际系统的设计中。

1.2 连续域等效设计法

1.2.1 数字控制系统的性能要求

数字控制系统设计的主要任务是按照给定的性能指标，设计出数字调节器，使系统满足性能指标的要求。

计算机控制系统的性能和连续系统类似，可以用稳定性、能控性、能观性、稳态特性、动态特性来表征，相应地用稳定裕量、稳态指标、动态指标和综合指标来衡量一个系统的性能。

关于离散系统的稳定性、能控性、能观性将在 1.5 节中叙述，这里只介绍动态指标、稳态指标和综合指标。

1. 动态指标

在古典控制理论中，用动态时域指标来衡量系统性能的好坏。

动态指标能够比较直观地反映控制系统的过渡过程特性，动态指标包括超调量 σ_p、调节时间 t_s、上升时间 t_r、峰值时间 t_p、衰减比 η 和振荡次数 N。图 1-1 是典型系统输出的阶跃响应，动态指标的规定如下：

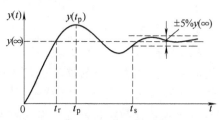

图 1-1　典型阶跃响应曲线和跟随性能指标

(1) 超调量 σ_p　σ_p 表示了系统的过冲过程，设输出量 $y(t)$ 的最大值为 $y(t_p)$，$y(t)$ 的稳态值为 $y(\infty)$，则超调量定义为

$$\sigma_p = \frac{y(t_p) - y(\infty)}{y(\infty)} \times 100\% \quad (1\text{-}1)$$

超调量通常用百分数表示。

(2) 调节时间 t_s　t_s 是输出响应到达并停留在误差带内所需的最小时间。调节时间 t_s 反映了过渡过程的快慢。输出的误差带范围一般规定为稳态值的 $\pm 5\%$。

(3) 上升时间 t_r　t_r 是输出响应从零上升，第一次达到稳态值所需要的时间。它反映了系统的快速响应性。

(4) 峰值时间 t_p　t_p 是输出响应从零上升至峰值的时间。

(5) 衰减比 η　η 表示了衰减快慢的程度。它定义为过渡过程的第一个峰值与第二个峰值的比值。通常希望衰减比为 4:1。

(6) 振荡次数 N　N 反映了控制系统的阻尼特性。它定义为输出量进入稳态前，穿越稳态值的次数的一半。

2. 稳态指标

稳态指标是衡量控制系统精度的指标，用稳态误差来表征。稳态误差是表示输出量的稳态值与要求值的差值。稳态误差与控制系统本身的特性有关，也与系统的输入信号的形式有关。

3. 综合指标

在现代控制理论中，经常使用综合指标来衡量一个控制系统。综合指标通常有三种类型：积分型指标、末值型指标、复合型指标。

1.2.2　连续域离散化的方法

连续域离散化的设计方法是把离散的计算机控制系统看成连续系统，按照连续系统的设计方法设计计算机控制系统，求得满足性能指标的连续控制器的数学模型。为了用计算机来实现控制器的功能，把连续控制器的数学模型变换到离散域，得到与连续控制系统的指标接近的计算机控制系统。

这种设计方法可以利用连续系统设计的方法和经验，但是按此方法设计的计算机控制系统的采样频率一般偏高，而且带有一定的近似性。按此方法设计出的计算机控制系统的性能，可以与原连续系统的性能接近，但不会超过。这种设计方法的关键是正确选择采样频率及变换方法。

把连续控制器的数学模型变换到离散域的方法有很多，例如：脉冲响应不变法、阶跃响应不变法、匹配 z 变换法（"z 变换"在 1.3 节中介绍）、一阶差分近似法、突斯汀（Tustin）变换法、频率特性拟合法等。

下面简要介绍一下这些离散化方法。

1. 脉冲响应不变法

脉冲响应不变法就是变换后所得的离散系统单位脉冲响应 $h(kT)$ 与连续系统的单位冲激响应的采样值 $h_a(kT)$（$k=1$，2，3，$\cdots$，n）相等。脉冲响应不变法有以下一些特性：

- 频率坐标变换是线性变换。
- 变换后所得的离散系统单位脉冲响应 $h(kT)$ 与连续系统的单位冲激响应的采样值 $h_a(kT)$（$k=1$，2，3，$\cdots$，n）相等。
- 如果连续系统的传递函数 $G(s)$ 是稳定的，则 $G(s)$ 的 z 变换 $G(z)$ 也是稳定的。
- z 变换的映射关系是多值对应关系，所以当被离散化的环节 $G(s)$ 不是有限带宽时，容易出现混叠现象，这是导致 $G(z)$ 不能保持与 $G(s)$ 有相同频率特性的主要原因之一。
- z 变换无串联性，当 $G(s)$ 是一个复杂的传递函数时，其 z 变换很可能无法在一般的 z 变换表中查到，这时需要进行部分分式展开。
- 增益随采样周期 T 的变化而变化，当 T 很小时，应予修正。

由于脉冲响应不变法容易出现频谱混叠现象，因此只能用于有限带宽环节的离散化，例如衰减特性很好的低通或带通滤波器。

2. 匹配 z 变换法

匹配 z 变换能产生零、极点与连续系统相匹配的脉冲传递函数，即匹配 z 变换法是直接将 s 平面上的零、极点对应地映射为 z 平面上的零、极点。匹配 z 变换法有以下一些特性。

- 如果连续系统的传递函数 $G(s)$ 是稳定的，则 $G(s)$ 的 z 变换 $G(z)$ 也是稳定的。
- 能保持 z 平面上的零、极点位置与 s 平面上的零、极点位置的相互对应。
- 增益不能自动保持，应予换算。

- $G(s)$ 必须以因式形式给出。
- 补上 $(n-m)$ 个 $(z=-1)$ 的零点后，可消除混叠现象。

3. 一阶差分近似法

一阶差分近似法的实质是数值积分中的矩形法，即用前向差分（欧拉法）或后向差分代替导数。它有如下一些特性：

- 应用方便，不要求对连续传递函数进行因式分解。
- 如果连续系统的传递函数 $G(s)$ 是稳定的，则 $G(s)$ 的 z 变换 $G(z)$ 也是稳定的。
- 无混叠，但是频率轴产生了严重畸变。
- 变换后的脉冲响应及频率特性与 $G(s)$ 的脉冲响应和频率特性均有较大的差别。

一阶差分近似法由于精度较差，一般使用较少，只是在个别场合将它用于微分环节的离散化，如用于 PID 调节器的离散化。

4. 突斯汀（Tustin）变换法

突斯汀变换是一种双线性变换，是连续域-离散化设计中用得最多的一种变换方法。它的实质是数值积分中的梯形法，即用梯形面积近似代替积分面积。突斯汀变换法有如下一些特性：

- 如果连续系统的传递函数 $G(s)$ 是稳定的，则经突斯汀变换所得的 $G(z)$ 也是稳定的。
- 突斯汀变换具有串联性。这一特点给设计人员带来了很大方便，可以用简单的低阶环节串联在一起，来等效地实现高阶的复杂系统，当进行连续域-离散化设计时，可用突斯汀变换对模拟控制器的各个环节分别进行离散化。
- 突斯汀变换后的阶数不变，且分子、分母具有相同的阶数。
- 突斯汀变换后的稳态增益不变。突斯汀变换后无混叠现象，但频率轴产生了非线性畸变。

突斯汀变换法主要用于一些有限带宽的网络和一些特殊的高通网络。

5. 频率特性拟合法

对于高通网络的离散化，要用频率特性拟合法来解决。

最简单的频率特性拟合法就是零、极点累试法。由于一个数字环节的频率特性决定于其零、极点在 z 平面上的分布状况，而零、极点在 z 平面上的分布又取决于脉冲传递函数分子和分母中的各系数，所以改变系数的值，就可以改变频率特性，使之与要拟合的连续系统的频率特性相一致。

频率特性拟合法只适用于简单的低阶环节，而且由于频率特性拟合法是通过系数的排列组合来实现的，因此所求得的 $G(z)$ 不是唯一的。

以上各种方法都是近似逼近法，逼近的精度与被变换的连续数学模型以及采样周期的大小有关。

在数字控制系统中，广泛使用数字 PID 调节器，它就是把连续域的 PID 调节器进行离散化得到的。

1.2.3 数字 PID 控制

由于连续域的工程设计法（见附录 B）已广泛地应用于各种模拟系统的设计中，为工程技术人员所熟悉，因此如何用数字化的方法实现这些控制规律，是本节首先要讨论的内容。用工程设计法设计的串联校正环节，一般为 P、PI、PD 或 PID 等调节器，其中又以 PI 或 PID 调节器应用最为广泛。

1. 数字 PID 调节器的实现

知道了 PID 调节器如何数字化，如何实现 P、PI、PD 等调节器也就一目了然了。因此，本节将仅介绍 PID 调节器的数字化实现方法。设 PID 调节器如图 1-2 所示。

调节器的输出和输入之间为比例-积分-微分关系，即

$$u(t) = K_p \left[e(t) + \frac{1}{\tau_i} \int_0^t e(t)\mathrm{d}t + \tau_d \frac{\mathrm{d}e(t)}{\mathrm{d}t} \right]$$
$$(1-2)$$

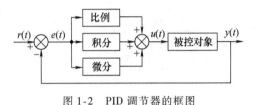

图 1-2　PID 调节器的框图

若以传递函数的形式表示，则为

$$G(s) = \frac{U(s)}{E(s)} = K_p + K_i \frac{1}{s} + K_d s \tag{1-3}$$

式中，$u(t)$ 为调节器的输出信号，$e(t)$ 为调节器的偏差信号，K_p 为比例系数，K_i 为积分系数，$K_i = K_p/\tau_i$，K_d 为微分系数，$K_d = K_p \tau_d$；τ_i 为积分时间常数；τ_d 为微分时间常数。

控制系统中使用的数字 PID 调节器，就是对式（1-3）离散化，得

$$u(kT) = K_p \left\{ e(kT) + \frac{T}{\tau_i} \sum_{j=0}^{k} e(jT) + \frac{\tau_d}{T} \left[e(kT) - e(kT - T) \right] \right\}$$

$$= K_p e(kT) + K_i' \sum_{j=0}^{k} e(jT) + K_d' \left[e(kT) - e(kT - T) \right] \tag{1-4}$$

式中，T 为采样周期，显然要保证系统有足够的控制精度，在离散化过程中，采样周期 T 必须足够短；K_i' 为采样后的积分系数，$K_i' = K_p T/\tau_i$；K_d' 为采样后的微分系数，$K_d' = K_p \tau_i/T$。式（1-4）也称作位置式 PID 调节器，其算法实现流程如图 1-3 所示。其特点是调节器的输出 $u(kT)$ 跟过去的状态有关，系统运算工作量大，需要对 $e(kT)$ 作累加，这样会造成误差积累，影响控制系统的性能。

目前，实际系统中应用比较广泛的是增量式 PID 调节器如图 1-4 所示。所谓增量式 PID 调节器是对位置式 PID 调节器的式（1-4）取增量，数字调节器的输出只是增量 $\Delta u(kT)$。

$$\Delta u(kT) = K_p \left[e(kT) - e(kT - T) \right] + K_i' e(kT) + K_d' \left[e(kT) - 2e(kT - T) + e(kT - 2T) \right]$$

$$(1-5)$$

增量式 PID 调节器算法和位置式 PID 调节器算法本质上并无大的差别，但这一点算法上的改动，却带来了不少优点：

1）数字调节器只输出增量，当控制芯片误动作时，$\Delta u(kT)$ 虽有可能有较大幅度变化，但对系统的影响比位置式 PID 调节器小，因为 $u(kT)$ 的大幅度变化有可能会严重影响系统运行。

2）算式中不需要做累加，增量只跟最近的几次采样值有关，容易获得较好的控制效果。由于式中无累加，消除了当偏差存在时发生饱和的危险。

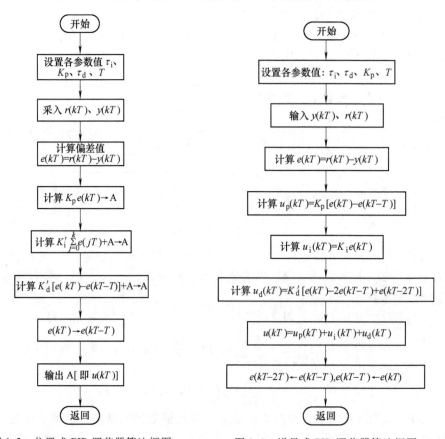

图 1-3　位置式 PID 调节器算法框图　　　图 1-4　增量式 PID 调节器算法框图

2. PID 调节器参数对控制性能的影响

（1）比例调节器 K_p 对系统性能的影响

1）对动态特性的影响：比例调节器 K_p 加大，使系统的动作灵敏、速度加快；K_p 偏大，振荡次数增多，调节时间增长；当 K_p 太大时，系统会趋于不稳定。若 K_p 太小，又会使系统的动作缓慢。

2）对稳态特性的影响：加大比例调节器 K_p，在系统稳定的情况下，可以减少稳态误差，提高控制精度，但加大 K_p 只减小误差，却不能完全消除稳态误差。

（2）积分调节器 τ_i 对控制性能的影响　积分调节器通常与比例调节器或微分调节器联合作用，构成 PI 或 PID 调节器。

1）对动态特性的影响：积分调节器 τ_i 通常使系统的稳定性下降，τ_i 太小，系统将不稳定；τ_i 偏小，振荡次数较多；τ_i 太大，对系统性能的影响减小。当 τ_i 合适时，过渡特性比较理想。

2）对稳态特性的影响：积分调节器 τ_i 能消除系统的稳态误差，提高控制系统的控制精度。但若 τ_i 太大，积分作用太弱，以致不能减小稳态误差。

（3）微分调节器 τ_d 对控制性能的影响　微分调节器不能单独使用，经常与比例调节器或积分调节器联合作用，构成 PD 调节器或 PID 调节器。

微分调节器的作用，实质上是跟偏差的变化速率有关，通过微分调节器能够预测偏差，产生超前的校正作用，可以较好地改善动态特性，如超调量减少，调节时间缩短，允许加大比例调节器作用，使稳态误差减小，提高控制精度等。但当 τ_d 偏大时，超调量较大，调节时间较长。当 τ_d 偏小时，同样超调量和调节时间也都较大。只有 τ_d 取得合适，才能得到比较满意的控制效果。

把三者的调节器作用综合起来考虑，不同调节器规律的组合，对于相同的控制对象，会有不同的控制效果。一般来说，对于控制精度要求较高的系统，大多采用 PI 或 PID 调节器。

3. PID 参数整定

（1）归一化参数的整定法　有实践经验的技术人员都会体会到调节器参数的整定乃是一项繁琐而又费时的工作。虽然，可用工程设计方法来求出调节器的参数，但是这种方法本身基于一些假设和简化处理，而且参数计算依赖于电机参数，实际应用时，依然需要现场的大量调试工作，针对此种情况，近年来国内外学者在数字 PID 调节器参数的工程整定方面做了不少研究工作，提出了不少模仿模拟调节器参数整定的方法，如扩充临界比例度法、扩充响应曲线法、经验法、衰减曲线法等，都得到了一定的应用。这里介绍一种简易的整定方法——归一参数整定法。

由 PID 的增量算式（1-5）可知，调节器的参数整定，就是要确定 T、K_p、τ_i、τ_d 四个参数，为了减少在线整定参数的数目，根据大量实际经验的总结，人为假设约束的条件，以减少独立变量的个数，整定步骤如下：

1）选择合适的采样周期 T，调节器作纯比例 K_p 控制。

2）逐渐加大比例系数 K_p，使控制系统出现临界振荡。由临界振荡过程求得相应的临界振荡周期 T_s。

3）根据一定约束条件，例如取 $T \approx 0.1T_s$、$\tau_i \approx 0.5T_s$、$\tau_d \approx 0.125T_s$，相应的差分方程由式（1-5）变为

$$\Delta u(kT) = K_p[2.45e(kT) - 3.5e(kT-T) + 1.25e(kT-2T)] \tag{1-6}$$

由式（1-6）可看出，对四个参数的整定简化成了对一个参数 K_p 的整定，使问题明显地简化了。应用约束条件减少整定参数数目的归一参数整定法是有发展前

途的，因为它不仅对数字 PID 调节器的整定有意义，而且对实现 PID 自整定系统也将带来许多方便。

（2）变参数的 PID 调节器　交流调速系统实际运行过程中不可预测的干扰很多。若只有一组固定的 PID 参数，要在各种负载或干扰以及不同转速情况下，都满足控制性能的要求是困难的，因此必须设置多组 PID 参数，当工况发生变化时，能及时改变 PID 参数以与其相适应，使过程控制性能最佳。目前可使用的有如下几种形式：

1）对控制系统根据工况不同，采用几组不同的 PID 参数，以提高控制质量，控制过程中，要注意不同组参数在不同运行点下的平滑过渡。

2）模拟现场操作人员的操作方法，把操作经验编制成程序，然后由控制软件自动改变给定值或 PID 参数。

3）编制自动寻优程序，一旦工况变化，控制性能变坏，控制软件执行自动寻优程序，自动寻找合适的 PID 参数，以保持系统的性能处于良好的状态。

考虑到系统控制的实时性和方便性，第一种形式的变参数 PID 调节器应用比较多。对于自动寻优整定法涉及自动控制理论中最优控制方面的知识和理论，可见参考文献 [6]。

1.2.4　数字 PID 控制的改进

数字 PID 调节器是应用最普遍的一种控制规律，人们在大量的生产实践中，不断总结经验，不断改进，使得 PID 调节器性能日益提高，下面介绍几种数字 PID 调节器的改进算法。

1. 积分分离 PID 调节器

系统中加入积分校正以后，会产生饱和效应，引起过大的超调量，这对高性能的控制系统是不允许的，引进积分分离算法，既可以保持积分的作用，又可减小超调量，使得控制性能有较大的改善。

积分分离算法要设置积分分离阈值E_0。

当$|e(kT)| \leqslant |E_0|$时，也即偏差值$|e(kT)|$较小时，采用 PID 调节器，可保证系统的控制精度。

当$|e(kT)| > |E_0|$时，也即偏差值$|e(kT)|$较大时，采用 PD 调节器，可使超调量大幅度降低。积分分离 PID 调节器可表示为

$$u(kT) = K_p e(kT) + \beta_0 K_i \sum_{j=0}^{k} e(jT) + K_d [e(kT) - e(kT - T)] \qquad (1-7)$$

$$\beta_0 = \begin{cases} 1 & |e(kT)| \leqslant |E_0| \\ 0 & |e(kT)| > |E_0| \end{cases}$$

式中，β_0 为逻辑系数。

采用积分分离 PID 调节器以后，控制效果如图 1-5 所示。由图可见，采用积分

分离 PID 调节器后控制系统的性能确实有了较大的改善。

2. 不完全微分 PID 调节器

通常大多采用 PI 调节器，而不采用 PID 调节器的原因是微分作用容易引进高频干扰。在数字调节器中，串接低通滤波器（如一阶惯性环节）可用来抑制高频干扰，因而可用来改善 PID 调节器抗高频干扰能力。一阶低通滤波器的传递函数为

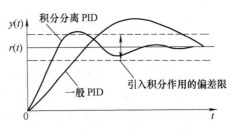

图 1-5 积分分离 PID 控制的效果

$$G_f(s) = \frac{1}{1 + T_f s} \tag{1-8}$$

不完全微分 PID 调节器如图 1-6 所示。

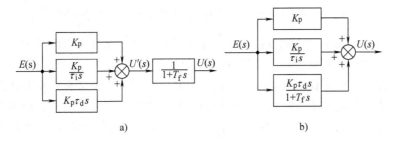

a)   b)

图 1-6 不完全微分 PID 控制

a）低通滤波器加在 PID 调节器之后　b）低通滤波器加在微分环节上

由控制原理图 1-6a 可得

$$u'(t) = K_p \left[e(t) + \frac{1}{\tau_i} \int_0^t e(t) \mathrm{d}t + \tau_d \frac{\mathrm{d}e(t)}{\mathrm{d}t} \right]$$

$$T_f \frac{\mathrm{d}u(t)}{\mathrm{d}t} + u(t) = u'(t)$$

所以

$$T_f \frac{\mathrm{d}u(t)}{\mathrm{d}t} + u(t) = K_p \left[e(t) + \frac{1}{\tau_i} \int_0^t e(t) \mathrm{d}t + \tau_d \frac{\mathrm{d}e(t)}{\mathrm{d}t} \right] \tag{1-9}$$

对（1-9）离散化，可得差分方程

$$u(kT) = au(kT - T) + (1 - a)K_p \left\{ e(kT) + \frac{T}{\tau_i} \sum_{j=0}^{k} e(jT) + \frac{\tau_d}{T} [e(kT) - e(kT - T)] \right\}$$

$$\tag{1-10}$$

式中，$a = T_f / (T + T_f)$。

与普通 PID 调节器一样，不完全微分 PID 调节器也有增量式算法，即

$$\Delta u(kT) = a\Delta u(kT - T) + (1 - a)K_p \{ [e(KT) - e(KT - 1)] +$$

$$\frac{T}{\tau_i}e(kT) + \frac{\tau_d}{T}[\Delta e(kT) - \Delta e(kT-T)]\}$$ (1-11)

式中

$$\Delta e(kT) = e(kT) - e(kT-T)$$

$$\Delta e(kT-T) = e(kT-T) - e(kT-2T)$$

设数字微分调节器的输入为阶跃序列 $e(kT) = c$，$k = 0$，1，2，…，c 为常值。当使用完全微分算法时

$$u(t) = \tau_d \frac{de(t)}{dt}$$

将上式离散化，可得　　　$u(kT) = \frac{\tau_d}{T}[e(kT) - e(kT-T)]$ (1-12)

由式（1-12）可得

$$u(0) = \frac{\tau_d}{T}c \quad u(T) = u(2T) = \cdots = 0$$

可见，普通数字 PID 调节器的微分作用只在第一个采样周期内起作用，不能按照偏差变化的趋势在整个调节过程中起作用。另外，通常 $\tau_d \gg T$。所以 $u(0) \gg c$，微分作用在第一个采样周期里作用很强，容易溢出。不完全微分数字 PID 调节器的引入不但能抑制高频干扰，而且能克服普通数字 PID 调节器的缺点，数字调节器输出的微分作用能在各个周期里按照偏差变化的趋势，均匀地输出，改善系统的性能。对其分析如下：

对数字微分调节器，当使用不完全微分算法时有

$$u(t) + T_f \frac{du(t)}{dt} = \tau_d \frac{de(t)}{dt}$$ (1-13)

离散化后可得

$$u(kT) = \frac{T_f}{T+T_f}u(kT-T) + \frac{\tau_d}{T+T_f}[e(kT) - e(kT-T)]$$ (1-14)

对 $e(kT) = c$，$k = 0$，1，2，…，c 为常值。由式（1-14）迭代后得

$$u(0) = \frac{\tau_d}{T+T_f}c$$

$$u(T) = \frac{T_f \tau_d}{(T+T_f)^2}c$$

$$u(2T) = \frac{T_f^2 \tau_d}{(T+T_f)^3}c$$

显然，$u(kT) \neq 0$；$k = 1$，2，…；并且

$$u(0) = \frac{\tau_d}{T+T_f}c << \frac{\tau_d}{T}c$$

因此，在第一个采样周期里，不完全微分数字调节器的输出要比完全微分数字

调节器的输出幅度小得多，具有比较理想的调节性能，所以尽管不完全微分 PID 调节器较之普通 PID 调节器的算法复杂，但仍然受到越来越广泛的重视和使用。

3. 微分先行 PID 调节器

微分先行是把微分运算放在比较器附近。它有两种结构，如图 1-7 所示。图 1-7a 是输出量微分，图 1-7b 是偏差微分。

输出量微分只对反馈值进行微分，而对给定值不作微分，这种输出量微分调节器适用于给定值频繁升降的场合，可以避免因升降给定值过于频繁而引起系统超调量过大和易产生剧烈振荡的缺点。

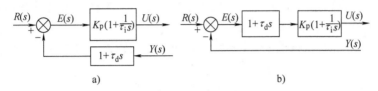

图 1-7 微分先行 PID 调节器

a）输出量微分 b）偏差微分

偏差微分是对偏差值进行微分，也就是对给定值和反馈值都有微分作用。这种办法多用在矢量控制系统的内环控制调节器中。

4. 带死区的 PID 调节器

在要求控制作用变动少的场合，可采用带死区的 PID 调节器，带死区的 PID 调节器实际上属于非线性控制的范畴，其结构如图 1-8 所示。相应的控制算法为当 $|e(kT)| \leqslant |e_0|$ 时，$e'(kT) = 0$，PID 调节器输出保持原状态。而当 $|e(kT)| > |e_0|$ 时，$e'(kT)$ 经过 PID 调节器对控制系统进行调节。

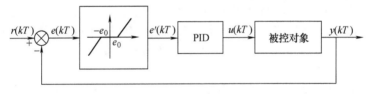

图 1-8 带死区的 PID 调节器

值得注意的是，改进的 PID 调节器算法不需要增加硬件设备，只需根据控制对象对原有调节器算法进行适当改变，即可大大提高控制系统性能，体现了计算机数字控制系统的突出优点，因此，它的实际使用越来越多，而且还在不断发展。

1.3 数字控制系统的 z 变换分析

z 变换分析法是分析线性离散系统的重要方法之一。z 变换在离散时间信号与系统分析中的作用和拉氏变换在连续时间信号与系统分析中的作用是类似的。利用

z 变换分析法可以方便地分析线性离散系统的稳定性、稳态特性和动态特性。z 变换分析法还可以用来设计线性离散系统。

1.3.1 z 变换及其性质

1. z 变换的定义及表达式

连续信号 $e(t)$ 的拉氏变换式 $E(s)$ 是复变量 s 的代数函数。一个微分方程通过拉氏变换后可转化为 s 的代数方程，这样可大大简化运算。对计算机控制系统中的采样信号也可以进行拉氏变换。连续信号 $e(t)$ 通过采样周期为 T 的理想采样后的采样信号 $e^*(t)$ 是一组加权理想脉冲序列，每一个采样时刻的脉冲强度等于该采样时刻的连续函数值，其表达式为

$$e^*(t) = e(0)\delta(t) + e(T)\delta(t-T) + e(2T)\delta(t-2T) + \cdots \tag{1-15}$$

因为脉冲函数 $\delta(t-kT)$ 的拉氏变换为

$$L[\delta(t-kT)] = e^{-kTs}$$

所以式（1-15）的拉氏变换为

$$E^*(s) = e(0) + e(T)e^{-Ts} + e(2T)e^{-2Ts} + \cdots = \sum_{k=0}^{\infty} e(kT)e^{-kTs} \tag{1-16}$$

从上式中明显看出，$E_s^*(s)$ 是 s 的超越函数，因此用拉氏变换这一数学工具，无法使问题简化，为此，引入另一个复变量 "z"，令 $z = e^{Ts}$，代入式（1-16），得

$$E(z) = e(0) + e(T)z^{-1} + e(2T)z^{-2} + \cdots = \sum_{K=0}^{\infty} e(kT)z^{-k} \tag{1-17}$$

上式是 $e^*(t)$ 的单边 z 变换。若上式中变量 k 是从 $-\infty \to +\infty$，则称为双边 z 变换。由于控制系统中研究的信号都是从研究时刻开始算起，即从 $t=0$ 算起，所以使用的都是单边 z 变换，这里简称为 z 变换。

式（1-15）~式（1-17）在形式上完全相同，都是多项式之和，对应项的加权系数相等，在时域中的 $\delta(t-T)$、s 域中的 e^{-Ts} 以及 z 域中的 z^{-1} 均表示信号延迟一拍。

在实际应用中，所遇到的采样信号的 z 变换幂级数在收敛域内都对应有一个闭合形式，其表达式是一个关于 "z" 的有理分式

$$E(z) = \frac{K(z^m + d_{m-1}z^{m-1} + \cdots + d_1z + d_0)}{z^n + c_{n-1}z^{n-1} + \cdots + c_1z + c_0} \tag{1-18}$$

若用 z^n 同除上式中的分子和分母，可得关于 "z^{-1}" 的有理分式，即

$$E(z) = \frac{K(z^{-n+m} + d_{m-1}z^{-n+m-1} + \cdots + d_1z^{-n+1} + d_0z^{-n})}{1 + c_{n-1}z^{-1} + \cdots + c_1z^{-n+1} + c_0z^{-n}} \tag{1-19}$$

在讨论系统动态特性时，z 变换式写成因子形式更为有用，即可写成

$$E(z) = \frac{KN(z)}{D(z)} = \frac{K(z-z_1)\cdots(z-z_m)}{(z-p_1)\cdots(z-p_n)} \tag{1-20}$$

式中，z_1，$\cdots$，z_m；p_1，$\cdots$，p_n 分别是 $E(z)$ 在 z 平面上的零点和极点。

z 变换有一些重要性质，例如线性性质、平移定理、终值定理、初值定理等，利用这些性质能够方便地分析数字控制系统的稳定性、控制性能等，有兴趣的读者可阅读参考文献 [1, 3]。

2. 求 z 变换的方法

（1）级数求和法可利用式（1-15）～式（1-17）。

[**例 1-1**] 求指数函数 $f(t) = \mathrm{e}^{-t}$ 的 z 变换

解： $f(t)$ 的采样信号表达式为

$$f^*(t) = 1 + \mathrm{e}^{-T}\delta(t-T) + \mathrm{e}^{-2T}\delta(t-2T) + \mathrm{e}^{-3T}\delta(t-3T) + \cdots$$

对应的拉氏变换式为

$$F^*(s) = 1 + \mathrm{e}^{-T}\mathrm{e}^{-Ts} + \mathrm{e}^{-2T}\mathrm{e}^{-2Ts} + \mathrm{e}^{-3T}\mathrm{e}^{-3Ts} + \cdots = \frac{1}{1 - \mathrm{e}^{-T}\mathrm{e}^{-Ts}}$$

对应的 z 变换式为

$$F(z) = 1 + \mathrm{e}^{-T}z^{-1} + \mathrm{e}^{-2T}z^{-2} + \mathrm{e}^{-3T}z^{-3} + \cdots = \frac{1}{1 - \mathrm{e}^{-T}z^{-1}}$$

（2）留数计算法 若已知连续时间函数 $f(t)$ 的拉氏变换式 $F(s)$ 及其全部极点 s_i（$i = 1, 2, \cdots, n$），则 $f(t)$ 对应的 z 变换为

$$F(z) = \sum_{i=1}^{m} \mathrm{Res}\left[F(s_i) \frac{z}{z - \mathrm{e}^{s_i T}} \right] = \sum_{i=1}^{m} \left\{ \frac{1}{(r_i - 1)!} \frac{\mathrm{d}^{r_i - 1}}{\mathrm{d}s^{r_i - 1}} \left[(s - s_i)^{r_i} F(s) \frac{z}{z - \mathrm{e}^{sT}} \right] \right\}_{s = s_i}$$

$$(1-21)$$

式中，r_i 为多重极点 s_i 的阶数；m 等于全部极点数与重复极点数之差。

（3）查表法 利用以上两种求取 z 变换的基本方法及 z 变换的性质，前人计算了大量时间函数所对应的 z 变换式，并列表供人使用。可以利用时域函数 $f(t)$ 或其对应的拉氏变换 $F(s)$ 进行查表，求得对应的 z 变换式。由于表内列写的函数有限，对于表内查不到的较复杂的原函数，常先把对应的拉氏变换式化成部分分式的形式，然后再查表。

3. z 反变换

由 z 变换式 $E(z)$ 求时域函数的过程称为 z 反变换。用 "z^{-1}" 符号表示，即

$$z^{-1}[E(z)] = e^*(t) = e(kT) \qquad (k = 0, 1, 2, \cdots) \qquad (1-22)$$

注意，z 变换式中只包含采样时刻信息，它和连续信号无一一对应关系，即 $z^{-1}[E(z)] \neq e(t)$。

由 z 变换式求时域信号有以下几种方法：

（1）幂级数展开式（长除法）若 z 变换式用幂级数形式表示，则很容易求得对应的时域函数。若已知 z 变换是多项式分式，可利用长除法求得时域函数。

[**例 1-2**] 求 $E(z) = \dfrac{11z^2 - 15z + 6}{z^3 - 4z^2 + 5z - 2}$ 对应的时域函数。

解： 利用长除法

$$11z^{-1}+29z^{-2}+67z^{-3}+145z^{-4}+\cdots$$

$$z^3-4z^2+5z-2\overline{)11z^2-15z\quad+6}$$

$$\underline{11z^2-44z\quad+55\quad-22z^{-1}}$$

$$29z\quad-49\quad+22z^{-1}$$

$$\underline{29z\quad-116\quad+145z^{-1}-58z^{-2}}$$

$$67\quad-123z^{-1}+58z^{-2}$$

$$\underline{67\quad-268z^{-1}+\cdots}$$

$$145z^{-1}$$

由 z 变换的定义知，时域函数为

$$e^*(t)=11\delta(t-T)+29\delta(t-2T)+67\delta(t-3T)+145\delta(t-4T)+\cdots$$

（2）留数法　z 反变换为

$$e(n)=\frac{1}{2\pi \mathrm{j}}\oint_C E(z)z^{n-1}\mathrm{d}z=\sum \mathrm{Res}[E(z)z^{n-1}] \tag{1-23}$$

时域函数可以利用 $E(z)z^{n-1}$ 在 $E(z)$ 的全部极点上的留数之和求得。若 $E(z)$ 具有多重极点 p_i，可以按照下式计算留数：

$$\mathrm{Res}[E(z)z^{n-1}]=\frac{1}{(r_i-1)!}\frac{\mathrm{d}^{r_i-1}}{\mathrm{d}z^{r_i-1}}[E(z)z^{n-1}(z-p_i)^{r_i}]_{z=p_i}$$

式中，r_i 为多重极点 p_i 的阶次。

（3）查表法　若 $E(z)$ 共有 n 个极点，除 p_1 是 r 重极点以外，其余均为互不相等的极点，$E(z)$ 可以化成部分分式之和，即

$$E(z)=\frac{B_{r-1}}{(z-p_1)^r}+\frac{B_{r-2}}{(z-p_1)^{r-1}}+\cdots+\frac{B_0}{z-p_1}+\frac{A_2}{z-p_2}+\frac{A_3}{z-p_3}+\cdots+\frac{A_{n-r}}{z-p_{n-r}} \tag{1-24}$$

式中，$B_{r-i}=\dfrac{1}{i!}\dfrac{\mathrm{d}^i}{\mathrm{d}z^i}E(z)(z-p_1)^r\big|_{z=p_1}\quad(i=0,1,\cdots,r-1)$

$$A_j=E(z)(z-p_j)\big|_{z=p_j}(j=2,3,\cdots,n-r)$$

利用查表，可得各分式的反变换。

1.3.2　数字控制系统的脉冲传递函数

数字控制系统的脉冲传递函数是分析线性离散系统的重要工具，可从 z 变换分析法中引出。在线性离散系统中，与线性连续系统类似，脉冲传递函数的定义为在初始静止的条件下，一个系统的输出脉冲序列的 z 变换 $Y(z)$ 跟输入脉冲序列的 z 变换 $R(z)$ 之比。

$$G(z) = \frac{Z[y(kT)]}{Z[r(kT)]} = \frac{Y(z)}{R(z)} \tag{1-25}$$

在离散系统中，脉冲传递函数 $G(z)$ 反映了系统的物理特性，$G(z)$ 仅取决于描述线性系统的差分方程。

图 1-9 是数字控制系统的典型结构图，系统的输入信号有两个，一个是给定信号 $r(kT)$，另一个是干扰信号 $n(t)$，干扰信号没有经过采样器而直接进入系统。

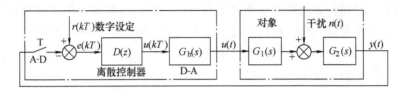

图 1-9 数字控制系统典型结构

由于线性系统满足叠加原理，输出 Y 可以看成是由两部分组成：一是由给定信号决定的 Y_R，另一是由干扰信号决定的 Y_N，所以

$$Y(z) = Y_R(z) + Y_N(z)$$

$$Y_R(z) = G(z)D(z)E(z) = G(z)D(z)[R(z) - Y_R(z)]$$

$$= G(z)D(z)R(z) - G(z)D(z)Y_R(z)$$

所以

$$Y_R(z) = \frac{G(z)D(z)}{1 + G(z)D(z)}R(z) = \Phi(z)R(z) \tag{1-26}$$

式中，$G(z)$ 为广义被控对象

$$G(z) = z[G_h(s)G_1(s)G_2(s)] = z\left[\frac{1 - e^{-Ts}}{s}G_1(s)G_2(s)\right]$$

$\Phi(z)$ 为系统闭环脉冲传递函数

$$\Phi(z) = \frac{G(z)D(z)}{1 + G(z)D(z)}$$

至于由干扰信号引起的输出响应 $Y_N(z)$，有

$$Y_N(z) = z[G_2(s)N(s)] - Y_N(z)D(z)z[G_h(s)G_1(s)G_2(s)]$$

$$= G_2N(z) - D(z)G(z)Y_N(z) \tag{1-27}$$

所以

$$Y_N(z) = \frac{G_2N(z)}{1 + D(z)G(z)} \tag{1-28}$$

系统总输出为

$$Y(z) = Y_R(z) + Y_N(z) = \frac{1}{1 + D(z)G(z)}[D(z)G(z)R(z) + G_2N(z)] \tag{1-29}$$

由于 $N(s)$ 直接进入系统，所以无法在数学上把干扰信号和系统特性分开，因此得不到干扰信号与输出信号之间的脉冲传递函数。

上面推导中，需对连续系统 $G(s)$ 进行离散化得到 $G(z)$，离散化方法有脉冲响应不变法、部分分式法和留数法等，详见 1.3.1 节中所述。

1.4　数字控制系统的离散化设计

离散化设计方法是从被控对象的实际特性出发，直接根据采样系统理论来设计数字调节器，即把计算机控制系统视为全离散的系统，在离散域进行设计的方法。利用计算机软件的灵活性，可以实现由简单到复杂的各种控制。离散域直接设计方法有频率域设计法、根轨迹设计法、最少拍设计法等。前两种方法在自动控制原理书中有详细的介绍，这里只介绍最少拍设计法。

1.4.1　最少拍系统的设计

在数字控制过程中，一个采样周期称为一拍。最少拍控制设计是系统在典型的输入作用下，设计出数字调节器，使系统的调节时间最短或者系统在有限个采样周期内结束过渡过程，所以最少拍控制实质上是时间最优控制。最少拍控制系统的设计任务就是设计一个数字调节器，使系统到达稳定时所需要的采样周期数最少，而且系统在采样点的输出值能准确地跟踪输入信号，不存在静差，对任何两个采样周期中间的过程则不作要求。

最少拍随动系统如图 1-10 所示，图中 $D(z)$ 是数字调节器，由计算机实现。$G_h(s)$ 是零阶保持器的传递函数。$G_1(s)$ 是控制对象的传递函数。零阶保持器和控制对象离散化以后，称为广义对象的脉冲传递函数 $G(z)$。

$$G(z) = z[G_h(s)G_1(s)]$$

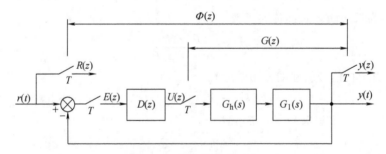

图 1-10　最少拍控制系统

最少拍控制系统的闭环脉冲传递函数

$$\Phi(z) = \frac{D(z)G(z)}{1 + D(z)G(z)} \tag{1-30}$$

最少拍控制系统的误差脉冲传递函数

$$G_e(z) = \frac{E(z)}{R(z)} = 1 - \Phi(z) = \frac{1}{1 + D(z)G(z)} \tag{1-31}$$

由上面两式可得最少拍控制系统的数字调节器的传递函数为

$$D(z) = \frac{\Phi(z)}{G_e(z)G(z)} = \frac{[1 - G_e(z)]}{G_e(z)G(z)} \tag{1-32}$$

在一般的调节系统中，有三种典型输入形式：单位阶跃输入、单位速度输入、单位加速度输入。典型的输入型式的 z 变换具有下列形式：

$$R(z) = \frac{A(z^{-1})}{(1 - z^{-1})^m}$$

式中，m 为正整数；$A(z^{-1})$ 为不包括 $(1 - z^{-1})$ 因式的 z^{-1} 的多项式。在上述三种典型输入中，m 分别为 1、2、3。

由式（1-31）得

$$E(z) = G_e(z)R(z) = G_e(z)\frac{A(z^{-1})}{(1 - z^{-1})^m} \tag{1-33}$$

最少拍控制系统就是要求系统在典型的输入作用下，当合在一起（$k \geqslant N$）时，误差 $e(kT)$ 为恒定值或等于零，其中 N 为尽可能小的正整数。由 z 变换的定义可以知道，就是要使 $E(z)$ 包含尽可能少的有限项，因此必须合理地选择 $G_e(z)$。若选择

$$G_e(z) = (1 - z^{-1})^M F(z)(M \geqslant m)$$

式中，$F(z)$ 是 z^{-1} 的有限多项式，且不含有 $(1 - z^{-1})$ 因子，则可使 $E(z)$ 是有限项多项式。当选择 $M = m$，且 $F(z) = 1$ 时，不仅可以使数字调节器简单，阶次比较低，而且还可以使 $E(z)$ 的项数最少，因而调节时间较短。对于不同的输入，要选择不同的误差脉冲传递函数 $G_e(z)$。

1）单位阶跃输入 $R(t) = u(t)$、$R(z) = 1/(1 - z^{-1})$ 时，选择

$$G_e(z) = 1 - z^{-1}$$

2）单位速度输入 $R(t) = t$、$R(z) = Tz^{-1}/(1 - z^{-1})^2$（$T$ 为采样周期）时，选择

$$G_e(z) = (1 - z^{-1})^2$$

3）单位加速度输入 $R(t) = t^2/2$，$R(z) = T^2 z^{-1}(1 + z^{-1})/2(1 - z^{-1})^3$ 时，选择

$$G_e(z) = (1 - z^{-1})^3$$

由 $E(z)$ 的表达式可以得到不同输入时的误差序列。对于这三种典型输入，最少拍随动系统的调节时间分别为 T、$2T$ 和 $3T$。

设计最少拍调节器 $D(z)$ 时，必须顾及 $D(z)$ 的可实现性要求，并在选择 $G_e(z)$ 和 $\Phi(z)$ 时，必须注意以下几点：

1）$D(z)$ 必须是可实现的有理多项式，不包含超前环节；$\Phi(z)$ 不包含单位圆上和单位圆外的极点。

2）选择 $\Phi(z)$ 时，应该把 $G_e(z)$ 分子中 z^{-1} 因子作为 $\Phi(z)$ 分子的因子；应该把 $G_e(z)$ 的单位圆上和单位圆外的零点作为 $\Phi(z)$ 的零点。

3）选择 $G_e(z)$ 时，必须考虑输入形式，并把 $G_e(z)$ 的所有不稳定极点，即单位圆上和单位圆外的极点全部由 $G_e(z)$ 的零点来抵消。

最少拍控制系统的设计方法是简便的，结构也是简单的，设计结果可以得到解析解，便于计算机实现，但是最少拍控制系统的设计存在如下一些问题：

1）最少拍控制系统对输入形式的适应性差，当系统的输入形式改变，尤其存在随机扰动时，系统的性能变坏。

2）最少拍控制系统对参数的变化很敏感，实际系统中，随着环境、温度、时间等条件的变化，对象参数的变化是不可避免的，对象参数的变化必将引起系统的性能变坏。

3）不能期望通过无限提高采样频率来缩短调节时间，因为采样频率的上限受到饱和特性的限制。

4）最少拍控制系统设计只能保证采样点上的误差为零或恒值，不能保证采样点之间的误差也为零或恒值，也就是说，系统输出存在纹波，而纹波对系统的工作是有害的。

1.4.2 最少拍无纹波系统的设计

最少拍控制系统设计中，系统对输入信号的变换适应能力比较差，输出响应只保证采样点上的误差为零，不能保证采样点之间的误差值也为零，也就是说最少拍控制系统的输出响应在采样点之间存在纹波。输出纹波不仅会造成误差，而且还会消耗执行机构驱动功率，增加机械磨损。

最少拍无纹波控制系统设计的要求是系统在典型的输入作用下，经过尽可能短的采样周期以后，系统达到稳定，并且在采样点之间没有纹波，与最小拍控制系统相比，增加了无纹波的要求。

最少拍控制系统产生纹波的原因是数字调节器的输出，也就是保持器的输入序列不趋向恒定，从而使输出响应在采样点之间产生纹波。

最少拍无纹波控制系统设计就是要求当 $k \geqslant N$ 时，$e(kT)$ 保持恒定值或为零，N 为某正整数。由图 1-10 可以看出

$$u(z) = D(z)E(z) = D(z)G_e(z)R(z)$$

若选定 $D(z)G_e(z)$ 是 z^{-1} 的有限多项式，那么在确定的输入作用下，经过有限拍，$u(kT)$ 就能达到某恒定值，保证系统的输出没有纹波。

1. 单位阶跃输入时最少拍无纹波控制系统的设计

已知单位阶跃输入的 z 变换

$$R(z) = \frac{1}{1 - z^{-1}}$$

如果

$$D(z)G_e(z) = a_0 + a_1 z^{-1} + a_2 z^{-2}$$

则有

$$u(z) = D(z)G_e(z)R(z) = \frac{a_0 + a_1 z^{-1} + a_2 z^{-2}}{1 - z^{-1}}$$

$$= a_0 + (a_0 + a_1)z^{-1} + (a_0 + a_1 + a_2)z^{-2} + (a_0 + a_1 + a_2)z^{-3} + \cdots$$

由上式可得

$$u(0) = a_0$$

$$u(T) = a_0 + a_1$$

$$u(2T) = u(3T) = u(4T) = \cdots = (a_0 + a_1 + a_2)$$

由此可见，从第二拍起，$u(k)$ 就稳定在 $a_0 + a_1 + a_2$ 上。当系统含有积分环节时，$a_0 + a_1 + a_2 = 0$。

2. 单位速度输入时最少拍无纹波系统的设计

单位速度输入的 z 变换为

$$R(z) = \frac{Tz^{-1}}{(1 - z^{-1})^2}$$

仍设

$$D(z)G_e(z) = a_0 + a_1 z^{-1} + a_2 z^{-2}$$

则

$$u(z) = D(z)G_e(z)R(z) = \frac{Tz^{-1}(a_0 + a_1 z^{-1} + a_2 z^{-2})}{(1 - z^{-1})^2}$$

$$= Ta_0 z^{-1} + T(2a_0 + a_1)z^{-2} + T(3a_0 + 2a_1 + a_2)z^{-3}$$

$$+ T(4a_0 + 3a_1 + 2a_2)z^{-4} + \cdots$$

由上式可得

$$u(0) = 0$$

$$u(T) = Ta_0$$

$$u(2T) = T(2a_0 + a_1)$$

$$u(3T) = T(3a_0 + 2a_1 + a_2) = u(2T) + T(a_0 + a_1 + a_2)$$

$$u(4T) = T(4a_0 + 3a_1 + 2a_2) = u(3T) + T(a_0 + a_1 + a_2)$$

$$\cdots\cdots$$

由此可见，当 $k \geq 3$ 时，

$$u(kT) = u(kT - T) + T(a_0 + a_1 + a_2)$$

若系统含有积分环节时，$a_0 + a_1 + a_2 = 0$，最少拍从第二拍起，即 $k \geq 2$ 时，有

$$u(kT) = u(kT - T) = T(2a_0 + a_1)$$

如果系统不包括积分环节，即 $a_0 + a_1 + a_2 \neq 0$，则最少拍从第二拍起，$u(k)$ 作匀速变化。

最少拍无纹波控制系统在单位速度输入情况下，各点波形如图 1-11 所示。

上面的分析取 $D(z)$ $G_e(z)$ 为 3 项，这是一个特例。依此类推，当取的项数较

多时，用上述方法可以得到类似的结果，但调节时间相应加长。

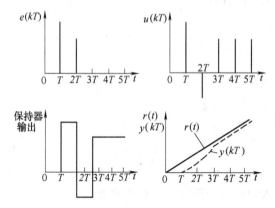

图1-11　单位速度输入时最少拍无纹波控制系统各点波形

3. 最少拍无纹波控制系统设计特点

为使 $u(kT)$ 为有限拍，应使 $D(z)G_e(z)$ 为 z^{-1} 的有限多项式，由 $D(z) = [1 - G_e(z)]/[G_e(z)G(z)]$，有

$$D(z)G_e(z) = \frac{1 - G_e(z)}{G(z)} = \frac{\Phi(z)}{G(z)}。$$

由上面的式子可以看出，$G(z)$ 的极点不会影响 $D(z)G_e(z)$ 成为 z^{-1} 的有限多项式，而 $G(z)$ 的零点倒有可能使 $D(z)G_e(z)$ 成为 z^{-1} 的无限多项式。因此，要使 $\Phi(z)$ 的零点包含 $G(z)$ 的全部零点，而在最少拍有纹波设计时，只要求 $\Phi(z)$ 的零点包含 $G(z)$ 的单位圆上（$z_i = 1$ 除外）和单位圆外的零点，这是最少拍无纹波设计与最少拍有纹波设计之间的根本区别。

最少拍无纹波设计中，为了消除纹波，会使系统的调节时间加长或者调节性能变坏。最少拍无纹波设计仍然只是针对某种类型的输入信号，当输入形式改变时，系统的动态性能通常变坏。

1.4.3　数字调节器的实现

计算机控制系统设计中，设计者根据要求设计控制器的算法后，所面临的问题是如何将控制算法在计算机上编排实现。对于以脉冲传递函数 $G(z)$ 的形式给出的调节器算法可以有不同的结构编排，基本上可分为直接型（零点-极点型、极点-零点型）、串联型和并联型等。通常用软件实现控制算法。

1. 直接型结构

数字调节器通常可以表示为

$$D(z) = \frac{U(z)}{E(z)} = \frac{b_0 + b_1 z^{-1} + \cdots + b_m z^{-m}}{1 + a_1 z^{-1} + \cdots + a_n z^{-n}} \quad m \leqslant n \qquad (1\text{-}34)$$

直接型结构是按高阶脉冲传递函数进行编排的，可以按零点（分子）在前、极点（分母）在后的形式编排，也可以相反。其结构如图 1-12 和图 1-13 所示。

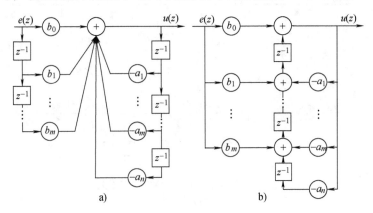

图 1-12　直接型（零点-极点型）结构

a）基本型　b）改进型

图 1-12a 所示的结构中，左半部为传递函数分子各项之和，右半部为传递函数分母各项之和。图 1-12b 中的延迟部件的数量比图 1-12a 的少。图 1-13 结构中的延迟部件的数量与图 1-12b 的相同。

直接型结构的实现比较直截了当，但存在严重的缺点，如调节器中任一个系数有一定误差，将使调节器所有的零极点产生相应的变化。

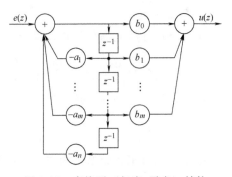

图 1-13　直接型（极点-零点）结构

2. 串联型结构

将 $D(z)$ 分子分母因式分解得

$$D(z) = \frac{U(z)}{E(z)} = b_0 \left(\frac{1 + \beta_1 z^{-1}}{1 + \alpha_1 z^{-1}} \right) \cdots \left(\frac{1 + \beta_m z^{-1}}{1 + \alpha_m z^{-1}} \right) \cdots \left(\frac{1}{1 + \alpha_n z^{-1}} \right) \qquad (1-35)$$

其中，可能有若干个共轭零点和极点，如

$$\frac{1 + \beta_{l1} z^{-1} + \beta_{l2} z^{-2}}{1 + \alpha_{l1} z^{-1} + \alpha_{l2} z^{-2}}$$

则 $D(z)$ 可用串联型结构表示，如图 1-14 所示。

串联型结构同样有零点-极点型和极点-零点型。其实现时，虽然不如直接型结构简单，但有一定的优点。如调节器中某一系数产生误差，只使其相应环节的零点或极点发生变化，对其他环节的零极点没有影响。某一存储器中的系数与相应环节的零点或极点相对应，这在实验调试时非常直观和方便。调节器连续域离散化设计时，如果连续传递函数本身就是一阶二阶环节串联，调节器 z 域传递函数也就不需要进行因式分解，从而使处理过程得以简化。

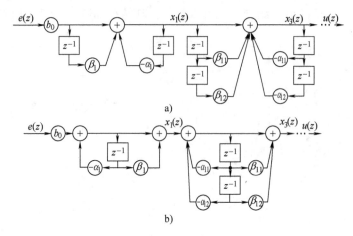

图 1-14 串联型结构

a）零点-极点型 b）极点-零点型

3. 并联型结构

将 $D(z)$ 分解成部分分式，得

$$D(z) = \frac{U(z)}{E(z)} = \gamma_0 + \frac{\gamma_1}{1 + \alpha_1 z^{-1}} + \frac{\gamma_2}{1 + \alpha_2 z^{-1}} + \cdots + \frac{\gamma_n}{1 + \alpha_n z^{-1}} \quad (1\text{-}36)$$

其中，可能有共轭极点，如

$$\frac{\gamma_{l0} + \gamma_{l1} z^{-1}}{1 + \alpha_{l1} z^{-1} + \alpha_{l2} z^{-2}}$$

则 $D(z)$ 可用并联型结构表示，如图 1-15 所示。

并联型结构有较大的优点。各通道是彼此独立的，一个环节的运算误差只影响本环节的输出，对其他环节的输出无影响。某一系数产生误差只影响对应环节的极点或零点，对其他环节没有影响。比较麻烦的是必须将传递函数分解为部分分式。

总之，在不考虑定点运算的量化和溢出的情况下，控制算法的各种结构形式都是等效的。只是所需的存储量和运算量有所不同。考虑量化和溢出条件时，各种结构对调节器性能的影响就很明显。在这个基础上，再综合考虑所需运算量和存储量的不同以及其他因素，来选择调节器的结构形式才更有实际意义。

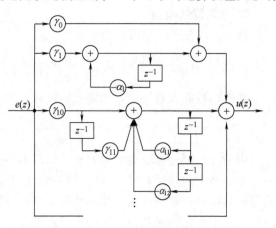

图 1-15 并联型结构

1.5 数字控制系统的状态空间分析和设计

对于离散系统还可以用离散状态空间分析法来研究。离散状态空间分析法与 z 变换法相比有以下优点：

- 离散状态空间表达式适宜于计算机求解，并可利用现代控制理论进行系统设计。
- 离散状态空间分析法对单变量和多变量系统允许用统一的表示法。
- 离散状态空间分析法能应用于非线性系统和时变系统。

1.5.1 数字控制系统的状态空间方程

线性离散系统的离散状态空间表达式可以表示为

状态方程 $\qquad x(kT+T) = Ax(kT) + Bu(kT)$ $\qquad\qquad$ (1-37)

输出方程 $\qquad y(kT) = Cx(kT) + Du(kT)$

式中，A 是 $n \times n$ 维矩阵，称为状态矩阵或系统矩阵；B 是 $n \times m$ 维矩阵，称为输入矩阵或驱动矩阵；C 是 $p \times n$ 维矩阵，称为输出矩阵；D 是 $p \times m$ 维矩阵，称为直传矩阵或传输矩阵。

线性离散系统的状态变量如图 1-16 所示。

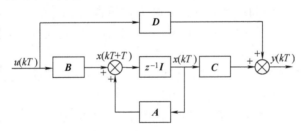

图 1-16 线性离散系统的状态变量

可以由单输入单输出的离散系统的差分方程导出离散状态空间表达式，应适当选择状态变量，将高阶的差分方程化为一阶差分方程组，然后表示成矢量的形式，便可以得到离散状态空间表达式了。

当系统的脉冲传递函数已知时，也可以建立该系统的离散状态空间表达式。由脉冲传递函数建立离散状态空间表达式通常有直接程序法、分式展开法、迭代程序法和嵌套程序法。

线性离散系统状态方程的求解方法通常有迭代法和 z 变换法。

可以在线性离散系统中引入 z 特征方程的概念来描述一个线性离散系统的动态特性。设线性离散系统的状态方程为

$$x(kT+T) = Ax(kT) + Bu(kT)$$

对上式进行 z 变换，可得

$$x(z) = (zI - A)^{-1}[zx(0) + BU(z)]$$

令 $\qquad\qquad\qquad\qquad |zI - A| = 0 \qquad\qquad\qquad\qquad\qquad (1\text{-}38)$

则式（1-38）为线性离散系统的 z 特征方程。

z 特征方程的根称为矩阵 A 的特征值，就是线性离散系统的极点。

对于一个 n 阶的系统，仅有 n 个特征值。因为特征方程表征了系统的动态特性，因此尽管一个系统的状态变量的选择不是唯一的，但是系统的 z 特征方程是不变的。

1.5.2　数字控制系统的一般性质

1. 数字控制系统的稳定性

线性离散系统稳定的充分必要条件是，特征方程的全部根或者闭环脉冲传递函数的全部极点都分布在 z 平面上以原点为圆心的单位圆内，或者所有极点的模都小于 1。

当离散系统的阶数较低时，可以直接求出特征根；但是当系统的阶数较高时，就很难找出特征根，这时可用舒尔-柯恩法或劳斯判据来判断线性离散系统的稳定性。

2. 数字控制系统的能控性

控制系统的能控性和能观性的概念是卡尔曼提出的，在多变量最优控制系统中，这两个概念具有重要的意义。事实上，能控性和能观性可以给出最优控制问题存在完整解的条件。

能控性指的是控制作用对被控系统影响的可能性，能观性反映了由系统的量测确定系统状态的可能性。

对于式（1-37）所示离散系统，能控性的定义为：若可以找到控制序列 $u(kT)$，能在有限时间 NT 内，驱动系统从任意初始状态 $x(0)$ 到达任意期望状态 $x(NT)$，则称该系统是状态完全能控的（简称是能控的）。

系统状态完全能控的充分必要条件是 $N = n$（n 为系统的阶次），并且

$$W_c = [A^{-1}B\,A^{-2}B\cdots A^{-N}B]$$

是非奇异的，即 rank $W_c = n$，W_c 为能控性矩阵。

如果离散系统是由脉冲传递函数描述的，则该离散系统能控的条件是脉冲传递函数的分子和分母不存在对消因子，否则离散系统是不能控的。

系统的能控性是由系统结构决定的，改变状态变量的选取，并不能改变系统的能控性。若一个 n 阶系统是能控的，那么就一定存在控制序列使系统 n 步达到给定状态。如果系统是不能控的，增加控制步数也不能使系统变为能控的。

3. 数字控制系统的能观性

配置系统极点时，需要全状态变量反馈，但是能否测量和重构全部状态，就要

判断系统的能观性。

对于式（1-37）所示离散系统，能观性的定义为：如果可以利用系统的输出 $y(kT)$，在有限的时间 NT 内唯一确定系统的初始状态 $x(0)$，则称该系统是能观的。

离散系统能观性的充分必要条件是

$$\text{rank } \boldsymbol{W}_0 = \text{rank}\left[\boldsymbol{C} \boldsymbol{C} \boldsymbol{A} \cdots \boldsymbol{C} \boldsymbol{A}^{n-1}\right]^{\mathrm{T}} = n$$

式中，$\boldsymbol{W}_0$ 为能观性矩阵，$\boldsymbol{W}_0 = \left[\boldsymbol{C} \boldsymbol{C} \boldsymbol{A} \cdots \boldsymbol{C} \boldsymbol{A}^{n-1}\right]^{\mathrm{T}}$。

能观性也是由系统性质决定的，如果系统不能观，那么增加测量值也不能使系统变为能观。

1.5.3 状态空间设计法

利用状态反馈构成控制规律是现代控制理论的基本方法。由于"状态"全面反映了系统的特性，利用状态反馈就有可能实现较好的控制。状态反馈可以任意地配置系统的极点，为控制系统的设计提供了有效的方法。

1. 状态反馈控制

给定离散系统的状态方程为

$$x(kT + T) = \boldsymbol{A}x(kT) + \boldsymbol{B}u(kT)$$
$$y(kT) = \boldsymbol{C}x(kT) + \boldsymbol{D}u(kT)$$

若采用状态线性反馈控制，控制作用可表示为

$$u(kT) = -\boldsymbol{K}x(kT) + \boldsymbol{L}r(kT)$$

式中，$r(kT)$ 是 p 维参考输入量；$\boldsymbol{K}$ 是 $m \times n$ 维状态反馈增益矩阵；$\boldsymbol{L}$ 是 $m \times p$ 维输入矩阵。由上面两式可得系统结构，如图 1-17 所示。若令 $\boldsymbol{L}$ 等于 1，闭环系统的状态方程为

$$x(kT + T) = \left[\boldsymbol{A} - \boldsymbol{BK}\right]x(kT) + \boldsymbol{B}r(kT)$$
$$y(kT) = \left[\boldsymbol{C} - \boldsymbol{DK}\right]x(kT) + \boldsymbol{D}r(kT) \tag{1-39}$$

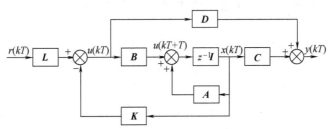

图 1-17　状态反馈控制系统结构

由于引入了状态反馈，整个闭环系统的特性发生了变化。由上式可知：

1）闭环系统的特征方程由 $\left[\boldsymbol{A} - \boldsymbol{BK}\right]$ 决定，系统的阶次不改变，由于闭环系统的稳定特性取决于它的特征根，所以通过选择状态反馈增益矩阵 $\boldsymbol{K}$，可以改变系统的稳定性。

2) 闭环系统的能控性由 $[A-BK]$ 及 B 决定，可以证明，如开环系统是能控的，闭环系统也是能控的，反之亦然。

3) 闭环系统的能观性是由 $[A-BK]$ 及 $[C-DK]$ 决定的，如果开环系统是能控能观的，加入状态反馈控制，由于 K 的不同选择，闭环系统可能失去能观性。

4) 状态反馈时，闭环系统的特征方程为

$$\Delta(z) = \det[zI - A_c] = \det[zI - A + BK] = 0 \qquad (1-40)$$

式中，$A_c = A - BK$。

可见，状态反馈增益矩阵 K 决定了闭环系统的特征根。即如果系统是完全能控的，通过选择 K 可以配置闭环系统的特征根。可以证明，状态反馈不能改变或配置系统的零点。

状态反馈增益矩阵可以依据不同的要求，采用不同的方法确定。依据给定的极点位置，确定反馈增益矩阵是最简单常用的方法。

2. 单输入-单输出系统的极点配置

极点配置法的基本思想是，由系统的性能要求确定闭环系统的期望极点位置，然后依据期望极点位置确定反馈增益矩阵 K。对于单输入系统，$m=1$，反馈增益矩阵 K 是一个行矢量，仅包含 n 个元素，所以可由 n 个极点唯一确定。

（1）系数匹配法 若给定闭环系统期望特征根为

$$z_i = \beta_i (i = 1, 2, \cdots, n)$$

因此，它的期望特征方程为

$$\alpha_c(z) = (z - \beta_1)(z - \beta_2) \cdots (z - \beta_n) = 0$$

状态反馈闭环系统的特征方程为

$$\det[zI - A + BK] = 0$$

使上面两式各项系数相等，可得 n 个代数方程，从而可求得 n 个未知系数 K_i。

（2）能控标准型法 若系统的阶次较高，系数匹配法中行列式展开将比较复杂，常用其他方法。

对于一个完全能控的系统，通过非奇异变换

$$\tilde{x} = Tx$$

总可以将其变换为能控标准形

$$x(kT + T) = \begin{bmatrix} 0 & 1 & 0 & \cdots & 0 \\ 0 & 0 & 1 & \cdots & 0 \\ \cdots & \cdots & \cdots & \cdots & \cdots \\ -a_n & -a_{n-1} & & \cdots & -a_1 \end{bmatrix} x(kT) + \begin{bmatrix} 0 \\ 0 \\ \vdots \\ 1 \end{bmatrix} u(kT)$$

此时，闭环系统的特征方程很容易求得，为

$$\det[zI - A + BK] = z^n + (a_1 + K_n)z^{n-1} + (a_2 + K_{n-1})z^{n-2} + \cdots + (a_n + K_1) = 0$$

闭环系统的期望特征方程为

$$\alpha_c(z) = (z - \beta_1)(z - \beta_2)\cdots(z - \beta_n) = z^n + \alpha_1 z^{n-1} + \alpha_2 z^{n-2} + \cdots + \alpha_n$$

由上面两个特征方程系数相等，可求得状态反馈增益 K_i

$$K_1 = \alpha_n - a_n \quad K_2 = \alpha_{n-1} - a_{n-1} \quad \cdots K_n = \alpha_1 - a_1$$

再通过上述非奇异变换的逆变换，将求得的增益转换为原状态空间的增益。

为了实际应用这一方法，Ackerman 基于上述思想，推得了一般公式：

如果单输入系统是能控的，使闭环系统特征方程为 $\alpha_c(z) = 0$ 的反馈增益矩阵 K 可由下式求得

$$K = [\,00\cdots1\,]\,W_c^{-1}\alpha_c(A)$$

式中，W_c 是系统能控矩阵；$\alpha_c(A)$ 是给定的期望特征多项式中变量 z 用 A 代替后所得的矩阵多项式，即 $\alpha_c(A) = A^n + \alpha_1 A^{n-1} + \cdots + \alpha_n$。

1.5.4 状态观测器

在实际的工程中，不论是单输入系统还是多输入系统，采用全状态反馈多少都是不现实的。原因在于测量所有的状态一方面是困难的，另一方面也是不经济的。为了实现状态反馈，除了可以利用不完全状态反馈或输出反馈外，最常用的方法是利用观测器来观测或估计系统的状态。

1. 系统状态的开环估计

给定系统的状态方程为

$$x(kT + T) = Ax(kT) + Bu(kT)$$

$$y(kT) = Cx(kT)$$

观测估计系统状态的最简单的方法是，构造一个系统的模型

$$\hat{x}(kT + T) = A\,\tilde{x}(kT) + Bu(kT) \tag{1-41}$$

式中，$\hat{x}(kT)$ 是模型的状态或状态的估计值。如果 A，B 及 $u(kT)$ 已知，且给定了系统的初始状态 $\hat{x}(0) = x(0)$，那么从上式就可求出状态的估计值 $\hat{x}(kT)$。为使估计的状态准确，模型的参数及初始条件必须和真实系统一致。图 1-18 就是这种开环估计的结构。由于没有利用估计误差进行反馈修正，所以称为开环估计。

若令 $\tilde{x}$ 为估计误差，则有

$$\tilde{x} = x - \hat{x}$$

观测误差的状态方程为

$$\tilde{x}(kT + T) = A\,\tilde{x}(kT)$$

由该式可见，开环估计时，观测误差 $\tilde{x}$ 的转移矩阵是原系统的转移矩阵 A，这是不希望的，因为在实际系统中，观测误差总是存在的，如果原系统是不稳定的，那么观测误差也就不稳定，观测值将不能收敛到实际值，从图 1-18 可以看到，开环估计只利用了原系统的输入信号 $u(kT)$，并没有利用原系统可测量的输出信号，还可以构造一种闭环估计器，以便利用原系统的输出与估计器输出之间的误差，修

正模型的输入。

2. 全阶状态观测器的设计

为了解决开环估计的缺点，可以利用观测误差修正模型的输入，构成闭环估计，如图1-19所示。由于利用系统输出值不同，有两种实现状态闭环估计的方法。一种方法是利用 $y(kT-T)$ 值来估计状态 $x(kT)$ 值；另一种方法是利用另一现今测量 $y(kT)$ 值来估计状态 $x(kT)$ 值。

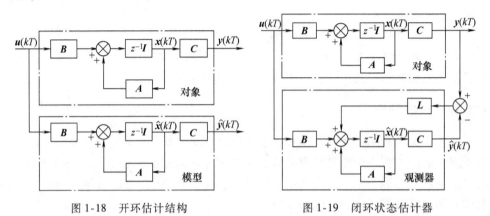

图1-18　开环估计结构　　　　图1-19　闭环状态估计器

第一种方法的基本思想是，根据测量的输出值 $y(kT)$ 去预估下一时刻的状态 $\hat{x}(kT+T)$。

根据图1-19，可得观测器的方程

$$\hat{x}(kT+T) = A\,\hat{x}(kT) + Bu(kT) + L\big[y(kT) - C\,\hat{x}(kT)\big]$$
$$= [A - LC]x(kT) + Bu(kT) + Ly(kT)$$

$$(1-42)$$

式中，L 是观测器的 $n \times r$ 维反馈增益矩阵。因为观测值 $\hat{x}(kT+T)$ 是在测量值 $y(kT+T)$ 之前求得的，故称为预测观测器。

由原系统方程可得观测误差方程

$$\tilde{x}(kT+T) = [A - LC]\tilde{x}(kT)$$

这是一个齐次方程，它表明观测误差与 $u(kT)$ 无关，它的动态特性由 $[A-LC]$ 决定。如果 $[A-LC]$ 的特性是快速收敛的，那么对任何初始误差，观测误差将快速收敛于零，即观测值快速收敛于实际值。

观测器的设计要合理地确定增益矩阵 L。确定 L 的基本思想是，保证观测器的动态响应满足规定的要求，即要求观测器系统的极点位于给定的位置。

在给定了观测器期望极点之后，确定增益 L 的问题与上面讨论的配置极点设计反馈控制规律的问题相同。可以证明，若原系统是完全能观的，那么可以选择反馈增益矩阵 L 任意配置观测器系统的极点。

在设计观测器时，使用 Ackerman 公式应做如下的替换：

$$K \to L^{\mathrm{T}}, W_c \to W_c^{\mathrm{T}}, A \to A^{\mathrm{T}},$$

此时可得下述替换公式

$$\boldsymbol{L}^{\mathrm{T}} = [\,00\cdots1\,](\boldsymbol{W}_c^{\mathrm{T}})^{-1}\alpha_c(\boldsymbol{A}^{\mathrm{T}})$$

式中，$\alpha_c(\boldsymbol{A}^{\mathrm{T}})$ 是观测器期望特征多项式，它由给定的希望极点确定。

第二种方法称为现今值观测器，如图 1-20 所示。

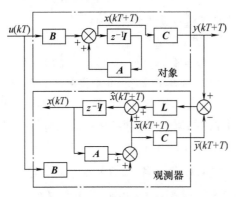

图 1-20　现今值观测器

若已有了 k 时刻的观测值，根据系统模型可以预测下一时刻的状态值：

$$\overline{\boldsymbol{x}}(kT+T) = \boldsymbol{A}\,\hat{\boldsymbol{x}}(kT) + \boldsymbol{B}u(kT) \tag{1-43}$$

测量 $(kT+T)$ 时刻的系统输出值 $\boldsymbol{y}(kT+T)$，并用观测误差 $[\boldsymbol{y}(kT+T)-\boldsymbol{C}\,\hat{\boldsymbol{x}}(kT+T)]$ 修正预测值，从而得到 $(kT+T)$ 时刻的观测值

$$\hat{\boldsymbol{x}}(kT+T) = \overline{\boldsymbol{x}}(kT+T) + \boldsymbol{L}[\boldsymbol{y}(kT+T) - \boldsymbol{C}\,\overline{\boldsymbol{x}}(kT+T)]$$

$$\hat{\boldsymbol{x}}(kT+T) = \boldsymbol{A}\,\hat{\boldsymbol{x}}(kT) + \boldsymbol{B}u(kT) + \boldsymbol{L}[\,y(kT+T) - \boldsymbol{C}(\boldsymbol{A}\,\hat{\boldsymbol{x}}(kT+T) + \boldsymbol{B}u(kT))]$$

$$= [\boldsymbol{A}-\boldsymbol{LCA}]\hat{\boldsymbol{x}}(kT) + [\boldsymbol{B}-\boldsymbol{LCB}]u(kT) + \boldsymbol{L}y(kT+T)$$

$$\tag{1-44}$$

式中，$\boldsymbol{L}$ 仍是观测器增益矩阵。可以证明，通过选择反馈增益 $\boldsymbol{L}$ 也可任意配置现今值观测器的极点。采用这种观测器，可使控制作用的计算减少时间延迟，比预测观测器更合理。

3. 降阶观测器

在实际系统中，某些状态可以由输出直接得到，不用重构，这时只需观测其余的不可测量的状态。观测器的维数可以降低，结构可以简化，这种观测器称为降阶观测器。

假设系统有 p 个状态可以直接测量，那么仅有 $q = n - p$ 个状态需要观测，现将状态变量分成两部分，一部分是可以直接测量的，用 $\boldsymbol{x}_1$ 表示，另一部分是需要观测的，用 $\boldsymbol{x}_2$ 表示。此时状态 $\boldsymbol{x}(kT)$ 可表示为

$$\boldsymbol{x}(kT) = \begin{bmatrix} \boldsymbol{x}_1(kT) \\ \boldsymbol{x}_2(kT) \end{bmatrix}$$

整个的系统状态方程可表示为

$$\begin{bmatrix} \boldsymbol{x}_1(kT+T) \\ \boldsymbol{x}_2(kT+T) \end{bmatrix} = \begin{bmatrix} \boldsymbol{A}_{11} & \boldsymbol{A}_{12} \\ \boldsymbol{A}_{21} & \boldsymbol{A}_{22} \end{bmatrix} \begin{bmatrix} \boldsymbol{x}_1(kT) \\ \boldsymbol{x}_2(kT) \end{bmatrix} + \begin{bmatrix} \boldsymbol{B}_1 \\ \boldsymbol{B}_2 \end{bmatrix} \boldsymbol{u}(kT)$$

$$\boldsymbol{y}(kT) = \begin{bmatrix} \boldsymbol{I} & 0 \end{bmatrix} \begin{bmatrix} \boldsymbol{x}_1(kT) \\ \boldsymbol{x}_2(kT) \end{bmatrix}$$

该式可由一般形式的方程通过非奇异变换求得。

由上面的方程可得

$$\boldsymbol{x}_2(kT+T) = \boldsymbol{A}_{22}\boldsymbol{x}_2(kT) + \boldsymbol{A}_{21}\boldsymbol{x}_1(kT) + \boldsymbol{B}_2\boldsymbol{u}(kT)$$

式中，后两项 $\boldsymbol{A}_{21}\boldsymbol{x}_1(kT) + \boldsymbol{B}_2\boldsymbol{u}(kT)$ 可直接测得，可以看作是输出量。

由此可知，上面两式组成了一个降阶系统，前者是系统的动态方程，后者是输出方程。利用全维观测器的结果，可以得到降阶观测器的方程

$$\begin{aligned} \hat{\boldsymbol{x}}_2(kT+T) &= \boldsymbol{A}_{22}\hat{\boldsymbol{x}}_2(kT) + \boldsymbol{A}_{21}\boldsymbol{x}_1(kT) + \boldsymbol{B}_2\boldsymbol{u}(kT) + \boldsymbol{L}[\boldsymbol{x}_1(kT+T) \\ &\quad - \boldsymbol{A}_{11}\boldsymbol{x}_1(kT) - \boldsymbol{B}_1\boldsymbol{u}(kT) - \boldsymbol{A}_{12}\hat{\boldsymbol{x}}_2(kT)] \\ &= [\boldsymbol{A}_{22} - \boldsymbol{L}\boldsymbol{A}_{12}]\hat{\boldsymbol{x}}_2(kT) + [\boldsymbol{A}_{21} - \boldsymbol{L}\boldsymbol{A}_{11}]\boldsymbol{y}(kT) \\ &\quad + [\boldsymbol{B}_2 - \boldsymbol{L}\boldsymbol{B}_1]\boldsymbol{u}(kT) + \boldsymbol{L}\boldsymbol{y}(kT+T) \end{aligned} \tag{1-45}$$

式中，$\boldsymbol{L}$ 为观测器增益矩阵。在上式中，$\boldsymbol{x}_1(kT+T)$ 作为测量值使用，所以虽然用的是预测观测器方程，但推得的结果已是现今值观测器。

可以证明，如果系统的全阶观测器存在，那么降阶观测器也一定存在，因此也可以通过选择 $\boldsymbol{L}$ 来任意配置观测器的极点。

1.6　数字控制系统软件设计的实际考虑

1.6.1　数字控制系统软件设计

计算机控制程序通常可以包括监控程序设计和控制程序设计，程序设计不但要保证功能正确，而且要求程序编制方便、简洁，容易阅读、修改和调试。

1. 软件设计的基本方法

对于软件设计，许多人认为，不就是使用有关的程序语言一条一条地编写实现有关功能的程序吗？实际上，对于"软件设计"这个概念来说，用程序语言编写有关具体的程序只是整个软件设计工作中的一个很小的环节，甚至可以说不属于软件设计的范围。它只是软件设计完成之后的一个具体化过程，即编程不等于设计。

一个软件在研制者了解了软件的功能要求之后着手进行设计，其工作可分为两个阶段：总体设计（概要设计）和详细设计。

1）总体设计中应完成以下工作：

● 程序结构的总体设计——决定软件的总体结构，包括软件分为哪些部分，各部分之间的联系，以及功能在各部分间的分配。

- 数据结构设计——决定数据系统的结构或数据的模式，以及完整性、安全性设计。
- 完成设计说明书——将软件的总体结构和数据结构的设计作一文字总结，作为下一阶段设计的依据，也是整个设计中应有的重要文档之一。
- 制定初步的测试计划——完成总体设计之后，应对将来的软件测试方法、步骤等提出较为明确的要求，尽管一开始这个计划是不十分完善的，但在此基础上经过进一步完善和补充，可作为测试工作的重要依据。
- 总体设计的评审——在以上工作完成后，组织对总体设计工作质量的评审，对有缺陷的地方加以弥补，特别应重视以下几个方面：软件的整个结构和各子系统的结构、各部分之间的联系、软件的结构如何保证需求的实现等。

2）详细设计要完成的工作包括：

- 确定软件各个组成部分的算法以及各个部分的内部数据结构。
- 使用程序流程图或 N-S 图等方式，对各个算法进行描述，并完成整个软件系统的流程图或 N-S 图。
- 对详细设计进行评审。

在完成详细设计之后，就完成了软件的设计工作，软件设计的目标是要取得最佳的设计方案。"最佳"的涵义是指在若干个候选方案中，在节省研制费用、降低资源消耗、缩短研制时间的条件下，赢得较高的工作效率，以及较高的软件可靠性和可维护性。

软件设计是软件开发的关键，它要比具体程序的编写重要得多，软件设计工作做得充分，程序的编写将非常容易。

2. 交流电机微机控制系统软件设计的具体问题

对于电力电子系统控制软件而言，其特点是与硬件的密切联系和实时性。因此在设计时，通常是硬件、软件同时进行考虑，强调"软硬兼施"的能力。其一般原则是在保证实时控制的条件下，尽量采用软件。但这也是一个要依据实时性和性价比来综合平衡的问题，一味地硬件软件化并不是一个好的方案。

另外，对于数字实时控制和反馈等方面，还涉及连续系统的离散化、输入输出量化及字长处理、采样频率等诸多问题，都需要在设计阶段进行考虑。

3. 数字控制系统的软件抗干扰措施

要使数学控制系统正常工作，除采用硬件抗干扰措施外，在软件上也要采取一定的抗干扰措施。下面介绍几种提高软件可靠性的方法。

（1）数字滤波 尽管采取了硬件抗干扰措施，外界的干扰信号总是或多或少地进入微机控制系统，可以采取数字滤波的方法来减少干扰信号的影响。数字滤波的方法有程序判断滤波、中值滤波、算术平均滤波、加权平均滤波、滑动平均滤波、RC 低通滤波、复合数字滤波等。

（2）程序高速循环法 在应用程序编制中，采用从头到尾执行程序，进行高速循环，使执行周期远小于执行机构的动作时间，一次偶然的错误输出不会造成事故。

（3）设立软件陷阱 外部的干扰或机器内部硬件瞬间故障会使程序计数器偏离原定的值，造成程序失控。为避免这种情况的发生，在软件设计时，可以采用设立陷阱的方法加以克服。

（4）时间监视器 在控制系统中，采用设立软件陷阱的方法只能在一定程度上解决程序失控的问题，但并非在任何时候都有效。因为只有当程序控制转入陷阱区内才能被捕获。但是失控的程序并不总是进入陷阱区的，比如程序进入死循环。

为防止程序进入死循环，经常采用时间监视器，即"看门狗"（Watchdog），用以监视程序的正常运行。

Watchdog 由两个计数器组成，计数器靠系统时钟或分频后的脉冲信号进行计数。当计数器计满时，计数器会产生一个复位信号，强迫系统复位，使系统重新执行程序。在正常情况下，每隔一定时间（根据系统应用程序执行的长短而定），程序使计数器清零，这样计数器就不会计满，因而不会产生复位。但是如果程序运行不正常，例如陷入死循环等，计数器将会计满而产生溢出，此溢出信号用来产生复位信号，使程序重新开始启动。

（5）输入/输出软件的抗干扰措施 为了提高输入输出的可靠性，在软件上也要采取相应的措施。

- 对于开关量的输入，为了确保信息正确无误，在软件上可采取多次读入的方法。
- 软件冗余。对于条件控制的一次采样、处理、控制输出，改为循环地采样、处理、控制输出。
- 在某些控制系统中，对于可能酿成重大事故的输出控制，要有充分的人工干预措施。
- 采用保护程序，不断地把输出状态表的内容传输到各输出接口的端口寄存器中，以维持正确的输出控制。

此外，还有输出反馈、表决、周期刷新等措施，还可以采取实时诊断技术提高控制系统的可靠性。

1.6.2 量化误差与比例因子

1. 量化误差

由于 A-D 采样中的量化过程，使得采样后的信号值 $x(kT)$ 只能以有限的字长近似地表示采样时刻信号的值，如用三位二进制数来表示 $(0.821)_{10}$，其中 $(0.111)_2 = (0.875)_{10}$ 最为接近，此时 $0.875 - 0.821 = 0.054$ 就是"量化误差"，定点二进制数中 b 位小数的最低位的值 2^{-b} 是 b 为二进制小数所能表示的最小单位，称为"量化步长" $q = 2^{-b}$。下面介绍两种量化误差。

（1）截尾量化误差 设正值信号 $x(kT)$ 的准确值为

$$x = \sum_{i=1}^{\infty} \beta_i 2^{-i}$$

如果截尾后的小数部分位数为 b，则

$$[x]_T = \sum_{i=1}^{b} \beta_i 2^{-i}$$

截尾量化误差定义为 $[e]_T = [x]_T - x$，则

$$0 \geqslant [e]_T = -\sum_{i=b+1}^{\infty} \beta_i 2^{-i} \geqslant -2^{-b} = -q$$

当 $x(kT)$ 为负数，且用补码表示时，也可以推出

$$0 \geqslant [e]_T = -\sum_{i=b+1}^{\infty} \beta_i 2^{-i} \geqslant -2^{-b} = -q \tag{1-46}$$

（2）舍入量化误差　设 $x(kT)$ 的准确值仍为

$$x = \sum_{i=1}^{\infty} \beta_i 2^{-i}$$

作舍入处理后为

$$[x]_R = \sum_{i=1}^{b} \beta_i 2^{-i} + \beta_{b+1} 2^{-b}$$

其中，$\beta_{b+1} 2^{-b}$ 为舍入项，β_{b+1} 为 0 或 1。此时

$$[e]_R = \beta_{b+1} \frac{q}{2} - \sum_{i=b+2}^{\infty} \beta_i 2^{-i} \tag{1-47}$$

当 $\beta_{b+1} = 1$ 而 $\beta_i (i = b+2$ 至 $\infty)$ 为 0 时，$[e]_R = q/2$ 为最大值，而当 $\beta_{b+1} = 0$ 而 $\beta_i (i = b+2$ 至 $\infty)$ 为 1 时，$[e]_R = -q/2$。所以 $-q/2 < [e]_R \leqslant q/2$。

而 $x(kT)$ 为负数且用补码表示时，同样可以推出 $-q/2 < [e]_R \leqslant q/2$。

由上述分析可见，舍入处理的误差要小于截尾处理的误差，其误差范围为 $-q/2 \sim q/2$，因此对信号进行量化处理时多采用舍入处理。

2. 比例因子配置和溢出保护

控制算法在计算机实现之前，必须考虑量化效应的影响，首先是选择合理的结构形式，其次是配置比例因子，以使数字控制器的各个支路不产生溢出，而量化误差又足够小，即充分利用量化信号的线性动态范围。

配置比例因子时，需要知道各信号的最大值。闭环系统中各信号的最大可能值的确定是可能的，它涉及控制信号和干扰作用的形式和大小，以及各信号之间的动态响应关系。信号之间的动态关系，在较复杂的系统中较难用计算的方法确定，比

较合适的方法是用数字仿真。

比例因子配置的一般原则：

● 绝大多数情况下，各支路的动态信号不产生上溢。但在个别的最坏情况下，某支路信号可能溢出，可以采用限幅或溢出保护措施，因为这种情况是很少出现的。如果按最坏的情况考虑，则在绝大多数情况下，信号的电平偏低，分辨率降低，影响精度。

● 尽量减少各支路动态信号的下溢值，减少不灵敏区，提高分辨率。

以上两点在给定字长下是相互制约的。

● A-D 和 D-A 比例因子的选择比较单纯，只需使物理量的实际最大值对应于小于最大表示范围的数字量，而物理量的最小值所对应的数字量不小于转换器的一个量化值。在给定转换装置的字长下，有时也会出现两头不能兼顾的情况。此外，A-D 和 D-A 比例因子是有量纲的。

● 控制算法各支路的比例因子宜尽量采用 2 的正负乘幂，便于移位运算，以提高运算速度。数字信号的比例因子是无量纲的。

● 各环节、各支路配置比例因子 2^{γ} 后，应在相应的节点配置反比例因子 $2^{-\gamma}$，以使支路增益和传递特性不变。

● 比例因子的配置需要反复调整和协调。

下面举例说明比例因子的确定方法

某物理量的测量范围为 $0 \sim A_{\mathrm{m}}$，对应于 8 位 A-D 的 $0 \sim 255$，则该物理量的比例因子为 $A_{\mathrm{m}}/255\mathrm{bit}$，即 A-D 转换得到的数字量 N_{x} 对应的实际值为（$A_{\mathrm{m}}/255\mathrm{bit}$）$N_{\mathrm{x}}$。

1.6.3 数据处理及数字滤波

在微机控制系统中，需要大量的数据处理工作，以满足控制系统的不同需要，由于各方面数据来源不同，有的是从 A-D 转换而得，有的则是直接输入的等，因而其数值范围不同，精度要求也不一致，表示方法各有差别，需要对这些数据进行一定的预处理和加工，才能满足控制的要求。

1. 数据的表示方法

在用微机进行数据处理的过程中，用什么方法来表示被操作数，是提高运算精度和速度的一个重要问题。目前微机运算广泛采用的两种基本表达方法有定点数和浮点数。

（1）定点数和定点运算　定点数即小数占位置固定的数，可分为整数、纯小数和混合小数。其表示方法如下：

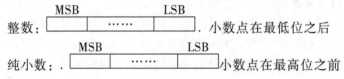

混合小数：
| MSB | LSB |
| ☐ | ···,··· | ☐ | 小数点固定于其整数和小数之间

运算结果的小数点按如下规则确定：

在加减运算中，应遵循小数点对齐的原则，当两个操作数小数位相同，可直接运算，且小数位不变。当两个操作数的小数位不同，则需要通过移位的办法使小数位相同后进行运算。

在乘除运算中，若被乘（被除）数小数位为 M，乘数（除数）的小数位为 N，则结果的小数位为 $M+N(M-N)$。

（2）浮点数和浮点运算 当程序中数值运算的工作量不大，并且参加运算的数的大小相差不大，采用定点运算一般可以满足需要，但定点数运算有以下两个明显缺陷：

- 小数点的位置确定较为困难，需要一系列的繁杂处理。

- 当操作数的范围较大时，不仅需要大幅度增加字长，占用较多的存储单元，且程序处理也较为复杂。

为有效处理大范围的各种复杂运算，提出浮点数和浮点运算。所谓浮点数是指尾数固定，小数点位置随指数的变化而浮动，其数学表达式为

$$\pm M * C^E$$

式中，M 为尾数，是纯小数；E 为阶码，是整数；C 为底，对于微机而言，$C=2$。其中，尾数 M 和阶码 E 均以补码表示。如 $0.2 \times 2^3 = 1.6$。

浮点数在存储单元中的一种表示方法如下：

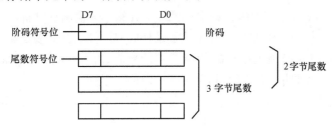

可以根据运算精度要求来选择两字节尾数或三字节尾数来表示。

关于浮点数的运算，有许多现成的子程序，可直接拿来使用，这里不再介绍。但要说明的一点是，由于微机从外部获得的数大多为二进制数或二-十进制（BCD）码，所以在进行运算之前，必须将其转换为浮点数，而且要按照统一的数据格式转换，称为浮点规格化，这一处理也有现成的实用子程序可以直接使用。在浮点型处理器中，则可以直接使用浮点数计算，而不用遵循上述规则。

2. 数字滤波程序的设计

电力电子系统的使用场合多为工业现场，干扰源很多，如电场、磁场、环境温度等。在模拟系统中，为消除干扰，常常采用 RC 滤波，而在微机控制系统中，为减少采样值的干扰因素、提高系统的可靠性，常常采用数字滤波技术。

所谓数字滤波，是指通过一定的计算程序，对采样信号进行平滑加工，提高其有用信号，抑制或消除各种干扰和噪声。

数字滤波与模拟 RC 滤波相比，具有无须增加硬件设备、可靠性高、不存在阻抗匹配问题、可以多通道复用、可以对很低的频率进行滤波、可以灵活方便地修改滤波器的参数等特点。数字滤波的方法有很多，可根据不同的需要进行选择。下面介绍几种常用的数字滤波方法。

（1）程序判断滤波 程序判断滤波是根据生产经验，确定两次采样信号可能出现的最大偏差，若超过此偏差值，则表明该输入信号是干扰信号，应该除去，否则作为有效信号。

当采样信号由于外界电路设备的电磁干扰或误检测以及传感器异常而引起的严重失真时，均可采用此方法。

程序判断滤波根据其处理方法的不同，可分为限幅滤波和限速滤波两种。

限幅滤波：即将两次相邻采样值的增量绝对值与允许的最大差值进行比较，当小于或等于时，则本次采样值有效，否则应除去而代之以上次采样值。该法适用于缓变量的检测，其效果好坏的关键在于门限值的选择。

限速滤波：限速滤波的方法可表述如下：

设顺序采样时刻 t_1、t_2、t_3 所采集的参数分别为 $Y(1)$、$Y(2)$、$Y(3)$，那么

当 $|Y(2) - Y(1)| \leqslant \Delta Y$ 时，$Y(2)$ 输入计算机；

当 $|Y(2) - Y(1)| > \Delta Y$ 时，$Y(2)$ 不采用，但仍保留，继续采样取得 $Y(3)$；

当 $|Y(3) - Y(2)| \leqslant \Delta Y$ 时，$Y(3)$ 输入计算机；

当 $|Y(3) - Y(2)| > \Delta Y$ 时，则取 $[Y(2) + Y(3)]/2$ 输出计算机。

限速滤波是一种折中方法，既照顾了采样的实时性，又顾及了被测量变化的连续性。但 ΔY 的确定必须根据现场的情况不断更新，同时不能反映采样点数 $N > 3$ 时各采样值受干扰的情况，因此其应用有一定的局限性。

（2）中值滤波 中值滤波是对某一参数连续采样 N 次（一般为奇数），然后依大小排序，取中间值作为本次采样值。

中值滤波对于去掉由于偶然因素引起的波动或采样器不稳定而造成的误差所引起的脉动干扰比较有效。若变量变化比较缓慢，采用中值滤波效果比较好，但对于快速变化过程的参数则不宜采用。

（3）算术平均值滤波 算术平均值滤波是要寻找一个 $Y(k)$，使该值与各采样值之间误差的二次方和为最小，即

$$S = \min\left[\sum_{i=1}^{N} e^2(i) \right] = \min\left\{ \sum_{i=1}^{N} [Y(u) - X(i)]^2 \right\}$$

由一元函数求极值原理，得

$$\overline{Y}(k) = \frac{1}{N} \sum_{i=1}^{N} X(i) \tag{1-48}$$

式中，$\overline{Y}(k)$ 为第 k 次 N 个采样值的算术平均值；$X(i)$ 为第 i 次采样值；N 为采样次数。

该方法主要用于对压力、流量等周期脉动的采样值进行平滑加工，但对于脉冲性干扰的平滑作用尚不理想。

（4）加权平均滤波 该方法是在算术平均值滤波的基础上，给各采样值赋予权重，即

$$\overline{Y}(k) = \sum_{i=0}^{N-1} C_i X_{N-i} \tag{1-49}$$

且有 $\sum_{i=0}^{N-1} C_i = 1$。

这种滤波方法可以根据需要突出信号的某一部分，抑制信号的另一部分。

（5）滑动平均值滤波 算术平均值滤波和加权平均滤波都需要连续采样 N 个数据，然后求得算术平均值或加权平均值，需要时间较长。为了克服这个缺点，可采用滑动平均值滤波法。即先在 RAM 中建立一个数据缓冲区，依顺序存放 N 次采样数据，每采进一个新数据，就将最早采集的那个数据丢掉，而后求包括新数据在内的 N 个数据的算术平均值或加权平均值。这样，每进行一次采样，就可计算出一个新的平均值，从而大大加快了数据处理的速度。

（6）RC 低通数字滤波 前面讲的几种滤波方法基本上属于静态滤波，主要适用于变化过程比较快的参数，但对于慢速随机变量，采用短时间内连续求平均值的方法，其滤波效果往往不够理想。

为了提高滤波效果，可以仿照模拟 RC 滤波器的方法，如图 1-21 所示，用数字形式实现低通滤波。

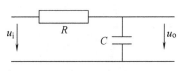

图 1-21　RC 低通滤波器

模拟 RC 低通滤波器的传递函数为

$$G(s) = \frac{Y(s)}{X(s)} = \frac{1}{\tau s + 1}$$

式中，τ 为 RC 滤波器的时间常数，$\tau = RC$。由上式可以看出，RC 低通滤波器实际上是一个一阶滞后的滤波系统。

将上式离散化，可得

$$Y(k) = (1 - \alpha) Y(k-1) + \alpha X(k) \tag{1-50}$$

式中，$X(k)$ 为第 k 次采样值；$Y(k)$ 为第 k 次滤波结构输出值；α 为滤波平滑系数；$\alpha = 1 - e^{-T/\tau}$；T 为采样周期。当 $T/\tau \ll 1$ 时，$\alpha \approx T/\tau$。

式（1-50）即为模拟 RC 低通滤波器的数字实现，可以用程序实现。

类似地，可以得到高通数字滤波器的离散表达式：

$$Y(k) = \alpha X(k) - (1 - \alpha) Y(k-1) \tag{1-51}$$

（7）复合数字滤波 为了进一步提高滤波效果，可以把两种或两种以上不同

滤波功能的数字滤波器组合起来，组成复合数字滤波器（或称为多级数字滤波器）。

关于数字滤波器的编程，已有不少成熟的例子，读者可阅读相关参考文献［2］。

参 考 文 献

［1］　郭锁凤．计算机控制系统—设计与实现［M］．北京：航空工业出版社，1987．

［2］　潘新民，等．单片微型计算机实用系统设计［M］．北京：人民邮电出版社，1992．

［3］　戴忠达．自动控制理论基础［M］．北京：清华大学出版社，1989．

［4］　姜建国，等．信号与系统分析基础［M］．北京：清华大学出版社，1994．

［5］　胡广书．数字信号处理：理论、算法与实现［M］．北京：清华大学出版社，1997．

［6］　陶永华，等．新型 PID 控制及其应用［M］．北京：机械工业出版社，1998．

［7］　奥斯特洛姆 K J，等．计算机控制系统［M］．王晓陵，等，译．哈尔滨：哈尔滨船舶工程学院出版社，1987．

第2章

交流电机数字控制系统硬件基础

2.1 概述

交流电机的数字控制系统包括信号的测量、滤波、整形，核心算法的实时完成及驱动信号的产生，系统的监控、保护等功能。由于矢量控制、直接转矩控制、无速度传感器控制、基于智能化的系统控制（如模糊控制、滑模变结构控制、人工神经网络控制）等新理论的应用，使交流传动中的控制算法越来越复杂。早期交流电机的控制均以模拟电路为基础，采用运算放大器、非线性集成电路以及少量的数字电路组成；控制系统的硬件部分非常复杂，功能单一，而且系统控制非常不灵活、调试困难，因此阻碍了交流电机控制的发展和应用范围的推广。随着数字处理器技术的日新月异，特别是 DSP 等高速处理器的出现，使很多功能和算法可以采用软件技术来完成，为交流电机的控制提供了更大的灵活性，并使系统能够达到更高的性能，交流电机的数字控制系统因此而得以迅速推广。

交流电机数字控制系统的硬件部分，包括微处理器、接口电路及外围设备，其中微处理器是控制系统的核心，它通过内部控制程序，对输入接口输入的数据进行处理，完成控制计算等工作，通过输出接口电路向外围设备发出各种控制信号，外围设备除了检测元件和执行机构，还包括各种操作、显示以及通信设备。微处理器技术的最新发展包括以下几个方面：处理器、系统结构和存储器件。目前适用于交流电机数字控制系统的微处理器主要有单片机、数字信号处理器（DSP）、精简指令集计算机（RISC）以及专用集成电路（ASIC）等。此外，在系统设计时，还要合理进行软硬件的分工，以达到系统最优。

2.2 微机控制系统硬件设计的一般问题

交流电机数字控制系统的硬件设计是一个综合运用多学科知识、解决系统的基础及可靠性问题的过程，涉及的知识面较广，包括交流电机的控制、计算机技术、测试技术、数字电路、电力电子技术、功率变换及其驱动技术等，因此它的设计也是一个复杂的系统问题。硬件系统设计是整个交流电机的数字控制系统设计中的重要基础，没有一个可靠的硬件基础，任何功能都难以发挥作用。

2.2.1　交流电机数字控制系统的设计方法和步骤

交流电机数字控制系统的设计主要包括以下几个方面内容：

1）控制系统总体方案设计，包括系统的要求、控制方案的选择，以及控制系统的性能指标等；

2）设计主电路拓扑结构；

3）选择各信号的检测传感器及信号调理电路；

4）建立数学模型，并确定控制算法；

5）选择控制芯片，并决定控制部分是自行设计还是购买成套设备。

6）系统硬件设计，包括与 CPU 相关的电路、外围设备、接口电路、逻辑电路、通信电路、主电路的驱动与保护；

7）系统软件设计，包括应用程序的设计、管理以及监控；

8）在各部分软、硬件调试完的基础上，进入系统的联调与实验。

在设计初始阶段，必须确定系统的总体要求及技术条件。系统的技术要求必须尽量详细。这些要求不仅涉及控制系统的基本功能，还要明确规定系统应达到的性能指标。功能方面的技术条件要详细列出控制策略、结构和控制系统必须完成的各种控制和调节任务，以及控制系统的主要性能指标（包括响应时间、稳态精度、通信接口）等。

交流电机数字控制系统的研制过程如图 2-1 所示。

硬件系统的设计要具备以下几个方面的知识和能力：

1）必须具备一定的硬件基础知识。硬件不仅包括各种微处理器、存储器及 I/O 接口，而且还包括电力电子电路、数字电路、模拟电路、对装置或系统进行信息设定的键盘及开关、检测各种输入量的传感器、控制用的执行装置与控制器及各种仪器进行通信的接口，以及打印及显示设备。

2）具有综合运用知识的能力。必须

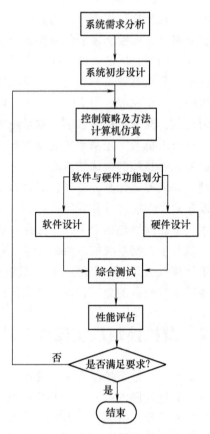

图 2-1　交流电机数字控制系统的研制过程

善于将一个微机控制系统或装置的复杂设计任务划分成许多便于实现的组成部分。特别是对软件、硬件之间需要折中协调时，通常解决的办法是尽量减少硬件（以便使控制系统的价格减到最低），并且应对软件的进一步改进留有余地。因此，对交流电机数字控制系统而言，衡量设计水平时，往往看其在"软硬兼施"方面的应用能力。一种功能往往是既能用硬件实现，也可用软件实现，通常情况下，硬件实时性强，一些实时性要求高的功能（如保护、驱动及检测）须用硬件实现。但这将会使系统成本上升，且结构复杂；软件可避免上述缺点，但实时性比较差。如果系统控制回路比较多，或者某些软件设计比较困难时，则可考虑用硬件完成。总之，一个控制系统中，哪些部分用硬件实现，哪些部分用软件实现，都要根据具体情况反复进行分析、比较后确定。一般的原则是，在保证实时性控制的情况下，尽量采用软件。

一般情况下，对于主电路的保护要有多级保护，以提高系统的可靠性。首先要有硬件的过电流、过电压、欠电压、过热等保护，并应具有工作可靠、响应时间短等特点。其次，还要在软件中对故障进行相应的保护和处理，包括故障自诊断等。

3）需要具有一定的软件设计能力，能够根据系统的要求，灵活地设计出所需要的程序，主要有数据采集程序、A-D和D-A转换程序、数码转换程序、数字滤波程序、通信程序、故障处理及保存程序，以及各种控制算法及非线性补偿程序等。

4）在确定系统的总体方案时，要与工艺部门互相配合，并征求用户的意见再进行设计。同时还必须掌握生产过程的工艺性能及实际系统的控制方法。

硬件设计完成后，可以针对不同的功能块使用仿真开发器分别调试。调试的过程也是软件逐步加入及完善的过程。软、硬件的协调配合能力及相互的影响，可以通过软件在实际硬件上的运行来进行实时检验，这样可以将检验结果与技术条件进行比较，并提出改进的方法。

2.2.2 交流电机的数字控制系统总体方案的确定

确定交流电机的数字控制系统总体方案，是进行系统设计的第一步。总体方案的好坏直接影响整个控制系统的投资、调节品质及实施难易程度。确定控制系统的总体方案必须根据实际应用的要求，结合具体被控对象而定。但在总体设计中还是有一定的共性，大体上可以从以下几个方面进行考虑。

1. 确定控制系统方案

根据系统的要求，首先确定出系统是通用型控制系统，还是高性能的控制系统，或是特殊要求的控制系统。其次要确定系统的控制策略，是采用变压变频（VVVF）控制、矢量控制，还是采用直接转矩控制等。第三要确定控制器的选择和控制系统的架构，是主从控制系统，还是采用分布式控制系统。

在数字控制系统中，通过模块化设计，可以使系统通用性增强，组合灵活。在主从控制系统或是分布式控制系统中，多由主控板和系统支持板组成。支持板的种类很多，如 A-D 和 D-A 转换板、并行接口板、显示板等，通常采用统一的标准总线，以方便功能板的组合。

2. 选择主电路拓扑结构

在交流电机的数字控制系统中，必须根据系统容量的大小以及实际应用的具体要求来选择适当的主电路拓扑结构。20 世纪 80 年代以来，以门极关断（GTO）晶闸管、BJT（双极结型晶体管）、MOSFET（金属氧化物半导体场效应晶体管）为代表的自关断器件得到长足的发展，尤其是以 IGBT 为代表的双极型复合器件的惊人发展，使得电力电子器件正沿着大容量、高频率、易驱动、低损耗、智能模块化的方向迈进。伴随着电力电子器件的飞速发展，各种逆变器主电路的发展也日趋多样化。

（1）普通三相逆变器 通常也称为两电平逆变器，这种拓扑结构比较简单，为了获得大功率，可采用器件的串并联来实现。

（2）降压-普通变频-升压电路 这种结构两侧均需要变压器，体积大，成本高，变频部分一般采用交-直-交结构，在输出频率较低的情况下，输出变压器的体积会很大，虽然控制较为简单，但性能仍不理想，主要应用于变频器输出电压不能满足要求的情况下。

（3）交-交变频电路 普通两电平逆变器直流侧电压通常由交流电整流获得，因为其中存在直流环节，所以普通两电平逆变器变频效率不高，体积较大。而交-交直接变频电路省去中间直流环节，装置体积小、重量轻，一次功率变换控制效率高。传统交-交直接变频电路输出频率低，最高输出频率一般为输入频率的 $1/3 \sim 1/2$。采用双向 IGBT 的矩阵变换器则没有输出频率的限制，没有直流环节，所以效率高、体积小，多应用于航空等领域。

（4）变压器耦合的多脉冲及多电平逆变器 为获得高压，同时减轻器件上的高压应力，并解决器件并联带来的问题，人们利用升压变压器的特点，将逆变桥通过变压器耦合并联起来，以获得大电流；或者采用多电平变流器结构，通过电路拓扑的串联来获得较高的电压输出，通常有级联 H 桥、二极管箝位型多电平变流器和电容箝位型多电平变流器等，近年来随着研究的不断深入，更涌现出了一批新型的电路拓扑结构。

3. 选择检测元件

在确定总体方案时，必须首先选择好被测变量的测量元件，它是影响控制精度的重要因素之一。测量各种变量，如电压、电流、温度、速度等的传感器，种类繁多，规格各异，因此要正确地选择测量元件。有关这方面的详细内容，请读者参阅相关的参考文献 [1，4]。

4. 选择 CPU 和输入/输出通道及外围设备

交流电机的数字控制系统 CPU 主控板及过程通道通常应根据被控对象变量的多少来确定，并根据系统的规模及要求，配以适当的外围设备，如键盘、显示、外部控制及 I/O 接口等。

选择时应考虑以下一些问题：

1）控制系统方案及控制策略；

2）PWM 的产生方式及 PWM 的数量与互锁；

3）被控对象变量的数目；

4）各输入/输出通道是串行操作还是并行操作；

5）各数据通道的传输速率；

6）各通道数据的字长及选择位数；

7）对键盘、显示及外部控制的特殊要求。

5. 画出整个系统原理图

前面四步完成以后，结合工业流程图，最后要画出一个完整的交流电机数字控制系统原理图，其中包括整流电路、逆变电路、驱动电路，以及各种传感器、变送器、外围设备、输入/输出通道及微处理器部分。它是整个系统的总图，要求全面、清晰、明了。

2.2.3　微处理器芯片的选择

在总体方案确定之后，首要的任务就是选择一种合适的微处理器芯片。正如前面所讲的，微处理器芯片的种类繁多，选择合适的微处理器芯片是交流电机的数字控制系统设计的关键之一。

以微处理器为控制核心的交流电机的数字控制系统设计时通常有两种方法：①用现成的微处理器总线系统；②利用微处理器芯片自行设计最小目标系统。

1. 用现成的微处理器开发板

微处理器供应商或者第三方合作伙伴推出了种类繁多的微处理器开发板，可以提供给初学者熟悉微处理器的硬件设计和软件编程方法。这类开发板一般集成了大部分的功能，并提供丰富的外部拉口，例如 I/O 接口、通信接口、A-D 采样接口、PWM 输出接口等。开发者根据自己的需要，对外部电路进行简单的扩展，就可以设计出一款微处理器控制系统，可以大大减少研究开发和调试的时间。但是这类系统往往成本较高，而且由于外部扩展电路的存在，系统相对复杂，可靠性降低，并且有一些开发板上的功能并不是需要的，所以电路板并不是最精简和最优的。

2. 利用微处理器芯片自行设计最小目标系统

选择合适的微处理器芯片，针对被控对象的具体任务，自行开发和设计一个微处理器最小目标系统，是目前微处理器系统设计中经常使用的方法。这种方法具有针对性强、投资少、系统简单、灵活等特点。特别是对于批量生产，它更具有其独特的优点。

3. 微处理器字长的选择

不管是选用现成的微处理器系统，还是自行开发设计，面临的第一个问题就是微处理器的选型，位数越长，主频越高，微处理器的处理精度越高，功能越强，但成本也越高。因此，必须根据系统的实际需要进行选用，否则将会影响系统的功能及造价。现将各种字长微处理器的用途简述如下。

（1）16 位单片机　这是一种高性能单片机，目前已经有许多品种系列。16 位单片机基本上可以满足交流电机的数字控制系统的控制精度的要求。许多通用交流电机的数字控制系统都采用 16 位单片机作为控制核心。

（2）DSP 芯片　DSP 芯片一般采用的是 16 位或 32 位数字系统，因此精度高。16 位的数字系统可以达到 10^{-5} 的精度，加之其运算速度快，可以在较短的采样周期内完成各种复杂的控制算法，非常适合高性能交流电机控制系统的应用。专门为电机控制设计的 DSP 芯片中，集成了 PWM 产生模块、A-D 采样模块、通信模块等，并有各种中断接口和通用 I/O 接口，大大简化了外围电路的设计。为了满足高性能计算的需求，目前的 DSP 芯片也已经从定点 DSP 逐步发展到浮点 DSP，并且出现了多核的 CPU 芯片，计数速度也越来越快，通过多路并行计算技术，有的芯片运算速度可以达到 1GHz 以上。

2.3　微处理器和控制芯片简介

微处理器是交流电机数字控制系统的核心，机型的选择往往直接影响系统的控制功能和控制效果的实现。通常，适用于交流电机数字控制系统的微处理器种类很多，各种类型微处理器的性能和结构也千差万别。如何选择最佳的控制核心是每个工程技术人员所必须面对的问题，所以必须对各种微处理器有一个全面的了解。

2.3.1　单片机

单片微型计算机（Single Chip Microcomputer）简称为单片机。它是在一块芯片上集成了中央处理单元（CPU）、只读存储器（ROM）、随机存储器（RAM）、输入/输出（I/O）接口、可编程定时器/计数器等，有的甚至包含有 A-D 转换器。从美国仙童（Fairchild）公司 1974 年生产出第一块单片机（F8）开始，短短十几年的时间，单片机如雨后春笋般大量涌现出来，如 Intel、Motorola、Zilog、TI、NEC 等世界上几大计算机公司，纷纷推出自己的单片机系列。其特点：

1）集成度高，功能强；

2）结构合理，存储容量大，速度快；

3）抗干扰能力力强；

4）指令丰富。

其性能指标主要有：

1）CPU 指令集是否丰富。由指令助记符组成的汇编程序由编译程序转化为单片机可以识别的数据文件，由单片机顺序执行。借助于先进的编译器，C 语言编译为汇编语言的效率也大大提高。汇编语言的指令一般可分为以下几类：算术运算、逻辑操作、数据传送、程序分支。

2）速度是否快，即系统时钟频率大小及指令执行周期的长短。

3）资源是否丰富，包括 RAM（SRAM、DRAM）、ROM（EPROM、PROM、E^2PROM）、Flash I/O 接口、A-D 和 D-A 转换、中断等。ROM 用于存放程序和常数，RAM 用于存放变量和中间结果。

4）功耗和体积。

以下介绍高性能单片机的品种和主要特点。

1. MCS-51 系列

MCS-51 系列单片机是 Intel 公司在其 MCS-48 系列单片机基础上推出的高性能 8 位单片机，如图 2-2 所示，目前已经不再用作主控制器，一般用于一些辅助控制器，或者用于一些简单的电机控制，目前还有一些衍生型号存在。

主要特点：

1）硬件功能：4 ~ 8KB 内部 ROM，128 ~ 256B RAM，外部寻址范围为 64KB，5 个中断源，2 个 16 位定时器/计数器，32 个 I/O 接口。

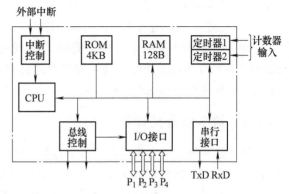

图 2-2 Intel MCS-51 单片机框图

2）软件功能：丰富的指令集，内部的位处理器，特别适于逻辑处理和控制。

3）外部晶体振荡频率为 6 ~ 12MHz，指令周期为 1μs。

随着 DSP 的出现，51 和 96 单片机也已经逐步被淘汰。

2. 英飞凌 XC166 系列单片机

英飞凌 XC166 系列单片机具有 5 级流水线结构，指令周期为 25ns，具有灵活的外部总线接口和 16 级中断优先级系统：

1）增强的位操作功能。

2）支持高级语言和操作系统的附加指令。

3）16MB 总的线性地址空间，用于代码和数据的存储。

4）56 个中断源，16 个优先级的中断系统。

5）8 通道经由周边事件控制器（PEC）用中断驱动的单周期数据传递。

6）片内的存储器模块，包括：

• 3KB 的片内 RAM（IRAM）；

• 8KB 的片内扩展 RAM（XRAM）；

● 256KB 的片内可编程闪速 (FLASH) 存储器 (可以达到每分钟 100 个编程/擦除周期);

● 4KB 的片内数据存储 Flash/EEPROM (可以达到每分钟 100000 个编程/擦除周期)。

7) 片内周边功能模块,包括:

● 24 通道 10 位 A-D 转换器,可编程采样时间最低可为 $7.8\mu s$;

● 2 个 16 通道的捕获比较单元;

● 4 通道 PWM 单元;

● 2 个串行接口 (同步/异步通道和高速同步通道);

● 2 个 CAN (控制局域网) 模块。

8) 最多 111 个一般的 I/O 口线。

9) 安装在片内的自举装载引导程序。

英飞凌 XC166 系列单片机和美国 TI 公司的 430 系列单片机,日本的瑞萨 RE-NESAS 系列单片机是交流传动系统中常用的单片机,随着 DSP 的普及和成本不断降低,单片机应用越来越少。

2.3.2 数字信号处理器 (DSP)

DSP 是一种高速专用微处理器,运算功能强大,能实现高速输入和高速率传输数据。它专门处理以运算为主且不允许迟延的实时信号,可高效进行快速傅里叶变换运算。它包含灵活可变的 I/O 接口和片内 I/O 管理,高速并行数据处理算法的优化指令集。数字信号处理器的精度高、可靠性好,其先进的品质与性能可为电机控制提供高效可靠的平台。DSP 保持了微处理器自成系统的特点,又具有优于通用微处理器对数字信号处理的运算能力。DSP 为完成信号的实时处理,采用了改进的哈弗结构。程序和数据存储器相隔离,双独立总线,在确保运算速度的前提下,还提供程序总线和数据总线之间的总线数据交换器,以间接实现冯·诺依曼结构的一些功能,提高了系统的灵活性。DSP 中专门设置了乘法累加器结构,从硬件上实现了乘法器和累加器的并行工作,可在单指令周期内完成一次乘法,并将乘积进行求和的运算,这是 DSP 区别于其他通用微处理器的主要特征,也是实现实时数字信号处理的必要部件。

概括起来,DSP 芯片一般具有以下主要特点:

1) 在一个指令周期内,可完成一次乘法和一次加法。

2) 程序和数据空间分开,可以同时访问指令和数据。

3) 片内具有快速 RAM,通常可通过独立的数据总线同时访问两块不同区域。

4) 具有低开销或无开销循环及跳转的硬件支持。

5) 快速的中断处理和硬件 I/O 支持。

6) 具有在单周期内操作的多个硬件地址产生器。

7）可以并行执行多个操作。

8）支持流水线操作，使取指令、译码和执行等操作可以重叠执行。

由于具有以上特点，DSP 在交流电机数字控制领域得到了极为广泛的应用。其主要应用是实时快速地实现各种数字信号处理及控制、观测算法。

目前，DSP 芯片的主要供应商包括美国的德州仪器公司（TI）、AD 公司和 Motorola 公司等。其中 TI 公司的 DSP 芯片约占世界 DSP 芯片市场的 50%。

1. TI 公司系列芯片

TI 公司于 1983 年推出了 TMS320C10 芯片，现已发展出一系列产品。其特点为：极高的指令执行速度，大多数为单周期指令，特别适合于大量的加乘运算，指令周期可达 3.3ns。TI 公司还于 1997 年推出了 TMS320C24x 基于电机控制的 DSP 芯片，典型芯片为 TMS320F240 和 TMS320F2407。随后 TI 在 2003 年推出了全新一代 TMS320C28x 系列 DSP，CPU 提高到 32bit，运算速度可以达到 150MHz。2007 年又推出了 TMS320C2833x 系列 DSP，内核为浮点 CPU，时钟频率为 150MHz。TI 公司的 C2000 系列 DSP 非常适合于电力电子变流器的控制及电机调速控制。其最新的 TMS320F28335 有 16 路 12bit A-D 采样通道，扩展 PWM（ePWM）模块可以产生多达 18 路的独立 PWM，并且可以很方便地配置 PWM 的波形产生方式和死区；其正交编码脉冲（QEP）测速模块可以同时工作在正交编码方式和捕获方式，以适应于更宽范围的电机调速。

C2000 系列 DSP 具有实时运算能力，并集成了电机控制外围部件，使设计者只需外加较少的硬件设备，即可构成最小目标控制系统，从而可以降低系统费用及产品成本。

TMS320F28335 芯片的 CPU 可以达到 150MIPS（百万条指令/s）的运算速度，具有以下特点：

1）采用高性能静态 CMOS 技术，高达 150MHz 的运算速度（6.67ns 的指令周期），采用 1.9V 电压的内核，外部 I/O 接口电压为 3.3V。

2）集成了高性能 32bit CPU，IEEE754 标准的单精度浮点单元，有 16×16bit 和 32×32bit 的乘法运算和 16×16bit 的双乘法运算，采用哈佛总线结构，拥有快速的中断响应和处理能力，兼容 C/C++ 或者汇编语言指令。

3）有六通道的直接内存读取控制器 [分别用于 A-D 转换、McBSP（多通道缓冲串行端口）、ePWM（扩展 PWM）、XINTF（外部接口）和 SARAM（顺序存取和随机存取存储器）]。

4）外部总线接口可以配置成 16bit 或者 32bit，可以有 $2M \times 16$bit 的外部寻址空间。

5）有 $256K \times 16$bit 的片内 Flash 存储器和 $34K \times 16$bit 的片内 SARAM。

6）启动引导（Boot）ROM 中带有软件引导模式和标准的数学表。

7）外部 I/O 接口的 GPIO0 ~ GPIO63 可以被配置成 8 个外部中断接口中的一个。

8）有 18 路 PWM 输出，可以有 6 路高精度 PWM（HRPWM）输出，有 6 个外部捕获接口，2 个正交编码脉冲接口，有 8 个 32bit 或者 9 个 16bit 定时器。

9）3 个 32bit CPU 定时器。

10）串行通信模式有 2 个 CAN（控制局域网）模块，3 个 SCI（异步串行接口）模块，2 个高速串行通信模块 McBSP、1 个 SPI（串行通信接口）模块、1 个 I^2C 总线模块。

11）16 通道 12bit A-D 转换模块，80ns 的采样速度，2 个 8 通道的输入选择器，2 个采样保持器（S/H），单周期/同步采样模式，可以采用片内或者片外参考源。

12）有多达 88 个独立配置的通用输入/输出（GPIO）端口，每个端口都有输入滤波。

TMS320F28335 内部结构如图 2-3 所示。

2. AD 公司系列 DSP 芯片

美国 AD 公司在 DSP 芯片市场上也占有一定的份额，与 TI 公司相比，AD 公司的 DSP 芯片另有自己的特点，如系统时钟一般不经分频直接使用、串行口带有硬件压扩、可从 8 位 EPROM 引导程序、具有可编程等待状态发生器等。

AD 公司的 DSP 芯片可以分为定点 DSP 芯片和浮点 DSP 芯片两大类，ADSP21××系列为定点 DSP 芯片，ADSP21×××系列为浮点 DSP 芯片。AD 公司的定点 DSP 芯片的程序字长为 24 位，数据字长为 16 位。运算速度较快，内部具有较为丰富的硬件资源，一般具有 2 个串行口、1 个内部定时器和 3 个以上的外部中断源，此外还提供 8 位 EPROM 程序引导方式，并具有一套高效的指令集，如无开销循环、多功能指令、条件执行等。

3. AT&T 公司 DSP 芯片

AT&T 公司是第一家推出高性能浮点 DSP 芯片的公司。AT&T 公司的 DSP 芯片包括定点和浮点两大类。定点 DSP 芯片中有代表性的主要包括 DSP16、DSP16A、DSP16C、DSP1610 和 DSP1616 等。浮点 DSP 芯片中比较有代表性的包括 DSP32、DSP32C 和 DSP3210 等。

AT&T 公司定点 DSP 芯片的程序和数据字长均为 16 位，有 2 个准确度为 36 位的累加器、1 个深度为 15 字指令的高速缓冲存储器（Cache），支持最多 127 次的无开销循环。

4. Motorola 公司 DSP 芯片

Motorola 公司在 DSP 市场也占有较大的份额，有 16 位、24 位和 32 位 DSP 处理器，包含专用和通用芯片，可以用于语音处理、通信、多媒体、控制等领域的应用。典型的有 DSP56000 系列、DSP56800 系列，DSP96000 系列等型号。

2.3.3　精简指令集计算机（RISC）

RISC 是一种计算机结构形式，它强调的是处理器的简单化和经济性。现已开发的 RISC 处理器提高了执行速度，利用流水线结构，并包含有限个简单指令的简化指令系统，同时将复杂运算转移至软件完成。一般 RISC 的结构特征是有大容量寄存器堆和指令高速缓冲寄存器，而不设数据高速缓冲寄存器。

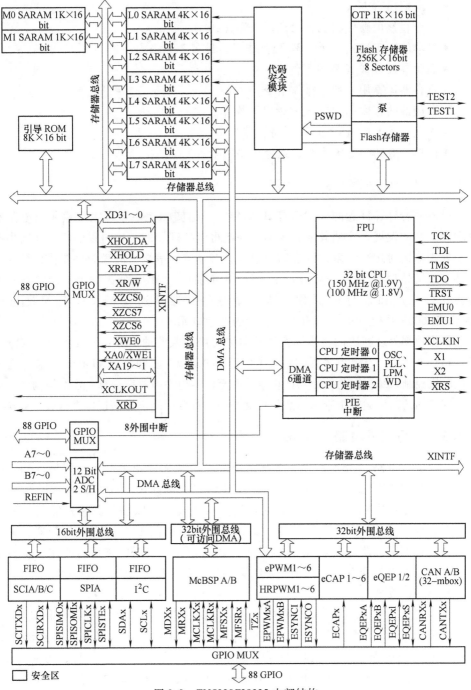

图 2-3 TMS320F28335 内部结构

现将 RISC 处理器的典型特征列举如下：

- 简化指令系统（50～75 条指令）；
- 单周期执行方式；
- 指令直接由硬件实现，无须译码运算；
- 简单的固定格式指令（32 位操作码，最多 2 种格式）；
- 简化寻址方式（最多 3 种）；
- 寄存器运算用于数据操作指令；
- 存储器的存取用"写入—读出"操作；
- 大量寄存器堆（超过 32 个寄存器）；
- 简单有效的指令流水线，编译程序明晰可见。

2.3.4 并行处理器和并行 DSP

虽然并行计算概念的提出已有 20 多年了，但实际上由于超大规模集成电路和处理器技术的发展，才使其成为现实，并使得多处理器的结构得以建成，即其中有数个处理器同时运行。多处理器结构要求具有高速通信能力的微处理器作为模块化组件。并行处理器（Transputer）是大约 10 年前由 INMOS 公司推出的，它是一种专为并行处理而设计的器件，具有片内存储器及通信链。TI 公司推出的TMS320C6000 系列 DSP 片内有 8 个并行的处理单元。

根据数据处理算法的特点，多处理器结构可采取数种形式：线性数组、二维数组、超立方体等。有迹象表明，分散式存储器的多指令多数据（MIMD）结构适用于交流电机控制系统，因为控制功能可以分配至许多组件内并行运算。在此结构中，由于处理器间的通信通常很繁重，故处理器必须配备数个高速通信接口进行数据交换。

2.3.5 专用集成电路（ASIC）

专用集成电路（ASIC）为一总称术语，是指为某特殊用途而专门设计和构造的任何一种集成电路。随着超大规模集成（VLSI）电路技术的发展，ASIC 的概念已被引入到集成电路的研制阶段，允许用户参与设计，以满足其特殊需要。AISC的复杂程度可能差异很大，从简单的接口逻辑到完整的 DSP、RISC 处理器、神经网络或模糊逻辑控制器。ASIC 的设计方法以及 DSP 和 RISC 芯片的使用，将使从事电机控制的工程师有能力将整个系统集成在很少的几片 ASIC 上。

1. ASIC 技术

大规模集成工艺的发展已促成两个主要的 ASIC 技术，即 CMOS 和 BiCMOS（双极型 CMOS），其单元尺寸可达到 $0.5\mu m$。对 CMOS 技术，已可制造出带有 25万个或更多门电路（一个门电路通常是指一个 NAND 门）的 ASIC，另一方面，BiCMOS 门阵列（含有双极型的和 CMOS 器件）则通过更复杂的处理过程和较低的集成密度，提供更高的执行速度。

1）CMOS ASIC 是由标准单元和门阵列技术构成的。由于有标准单元，处理器芯片可与不同的存储器块和逻辑模块集成在一起，这就提供了极大的灵活性。另一方面，利用 CMOS 门阵列（门电路标准电子组件），可设计出存储器块及逻辑功能块。数种 CMOS 门阵列可带有固定数量可利用的门、I/O 缓冲器和处理器芯片。一个 $0.8\mu m$ 的 CMOS ASIC 可包含 25 万个以内的门电路，用 $0.5\mu m$ 的 CMOS 工艺，可将 60 万个有用门集成在一个器件上。

2）BiCMOS ASIC 利用门电路标准电子组件将 CMOS 晶体管和双极型晶体管组合在一起。BiCMOS 器件的工作频率相对较高（100MHz），这是因为双极型晶体管驱动能力的需要。然而其密度却偏低，例如，$0.8\mu m$ 的 BiCMOS ASIC 仅能容纳 15 万个门。$0.5\mu m$ 的 BiCMOS 工艺 ASIC，最多能容纳 30 万个有用门。

3）混合信号 ASIC 在同一芯片上包含数字和模拟元器件，为复杂系统的集成化提供了更多的可能性。这种芯片级系统能实现模拟-数字复合设计，这在以前需要用模块来解决。模拟单元包括运算放大器、比较器、D-A 和 A-D 转换器、采样保持器、参考电压以及 RC 有源滤波器等。逻辑单元包括门电路、计数器、寄存器、微定序器、可编程逻辑阵列（PLA）、RAM 和 ROM。接口单元包括 8 位和 16 位并行 I/O 接口、同步串行接口和通用异步收发器（UART）。

4）RISC 和 DSP 芯片，其集成度以兆计，已有数家芯片供应商可提供。利用 ASIC 的设计方法，可设计出专用的高级处理器。积木组件，如 DSP 芯片、RISC 芯片、存储器和逻辑模块均可由用户利用先进的计算机辅助设计（CAD）工具集成在一个单独芯片上。例如，TI 公司提供了 C1×、C2×、C3× 和 C5× 系列 DSP 机芯作为 AISC 芯片单元。每种芯片作为一库存单元，其中包括系统图符号、仿真机的定时仿真模型、芯片布置文件和一组试验特性。

2. 现场可编程门阵列和可编程逻辑器件

现场可编程逻辑门阵列（FPGA）是一类特殊的 ASIC，它与掩膜可编程门阵列的区别是：最终用户可以在现场完成编程，而无须集成电路掩膜步骤。

FPGA 包含一逻辑块阵列，可按不同设计要求进行编程。流行的商用 FPGA 利用以下元器件作为基础的逻辑块：晶体管对、基本门电路（二输入与非门和异或门）、多路器、查找表以及宽扇入 AND-OR 结构等。

FPGA 编程在电气上借助可编程开关进行，可采用下列三种主要技术之一完成：

（1）静态 RAM 技术 开关为一通断晶体管，由静态 RAM 的位状态进行编程控制。在静态 RAM 中，用写数据方法给基于 SRAM 的 FPGA 编程。

（2）反熔片技术 反熔片（antifuse）是一种不可逆的、由高阻转变为低阻链接的两端器件，由一高电压进行电编程。

（3）浮动栅极控制 开关为一浮动栅极晶体管，当向浮动栅极注入电荷时，晶体管关断。消除电荷的方法有两种：一是将浮动栅极由紫外线（UV）照射

（EPROM 技术）；二是利用电压（EEPROM 技术）。

常用的 FPGA 的复杂程度相当于一个有 2 万个常规门的阵列，其典型的系统时钟速度为 40~60MHz。这种规模比掩膜编程门阵列小得多，但仍足以在单一芯片上实现相对复杂的功能。

FPGA 和掩膜编程的 ASIC 相比的主要优点是能快速转变，这就大大减少了设计风险，因为一个设计中的错误可以利用 FPGA 的编程加以修改。

可编程逻辑器件（PLD）是 AND 和 OR 逻辑门的非独立阵列，若选择性地安排门电路间的内部连接，则可实现特定的功能。近期的 PLD 还带有附加元件（输出逻辑宏单元、时钟、熔丝、三态输出缓冲器以及可编程输出反馈），这使它们更能适应数字的实施方案。最通用的 PLD 为 PAL（可编程阵列逻辑）和 GAL（生成阵列逻辑）。PLD 可利用烧断熔丝（在 PAL 中）方式编程，或用 EEPROM 或 SRAM，它们具有重复编程的能力。

和 FPGA 相比，PLD 的主要优点是速度快和易于应用，且没有不能回收的工程费用。另外，PLD 的尺寸较 FPGA 小。流行的 PLD 其复杂程度等效于 8000 个门电路，速度可达 100MHz。

3. ASIC 在交流电机控制系统中的应用

利用 ASIC 方法，可在一个或数个芯片上设计自己的控制系统，采用如 DSP 或 RISC 芯片、存储器、模拟块和逻辑模块等组成专门的控制芯片。高集成水平的设计可使芯片数量减少，这就大大降低了制作费用，并改善了系统的可靠性。

ASIC 在交流电机控制系统中的缺点是一旦芯片构成后，对不同形式的电机传动缺乏变更或修改设计的灵活性。为改变设计，即使其中一个很小的细节，也必须返回到最初设计阶段。所以 ASIC 的高开发和制作费用只有在大规模生产中才能体现其合理性。

在小规模生产和样机试制阶段，FPGA 提供一个现实的变通方案，采用全门阵列设计，可以实现具有中等复杂程度约需 2 万个以下门电路的专用的运动控制功能。

芯片制造商现在提供的许多种 ASIC，可完成传动控制系统中的复杂功能，如坐标变换（abc/dq 变换）、脉宽调制、PID 控制、模糊控制、神经网络控制等。这种器件用于运动控制设计的优点是可以减少处理器的计算量，并提高采样速度。下面列举专为运动控制设计的商用 ASIC 实例。

1）美国 Analog Devices（AD）公司的 AD2S100/AD2S110 交流矢量控制器，可完成 Clarke 和 Park 变换，它是通常实现交流电机磁场定向控制所必需的。Clarke 变换是将三相信号（abc 坐标）变换成相当的两相信号（$\alpha\beta$ 坐标）。Park 变换是将合成矢量旋转到输入信号确定的当前位置（$\alpha\beta$ 到 dq 坐标）。

2）美国 Hewlett-Packard 公司的 HCTL-1000 为通用数字式运动控制集成电路。它可以对直流电机、直流无刷电机及步进电机提供位置和速度控制。HCTL-1000

可以执行由用户选择的四种控制算法中的一种：位置控制、比例速度控制、逐点移动的仿形控制和积分速度控制。

3）美国 Signetics 公司的 HEF4752V 交流电机控制电路是一种 ASIC，设计用于在交流电机速度控制系统中控制三相脉宽调制逆变器。纯数字波形发生器用于三个相差互为 120° 的信号的同步，其平均电压随时间而正弦变化，频率变化范围为 0 ~ 200Hz。

4）美国 Neuralogix 公司的 NLX230 模糊控制器为全可组态模糊逻辑机，包含 8 选 1 输入选择器、16 个模糊器、一个最小比较器、一个最大比较器和一个规则存储器。最多 64 条规则可存储在片内 24bit 宽的规则存储器中。NLX230 每秒可执行 3000 万条规则。

5）美国 Intel 公司的 80170X ETANN（可训练电模拟神经网络）可仿真 64 个神经元数据处理功能，其中每一个又受最多 128 个加权突触输入的影响。芯片具有 64 个模糊输入和输出。设置和读出突触权值的控制功能是数字式的。80170X 有能力进行每秒 20 亿次的乘法-累加运算（连接）。

2.4　交流电机数字化控制系统构成

交流电机数字化控制系统运行过程中，需要在规定时间周期内采集数据、信息，发出控制信号，并且必须在准确的时间内与相关系统进行相互联系，以保证系统正常工作，并达到指定的性能指标。因此交流电机数字化控制系统必须完成实时控制。

通用微处理器的核心是具有算术和逻辑运算能力的处理单元，其设计意图是用于数据处理。为使微处理器用于实时控制，需要附加有控制功能的外围设备，如 RAM、ROM、EPROM、I/O 接口、A-D 和 D-A 转换器、定时器、脉宽调制器以及通信端口。此外，还需要一些其他外围设备共同完成控制任务。

2.4.1　总线系统

在复杂电力电子变换器中，需要采用多个微处理器，甚至多个控制器来共同完成控制任务。控制器还要去各种外围设备协同工作，这些处理器和控制器之间往往采用总线系统相连，以提高数据传输的效率，简化系统设计，并且方便实现扩展和组合。

标准总线有并行总线和串行总线两大类。并行总线多用于模块与模块之间的连接以及距离较近的系统，数据传输速度较快；串行总线则一般用于系统与系统之间的通信或距离比较远的系统中。还有一种位总线，专门用于分布式的控制系统。

1. 哈弗结构并行总线

由于大量采用哈弗结构的 DSP 和 ARM 系统在交流电机控制系统中的应用，哈佛总线结构往往也被用作多处理器和多控制器之间的通信，用于实现实时的大量数据传输。例如在多电平逆变器中，由于需要控制的电力电子器件非常多，所以可以用 DSP 完成核心的算法实现，而用其他的芯片如 FPGA 和 CPLD 等完成 PWM 的产生和发送。DSP 和 FPGA 之间要快速地传输 PWM 的周期、占空比等数据指令，所以可以用并行数据总线来实现。

哈弗结构的并行总线由 8 位、16 位或者 32 位数据总线、可选择位数的地址总线、片选控制信号组成、读写控制信号组成。其中数据总线的位数可以根据处理器的型号和数据传输的需求来选择，例如 32 位的芯片，对外进行总线通信的时候可以选择传输 8 位或者 16 位数据。对于总线上有多个芯片的情况，需要根据片选信号来选择不同的芯片参与数据发送或者接收，所以往往有一个主处理器，其他的都作为从处理器，主处理器把其他的从处理器看作是多个数据存储区。从处理器根据主处理器的片选、地址总线和读写控制指令来接收总线上的数据，或者把本地的数据放到地址总线上供主处理器来接收。为了来避免总线上的数据发生冲突，这种总线结构很难实现两个从处理器之间的直接数据交换。

2. SPI 同步通信总线

SPI 是串行外设接口（Serial Peripheral Interface）的缩写。SPI 是一种高速的全双工同步通信总线。因为要实现同步通信，所以除了发送和接收两条数据线外，还需要一个时钟信号。为了在总线上实现多个设备的接入，还需要有一个片选控制信号。SPI 也是一种主从式结构，有一个主控制器，从控制器根据主控制器的指令来进行数据的接收和发送。主要的接线有：

（1）SIMO——主设备数据输入，从设备数据输出；

（2）SOMI——主设备数据输出，从设备数据输入；

（3）CLK——时钟信号，由主设备产生；

（4）CS——从设备使能信号，由主设备控制。

如果有多个从设备存在，则主设备跟每个从设备之间都需要一个 CS 使能信号，否则会在总线上产生数据冲突。

3. 485 异步通信总线

RS-485 总线是一种工业现场用异步串行通信总线，采用平衡发送和差分接收，因此具有抑制共模干扰的能力，传输距离可以达到上千米。485 总线采用半双工工作方式，任何时候只能有一点处于发送状态，所以虽然可以布设多个设备，但是往往也是采用主从方式。由于是串行通信，所以只需要两根电缆就可以完成所有设备的连接，布线比较简单。

4. CAN 工业以太网总线

与上述的主从式总线结构不同，局域网络控制器（CAN）总线则是一种多主通信结构，各节点的地位相同。其数据传输速率高达 1Mbit/s，传输距离可以达到10km，是一种标准的工业现场总线。CAN 网络通信采用邮箱结构，每个控制器可以有多个邮箱，每个总线上的邮箱被配置成不同的地址，相同地址的邮箱之间建立数据通信。数据发送时，根据数据传输的目标处理器，把数据放入不同地址的邮箱，则数据会自动传输到对应的处理器的邮箱中。邮箱收到数据后，会向处理器发出中断请求，提示 CPU 来读取数据。因此 CAN 总线可以实现多节点的相互数据传输，在工业现场中应用比较广泛。

5. TCP/IP 总线

基于 TCP/IP 的以太网总线是一种标准开放式的网络，传输速率高，由其组成的系统兼容性和互操作性好，资源共享能力强，所以在工业现场中也得到了大量的应用，主要用于工业控制器和 PC 之间的大规模数据传输，并且可以由多个设备组成以太网，设备只要配置 IP 地址之后就可以接入总线，而无须对其他设备进行改动，所以应用比较灵活。

6. EtherCAT 总线

以太网现场总线系统的 EtherCAT（Ethernet for Control Automation Technology）是一种新型的工业现场总线，相对于 TCP/IP 协议，数据传输的实时性大大提高。EtherCAT 协议跟以太网协议可以完全兼容，系统开放性好，因此在高性能控制系统中的应用具有很好的优势。例如在机器人多轴控制系统中，可以用于多个伺服控制器之间的高速数据通信，用于协调机器人的运动控制。

2.4.2　接口和外围设备

1. 模拟输入、输出

由于 CPU 处理的是数字形式的数据，所以为了与功率系统接口，需要数据转换器。来自微处理器的数字信号由 D-A 转换器变换为模拟电压信号。将不同传感器（电压、电流、转矩、速度、位置、温度等）所提供的模拟信号转换成数字形式，是由数据转换器如 A-D 转换器和解算器-数字（R-D）转换器完成的。

（1）D-A 转换器　对功率系统来说，经常需要 D-A 转换器将来自控制算法的数字输出变为功率系统的模拟信号，以利于用测量仪器进行实时观察。图 2-4 为一个描述 D-A 转换器操作原理的功能图。对于

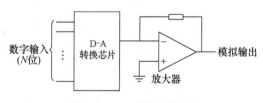

图 2-4　D-A 转换器框图

控制系统来说，D-A 转换器最重要的特性是分辨率、精度、线性度和建立时间。完整的 D-A 转换器带数据锁定和控制逻辑，适合作为微处理器接口的单一功能块或混合功能块使用。

目前，微处理器芯片中几乎都没有配置 D-A 转换器，D-A 转换器往往也仅用作调试等辅助功能，但是许多适用于电机数字控制的微处理器中，均有脉宽调制（PWM）器。在精度和实时性要求不高的控制中，可以利用 PWM 完成 D-A 转换。首先在微处理器内部将数字量换算为 PWM 的脉冲宽度，然后将输出的 PWM 信号

滤波，即可得到相应的电压信号。图 2-5 为利用 PWM 进行 D-A 转换的原理框图。

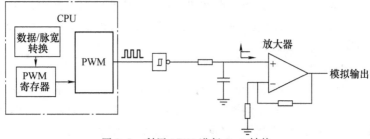

图 2-5　利用 PWM 进行 D-A 转换

（2）A-D 转换器　A-D 转换器将不同传感器送来的模拟信号转换成为 CPU 可读的数字信号。A-D 转换器的分辨率和转换速度是应考虑的最重要特性。A-D 转换器的分辨率直接影响控制系统的精度，因为它决定着反馈信号的分辨率，特别是在高性能交流电机数字控制系统（如矢量控制）中，A-D 转换器的精度直接影响到控制性能的提高。A-D 转换速度决定对变化最快的动态变量（通常为电机电流）的容许采样间隔。

A-D 转换器有三种主要形式：

1）积分式 A-D 转换器属相对慢速器件，故不宜用于实时控制系统。

2）逐次逼近式 A-D 转换器属高速器件，适用于实时控制系统。转换时间取决于分辨率和内部时钟频率，典型转换时间，对于 12 位转换器为 $1 \sim 10\mu s$，例如 AD574、1674 等。

3）快速 A-D 转换器为一种极高速器件，通常用于转换高频信号。其快速转换速度是靠利用大量比较器而达到的。一个典型的快速转换器的转换速度可达到 250M 次采样/s。高分辨率快速转换器利用两级或更多级低分辨率快速转换器来达到。

如果有数个模拟信号必须访问和转换，则可采用一个模拟采集系统，具代表性的结构是包括一个多路转换电子开关、一个采样保持放大器和一个 A-D 转换器。完整的模拟采集系统可做成单片和厚膜混合器件。在某些微处理器中，整个模拟采集系统被装在一个芯片上，可大大减少器件的数量。图 2-6 所示为一典型模拟信号数据采集系统框图。在该系统中，模拟通道依次被采样和转换。总转换时间和通道数成正比。在转换时间受限制的系统中，每一通道

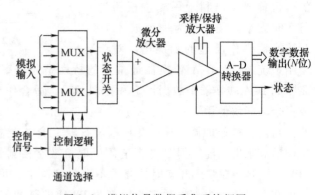

图 2-6　模拟信号数据采集系统框图

可单独使用一个 A-D 转换器，这样模拟信号可并行转换。

（3）解算器-数字（R-D）转换器 解算器是一种耐振动的位置传感器，用于多种工业机器人系统中。R-D 转换器将解算器的输出信号（$\sin\theta$，$\cos\theta$）转换成微处理器可读的数字式位置信号。大多数 R-D 转换器工作基于闭环跟踪原理，其功能框图如图 2-7 所示。R-D 转换器的最重要特性是分辨率（用于表示角位置的位数）和最大的跟踪速度（用每秒转数表示）。

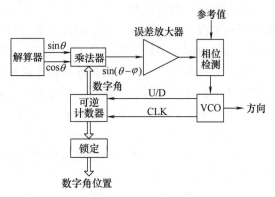

图 2-7 R-D 转换器的功能框图

2. 通信接口

在微处理器与其他微处理器或外围设备间传送数据时，可用串行或并行方法实现，一般常用串行传输。串行传输有同步和异步两种，根据所要求的传输速度及数据量确定。

（1）同步串行通信 在同步通信中，时钟脉冲在数据流中出现，以使传输过程同步。时钟可被置于单独运行中，或插入在数据的同一行内。

同步串行外围接口（SPI）为一特殊数据通信单元，是连接微处理器和通信线所必需的，图 2-8a 所示为数据传输用的典型同步串行通信接口的波形。因其效率高、同步传输，所以适于在微处理器间高速传输大量数据，且可在有干扰或者距离较远的情况下通信。

（2）异步串行通信 异步通信中，在数据流内不含时钟信号，发送器以编程频率将数据发送出去，接收器以同样频率工作。接收器时钟需要与每一个字符再同步。图 2-8b 所示为一典型异步串行通信接口的波形。

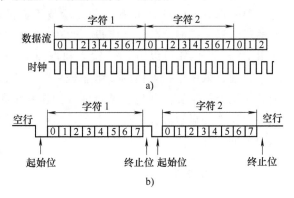

图 2-8 串行通信接口的波形

a）同步方式 b）异步方式

异步传输效率比同步传输的低，这是因为每一个数据字符都要占一个控制位。异步通信典型用法是连接微处理器至显示器或连至上位计算机。同时，数个分散的微处理器可以利用它们的 UART 组成一个串行通信网络。

（3）并行通信 对于同样的时钟速率，并行通信较串行通信快，这是因为位传输同时在数条线上进行的，连接并行通信接口需要多芯电缆和连接器，电路连接比较复杂。并行通信一般用于多微处理器结构中连接各个微处理器，实现数据的快速实时传输。

3. 键盘与显示

在交流电机数字控制系统中，键盘与显示也是重要的组成部分。利用键盘显示模块不仅可以对变频器进行设定操作，如电机的运行频率、电机的运转方向、V/F控制、加速时间、减速时间、电源电压等，还可以对系统工作状态进行显示和记录，如电机的电流、电压，变频器的输出频率、转速等，在系统发生故障时显示故障的种类、故障时的运行状态等，便于分析故障的原因。

一种方案是由键盘显示模块和控制系统的微处理器通过串行通信接口进行连接，或者设计成为远程操作器。远程操作器是一个独立的操作单元，它的键盘与显示功能较强。利用计算机的串行通信功能可以完成更多操作功能。在进行系统调试时，利用远程操作器可以对各种参数进行调整，如电机的参数、最高运行频率等，这些参数在运行时是无须调整的。这种方案的具体实现参见第3章所述。

另一种方案是采用8279集成控制芯片完成键盘和显示的控制。

8279是一种设计用于Intel微机的通用可编程键盘显示I/O接口器件，能够做到同时执行键盘和显示操作而又不会加重CPU的负担。键盘输入被选通送入8bit的先进先出（FIFO）队列。芯片和CPU之间设置了按键中断输出线，从而完成CPU对键盘输入的响应。

显示部分能够对LED等各种显示技术提供扫描机制的显示接口，也可以像简单的显示器一样显示数字和字母。8279配有16×8（可以用来构成双16×4）的显示RAM，此RAM可以由CPU载入和查询。

目前，采用串行通信的带组态软件的工业显示屏已经成为大容量变频器的标准配置，这类显示屏内部包含Windows操作系统和组态软件，通过简单的编程就可以设计出操作和显示界面，通过串行通信与主控制器进行通信，大大简化了显示与输入部分的设计。

2.4.3　实时控制

1. 中断控制器

在交流电机控制系统中，与时间相关的任务需要和内部或外界事件同步，为此可以利用微处理器的中断控制。为响应一个中断请求，CPU暂时停止执行现行程序而跳转至服务子程序中，当服务子程序结束时，CPU返回到被暂停的程序中。CPU的中断过程如图2-9所示。中断可以由内部异常条件（溢出、软件中断等）或由外围器件（计时器、I/O器件等）触发。收到有效中断时，CPU将结束现行指令，并进入中断程序。这一程序通常包括下列操作：

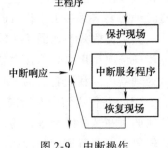

图 2-9　中断操作

1）确认中断源。

2）保存程序计数器和 CPU 栈内寄存器的数据入堆栈。

3）跳转至中断指定的服务子程序。

在中断服务子程序结束后，CPU 执行一个中断"返回"指令，并由堆栈恢复程序计数器和 CPU 其他寄存器的数据。然后 CPU 重新回到其原来离开的程序。

中断系统的一个重要参数是等待时间，它定义为接受中断请求到开始执行服务子程序的延迟时间。一个有效的中断管理系统必须能够提供最小等待时间，从而使控制性能达到最优。中断的确认和调用可由软件完成，或用中断控制器完成。两种通用的方法是查询系统和中断矢量系统。在查询系统中，CPU 用查询方法确认中断源，故响应时间是可变和无法预知的。在中断矢量系统中，中断事件用其特殊标志位或其本身的中断请求（IRQ）线请 CPU 确认，程序直接转移到已认定的中断相关服务子程序中。在该系统中，响应时间是固定的，这个特点符合实时控制的需要。

在许多系统中，都要求对中断分配优先权。一般的 DSP 都在 CPU 内部有优先权分配或仲裁单元，优先权分配方案可以是静态的（固定优先权）或动态的（程序执行过程中优先权可以改变）。中断在交流电机控制系统中起着重要的作用，因为在这种系统中，中断通常用来安排实时控制任务。控制系统所需的具有不同采样时间的周期性中断信号通常由程序定时器产生。

2. 定时处理单元

定时处理单元常用于交流电动机控制系统中。这种系统需要多种与时间有关的功能，诸如延迟时间、事件计数、周期和频率测量、功率变流器驱动信号产生（脉宽调制）、实时中断和看门狗等功能。定时处理单元的典型结构是将它设置在可编程定时器周围。

（1）可编程定时器 可编程定时器通常由带逻辑控制电路的定时器构成。可编程定时器由软件控制，可执行各种操作，如取数、读内容、改变计数、改变时钟频率、检测特殊条件等。附加逻辑电路通常用于执行复杂功能，如输入捕获、输出比较、看门狗（监视）、实时中断等。

（2）输入捕获和输出比较操作 定时处理单元的两个重要操作是：两个外部事件的间隔时间的测量和由软件控制的准确延时的产生。这两个操作所要求的特殊功能被称为输入捕获和输出比较。

输入捕获功能允许人们记录特殊外界事件发生的时刻。当输入的上升沿或下降沿被检测到时，锁定自激式计数器即可实现此功能，事件发生时刻即被保存在寄存器中。输入捕获电路的功能框图及波形如图 2-10 所示。根据输入信号相邻沿的记录时刻，软件即可确定其周期和脉宽。

输出比较功能用于给发生在特定时刻的动作编程，该特定时刻是指计数器的内容达到寄存器中储存值的时刻。输出比较电路的功能框图及波形如图 2-11 所示。输出比较功能可用于产生一个脉冲或有一定持续时间的脉冲列，或者产生一个准确

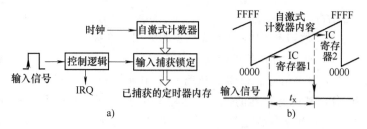

图 2-10 输入捕获功能示意图

a）功能框图 b）波形

的延迟时间。通过依次控制储存于输出比较寄存器内的数值，软件即可产生脉宽调制信号，用以驱动电气传动系统的直流斩波器或 PWM 逆变器。

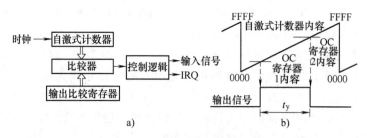

图 2-11 输出比较功能示意图

a）功能框图 b）波形

2.4.4 信号检测

交流电机控制系统大多是通过闭环进行控制的，为了实现闭环控制，首先需要将被控制量（例如电流、电压、转速等）检测出来，然后再反馈给控制系统。检测电路是交流电机控制系统中的重要组成部分，它的设计是否合理，直接关系到装置运行的可靠性和控制的精度。

1. 电流检测

电流检测可以采用电阻采样法、电流互感器法或霍尔电流传感器法。

（1）电阻采样法 这种方法的特点是电路简单，无延迟，但精度受温度影响较大，而且缺乏隔离。它适用于低压小电流电路，如图 2-12 所示。

（2）电流互感器法 这种方法利用变压器原理，方法简单，但只能用来检测交流量（主要是工频），而且有一定的滞后延迟，精度稍差，适用于高压大电流的场合。

（3）霍尔电流传感器法 利用霍尔效应，把电流产生的磁信号转换为电信号，其优点是可以实现隔离，而且交直流均可检测，精度较好，但需要外接电源，价格较高，如图 2-13 所示。

2. 电压检测

电压检测可以采用电阻分压法、电压互感器法或霍尔电压传感器法。

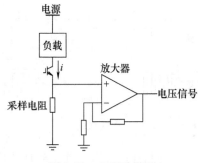

图 2-12 电阻采样法

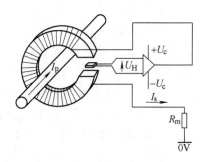

图 2-13 霍尔电流传感器法

（1）电阻分压法 用电阻网络将高压进行分压，取得按比例降低的低电压。该方法使用简单，但其精度受外界环境（主要是温度）影响较大，且不能实现隔离，如要作为模拟反馈量进行 A-D 转换，需要加入线性光耦等隔离放大器。该方法适用于低压系统。

（2）电压互感器法 与电流互感器类似，只能用于检测交流电压，适用于高压系统中。

（3）霍尔电压传感器法 原理与霍尔电流传感器法类似，如图 2-14 所示。

3. 转速及位置检测

（1）转速的测量 交流电机控制系统的一个主要应用领域是电气传动控制系统，对转速的检测有两种方法：

1）用测速发电机检测出与转速成正比的电压信号，再反馈给控制系统。测

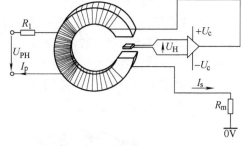

图 2-14 霍尔电压检测方法

速发电机工作可靠，价格低廉，但存在非线性和死区的问题，且精度较差。

2）采用脉冲编码器作为检测器件，与传动轴连接，它每转一圈便发出一定数量的脉冲，微机通过计数器对脉冲的频率或周期进行测量，即可间接得到轴上的转速。由于脉冲编码器可以达到很高的精度，且不受外部的影响，可以用于高精度的控制中。

采用脉冲编码器检测转速，通常有三种方法：

• M 法：即测频法。在一定时间 T 内，对脉冲编码器输出的脉冲计数，从而得到与转速成正比的脉冲数 m，若脉冲编码器每转一圈输出 p 个脉冲，则测量的转速为 $n = 60m/(pT)$，n 的单位为 r/min。该法适用于中高速检测，因为转速越高，一定时间内的脉冲数就越多，分辨率和精度就越高。

• T 法：即测周期法。通过测量脉冲编码器发生脉冲的周期来计算轴上的转速的方法。脉冲周期的测量是借助某一时钟频率确定的时钟脉冲来间接获得。若时钟频率为 f_c，测得的时钟脉冲数为 m，则转速为 $n = 60f_c/(mp)$，n 的单位为 r/min。该法与测频法相反，适用于较低转速。

●M/T法：结合了 M 法和 T 法各自的特点，由定时器确定采样周期 T，定时器的定时开始时刻总与脉冲编码器的第一个计数脉冲前沿保持一致，在 T 的期间内得到脉冲数 m_1，同时，另一个计数器对标准的时钟脉冲进行计数，当 T 定时结束时，只停止对脉冲编码器的计数，而 T 结束后脉

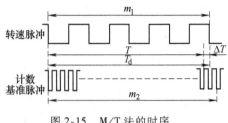

图 2-15　M/T 法的时序

冲编码器输出的第一个脉冲前沿时，才停止对标准时钟脉冲的计数，并得到计数值 m_2，其持续时间为 $T_d = T + \Delta T$，其时序如图 2-15 所示。可以推导出此时转速可表示为 $n = 60 f_s m_1 / (p m_2)$，n 的单位为 r/min。M/T 法是转速检测较为理想的手段，可在宽的转速范围内实现高精度的测量，但其硬件和数据处理的软件相对复杂。

（2）位置检测　对位置检测的要求通常有两种：

1）判断被控对象是否到达某一位置：这类要求的实现较为简单，可采用光电式或电磁式位置传感器或接近开关，置于需要检测的位置，当被控对象到达时，输出一个开关信号给控制系统。

2）要准确检测被控对象某一时刻所达到的位置：这类要求的实现需要较为精密的转角或位移检测器。转角检测器有光电编码器、脉冲编码器、旋转变压器、圆形光栅等。位移检测器有感应同步机、光栅、差动变压器等。

●光电编码器：将 360°范围内的角度进行绝对位置编码，并转换为数字量（见图 2-16），由微机直接进行并行读入。

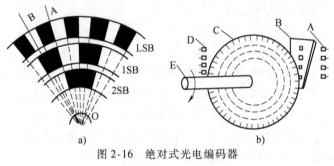

a)　　　　　　　　　　　　　　　b)

图 2-16　绝对式光电编码器

a）码盘结构　b）编码器工作示意图

图 2-16a 中，LSB 表示低数码道，1SB 表示 1 数码道，2SB 表示 2 数码道……。黑色部分表示高电平"1"，实际应用时，将这部分挖掉，让光源透射过去；白色部分表示低电平"0"，实际应用时，这部分遮断光源。编码盘的 O 轴可直接利用待测物的转轴。待测物的角位移可由各个码道上的二进制数表示，如 OB 线上的三个数码道所代表的二进制数码为"010"。图 2-16b 中，A 是光敏器件，B 是刻有窄缝的光栅，C 是绝对式码盘，D 是光源（发光二极管），E 是旋转轴。绝对式码盘的主要性能参数是分辨率，即可检测的最小角度值或 360°的等分数。若码盘的码道数为 n，则

其在码盘上的等分数为 2^n。当 $n = 20$ 时，则对应的最小角度单位为 $1.24''$。

• 脉冲编码器：其工作原理如图 2-17 所示。

图 2-17a 是工作原理图，图 2-17b 是其光栅转盘的结构。U_i 为 24V 电源电压，N 为光栅转盘上总的光栅辐条数，R_1 和 R_2 为限流电阻器，而 V_1 和 V_2 则分别是发射端的发光二极管和接收端的光敏晶体管。当转轴受外部因素的影响而以某一转速 n 转动时，光栅转盘也随着以同样的转速转动。所以，在转轴转动一圈的时间内，接收端

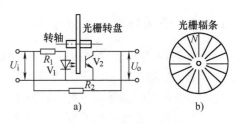

图 2-17 脉冲编码器工作原理
a) 工作原理图 b) 光栅码盘

的光敏晶体管将接收到 N 个光脉冲信号，从而在其输出端输出 N 个电脉冲信号。由此可知，脉冲编码器输出的电信号 U_o 的频率 f 是由转轴的转速 n 决定的，有 $f = nN$。该式决定了脉冲编码器输出信号的频率与转轴的转速 n 之间的关系。

2.5 系统开发和集成

一个微机系统设计制作出来以后，第一次就成功运行的可能性不大，为了能观察、控制程序的运行，通过调试来发现并改正硬件和软件中的错误，必须用微处理器在线仿真器这种开发工具来模拟用户实际的微处理器，随时观察运行的中间过程，而不改变运行中原有的结果，从而进行模仿现场的真实调试。

2.5.1 对开发系统的要求

微处理器在线仿真器必须具有以下基本功能：

1）能输入和修改用户的应用程序。

2）能对用户系统硬件进行检查与诊断。

3）能将用户源程序编译成目标码并固化到 Flash 存储器中。

4）能以单步、断点、连续方式运行用户程序，反映用户程序执行的中间结果。

对于一个完善的在线仿真系统，还要具备以下特点：

1）不占用用户微处理器的任何资源，包括微处理器内部 RAM、寄存器、I/O 接口、串行接口、中断源等。

2）提供足够的仿真 RAM 空间作为用户的程序存储器，并提供足够的 RAM 空间作为用户的数据存储器。

3）有较齐全的软件开发工具，如交叉汇编软件、丰富的子程序库、高级语言编译系统、反汇编功能等。

以高档处理器（DSP、RISC 处理器、并行处理器）为基础的实时控制系统的开发需要带有高级别软件工具的复杂开发系统。同时，由于控制策略和控制算法和

功能的复杂化，对开发系统功能的要求也不断提高，需要更加灵活、更加开放、更加透明并具有针对电机数字控制特点的开发平台来适应实际要求。

2.5.2 通用数字化开发平台

图 2-18 为基于 DSP 的数字化电机控制开发与试验平台。该平台的各项功能均针对电机控制及电力电子变流器控制的特点而设计，不仅具有强大图形化功能，而且能够在线观察和修改所有 DSP 中的控制变量（包括中间变量），具有极高的透明度和灵活性，为高性能控制系统的理论研究和系统设计提供了极大方便。该系统软硬件可适用于异步电机、同步电机、直流电机等多种电机控制系统的研究，也可以用于功率因数校正（PFC）、PWM 整流和变流技术的研究。由于该系统的软硬件均为模块化的集成方式，预留接口和软件资源丰富，因此使用非常灵活，可以在最短的时间内完成不同控制策略和不同控制对象的设计过程。该系统还附有丰富的电机控制系统软件包。该系统的软硬件配置如下：

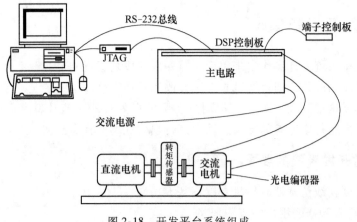

图 2-18 开发平台系统组成

1. 硬件

1) 功率变流器［三相整流滤波、IPM（智能功率模块）隔离驱动、开关电源、电流及电压检测］。

2) DSP 控制板、端子控制板。

3) PC、RS-232 总线。

4) DSP 的 JTAG 仿真器。

5) 电机、光电编码盘、转矩传感器、负载系统。

2. 软件

1) 开发平台程序（PC 程序、DSP 汇编语言或者 C 语言程序）。

2) DSP 程序，包括函数库（正余弦函数、正切函数、坐标变换、空间电压矢量、电机控制例程；控制板初始化程序、DSP 控制板输入输出宏指令等）。

3）DSP 仿真器调试程序、DSP 编译连接程序。

3. 逻辑框图及功能

图 2-19 为主控电路部分的 DSP 控制板逻辑框图，主控电路配有丰富的资源用于系统开发。此外，还设有多种保护功能：硬件输出过电流保护、IPM 故障保护、输入断相保护、主电路过热保护。

电机控制程序的一般结构是定时中断、均匀采样。该开发系统通过在计算周期中把需要观察的变量值以一定的存储格式存放在缓冲区中，然后在串行中断时发送给上位机进行处理和显示。

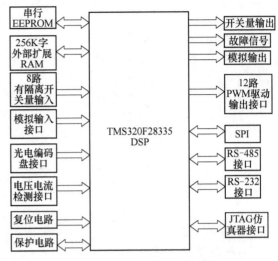

图 2-19 DSP 控制板逻辑框图

图 2-20 为开发平台的 PC 调试界面，该图为变压变频（VVVF）控制策略下的交流电机起动过程的应用实例，其中，图 2-20a 自上至下分别为转速、频率、电压、电流曲线；图 2-20b 为电流矢量轨迹，由于死区时间和管压降的影响，电流矢量轨迹有畸变。

2.5.3 硬件系统设计中的抗干扰问题

作为一个工程产品，除了性能指标要满足要求外，能否经受住恶劣的工业环境的考验，抑制各种意想不到的干扰，也是衡量产品好坏的重要标准。特别是大功率电机调速设备，由于设备本身不可避免地要给电网带来谐波污染，电气开关产生的电火花也会带来严重的空间干扰；此外，电路设计不合理以及测试设备运用不当也会引入出人意料的干扰，造成系统不能可靠运行。以下是在硬件设计和系统调试过程中遇到的一些干扰问题以及对解决方案的一些探讨。

1. 电源干扰问题

在系统调试过程中遇到的最大问题便是电源的抗干扰问题。在设计电路板时，按常规的抗干扰设计，如直流电源电容滤波、各芯片电源进线加去耦电容以及地线的布法，这些都只能保证在输入直流基本不受干扰的情况下起作用。但如果系统在满电压运行时，由于整流或逆变产生的电压尖峰引入直流电源后产生的干扰，这些设计就无能为力了。由于大多数干扰来源于电源，所以要提高系统的抗干扰能力，首先应采取措施提高电源对尖峰电压的抗干扰能力，并消除来自地线的干扰。

在系统运行实验时可以发现，一般当主电路电压加高至 350V 左右时，电机数字控制系统容易出现误保护动作、PWM 信号受干扰以致出现系统发脉冲错误。而当电压降至 300V 以下时，这些现象又消失了。这说明干扰来自电机运行时产生的

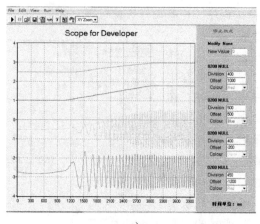

a)

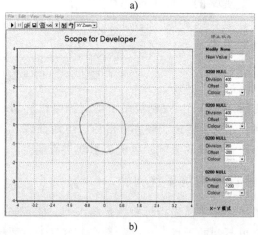

b)

图 2-20　异步电机 VVVF 控制实验波形

a）转速、频率、电压电流曲线（自上至下）

b）X-Y 方式观察电流矢量轨迹

电压尖峰，当电压升高时，这些电压尖峰也随之升高，以致干扰了控制系统。采用普通的线性电源，抗干扰的能力较差，用数字示波器可以捕捉到这些电源在受到干扰时产生的电压毛刺，当这些毛刺足够大时，将影响到系统的正常运行。用抗干扰性能较好的开关电源供电，效果并不明显。为了减小来自电源的干扰，在控制电源的进线侧串入了三级电源滤波器，与不串电源滤波器相比，在抑制电源干扰毛刺方面有一定效果，但这也不能彻底解决电源干扰问题。交流电源滤波器的电路结构如图 2-21 所示。

控制系统的地线接法对干扰有明显的抑制作用。目前最好的办法是采用 DC-DC 电源给控制系统供电，并采用隔离运算放大器，将数字地与模拟地完全隔离。由于 DC-DC 模块内部采用高频技术，能够较好地滤除干扰，同时内部地与外界地完全隔离，减少干扰引入的可能性。隔离运算放大器将外部采样信号与控制系统内

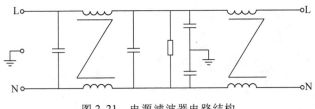

图 2-21　电源滤波器电路结构

部完全隔离，使地线引入的干扰降至最低。

2. 检测信号中的抗干扰设计

检测信号电路的抗干扰能力对系统整体可靠性也有着重要的影响，特别是像整流同步信号、位置同步信号以及故障信号，这些都是关系到控制系统能否正常运行的量测信号的抗干扰能力。在系统调试中，可以通过对信号处理电路的改进，进一步提高系统的抗干扰能力和可靠性。

如晶闸管电源同步信号在进入主控单元时都要经过光耦合器隔离，以保护主控单元在外部高压意外窜入 I/O 单元时不受损坏。光耦合器对信号中的毛刺干扰本来会有一定的抑制隔离作用，但若使用不当，反而会引入干扰。一般电路设计时，整流同步信号与光耦合器的连接电路如图 2-22 所示。LM311 为 OC（光耦合）型比较器，当输出为低电平时，光耦合器中的发光二极管导通，使得隔离输出端输出为高电平；当 LM311 输出高阻态时，发光二极管关断，使得隔离输出端输出为低电平。在运行实验中发现，当耦合器输入端波形很好，但隔离输入端在供电电压升至 300V 以上时，出现干扰毛刺。这种干扰虽然在加入电源滤波器后会有所改善，但仍大到足以使控制系统对这些信号状态读取错误，更严重的是这些干扰影响了系统整流同步中断的正确产生，另外对其他单元也产生了不良影响。用示波器观测发现，光耦合器输入端的信号未受干扰，而输出端则出现与整流逆变脉冲相对应的干扰毛刺，所以可以确认信号的干扰源来自主电路工作时整流、逆变产生的电压尖峰，而光耦合器则是将这些干扰引入的引入点。针对光耦合器抗干扰采取了一些办法，如在光耦合器的输入端加滤波电容，在光耦合器的输出端并电容。虽然这在很大程度上抑制了毛刺，但也使方波的上升沿变缓，造成方波的占空比不对称。另外在供电电压进一步升高后，干扰毛刺仍不能完全抑制，仍会造成系统运行故障。经分析发现，干扰毛刺虽然是通过光耦合器引入的，但多是发生在 LM339 处于高阻状态时。这表明，光耦合器中的发光二极管在阴极悬浮时，很容易受到来自空间或电源的干扰。于是采取改进措施，将光耦合器的接法改为图 2-23 所示。这样无论在光耦合器的发光二极管导通还是关断状态，阴极均可靠接地。经改进后，运行实验得到的效果非常好，即使是在满电压（380V）工作状态下，也没有任何干扰毛刺引入。另外，经实验发现，在 LM311 信号输入和比较端接一个小电容，可以进一步抑制同步信号中由于晶闸管换相引起的干扰。

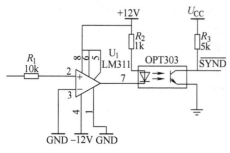

图 2-22 改进前光耦合器隔离电路

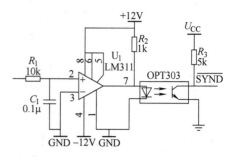

图 2-23 改进后光耦合器隔离电路

3. 测量仪器引入的干扰问题

在系统调试过程中会发现，测量仪器也会引入一定的干扰，若不注意，并正确加以区分，很有可能出现一些奇怪的干扰现象而很难分析出原因，并浪费很多时间和精力。在调试硬件时，采用数字示波器，其性能相当好，但在系统运行时发现，在用示波器直接测量一些信号（如位置同步信号、电流故障测量信号）时，就会引起系统受干扰故障，但移去示波器探头后，干扰故障不再产生。仔细观察就会发现，当系统运行时，在主电路附近的示波器在不测量任何信号的状态下，将探头连线拉直正对主电路，则示波器原来输出的平直波形上有很多干扰毛刺出现，但将连线绕成一团，或摘掉示波器探头及连线，干扰毛刺变小或消失。可见，示波器的探头连线会将空间的电磁干扰引入系统。

为了能消除这种干扰，可以考虑在测量探头和测量地之间接一个几百～几千皮法的电容。这样做虽然对被测量的信号有一定的影响，但在保证影响不大的情况下，可以基本克服示波器连线引入的干扰。另外值得注意的是，示波器地线应尽可能地与大地相接，以减少其悬浮可能引入的干扰。但在示波器测量主电路的高压部分中，其地线要悬浮。还有，应尽可能使示波器地线不要与计算机地线相连，以避免外电压通过计算机和仿真器进入系统硬件而造成意外事故。

参 考 文 献

［1］ 孙涵芳．Intel 16 位单片机［M］．北京：北京航空航天大学出版社，1995.

［2］ 张雄伟，等．DSP 芯片的原理与开发应用［M］．北京：电子工业出版社，2000.

［3］ 李维諟，郭强．液晶显示应用技术［M］．北京：电子工业出版社，2000.

［4］ 李宏．电力电子设备用器件与集成电路应用指南［M］．北京：机械工业出版社，2001.

［5］ 陈伯时，陈敏逊．交流调速系统［M］．北京：机械工业出版社，1999.

［6］ 张占松，蔡宣三．开关电源的原理与设计［M］．北京：电子工业出版社，1998.

［7］ 博斯 B K．电力电子与变频传动技术应用［M］．姜建国，等，译．徐州：中国矿业大学出版社，1999.

［8］ 潘新民，王燕，等．单片微型计算机实用系统设计［M］．北京：人民邮电出版社，1992.

第3章

电压型PWM变频调速异步
电机数字控制系统

3.1 概述

在交流电机调速系统中，可以通过改变电机的供电频率来实现控制电机转速的目的，但变频的同时也必须协调地改变电机的供电电压，即实现同时变压变频（VVVF）。否则，电机将出现磁饱和或欠励磁，这对电机一般都是不利的。通过PWM方式对异步电机调速系统的主电路进行控制，是进行能量控制并实现VVVF控制思想的有效手段。不仅如此，PWM技术与数字控制技术的结合还将是异步电机其他高性能调速控制方法的基础。因此，本章对数字化PWM技术，尤其是对目前应用较广的空间电压矢量PWM技术做了较详细的介绍。本章内容是通用型变频器的技术基础，也是异步电机和同步电机高性能闭环控制的基础。

3.2 变频调速的基本原理

3.2.1 变压变频（VVVF）控制原理

根据电机学原理，异步电机的同步转速是由电源频率和电机极对数决定的，在改变供电频率时，电机的同步转速也相应地改变。当电机在负载条件下运行时，电机转速低于电机的同步转速，转差的大小与电机的负载有关。

异步电机的T型等效电路如图3-1所示。电机定子每相感应电动势的有效值为

$$E_s = 4.44 f_s N_s k_{N_s} \Phi_m \qquad (3-1)$$

式中，E_s 为气隙磁通在定子每相中感应电动势有效值（V）；f_s 为定子频率（Hz）；N_s 为定子每相绕组串联匝数；k_{N_s} 为基波绕组系数；Φ_m 为每极气隙磁通（Wb）。

异步电机端电压与感应电动势的关系式为

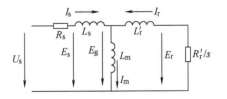

图3-1 异步电动机T型等效电路

$$U_s = E_s + R_s I_s \qquad (3-2)$$

在电机控制过程中，使每极磁通 Φ_m 保持额定值不变是关键的一环。在交流异步电机中，磁通 Φ_m 是定子和转子磁动势合成产生的，因此由式（3-1）可知，只要同时协调控制 E_s 和 f_s，就可以达到控制 Φ_m 并使之恒定的目的。对此，需要考虑额定频率以下和额定频率以上两种情况。

1. 额定频率以下的调速

在电机额定运行情况下，电机感应电动势值较高，电机定子电阻和漏电抗上的压降所占比例较小，由式（3-2）可知，电机端电压和电机的感应电动势近似相等。当电机的频率变化时，若继续保持电机端电压不变，那么电机的磁通就会出现饱和或欠励磁的情况。例如，当电机的定子频率 f_s 降低时，若继续保持电机的端电压不变，即保持电机的感应电动势 E_s 不变，那么由式（3-1）可知，电机的磁通 Φ_m 将增大。由于电机设计时，电机在额定情况下的磁通常处于接近饱和值，磁通的进一步增大将导致出现饱和，磁通出现饱和后将会造成电机中的励磁电流过大，增加电机的铜耗和铁耗，使电机温升过高，严重时会烧毁电机。而在另一种情况下，当电机出现欠励磁时，不能充分利用铁心，将会影响电机的输出转矩，使电机带载能力下降。因此，在改变电机频率时，应对电机的感应电动势进行控制，以保持 E_s/f_s 为恒定值，即可以保持磁通 Φ_m 不变。

然而，绕组中的感应电动势是难以直接控制的，当定子频率 f_s 较高时，感应电动势的值也较大，因此可以忽略定子阻抗压降，认为定子相电压 $U_s \approx E_s$，则磁通可以用式（3-3）表示，并保持为恒定值。

$$\Phi_m = K\frac{U_s}{f_s} = \text{const} \tag{3-3}$$

这是恒压频比（V/F）控制方式。而低频时，U_s 和 E_s 都较小，定子阻抗（主要是定子电阻上的压降）所占比重增大，电机端电压和电机的感应电动势近似相等的条件已经不能满足。如果仍然按 V/F 一定来控制，就不能保持电机磁通恒定。电机磁通的减小势必造成电机电磁转矩的减小。如果对定子电阻压降进行补偿，在低频时可适当提高逆变器的输出电压，使 $E_s/f_s \approx$ 常量，如图 3-2 所示。这样电机磁通大体上可以保持恒定，其机械特性如图 3-3 所示。

从图 3-3 中可看出，V/F 控制方式也能够适用于恒转矩负载。但是如果出现过补偿的情况，轻载时定子电阻压降减小，产生过励磁，电机温度升高。所以对负载

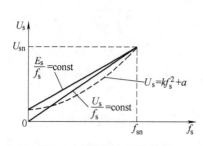

图 3-2　端电压与频率关系

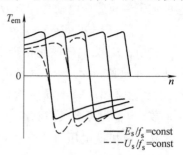

图 3-3　异步电动机机械特性

变化较大的应用，可采用根据负载电流的大小进行补偿的方式。在风机、泵类负载等应用中，负载为一条二次曲线，因此对输出的电压补偿也可以根据实际来完成，如图 3-2 中虚线所示。

2. 额定频率以上调速

在额定频率以上调速时，频率可以从 f_{sn} 往上提高，但是端电压 U_s 不能继续上升，只能维持额定值 U_{sn}，这将迫使磁通与频率成反比地下降，相当于直流电机的弱磁升速的情况。

在整个电机调速范围内，异步电机的控制特性如图 3-4 所示。如果电机在不同转速下都具有额定电流，则电机都能在温升允许的条件下长期运行。这时电机转矩基本上随磁通变化，因此，在额定转速以下为恒转矩调速，在额定转速以上为恒功率调速。

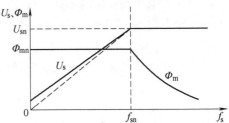

图 3-4 异步电机变频调速控制特性

3.2.2 异步电机变压变频时的机械特性

本节研究在基频以下采用恒压频比带定子压降补偿的控制方式、基本保持磁通 Φ_m 恒定时的稳态机械特性，并探讨如何控制压频比才能获得更为理想的稳态性能。

1. 恒压恒频时异步电机的机械特性

我们知道，当定子电压 U_s 和角频 ω_s 都为恒定值时，异步电机的机械特性方程为

$$T_{em} = 3p_n \left(\frac{U_s}{\omega_s}\right)^2 \frac{s\omega_s R_r'}{(sR_s + R_r')^2 + s^2\omega_s^2(L_s + L_r')^2} \tag{3-4}$$

式中，p_n 为异步电机极对数；s 为转差率。

当 s 很小时，式（3-4）可以简化为

$$T_{em} = 3p_n \left(\frac{U_s}{\omega_s}\right)^2 \frac{s\omega_s}{R_r'} \propto s \tag{3-5}$$

当 s 接近于 1 时，忽略式（3-4）中的分母 R_r' 时，则该式可以简化为

$$T_{em} = 3p_n \left(\frac{U_s}{\omega_s}\right)^2 \frac{\omega_s R_r'}{s[R_s^2 + \omega_s^2(L_s + L_r')^2]} \propto \frac{1}{S} \tag{3-6}$$

所以，在 s 很小时，转矩近似与 s 成正比；在 s 接近于 1 时，转矩近似与 s 成反比，可以得出机械特性如图 3-5 所示。

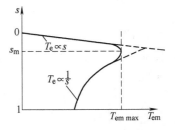

图 3-5 恒压恒频异步电机的机械特性

2. 电压、频率协调控制的机械特性

异步电机的稳态等效电路如图 3-1 所示。当异步电机带负载 T_L 稳定运行时，有

$$T_L = T_{em} = 3p_n \left(\frac{U_s}{\omega_s} \right)^2 \frac{s\omega_s R_r'}{(sR_s + R_r')^2 + s^2\omega_s^2(L_s + L_r')^2} \tag{3-7}$$

式（3-7）说明，当转速 n 和负载转矩 T_L 一定时，电压 U_s 和角频率 ω_s 可以有多种配合。在电压和频率的不同配合下，机械特性也是不同的，因此可以有不同方式的电压频率控制。下面分别讨论。

（1）恒 U_s/ω_s 控制　我们知道，为了近似保持气隙磁通 Φ_m 不变，在基频以下需采用恒压频比控制，此时同步转速也随之变化。同步转速为

$$n_0 = \frac{60\omega_s}{2\pi p_n} \tag{3-8}$$

因此，带负载时的转速降为

$$\Delta n = sn_0 = \frac{60s\omega_s}{2\pi p_n} \tag{3-9}$$

在式（3-5）所表示的机械特性的直线段上，可以导出

$$s\omega_s = \frac{R_r' T_{em}}{3p_n \left(\dfrac{U_s}{\omega_s} \right)^2} \tag{3-10}$$

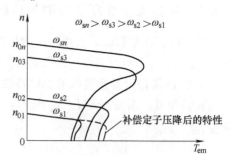

图 3-6　恒压频比控制时变频
调速的机械特性

由此可见，当 U_s/ω_s 为恒值时，对于同一转矩 T_{em}，$s\omega_s$ 是基本不变的，因而 Δn 也是基本不变的。这就是说，在恒压频比条件下改变频率时，机械特性基本上是平行下移的，如图 3-6 所示。

另一方面，U_s/ω_s = 恒值时，最大转矩 T_{emmax} 随角频率 ω_s 的变化关系为

$$T_{emmax} = \frac{3p_n U_s^2}{2\omega_s \left[R_s + \sqrt{R_s^2 + \omega_s^2(L_s + L_r')^2} \right]} = \frac{3}{2}p_n \left(\frac{U_s}{\omega_s} \right)^2 \frac{1}{\dfrac{R_s}{\omega_s} + \sqrt{\left(\dfrac{R_s}{\omega_s} \right)^2 + (L_s + L_r')^2}}$$

$$\tag{3-11}$$

可以看出，最大转矩 T_{emmax} 随角频率 ω_s 的降低而减小，频率很低时，T_{emax} 太小将限制调速系统的负载能力，这时需要采用定子压降补偿，适当提高 U_s 可以提高负载能力。

（2）恒 E_g/ω_s 控制　如果在电压频率协调控制中，适当地提高电压 U_s 的份额，使它在克服定子压降以后，在基频以下能维持 E_g/ω_s 为恒值，则无论频率高低，每极磁通 Φ_m 均为常值。由图 3-1 所示的等效电路可看出

$$I'_r = \frac{E_g}{\sqrt{\left(\dfrac{R'_r}{s}\right)^2 + \omega_s^2 L_r^{'2}}} \qquad (3-12)$$

将上式代入电磁转矩基本关系式并整理得

$$T_{em} = 3p_n \left(\frac{E_g}{\omega_s}\right)^2 \frac{s\omega_s R'_r}{R_r^{'2} + s^2 \omega_s^2 L_r^{'2}} \qquad (3-13)$$

利用和以前同样的分析方法得到图 3-7 所示的
机械特性。此时最大转矩为

$$T_{emmax} = \frac{3}{2} p_n \left(\frac{E_g}{\omega_s}\right)^2 \frac{1}{L'_r} \qquad (3-14)$$

当 E_g/ω_s 为恒值时，T_{emmax} 也为恒定，所以，
恒 E_g/ω_s 控制的稳态性能是优于恒 U_s/ω_s 控制的。

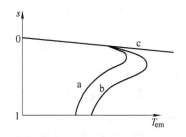

图 3-7　不同电压-频率协调控
制方式的机械特性
a—恒 U_s/ω_s 控制　b—恒 E_g/ω_s 控制
c—恒 E_r/ω_s 控制

（3）恒 E_r/ω_s 控制　如果把电压频率协调控制中的电压 U_s 相应地再提高一
些，把转子漏抗上的压降也抵消掉，就得到恒 E_r/ω_s 控制。这时

$$I'_r = \frac{E_r}{R'_r/s} \qquad (3-15)$$

将上式代入电磁转矩的基本关系式中，得

$$T_{em} = 3p_n \left(\frac{E_r}{\omega_s}\right)^2 \frac{s\omega_s}{R'_r} \qquad (3-16)$$

可以看出，这时的机械特性 $T_{em} = f(s)$ 完全为一条直线，如图 3-7 所示。

如何控制变频装置的电压和频率才能获得恒定的 E_r/ω_s 呢？气隙磁通幅值是对
应于它的旋转感应电动势 E_g 的，而与转子全磁通的幅值 Φ_{rm} 相对应的是 E_r，因此
只要能按照转子全磁通幅值 Φ_{rm} = 恒值进行控制，就可以获得恒定的 E_r/ω_s。这也
就是矢量控制理论的核心，关于矢量控制系统将在第 4 章中详细介绍。

3.3　电压型 PWM 变频器

3.3.1　电压型 PWM 变频器的主电路

目前，多采用电压型 PWM 变频器同时实现变压变频控制的目的。通常电压型
PWM 变频器先将电源提供的交流电通过整流器变成直流，再经过逆变器将直流变
换成可控频率的交流电。按照不同的控制方式，又可分为图 3-8 中的四种形式。

1. 晶闸管整流器调压、逆变器调频的交-直-交变压变频装置（见图 3-8a）

该装置中，调压和调频在两个环节上分别完成，要求两者在控制电路中协调配
合，器件结构简单，控制方便。其主要缺点是，在整流环节中采用了晶闸管整流
器，当电压调得较低时，电网端功率因数较低。而逆变器也是由晶闸管组成的，其

工作模式为三相六拍，每周换相六次，因此输出的谐波较大。随着门极可关断器件的大量采用，这种变频器的应用已经较少，多用于大容量的交流传动系统中。大容量直流输电系统也采用类似的拓扑，通过大量的晶闸管串联来实现高电压等级的应用。

2. 不控整流、斩波器调压、六拍逆变器调频的交-直-交变压变频装置（见图 3-8b）

它有三个环节，整流器由二极管组成，只整流不调压；调压环节由斩波器单独进行，这样虽然比第一种结构多了一个环节，但调压时输入功率因数不变。由于逆变环节仍然保持了第一种结构，所以仍有较大的谐波。

3. 不控整流、PWM 逆变器调压调频的交-直-交变压变频装置（见图 3-8c）

该结构可以较好地解决输入功率因数低和输出谐波大的问题。PWM 逆变器采用了全控式电力电子开关器件，因此输出的谐波大小取决于 PWM 的开关频率以及 PWM 方式，关于 PWM 方式在后面几节中会加以详细介绍。这种装置是现在变频器中的主流。

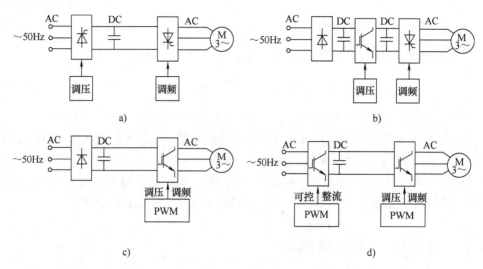

图 3-8　电压型 PWM 变频器的结构形式

a）可控整流器调压、六拍逆变器调频　b）不控整流、斩波器调压、六拍逆变器调频

c）不控整流、PWM 逆变器调压调频　d）PWM 可控整流、PWM 逆变器调压调频

4. PWM 可控整流、PWM 逆变器调压调频的交-直-交变压变频装置（见图 3-8d）

由于计算机技术的不断发展，全数字系统使 PWM 非常容易，例如 TI 公司的 TMS320F28335 就有 18 路 PWM 接口，可以方便地设计实现双 PWM 变流器，不仅在逆变环节采用 PWM，其整流部分也采用 PWM 可控整流。因此，整个系统对电网的谐波污染可以控制得非常低，同时具有较高的功率因数。不仅如此，通过

PWM还可以使系统进行再生制动，即可以使异步电机在四象限上运行。

3.3.2 PWM 技术分类

随着电压型逆变器在高性能电力电子装置（如交流传动、不间断电源和有源滤波器）中的应用越来越广泛，PWM技术作为这些系统的共用及核心技术，引起人们的高度重视，并得到越来越深入的研究。

所谓PWM技术就是利用半导体器件的开通和关断把直流电压变成一定形状的电压脉冲序列，以实现变频、变压并有效地控制和消除谐波的一门技术。目前已经提出并得到实际应用的PWM方案就不下10种，关于PWM技术的文章在很多著名的电力电子国际会议（如PESC、IECON、EPE年会）上已形成专题。尤其是利用微处理器使PWM技术数字化以后，花样更是不断翻新，从最初追求电压波形的正弦，到电流波形的正弦，再到磁通的正弦；从效率最优，转矩脉动最少，再到消除噪声等，PWM技术的发展经历了一个不断创新和不断完善的过程。到目前为止，还有新的方案不断提出，进一步证明这项技术的研究方兴未艾。

说起PWM技术，人们习惯认为，1964年A·Schonung和H·Stemmler在《BBC评论》上发表的文章，把通信系统的调制技术应用到交流传动中，产生了正弦波脉宽调制（SPWM）变频变压的思想，从而为交流传动的推广应用开辟了新的局面[1]。毫无疑问，这种PWM技术使交流传动在大功率（电力机车）、高精度（数控机床）、高动态响应（轧钢）等工业领域的应用成为可能。到目前为止，SP-WM在各种应用场合中仍占主导地位，并一直是人们研究的热点。从最初采用模拟电路完成三角调制波和参考正弦波的比较，产生PWM信号，以控制功率开关器件的开关，到目前采用全数字化的方案，完成实时在线的PWM信号的输出。英国Bristol大学的S·R·Bowes做了大量工作，提出了规则采样数字化PWM方案，对自然采样规律做了简单的近似，为PWM信号的实时计算提供了理论依据[2]。在此基础上，Bowes等人又提出了准优化PWM（Suboptimal PWM）技术及用于高压高频的准优化PWM技术，以提高电压利用率[3,4]，其实质是在基波上叠加一个幅值为基波1/4的3次谐波。在这一点上，准优化PWM和电压空间矢量PWM（SVP-WM）技术具有某种异曲同工之处[5,6]。但SVPWM是从磁通幅值不变（在α，β坐标系的轨迹为恒幅圆，在时域为正弦波形）出发得到的，其等效调制波形也含有一定的3次谐波，由于其有控制简单、数字化实现方便的特点，目前在很多应用中已经替代传统SPWM的趋势。虽然准优化及空间矢量PWM技术已经具有了优化PWM的某些特征，但是它们毕竟还不是真正意义上的优化。

事实上，优化PWM的方法提出的时间更早。在1962年，A·Kernick等人发表在AIEE杂志上的《消除谐波静止逆变器》的文章中，已经看到后来被F·G·Turnbull[11]和H·S·Patel、R·G·Hoft[12]推广了的消除低次谐波PWM的踪迹。这种优化（实际上即求极大或极小）PWM的概念进一步被G·S·Buja、F·C·

Zach 和 K・Taniguchi 所采纳，用于实现电流谐波畸变率（THD）最小[13]、效率最优[14]及转矩脉动最小[15]。尽管最优化 PWM 具有计算复杂、实时控制较难等缺点，但由于它有一般 PWM 方法所不具备的特殊优点，如电压利用率高、开关次数少及可实现特定优化目标等，因此人们一直没有放弃这方面的研究。目前，随着微处理器运算速度的不断提高，已有实时完成优化 PWM 方案出现[16]。

　　另外值得一提的就是 A・B・Plunkett 在 1980 年提出的电流滞环比较 PWM 技术[17]及在此基础上发展起来的全数字化方案——无差拍控制（Deadbeat Control）PWM 技术[18]。这两种方法均具有实现简单的特点，第一种方案采用模拟技术，当功率开关器件频率足够高时，可得到非常接近理想正弦波形的电流波形。第二种方案考虑了数字化采样时间的影响，以电流误差等于零为目标，通过电流电压的反馈，可以达到很好的效果，并成为一种目前较简单实用的数字化 PWM 方案，在逆变器及有源滤波器中得到越来越广泛的应用[19,20]。

　　从 20 世纪 80 年代中期以来，人们对 PWM 逆变器产生的电磁噪声给予了越来越多的关注。普通 PWM 逆变器的电压、电流中含有不少谐波成分，这些谐波产生的转矩脉动作用在定转子上，使电机绕组产生振动而发出噪声。为了解决这个问题，一种方法是提高开关频率，使之超过人耳能感受的范围，另一种方法即本章要介绍的随机 PWM 方法[21,22]，它从改变谐波的频谱分布入手，使逆变器输出电压、电流的谐波均匀地分布在较宽的频带范围内，以达到抑制噪声和机械共振的目的。

　　综上所述，我们将 PWM 技术分为三大类：正弦 PWM（包括以电压、电流或磁通的正弦为目标的各种 PWM 方案）、优化 PWM 及随机 PWM 技术。当然从实现方法上来看，大致有模拟式和数字式两种，而数字式中又包括硬件、软件或查表等几种实现方式。从控制特性来看，主要可分为两种：开环式（电压或磁通控制型）和闭环式（电流或磁通控制型）。还有其他的分类方法，并且每一大类包括细的分类，在下述各节中，对此将有侧重的介绍。

3.3.3　PWM 性能指标

　　在交流传动中，电机的漏电感和机械系统的惯性对于开关电压波形中的谐波分量具有低通滤波作用。以 PWM 方式运行引起的问题主要是电流畸变、变流器中的开关损耗、负载中的谐波损耗以及电机转矩的脉动。这些影响可以用性能指标来描述，并为不同 PWM 方式的选择和设计提供依据。

1. 电流谐波

　　谐波电流主要影响电机的铜耗，是构成电机损耗的主要部分。谐波电流有效值为

$$I_h = \sqrt{\frac{1}{T}\int_T [i(t) - i_1(t)]^2 \mathrm{d}t} \tag{3-17}$$

式中，$i_1(t)$ 为电流的基本分量。I_h 不仅与变流器的 PWM 方式有关，而且还

与电机内部的阻抗特性有关。因此，可以定义电流谐波畸变率 THD 作为评定品质的指标，以消除这些影响。

$$THD = \frac{I_h}{I_1} = \frac{1}{I_1} \sqrt{\sum_{h=2}^{\infty} I_h^2} = \frac{\omega_1 l_\sigma}{U_1} \sqrt{\sum_{h=2}^{\infty} \left(\frac{U_h}{h\omega_1 l_\sigma}\right)^2} \quad (3\text{-}18)$$

$$= \frac{1}{U_1} \sqrt{\sum_{h=2}^{\infty} \left(\frac{U_h}{h}\right)^2}$$

式中，U_1 和 I_1 分别为基波电压和电流的有效值；h 为傅里叶级数展开的谐波分量阶次；U_h 为傅里叶级数展开式的电压分量有效值；ω_1 为基波频率；l_σ 为电机的总漏电感。负载电路的铜耗与谐波电流的平方成正比：$P_{LCu} \propto THD^2$。

2. 谐波频谱

各频率分量在非正弦电流中所占的份额可用谐波电流谱来表达，它比总畸变因数 d 可提供更详细的说明。在同步 PWM 中，可以得到离散电流频谱 $h_i(h \cdot f_1)$。其中，h 为谐波分量阶次；载波频率 $f_c = N \cdot f_1$ 是基频 f_1 的整数倍；N 是载波比，即

$$N = \frac{f_c}{f_1} \quad (3\text{-}19)$$

载波比 N 值应受到下列条件限制：

$$N \leqslant \frac{f_{smax}}{f_{1max}} \quad (3\text{-}20)$$

式中，f_{smax} 为功率开关器件的允许开关频率；f_{1max} 为最高基波频率。

3. 最大调制度

调制度 m 的一种定义为调制信号峰值 U_{1m} 与三角载波信号峰值 U_{tm} 之比，即

$$m = \frac{U_{1m}}{U_{tm}} \quad (3\text{-}21)$$

在理想情况下，m 值可在 $0 \sim 1$ 之间变化，以调节变流器输出电压的大小，实际上 m 总是小于 1，在 N 较大时，一般取最高的 $m = 0.8 \sim 0.9$。它体现了直流母线电压的利用率。按照这种定义方式，当逆变器工作在六脉波方式，输出电压为方波，其输出基波电压的幅值为 $2U_{dc}/\pi$。所以调制比也可以定义为输出基波电压的幅值（电压参考值）与 $2U_{dc}/\pi$ 的比值。即 $m = U_m/(2U_{dc}/\pi)$。

4. 谐波转矩

经过 PWM 的逆变器将电压脉冲序列作用于交流电机中，所产生的脉动转矩标幺值可用下式表示：

$$\Delta T = \frac{T_{max} - T_{av}}{T_N} \quad (3\text{-}22)$$

式中，T_{max} 为最大气隙转矩；T_{av} 为平均气隙转矩；T_N 为电机额定转矩。虽然

谐波转矩是由谐波电流产生的，但两者之间并没有准确的关系。

5. 开关频率和开关损耗

开关频率的增加可以使逆变器交流侧电流的谐波畸变减少，提高系统的性能。可是，开关频率不能随便增加。这是因为：

1）半导体器件的开关损耗与开关频率成正比。

2）大功率半导体器件的允许开关频率一般较低，例如大功率 GTO 晶闸管变流器的开关频率只有 500Hz，高压、大容量的 IGBT 开关频率也低于中低压、小容量的 IGBT。

3）对开关频率大于 9kHz 的电力变流器设备的电磁兼容（EMC）有更加严格的规定。

3.4 正弦 PWM 技术

由于 PWM 变流器具有功率因数高、可同时实现变频变压及抑制谐波的特点，因此在交流传动及其他能量变换系统中得到广泛应用。最常用的 PWM 技术，即参考文献［1］中提出的正弦 PWM（SPWM）技术。这种 PWM 的脉冲宽度按正弦规律变化，因此可以有效地抑制低次谐波，使电机工作在近似正弦的交变电压下，转矩脉动小，大大扩展了交流电机的调速范围。在本书中，把正弦 PWM 的概念稍有扩展，即不但指电压正弦 PWM，还包括磁通正弦 PWM，即空间电压矢量 PWM（SVPWM）和电流正弦 PWM。从电压正弦到电流正弦，离消除转矩脉动的目的更近了。下面分别介绍以上三种正弦 PWM 技术，并侧重介绍其全数字化的实现。

3.4.1 电压正弦 PWM 技术

如前所述，电压正弦 PWM 技术可以由模拟电路、数字电路或大规模集成电路芯片来实现。采用模拟电路时，由振荡器分别产生正弦波和三角波信号，然后通过比较器来确定逆变器某一桥臂开关器件的开通和关断。这种传统的做法，使系统的器件过多，控制线路复杂，控制精度也难以保证。并且 PWM 的周期调制比较困难。目前，由于微处理器的速度和精度在不断提高，数字化 PWM 方法发展迅速，典型的有自然采样和规则采样 PWM 两种方法[2]。在数字化 PWM 方法中，三角波和正弦波的交点时刻可转化为一个采样周期内对输出脉冲宽度时间及间隙时间的计算，由计算机来完成，时间的改变可通过定时器来完成。自然采样 PWM 虽可真实地反映上述控制规律，但是脉冲宽度

$$t_2 = \frac{T_s}{2}\Big[\, 1 + \frac{m}{2}\big(\sin\omega_1 t_a + \sin\omega_1 t_b\big) \Big]$$

是一个超越方程，需要计算机迭代求解，难以用于实时控制。当然也可以把事先计算

出的数据放在计算机内存中，利用查表的方法输出 PWM 波形。但频率范围变化很大时，将占用大量内存。规则采样 PWM 是对自然采样的简单近似，此时脉冲宽度为

$$t_2 = \frac{T_s}{2}[1 + m\sin(\omega_1 t_k)]$$

或
$$t_2 = \frac{T_s}{2}\left[1 + \frac{m}{2}(\sin\omega_1 t_k + \sin\omega_1 t_{k+1})\right]$$

但此时的 t_k、t_{k+1} 为已知，因此可用计算机快速计算出每相的脉宽和间隙时间。

规则采样 PWM 实现比较容易，特别适合数字控制器中的实现。在 DSP 和单片机等控制器中，一般都有专门的 PWM 单元，通过设置周期寄存器后，该单元会自动通过计数器来产生三角波。然后通过设置比较寄存器，使三角波和比较值产生比较事件，该事件会改变输出 PWM 的电平状态。比较寄存器的值一般由电压给定值与直流母线电压的值，通过 PWM 调制算法计算得到。由于比较寄存器的值在一个三角波周期内一般只能改变 1~2 次，所以规则采样的最适合的方法。规则采样的值一般可以选择在三角波周期开始时的载波值，或者该周期内的平均值等。随着三角波频率的提高，规则采样和自然采样之间的误差也逐步减少，甚至可以忽略不计。此外还可以采用预测等方法，在三角波周期开始的时候，预测得到比较值的点，提前写入比较寄存器，也可以近似得到自然采样的效果，如图 3-9 所示。

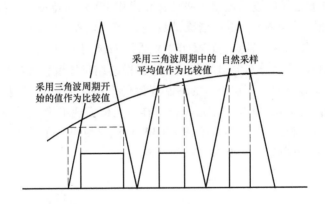

图 3-9 载波比较实现方法示意

在 PWM 技术中，另外一个很重要的方面就是如何通过电压参考值来得到调制波，这也是大部分 PWM 调制技术的区别，而底层的规则采样和三角波比较模块，在各种控制器的数字化实现中都基本类似。普通在正弦 PWM 的调制波直接采用参考相电压值，则输出相电压的峰值为 $\pm\frac{1}{2}U_d$，所以正弦 PWM 的调制比最大为 0.785。在采用三相二极管整流的系统中，直流母线电压与输入相电压的关系为：$U_{dc} = \sqrt{3}U_m$，所以输出电压只能达到进线电压的 0.866 倍，电压利用率较低，如图 3-10、图 3-11 所示。

为了解决电压利用率低的这一问题，S·R·Bowes 等人又于 1985 年提出了准优化 PWM 技术[3]和用于高压高频的准优化 PWM（HVSOPWM）技术。Bowes 等人通过对优化 PWM 的详细研究，发现了它的基本特征，并以此为依据，确定了一个特殊的调制函数，对优化 PWM 进行近似。在规则采样 PWM 中，调制函数为正弦波，而准优化 PWM 的调制波为基波和 3 次谐波的叠加，其数学表达式为

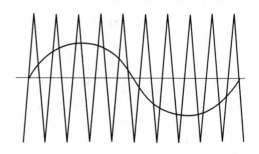

图 3-10　正弦 PWM 比较技术

$$F(t_k) = m\left[\sin t_k + \frac{1}{4}\sin 3t_k\right]$$

式中，$t_k = K \cdot T_s/2$。加 3 次谐波后，调制比 m 和输出电压之间的关系仍为线性，但由于 3 次谐波将基波的峰值削平，因此只有当 m 达到 1.2 时，才可能出现过调制（见图 3-12）。因此，电压利用率相当于提高了 20%，达到 1 以上。当 $m >$ 1.2 时，出现过调制，控制规律不再是线性的，谐波也无法被优化。为了保证从 PWM 波形到方波之间的连续过渡，并具有准优化 PWM 的特征，又提出了 HVSOP-WM 方法。根据优化 PWM（例如消除谐波法）随着电压基波幅值升高，开关角的分布逐渐向边缘移动这一特点，HVSOPWM 采用两级调制的方法，第一级先将采样信号加以预调制，使其分布向边缘移动，这样做的结果导致，在半个基波周期的中间的范围内将没有调制，而在边缘的调制规律仍采用准优化 PWM 技术，最后得到的波形就非常接近优化 PWM 的波形了，这样就近似实现了优化 PWM 的实时控制。在实际应用中，可将准优化 PWM 和 HVSOPWM 混合使用，在低频、低压时采用准优化 PWM，在高压高频时切换到 HVSOPWM。

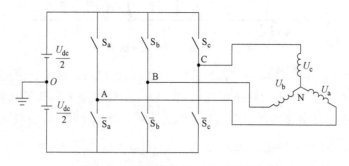

图 3-11　两电平逆变器 PWM 调制原理

电压正弦 PWM 技术还有其他实现方法，如等面积法、大规模 IC 芯片连续移相法等，限于篇幅，这里不一一介绍了。

3.4.2 电流正弦 PWM 技术

交流电机的控制性能主要取决于转矩或者电流的控制质量（在磁通恒定的条件下），为了满足电机控制良好的动态响应，并在极低转速下亦能平稳运转这一要求，经常采用电流的闭环控制，即采用电流正弦 PWM 技术。此外，在有源滤波及各种 DC-AC 电源中，也广泛应用这一技术。目前，实现电流正弦 PWM 逆变器的方法很多，大致有 PI 调节器、滞环控制

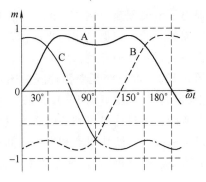

图 3-12　优化的 PWM 调制波

及无差拍控制几种，均具有控制简单、动态响应快和电压利用率高的特点。

最初的电流反馈控制即采用通常的 PI 调节器的方法分别控制三相电流，PI 调节器的输出和三角波进行比较产生 PWM 信号，此方法的问题是电流反馈需要加较大的滤波，以保证其谐波成分远比三角波的频率低。此外，电流的相位在矢量控制系统中也很重要，因此提出一些前馈的方法来补偿电流相移[8]。此方法的一种改进即把 PI 调节器放在 d-q 坐标系中，这样所需要调节的电流为直流量，调节器的输出经旋转变换变为三相正弦电压，再和三角波比较输出 PWM 信号。这就变成为典型的电压 SPWM 技术了。

实现电流控制的另一种常用方法即 A. B. Plunkett 提出的电流滞环 PWM，即把正弦电流参考波形和电流的实际波形通过滞环比较器进行比较，其结果决定逆变器桥臂上下开关器件的导通和关断。这种方法的最大优点是控制简单，可很容易地用模拟器件实现。另外，功率开关器件（小功率 MOSFET 或 IGBT）可以工作在开关频率很高的情况下，响应可以非常快，并对负载及参数变化不敏感，过去曾广泛地应用于小功率高精度的调速或有源滤波系统中，最初直接转矩控制系统中也是采用这种方法来控制磁通和转矩的。但是模拟器件用于系统核心的控制和目前全数字化控制趋势很不协调。此外，这种方法中的滞环宽度一般固定，因此开关频率不固定，随着电机电抗大小及反电动势变换而变化，有时会出现很窄的脉冲和很大的电流尖峰。直流电压不够高或反电动势太大（高速时）或电流太小时，电流控制效果均不理想。后来又提出了很多改进方法，如采用解耦控制以消除各相之间的影响[8]、查表选取电压矢量的方法以优化开关次数[9]、带宽变化或自适应调节以得到大致固定的开关频率[8]等，最后干脆在普通比较器后加一个采样保持器，以一定的采样频率动作，即可得到固定开关频率的 Δ 调制法[10]。实际上，这样就和全数字化控制非常接近了，因为在采样周期内，电流误差完全失控，所以为了达到一般 PWM 的效果，采样频率需要非常高，否则由于电流上升和下降的速度不同，将产生不对称脉动。

为了解决在有限采样频率下实现电流的有效控制，J. Holtz 和 A. Kawamura 等人

提出了电流预测控制[19]和无差拍控制[20]的思想。所谓电流预测控制就是在采样周期的开始，根据电流的当前误差和负载情况选择一个使误差趋于零的电压矢量，去控制逆变器中开关器件的通断，因此，这是一种典型的全数字化 PWM 方案（见图 3-13）。在电流无差拍控制中还用到了电机模型，根据选取模型的精度不同，派生出几种效果很好的 PWM 方法。这种控制思想和后面所述磁通闭环 PWM 是非常类似的，不过这里得到的电压矢量可以是任意的，因为电流和电压之间的关系受电机参数决定，要比磁通和电压之间的关系复杂。最后计算所得任意电压矢量可用合成的方法来求得[18]。在全数字化交流电机控制系统中，这种方法用得越来越多。

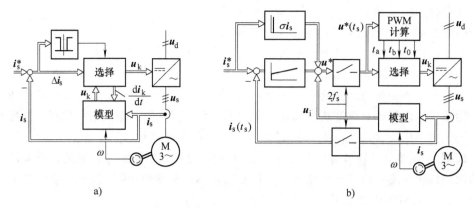

a)　　　　　　　　　　　　　　　　b)

图 3-13　电流预测和无差拍控制 PWM 方案
a）电流预测 PWM　b）无差拍控制 PWM

3.4.3　磁通正弦 PWM 技术

上一节介绍过，普通的正弦 PWM 电压利用率只有 0.866 倍，在没有过调制的情况下，输出相电压幅值只有 $\pm 1/2U_{dc}$。由于电机的三相电压不会同时出现峰值，所以在满调制的情况下，可以在三相电压中注入零序分量，使超过电压输出范围的相电压回到 $\pm 1/2U_{dc}$ 的范围内，而对于无中线的三相负荷，电源侧的中点电压偏移不会影响负载的线电压和相电流，只是改变了负载的中点电位，对于电机的转矩、磁链等不会发生改变。所以可以通过在三相电压中注入零序分量，来提高电压利用率。零序分量叠加原理如图 3-14 所示。磁通正弦 PWM（空间矢量 PWM）就是利用这一特点来实现更高的电压利用率。

磁通正弦 PWM（即空间矢量 PWM——SVPWM）和电压正弦 PWM 不同，它是从电机的角度出发的，着眼于如何使电机获得幅值恒定的圆形旋转磁场，即正弦磁通[5]。它以三相对称正弦电压供电时交流电机的理想磁通圆为基准，用逆变器不同的开关模式所产生的实际磁通去逼近基准圆磁通，并由它们比较的结果决定逆变器的开关状态，形成 PWM 波形。由于该控制方法把逆变器和电机看成一个整体来处理，所得模型简单，便于微处理器实时控制，并具有转矩脉动小、噪声低、电压利用率

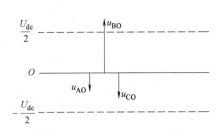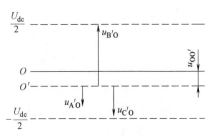

图 3-14　零序分量叠加原理

高的优点，因此目前无论在开环调速系统或闭环控制系统中均得到广泛应用。

1. 磁通正弦 PWM 原理

电机的理想供电电压为三相正弦，其表达式如下：

$$u_a = U_m \cos(\omega t)$$

$$u_b = U_m \cos\left(\omega t - \frac{2}{3}\pi\right)$$

$$u_c = U_m \cos\left(\omega t - \frac{4}{3}\pi\right)$$

(3-23)

按照合成电压矢量的定义（由 Park 变换）：

$$u = \frac{2}{3}(u_a + \alpha u_b + \alpha^2 u_c)\,(\alpha = e^{j2\pi/3})$$

(3-24)

将式（3-23）代入式（3-24）中，得到理想供电电压下的电机空间电压合成矢量

$$u = U_m e^{j\omega t}$$

(3-25)

理想情况下，空间电压矢量为圆形旋转矢量，而磁通为电压的时间积分，也是圆形的旋转矢量。现在我们观察逆变器的输出情况。图 3-15 为逆变器的简化拓扑图，并定义三个开关函数 S_a、S_b、S_c，当 $S(a, b, c) = 1$ 代表上半桥臂导通，当 $S(a, b, c) = 0$ 代表下半桥臂导通。对于 180°导通型逆变器来说，三相桥臂的开关只有 8 个导通状态，包括 6 个非零矢量和 2 个零矢量。每一个基本矢量对应于一个固定的开关状态。在忽略定子电阻压降时，对应 6 个非零矢量磁通的运动轨迹为六边形。此时磁通的大小和旋转的角速度都是变化的，从而引起转矩脉动、电机损耗等现象。这种控制方法可用于对调速精度要求不高的场合，如 1985 年 Depenbrock 教授提出的直接转矩控制系统中一直采用此方法控制磁通。

目前，磁通正弦 PWM 多采用控制电压矢量的导通时间的方法，用尽可能多的多边形磁通轨迹逼近理想的圆形磁通。具体方法有两种：一是磁通开环方式，即三矢量合成法磁通正弦 PWM，二是磁通闭环方式，即比较判断法磁通正弦 PWM。将逆变器输出的 8 种电压矢量用式（3-24）的空间电压矢量来表示得到如图 3-16 所示的结果。

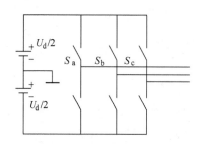

图 3-15　三相逆变桥

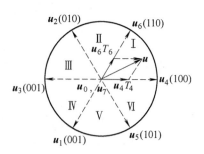

图 3-16　电压矢量图

定义开关函数 $S(a, b, c) = 1$ 时，上管导通；

$S(a, b, c) = 0$ 时，下管导通。

根据开关矢量的定义可以得到 6 个非零基本矢量和两个零矢量。这 8 个基本矢量对应于一个开关周期内开关状态维持不变所产生输出电压矢量。例如 100 矢量则表示在该开关周期内，a 相始终保持上管导通，b、c 两相始终保持下管导通。此时在该开关周期内输出的线电压为

$$u_{ab} = U_d；\quad u_{bc} = 0；\quad u_{ca} = -U_d$$

则可以求出：

$$u_a = \frac{2}{3}U_{dc}；\quad u_b = -\frac{1}{3}U_{dc}；\quad u_c = -\frac{1}{3}U_{dc}$$

代入式（3-24），则可以求出基本矢量的长度为

$$\|u\| = \frac{2}{3}U_{dc}$$

在有的定义中，合成电压矢量定义为 $u = \sqrt{\frac{2}{3}}(u_a + \alpha u_b + \alpha^2 u_c)$

此时基本电压矢量的长度为 $\|u\| = \sqrt{\frac{2}{3}}U_{dc}$，这种定义对应于异步电机 3/2 变换中的等功率变换，所有的变量只是存在系数的差别，最终计算出的调制系数是一致的。在本章中，为了直观显示各变量的值，采用等幅值变换，即基本矢量的长度为 $\frac{2}{3}U_{dc}$。

为了使逆变器输出的电压矢量接近圆形，并最终获得圆形的旋转磁通，必须利用逆变器的输出电压的时间组合，形成多边形电压矢量轨迹，使之更加接近圆形。这就是正弦 PWM 原理的基本出发点。例如：当旋转磁通位于图 3-16 所示的 I 区时，用最近的电压矢量合成，并按照伏秒平衡的原则，得

$$T_6 \boldsymbol{u}_6 + T_4 \boldsymbol{u}_4 + T_0 \boldsymbol{u}_0 = T\boldsymbol{u} \tag{3-26}$$

式中，T_n 为对应电压矢量 $\boldsymbol{u}_n$ 的作用时间；T 为采样周期；$\boldsymbol{u}$ 为合成电压矢量。

2. 磁通轨迹控制

由上述原理出发，要有效地控制磁通轨迹，必须解决三个问题：

1）如何选择电压矢量。

2）如何确定每个电压矢量的作用时间。

3）如何确定每个电压矢量的作用次序。

对于第一个问题，通常将圆平面分成6个扇区，并选择相邻的两个电压矢量用于合成每个扇区内的任意电压矢量。对于第二个问题，即每个电压矢量的作用时间，由以下公式导出（以扇区 I 为例）：

$$T_6\left(\frac{1}{2}+\mathrm{j}\frac{\sqrt{3}}{2}\right)\left(\frac{2}{3}U_\mathrm{d}\right)+T_4\left(\frac{2}{3}U_\mathrm{d}\right)+T_0\times 0=U\mathrm{e}^{-\mathrm{j}\theta}T \tag{3-27}$$

令式（3-27）等号两边实部、虚部相等，得到以下结果：

$$T_6=\frac{\sqrt{3}\boldsymbol{u}T}{U_\mathrm{d}}\sin\theta \tag{3-28}$$

$$T_4=\frac{\sqrt{3}\boldsymbol{u}T}{U_\mathrm{d}}\sin\left(\frac{\pi}{3}-\theta\right) \tag{3-29}$$

$$T_0=T\left[1-\frac{\sqrt{3}\boldsymbol{u}}{U_\mathrm{d}}\cos\left(\frac{\pi}{6}-\theta\right)\right] \tag{3-30}$$

其中，$0\leqslant\theta\leqslant\pi/3$；并设零矢量$u_0$与$u_7$的作用时间分别为$T_{00}=(1-k)T_0$；$T_{07}=kT_0$。

各电压矢量的作用次序要遵守以下的原则：任意一次电压矢量的变化只能有一个桥臂的开关器件工作，表现在二进制矢量表示中只有一位变化。这是因为如果允许有两个或三个桥臂开关器件同时工作，则在线电压的半周期内会出现反极性的电压脉冲，产生反向转矩，引起转矩脉动和电磁噪声。下面以 I 扇区为例介绍七段式SVPWM 波形的产生方法（见图 3-17）。该方法中，一个周期中都以 000 矢量作为开始和结束，111 矢量放在中间，并且 000 和 111 两个零矢量的作用时间是相等的。所以在每个周期内，都是与 000 相比只有一位变化的基本矢量先作用，然后另外一个基本矢量接入，接着过渡到 111 矢量，然后再反向逐步退回到 000 矢量。按照这一原则，可以计算出在每一个扇区的基本矢量作用顺序。

如果在整个 PWM 调制周期中，只采用 000 和 111 中的一个零矢量，则三相 PWM 在一个开关周期内就只有 5 段，则为五段式 PWM。

3. SVPWM 与其他 PWM 的比较

由式（3-28）~式（3-30）可以得出：随着合成电压矢量 u 的长度增加，T_1、T_2 也逐渐

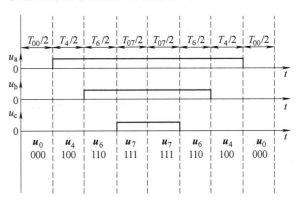

图 3-17　七段式正弦 VPWM 波形

加大，T_0 逐渐减小。但是为了满足 u 在线性区内的要求，必须使 T_0 非负，即

$$u \leqslant \frac{U_d}{\sqrt{3}\cos\left(\dfrac{\pi}{6} - \theta\right)} \tag{3-31}$$

要使 θ 在任何情况下，式（3-31）总成立，则

$$u \leqslant \frac{U_d}{\sqrt{3}} \tag{3-32}$$

可见相电压 u 的幅值达到上限时，输出线电压的基波峰值为 U_d，它比正弦 PWM 的高 15.47%〔常规正弦 PWM 在满调制（$m = 1$）时，输出的线电压幅值为 $0.866U_d$〕。在这一点上，和前述准优化 PWM 有异曲同工之处。下面将推导出正弦 VPWM 在实质上也是一种带谐波注入的调制方法。

从 SPWM 的规则采样法出发，可以导出正弦 VPWM 的隐含调制函数。采用规则采样法（见图 3-18）时，脉宽为

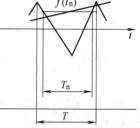

$$T_n = \left(\frac{f(t_n)}{2U_{rm}} + 0.5\right)T \tag{3-33}$$

式中，U_{rm} 为三角波幅值。

图 3-18　规则采样法

在已知 T_n 的情况下，可以由式（3-33）求出 $f(t_n)$，以 U_{rm} 归一化表示时有

$$f(t_n)^* = \frac{2T_n}{T} - 1 \tag{3-34}$$

同理，根据 SVPWM 所输出的脉宽，也可以得到 SVPWM 的隐含调制波。例如，根据图 3-17 中的各个扇区的波形以及式（3-34），可以得到各个扇区的调制波，在 0°~90°的一相隐含调制函数如下：

$$f(t_n) = \begin{cases} \sqrt{3}\sin(\omega t) & (0° \leqslant \omega t < 30°) \\ \sin(\omega t + 30°) & (30° \leqslant \omega t < 90°) \end{cases} \tag{3-35}$$

为了便于分析，也可求得隐含调制函数在整个 2π 内三相统一表达式为

$$u_{a,b,c}^{**} = u_{a,b,c}^* + u_z \tag{3-36}$$

式中

$$u_a^* = m\cos(\omega t_n)$$

$$u_b^* = m\cos\left(\omega t_n - \frac{2\pi}{3}\right)$$

$$u_c^* = m\cos\left(\omega t_n + \frac{2\pi}{3}\right)$$

$$u_z = -ku_{max}^* - (1-k)u_{min}^* + (2k-1)$$

$$u_{max}^* = \max(u_a^*, u_b^*, u_c^*)$$

$$u_{min}^* = \min(u_a^*, u_b^*, u_c^*)$$

式中，m 为调制比（这里的 m 的定义以半桥逆变器为参考，等于调制波基波的峰值与直流电压的一半之比）。图 3-19 给出输出基波为 50Hz 时 A 相 u^{**}、u^*、u_z 的波形。B、C 两相的波形与之类似，只是滞后或超前 120°。图 3-20 是不同 k 值时的零序分量波形，零序分量的波动频率是变换器输出基波频率的 3 倍，且可能含有直流分量（当 $k=0.5$ 时不包含直流分量）。同时，零序分量不仅含有奇次谐波，还含有偶次谐波。

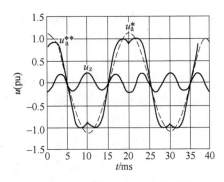

图 3-19　u^{**}、u^*、u_z 的波形

（$m=1.1547$，$k=0.5$）

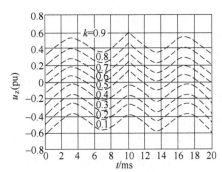

图 3-20　不同 k 值时的零序分量

（$m=0.5$，$k=0.1\sim0.9$）

从图 3-19 可以看出，零序分量的加入使得调制波的峰值拉低。当满调制（$m=1.1547$）时，调制波的基波峰值正好等于 1。由于零序分量的加入，相调制波已经不是正弦波，所以输出相电压必有明显的畸变。相对于三相无中线系统，零序电压不会产生电流，而输出线电压因零序分量相互抵消仍保持正弦。所以，三相 Δ 联结负载时不会产生畸变谐波。

如果三相变换器为 Y 联结，负载上实际的相电压仍没有畸变。为说明问题，用理想电压源代表三相变流器。如图 3-21 所示，根据叠加原理，变流器可以等效为图 3-21b 和图 3-21c 的和。对图 3-21b 所示的基波受控源，负载中 n_1 点与直流侧中 0 点等电位。对于图 3-21c 所示的零序受控源，由于三相电压相等，故不产生电流。虽然没有电流，但零序电压 u_z 使负载中 n_2 点与零序电压相等。因此，总的负载中点电位（$\varphi_{n_1} + \varphi_{n_2}$）和直流侧中点的电位不相等，而是跟踪零序电压浮动，所以负载上的相电压仍然是正弦的。相电压的畸变只是指相对直流侧中 0 点而言的。

从上述分析及图 3-19 可以看出，SVPWM 的调制波相当于在原正弦波上叠加了一个零序分量（当 $k=0.5$ 时为三次谐波）。理论分析表明，SVPWM 具有如下优点：

1）输出电压比正弦波调制时提高 15%。

2）谐波电流有效值的总和接近优化。

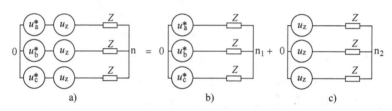

图 3-21　理想电压源

4. 不连续脉宽调制

PWM 的基本思想是通过提高开关频率，使谐波分量尽量向高频段移动，然后通过较小的滤波器滤除高频谐波。但是，提高开关频率带来了不容忽视的开关损耗。不连续脉宽调制是一种频率不太高，而谐波又比较小的调制方法。

不连续脉宽调制（Discontinuous PWM）也称为死区带 PWM（Dead band PWM）或母线钳位 PWM（Bus clamp PWM）。其基本思想是，通过在调制波中加入零序分量，使调制波在一段时间内等于三角载波的正峰值或负峰值，并且使三角波与调制波没有交点，于是开关状态保持不变。尽管产生不连续调制波的方法很多，但总体来说，调制波要精心设计，其规律性不强。SVPWM 不仅可以将不连续调制与连续调制统一起来，而且提供了一种有规律的不连续调制方法。图 3-22 和图 3-23 分别表示了当 k 值为 0 和 1 时的三相调制波形、调制波基波波形和零序分量。这种调制方式通常也称为线电压调制。

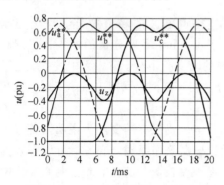

图 3-22　$k = 0$ 的调制波（$m = 1.0$）

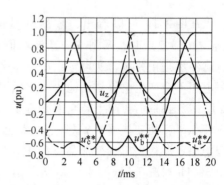

图 3-23　$k = 1$ 的调制波（$m = 1.0$）

当 k 为 0 或 1 时，每相的调制波有连续的 1/3 周期维持为直流母线的正极或负极电位。由于载波和调制波没有交点，所以这段时间内对应的桥臂开关状态不变。对照图 3-7 所示的开关波形，进一步说明，当 k 逐渐减小时，矢量 u_7 的作用时间减小，而矢量 u_0 的作用时间加长，其结果是各相脉宽逐步减小，到 $k = 0$ 时，u_7 完全没有作用，则扇区中脉宽最窄的那一相脉宽为零。反之，当 k 值逐渐增大时，矢量 u_0 的作用减小，而 u_7 的作用加大。图 3-22 与图 3-23 中，输出的相电压波形有 120° 为正母线电压或负母线电压，三相桥臂各有 120° 不动作，所以开关损耗比连续调制时降低 33%。

如果在不同的扇区，让 k 值交替地等于 0 或 1，那么将得到正负半周对称的各 60°不动作的 PWM 波形。图 3-24a、b 是两种不同情况下的调制波。TI 公司的 DSP 芯片中的 SVPWM 功能，就是按图 3-24 的方式进行调制的。可以发现，图 3-24 的两个负半波 60°正是图 3-23 中的 120°不动作区的前 60° 和后 60°。k 值的切换点决定了开关状态固定区域的起始点与终止点。图 3-24 中调制波虽然在正负各 60°时间相同，但波形的对称度差。将 k 值的切换点改为扇区的中点，可以得到对称的调制波。图 3-25 是 k 值在扇区中点切换时的调制波形。变化 k 值的切换点可以在一定的范围内控制开关器件的不动作区在一个周期内的具体位置。利用这一点还可以进一步降低开关损耗。

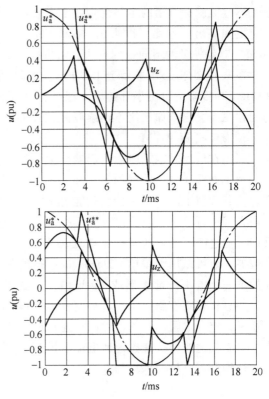

图 3-24　k 值在扇区边沿切换时的调制波 $[m = 1.0, k = 1 \ (0° \sim 60°)]$

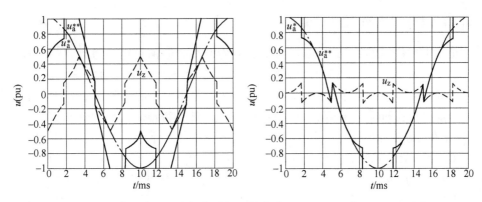

图 3-25　k 值在扇区中点切换时的调制波 $[m = 1, k = 1 \ (-30° \sim 30°)]$

因为开关损耗和开关频率、母线电压、线电流成比例。母线电压和开关频率是恒定的，而线电流为幅值变化的正弦波，所以在不同的时刻，开关器件上的瞬时损耗是不一样的。电流大时，开关损耗也大。如果通过 k 值的控制，使每半周的 60° 开关器件不动作区位于电流峰值的两侧对称分布，这对开关损耗的降低就十分明显。不连续脉宽调制的主要优点在于有效地降低开关损耗，尤其在高频工作时，该优点更加突出。由此可以得出，SVPWM 实质上也是一种带谐波注入的规则采样 PWM。对零矢量的不同处理方法，可以获得灵活多样的输出波形。

在某些要求无音频噪声的场合，如果用连续调制，则开关频率必须大于 20kHz。而事实上，由于开关频率很高，电流谐波已经不是主要问题，而开关损耗的问题变得突出。如果用不连续调制，开关频率只需 13kHz 就能消除音频噪声。

5. 闭环磁通 PWM

因为在低速时定子电阻的影响变大，如果仍采用固定时间内顺序给出矢量的办法，则不能保证磁通轨迹的形状和大小。另外，零矢量的引入也造成磁通轨迹的畸变，使其幅值下降，系统带负载能力下降。在磁通开环系统中，往往通过函数发生器的方式进行补偿，但效果有时不很理想。事实上，最有效的方法乃是引入磁通的反馈，通过闭环的方式来控制磁通的大小和变化速度。闭环实现的方法可以是 PI 调节器，也可以用无差拍（Deadbeat）方式来比较估算磁通。并根据误差决定所施加的下一个电压矢量来形成 PWM 波形。这种方法适用于高性能变频器或调速系统，如直接转矩控制系统。其控制性能在很大程度上取决于磁通观测的准确性，在低速时，定子电阻、开关器件的导通压降、逆变器互锁时间的影响都应考虑在内。为了更有效地改善低速磁通和电流的波形，又提出了矢量合成法和叠加补偿法等，有效地抑制了电机的脉动和噪声。

3.5　其他 PWM 技术

3.5.1　优化 PWM 技术

正弦 PWM 一般随着大功率电力电子器件开关频率的提高会得到很好的性能，因此在中小功率电机控制系统中被广泛采用。但对于大功率电力电子变流装置来说，太高的开关频率会导致大的开关损耗，因此是不可取的。况且大功率电力电子器件，如晶闸管和高压 IGBT 的开关频率目前还不能做得很高，在这种情况下，优化 PWM 技术正好符合需要。优化 PWM 即根据某一额定目标将所有工作频率范围内的开关角度预先计算出来，然后通过查表或其他方式输出，形成 PWM 波形。由于每个周期只有可数的几次开关动作，因此开关角度的小的变化对谐波含量影响很大。一般采用大型计算机在整个工作频率范围内寻优，计算出一个周期内实现某一特定目标所有开关角度，并去除可能的局部优化结果，因此是非常费时的，难以实现动态控制。目前均采取存表方式，然后通过少量插值计算或通过近似简化计算的方法来输出 PWM 波形。随着微处理器计算速度的提高，也有实时计算优化波形方案的出现[16]。

1. 谐波消除法

事实上，早在 20 世纪 60 年代初，人们就发现，在方波电压中加几次开关动作，可大大削弱某次特定的低次谐波，如 3、5、7 次等，从而使输出的电流波形非常接近正弦波[11]。这种方法在 20 世纪 70 年代被 Patel 和 Hoft 采用傅里叶分析的方法所推广，从理论上证明了消除任意次谐波的可能性，但受大功率电力电子器件开关频率的限制，一般只把影响系统性能的低次谐波消除掉[12]。这种方法中，基波电压可以超过进线电压，因此电压利用率很高。此外，还可以用有限的开关频率实现系统的高性能，因此它在大功率或电流型逆变器中应用较多。其主要缺点是实时控制困难，并且高次谐波的幅值大大增加，这会引起损耗增加。

2. 效率最优 PWM

人们过去认为，谐波消除法会自动实现系统的高性能，但理论分析表明，此法并没自动导致效率最优和转矩脉动最小[14]。事实上，消除谐波法有两个解，即基波幅值可正可负，如

$$U_n = S(-1)^m \frac{2U_d}{n\pi} \Big[1 - 2 \sum_{i=1}^{m} (-1)^{i+1} \cos n\alpha_i \Big] \tag{3-37}$$

式中，S 代表符号，可取正或负，均可消除同样的谐波，但得到的 PWM 波形却大不一样，如图 3-26 所示。理论分析表明，图 3-26b 所示 PWM 模式更接近效率最优 PWM。因为效率是和负载大小有关的，因此在求解效率最优 PWM 的过程中，应考虑电机和负载的不同，但结果表明，这种不同造成的影响可忽略不计[14]。在用数字计算机求解最优化 PWM 时，初始点的选择非常重要，并且由于局部最优化的存在，需要计算所有的开关角度才能将其剔除。在参考文献［14］中，计算了开关角度为 3 个和 5 个时的所有导致效率最优的 PWM 模式，分别得到 4 个和 8 个全局最优结果，并且在电压从零到额定范围内变化时，每个优化 PWM 模式作用的区段是不同的。因此，在整个电压范围内，效率最优 PWM 的开关角度不是连续变

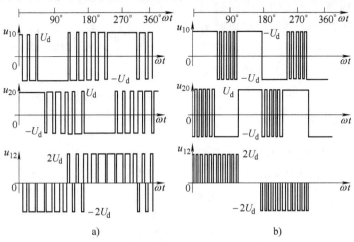

图 3-26 最优 PWM 波形

a）消除谐波 PWM b）效率最优 PWM

化的，当开关角度为 3 个时的 4 个最优结果如图 3-27 所示，这几乎是所有优化 PWM 的共同特征。

3. 转矩脉动最小 PWM

根据同样的方法，F. C. Zach 还计算了实现转矩脉动最小的优化 PWM 模式。对于开关角为 3 个的情况，得出 6 组最优 PWM 模式，3 组对应基波电压为正，3 组对应基波电压为负。对应电压为正时的两组 PWM 波形如图 3-28 所示。

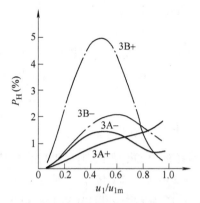

图 3-27　效率最优 PWM 的开关角度

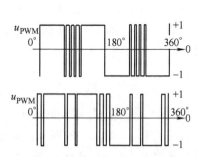

图 3-28　转矩脉动最小 PWM 波形

值得一提的是，Taniguchi[15] 证明了消除转矩脉动的有效方法并不是将逆变器所有的谐波都去掉，只要满足 $u_5/u_7 = 5/7$ 这一条件，即可使对低速特性影响最大的 6 次转矩脉动等于零。此外，他还从理论上证明，当用过调制的梯形波代替正弦波时，可以降低开关频率，并且有几个特殊的波形满足局部最优条件，即可实现转矩脉动为零（见图 3-29）。此时系统调压只能采取在直流侧加斩波器的方法来实现。

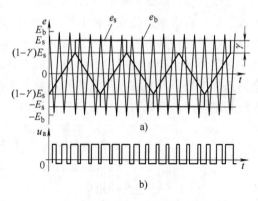

图 3-29　转矩脉动为零 PWM 波形
a）调制波形　b）PWM 波形

实际上，上述最优 PWM 技术的概念是由 G. S. Buja 和 G. B. Indri 于 1977 年在参考文献［13］中提出来的。不过，那里的目标函数既不是低次谐波，也不是效率或转矩脉动，而是所有谐波电流的有效值，即

$$I_h = I_1 THD = \sqrt{\sum_{h=3}^{\infty} \left[\frac{U_h}{h\omega_1 l\sigma}\right]^2} \tag{3-38}$$

参考文献［13］中计算了开关角度分别为 1、2、3、4 时的最优 PWM 模式，成为优化 PWM 的经典结果，并一再被各国学者所引用和进一步的研究。图 3-30 给

出开关角度为 4 时的优化 PWM 模式角度分布,从这里我们再次看到,优化 PWM 在整个电压范围内的不连续性。

目前,随着计算机技术的发展,人们期待已久的优化 PWM 模式的实时完成将成为现实[16]。

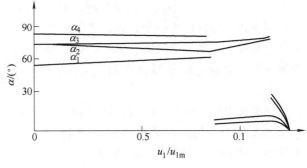

图 3-30   优化 PWM 模式角度分布

3.5.2 随机 PWM 技术

1. 随机 PWM 概述

普通 PWM 逆变器的电流中含有较大的谐波成分,此谐波电流将引起脉动转矩。脉动转矩作用在电机定、转子上,使电机定子产生振动而发出噪声,其强度和频率范围取决于脉动转矩的大小和交变频率。以 SVPWM 逆变器为例,理论和实验表明,其幅值大的谐波电流主要分布在一倍和两倍的 PWM 的调制频率 f_s 的频带内。因而,由谐波电流引起的电磁噪声集中在 f_s 和 $2f_s$ 频率附近。由于逆变器的开关频率一般为 2kHz 左右,电磁噪声正处于人耳的敏感频率范围,使人的听觉受到损害。此外,电流中一些幅度较大中频谐波成分,还容易引起电机的机械共振,导致系统的稳定性降低。

为了解决以上问题,一种方法是提高开关频率,使之超过 18kHz,但是这种方法伴随着较高的开关损耗;另一种方法就是本节要讨论的随机 PWM 方法,它从改变噪声的频谱分布入手,使逆变器输出电压的谐波成分均匀地分布在较宽的频带范围内,以达到抑制噪声和机械共振的目的。

我们知道,PWM 逆变器的电压控制可以通过控制开关器件的占空比来实现。所谓占空比跟开关器件的导通位置(即导通角)和开关频率无关,然而导通位置和开关频率的改变却影响着输出电压的频谱分布。如果导通位置或开关频率以随机的方式加以改变,逆变器输出电压就得到一个宽而均匀的连续频谱,某些幅值较大的谐波成分就能被有效地抑制住,这就是随机 PWM 的基本原理。

任何一种随机 PWM 方式的实现都离不开随机信号的产生。由于理想的随机信号较难获取,可采用伪随机信号来代替。伪随机信号实际上是周期性的确定性信号,但它的功率谱较宽,自相关函数又接近 δ 函数,所以可用它替代随机信号。

产生伪随机信号的方法有几种,按大类可分为软件方式和硬件方式两类。用软件形成伪随机序列一般采用混合同余法,其依据是数论中的同余关系。设 a、b、c、m 均为自然数,d 是 ac 除以 m 后的余数,即 $d = \mathrm{mod}(ac, m)$。由上式得一递推关系如下:

$$k_{i+1} = \mathrm{mod}(ck_i, m) \quad (i = 0, 1, 2, \cdots)$$

利用上式，可以产生一个数列，它们的每一个数均在 0 和 1 之间。可以证明，具有上述特殊参数的同余递推关系产生的序列，各数彼此独立，均匀地分布在 0 和 1 之间，均值为 0.5。

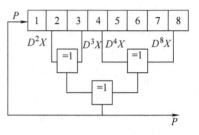

图 3-31　伪随机信号发生器

基于随机 PWM 的基本原理，可以把 PWM 的实现方式分为三类，即随机开关频率 PWM、随机脉冲位置 PWM 和随机开关 PWM[21]。下面对这三种实现方式的工作原理分别加以阐述。

2. 随机开关频率 PWM

随机开关频率 PWM 方式是目前随机 PWM 中最常用的一种方式。如前所述，开关频率 f_s 决定了大部分电磁噪声的频谱分布。在 f_s 一定时，频谱也就一定。此频率下的谐波电压 u_{f_s} 可表示为

$$u_{f_s} = U_m \cos(2\pi f_s T) \tag{3-39}$$

如果 f_s 改变，则频谱相应地变化。设 f_s 按某一规律变化，则谐波电压不再集中在 f_s 频率下，而分布在 $f_s(t)$ 频率范围内，由谐波电流引起的电磁噪声也将分布在 $f_s(t)$ 的范围内。所以，为尽量减小某一特定频率的噪声，希望 $f_s(t)$ 的频率变化范围尽可能大。但一方面，因开关损耗散热的限制，f_s 存在上限值；另一方面，如果 f_s 变到较小时，虽然某一特定频率噪声大大消弱，但由于电机低次谐波电流增加，电机效率下降，噪声的总分贝数增大。尤其是低频噪声的增加可能会发生共振现象。因此，f_s 存在下限值。由式（3-39）可知，噪声的分布情况直接与 $f_s(t)$ 相关。如果 $f_s(t)$ 为一特定带宽函数，两相邻的调制频率之间相关联，噪声为按特定规律重复的有色噪声。为克服这一缺点，可使 $f_s(t)$ 为一限带的白噪声信号，以达到抑制某一噪声的目的。随机开关频率方式的 PWM 就是基于这一原理，通过随机改变开关频率而使电机电磁噪声近似为限带白噪声。尽管噪声的总分贝数未变，但有色噪声强度将大幅度削弱，从而有利于逆变器的现场运行。

随机开关频率可以通过规则采样或者自然采样来实现。在规则采样中，设逆变器输出的一个周期内有 N 个采样周期，而每 60° 范围内（电压空间矢量控制中的一个扇区）可以有 N_s 个采样周期，而 N 和 N_s 均可随机地分别改变，这样就随机地改变了开关频率。自然采样方式可以采用传统的三角波调制，与参考电压信号相比较的三角波载波信号的斜率可随机地改变，如图 3-32 所示；若采用 SVPWM，则通过随机地改变电压矢量每次转过的角度来实现。

3. 随机脉冲位置 PWM

随机脉冲位置 PWM 是一种简单而有效的随机 PWM 策略。设逆变器输出电压的一个基波周期被均匀地分成 N 个相等的采样周期（规则采样），每个采样周

期的宽度为 T_s。图 3-33 所示的三个开关变量 a、b、c 的脉冲，要么位于采样周期的开始部分（超前方式），要么位于采样周期的结束部分（滞后方式），而每个采样周期的具体调制方式（超前边缘调制还是滞后边缘调制）则随机地加以选择。

考察两个相邻采样周期，并假设两种调制方式出现的概率相等，可以看出，两个脉冲被隔开的比例为 75%，而仅有

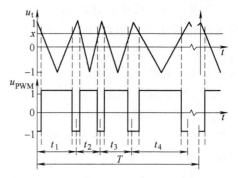

图 3-32　随机开关频率 PWM

25% 的脉冲彼此相连。因此，等效的开关频率 f_{sw} 为原来的 3/4。N 的选择应在考虑开关损耗的限制下尽量改善输出质量。

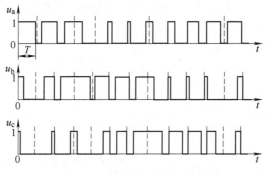

图 3-33　随机脉冲位置 PWM

值得一提的是，这种方式只需要一个一位的随机信号发生器，这种随机信号发生器（如 MM5437 芯片）在市场上很容易买到。

4. 随机开关 PWM

随机开关 PWM 是最早发表的随机 PWM 策略，其基本原理如图 3-34 所示。以 A 相为例，用参考电压 u_a^*（正弦波）与一服从均匀分布的随机信号 u_γ 相比较，以此决定 A 相电压是置 0 还是置 1。如果 $u_\gamma < u_a^*$，则开关信号被置为 1，反之，若是 $u_\gamma > u_a^*$，则开关信号被置为 0。当参考电压 u_a^* 的幅值增大时，$u_\gamma < u_a^*$ 的概率就增加，此时输出电压的有效值也就变大，也就实现了逆变器的输出调压。而输出电压的基波周期也由参考电压的周期决定。从这一点来看，它与 SPWM 极为相似，只不过载波信号由三角波变成随机信号而已。这里的随机信号对应的概念是一个幅值为随机数的信号。只要参考电压中一个基波范围内随机数的个数足够多，也即随机信号频率足够高，则输出电压的波形就能满足一定的性能要求（如电流畸变小、谐波分量少等）。

随机开关 PWM 的实现极为简单，而且不需要开关时间的准确计算。它尤其适

合于通过高开关频率实现输出电流高性能的场合，如以 MOSFET 为开关器件的小功率逆变器。这相对限制了它的适用范围。

为了解决这一问题，降低开关频率，加拿大的 D. Vincenti 和澳大利亚的 V. G. Agelidis 两位教授提出了一种新型的随机开关 PWM 方法[22]。这种方法的思路是：以过调制的梯形波取代正弦控制波，使开关信号在一个周期内有 240° 范围无调制波形，从而降低开关频率。如图 3-35 所示，由正弦基波加入 17% 的 3 次谐波得到过饱和的梯形波，以此梯形波作为控制波形，就可以使逆变器输出幅值由 0.866 提高到 1，而且在图中所示的过调制方式下，一个基波周期内仅有 120° 范围内有调制波形，而在其他 240° 范围内开关器件不动作，从而有

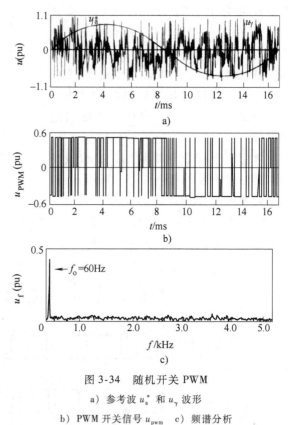

图 3-34　随机开关 PWM

a) 参考波 u_a^* 和 u_γ 波形

b) PWM 开关信号 u_{pwm}　c) 频谱分析

效地降低了平均开关频率。这种方法的性能也很好，这一点可以从图 3-35 所示的输出线电压频谱看出。

这种改进的随机开关 PWM 方法，虽然开关频率下降了 2/3，但因其控制波形固定，逆变器调压无法通过自身实现，调压需要在直流侧进行。但受这一思路启发，我们可以把调制部分从两侧各 30° 移至中间 60° 范围，这样就可以通过改变调制波形占空比来实现对输出电压的幅度调节。

综上所述，随机开关 PWM 的实现方式是多种多样的，而本书对这些方式的划分也并非绝对，如随机开关 PWM 方法中，虽然所给随机信号是幅值量随机变化的，但与参考信号比较的结果还是导致开关频率的变化，所以随机开关和随机开关频率这两种方式并没有十分严格的界限，只是随机开关 PWM 的频谱分布更广一些罢了。

3.5.3　SVPWM 过调制技术

采用传统的正弦 SPWM 时，最大输出相电压幅值为 $1/2U_d$，此时调制度 $m = |U^*|/(2U_d/\pi) = 0.785$。采用 SVPWM 时，最大输出相电压幅值为 $1/\sqrt{3}U_d$，此时

调制度 $m = 0.907$，所以 SVPWM 的电压利用率比 SPWM 高 15.54%。

采用 SVPWM 时，在线性调制区内，合成的矢量轨迹最大为六边形的内切圆，如图 3-36 所示。SVPWM 处于线性调制区域意味着参考电压矢量位于正六边形的内切圆内，此时参考电压矢量的轨迹为圆形，对应的线电压输出波形为标准正弦波。一般的变频器都在线性调制区内运行。如果超过线性调制区，基本电压矢量合成的最大电压范围也只能在六边形区域内，但是输出电压不再是正弦，谐波含量增加，一般用于电动汽车、电力机车等领域，以提高电机的转矩和转速。如果调制比继续提高，则可以进入方波调制，即三相输出电压都是方波，不再有斩波，所以开关频率降低。采用方波调制时，调制度 $m = 1$，输出电压的基波幅值为 $\frac{2}{\pi}U_{dc}$，此时合成电压矢量的轨迹仅仅是六边形的六个顶点（并不是六边形）。

为了使 SVPWM 的调制比能够从 $m = 0.907$ 平滑过渡到 1.0，需要采用一定的过调制算法。当调制度 $m = 0.907$ 时，参考电压矢量的轨迹为基本电压矢量围成的六边形的内切圆，此时三相输出电压为线性调制区域内的最大值。当调制度 $m > 0.907$ 时，逆变器输出电压发

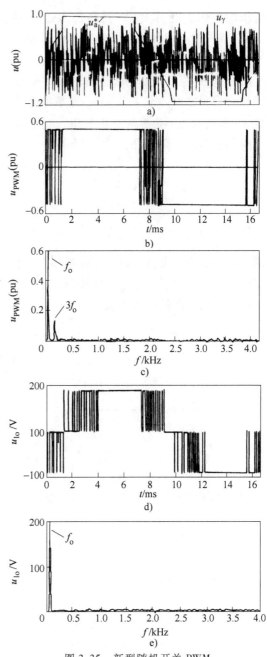

图 3-35　新型随机开关 PWM

a）参考波和随机载波信号　b）PWM 开关信号　c）频谱分析　d）线电压输出波形　e）线电压频谱分析

生畸变，合成电压矢量一部分继续走圆形，一部分走六边形。走圆形的部分，三相电压维持正弦波形，超出内切圆的部分不再是正弦波，其等效的基波幅值将小于参

考电压的幅值,此时 PWM 调制进入过调制区。SVPWM 的过调制区可以分为两个部分:

过调制1区:$0.907 < m < 0.952$

此时参考电压矢量的轨迹在六边形的外接圆和内切圆之间,定义交角 α_g 为参考电压矢量 u^* 和正六边形边界的交点与正六边形顶点之间的夹角。交角 α_g 的表达式为

$$\alpha_g = \frac{\pi}{6} - \arccos\left(\frac{u_{dc}/\sqrt{3}}{u^*}\right)$$

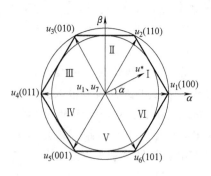

图 3-36 空间电压矢量图

则每个扇区的电压矢量在 $k\frac{\pi}{3} - \alpha_g \leq \theta \leq k\frac{\pi}{3} + \alpha_g$,$0 \leq k \leq 6$ 范围内时,实际发出的电压矢量与参考值一致,实际电压矢量的轨迹保持圆形轨迹。电压矢量在其他角度范围内时,由于参考电压轨迹超过了六边形的范围,所以实际的电压矢量轨迹为六边形。则实际的电压矢量为

$$u_p^* = \begin{cases} u^* & 0 \leq \theta \leq k \cdot \frac{\pi}{3} + \alpha_g \\[3mm] \dfrac{u_{dc}}{\sqrt{3}\sin\left(\dfrac{(k+1)\pi}{3} - \theta\right)} & k \cdot \frac{\pi}{3} + \alpha_g \leq \theta \leq (k+1) \cdot \frac{\pi}{3} - \alpha_g \\[3mm] u^* & (k+1)\frac{\pi}{3} - \alpha_g \leq \theta \leq (k+1)\frac{\pi}{3} \end{cases}$$

则计算实际发出的电压矢量的基波电压如下:

$$U = \frac{6}{\pi}\left\{ u^* \cdot \alpha_g + \frac{u_{dc}}{\sqrt{3}}\ln\left[\tan\left(\frac{\pi}{3} - \frac{\alpha_g}{2}\right)\right] \right\}$$

则实际的基波电压的轨迹如图 3-37 中短虚线所示。

所以为了保证实际发出的基波电压与参考值保持一致,则需要把电压矢量的圆形轨迹进行适当修正。也就是如果参考电压值为短虚线所示,则实际发出的电压轨迹为长虚线和粗实线所示。

当 $\alpha_g = 0$ 时,实际发出的电压轨迹为六边形,此时输出电压的基本电压为

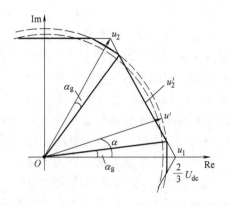

图 3-37 过调制 1 区参考电压矢量轨迹

$U = \dfrac{2}{\pi}\dfrac{u_{\mathrm{dc}}}{\sqrt{3}}\ln\sqrt{3}$，对应的调制比为 0.9517。

故该方法无法实现逆变器六阶梯波运行。为了达到最大调制度1，需采用其他的过调制算法。

过调制二区：

当调制度 $m > 0.9517$ 时，即 $u^* > 2/3 u_{\mathrm{dc}}$，按照过调制一区的算法，电压只能走六边形，六边形以外的电压矢量无法用基本矢量直接合成。如果发出的电压只在六边形的六个顶点之间切换，而不走六边形的边，则实际的三相电压为方波，调制比为1。为了使六边形轨迹平滑切换到六边形的六个顶点，需要在过调制二区逐步进行过渡，这时候目标电压的幅值和角度都要发生变化，实际的电压矢量一会在六边形的顶点保持一段时间，然后再沿着正六边形边界走完剩余的开关周期。

定义 α_{h} 为保持角，即在每个六边形顶点偏离 α_{h} 的角度范围内，电压矢量都保持在六边形的顶点上。在 α_{h} 之外的区域，电压矢量沿着六边形走。

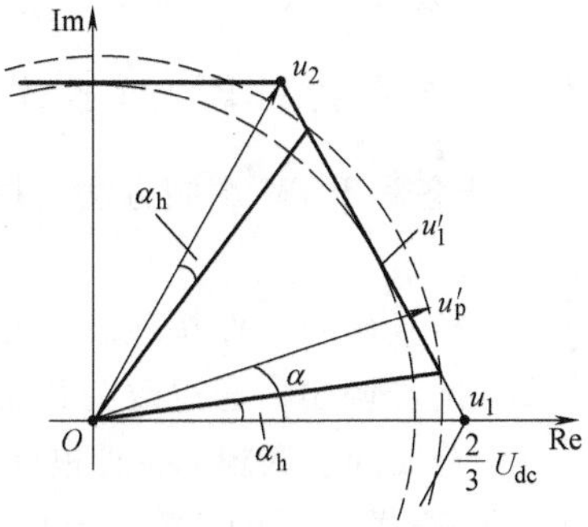

如图 3-38 所示，以第一扇区为例，当电压矢量角度小于 $\alpha < \alpha_{\mathrm{h}}$ 时，电压静止在六边形的顶点 u_1 上。

图 3-38 过调制 2 区参考电压矢量轨迹

当 $\alpha_{\mathrm{h}} < \alpha < \dfrac{\pi}{3} - \alpha_{\mathrm{h}}$ 时，实际发出的电压 u_{p}^* 跟着 u^* 一起旋转，但是幅值被限制在六边形的边界上。为了防止实际发出的电压角度发生跳变，在半个扇区内让实际的电压角从顶点处均匀变化，在参考电压角度到达扇区中间时，参考电压的角度和实际发出电压的矢量角度重合。

当 $\dfrac{\pi}{3} - \alpha_{\mathrm{h}} < \alpha < \dfrac{\pi}{3}$ 时，电压矢量保持为六边形的顶点 u_2。

随着调制比 m 的增加，保持角 α_{h} 逐渐变大，当 $\alpha_{\mathrm{h}} = \dfrac{\pi}{6}$ 时，u_{p}^* 只在六边形的六个顶点上跳变，逆变器运行在六阶梯波状态，达到最大调制比 $m = 1$。

在过调制二区，电压矢量的角度并不能做到完全跟随期望值，但是可以实现最大化的调制比。

首先把调制比 m 和保持角 α_{h} 的关系进行近似分段线性化：

$$\begin{cases} \alpha_{\mathrm{h}} = 6.40m - 6.09 & 0.9517 \leqslant m < 0.9800 \\ \alpha_{\mathrm{h}} = 11.75m - 11.34 & 0.9800 \leqslant m < 0.9975 \\ \alpha_{\mathrm{h}} = 48.96m - 48.43 & 0.9975 \leqslant m < 1.0000 \end{cases}$$

然后给出保持角度 α_h 和矢量角度的关系：

$$\alpha_p = \begin{cases} \dfrac{k-1}{3}\pi & \dfrac{k-1}{3}\pi \leqslant \alpha < \dfrac{k-1}{3}\pi + \alpha_h \\[3mm] \dfrac{\alpha - (2k-1) \cdot \alpha_h}{1 - \dfrac{6}{\pi} \cdot \alpha_h} & \dfrac{k-1}{3}\pi + \alpha_h \leqslant \alpha < \dfrac{k}{3}\pi - \alpha_h \\[3mm] \dfrac{k}{3}\pi & \dfrac{k}{3}\pi - \alpha_h \leqslant \alpha < \dfrac{k}{3}\pi \end{cases}$$

采用以上的过调制算法，可以把 SVPWM 从线性调制区，逐步过渡到六边形，然后从六边形逐步过渡到方波调制。进入方波调制时，合成电压的矢量只是在六边形的六个顶点进行切换。

3.5.4　同步调制 PWM 技术

对于各种 PWM 调制方法，根据调制波和载波的关系可以划分为三种基本调制模式：

1）异步调制，保持载波信号频率不变的调制模式；

2）同步调制，通过改变载波频率以保持载波比不变的调制方式；

3）分段同步调制，一种根据需要输出的频率进行分段，每段中载波比不变，根据载波比选择不同的 PWM 策略的调制方式，如图 3-39 所示为多模式 PWM 切换策略。

对于载波比的选择，根据谐波分析，如果选择为奇数，则输出电压波形是正负半波对称的，不存在偶数次谐波。如果选择为 3 的倍数，则可以保证三相波形对称，没有载波的整数倍谐波，选取载波比时应尽量选取 3 的奇数倍，这样可以去除偶次和 $3n$ 次谐波。

传统的异步调制指载波频率不变，调试方式较为简单，充分利用了开关频率，在载波比较大时对谐波抑制较好。但是随着调制波频率的变化，载波比在不断变化，并且难以保持 3 的倍数，使得三相波形不对称，在低载波比的时候会产生较大的谐波。在电机高速区间，载波比将大幅度的减小，异步调制固有的输出波形不对称将变得特别严重，会给系统带来严重的谐波污染，对负载的运行极为不利。

而同步调制指载波比保持恒定，载波频率随着调制波频率的变化而变化。这种方式能保证三相的对称性。当调制信号频率较低时，因为载波比与中高频相同，则载波频率较低，开关利用率较低，主要的谐波频率变得也很低，从而影响输出波形的质量。

相对前面两种传统的调制方式，分段同步调制的方法在低频的时候采用载波频率较高的异步调制，在其他频段则采用分段的同步调制，对于不同的频段采用不同的载波比值，在保证三相电压对称的基础上充分利用了开关频率。这种模式既在低频阶段保持了较高的载波频率从而提高了波形输出质量，又在中高频段保证了输出的对称性。既弥补了传统 PWM 调制的缺点，又很好地达到现如今逆变器的输出要求。但是在载波比的切换点，如果不进行处理，会因为相位的突变产生冲击电流，影响电机和变频器的运行。

采用离散化 PWM 调制时，输出电压的相位角也是也是离散前进的，每一个载波周期，电压的相位角前进 $\frac{360}{n}$，每个三角波序列所对应的电压矢量角度为 $\frac{360}{n} \cdot k$（其中 n 为载波比，k 为在该正弦波周期内的三角波的序列值），因此在不同的载波比之间进行切换时，要保持切换前后电压的相位角保持连续，需要选择合适的切换时机（k 值）。例如从 21 倍载波切换到 15 倍载波时，一般选择在第 0、7、14 个三角波周期时进行切换。

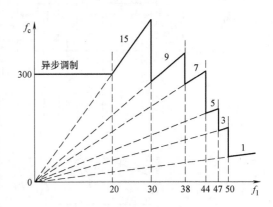

图 3-39　多模式 PWM 切换策略

前面讲过，载波比一般选择为 3 的奇数倍。但是在载波比小于 9 时，逆变器的载波无法继续满足 3 的奇数次倍的约束，所以需要寻找新的办法，一般采用中间 60°调制的方法。

中间 60°调制只在每个调制波正负半周的中间 60°进行调制，以在降低开关频率的同时增大基波输出电压，同时保持输出电压的对称性。其调制波和载波的关系如图 3-40 所示，改变调制波的幅值和频率就可以改变图中的调制脉冲的宽度 β 和输出电压的频率，从而达到调压调频的目的。

其中 7 分频的波形中，代表一个基波周期内有 9 个 PWM 脉冲（见图 3-40a），注意这 9 个 PWM 脉冲的周期并不一致。而载波可以认为是基波频率的 18 倍，可以保证三相对称。注意这里载波频率不等于开关频率。

同样，5 分频中，一个基波周期内有 5 个 PWM 脉冲（见图 3-40b），实际采用的载波为基波频率的 12 倍。

3 分频中，一本基波周期内有 3 个 PWM 脉冲（见图 3-40c），实际采用的载波为基波频率的 6 倍。

3.5.5　小结

1）随着计算机技术的不断进步，数字化 PWM 已逐步取代模拟式 PWM，成为电力电子装置共用的核心技术，交流电机调速性能的不断提高，在很大程度上是由于 PWM 技术的不断进步取得的。目前广泛应用的是在规则采样 PWM 的基础上发展起来的准优化 PWM，即 3 次谐波叠加法和电压 SVPWM 法，均具有计算简单、

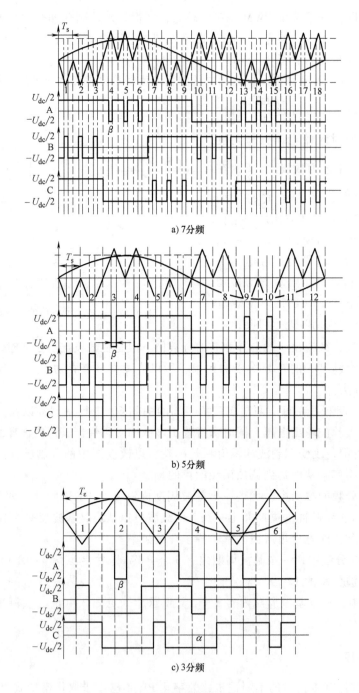

图 3-40 中间 60°同步调制

实时控制容易的特点。

2）所有 PWM 技术的不同之处全在于谐波控制的不同，从 SVPWM 加入 3 次谐波到优化 PWM 加入 3 的所有整数次谐波和其他谐波。我们看到：谐波除了具有增加损耗这一不利的一面外，还可在某种情况下变成一个有利因素，如目前各国学者集中研究的方波电机或逆变器供电电机（CFM）中，谐波已被最大限度地用来产生电磁转矩和功率。

3）由于 PWM 逆变器的开关损耗随着功率和频率的增加而迅速增加，因此，在高频化和大功率方面还有大量工作要做。目前提高开关频率的一个方法即采用谐振技术及在此基础上发展起来的软开关技术。在大功率装置方面，除尽量采用优化 PWM 模式外，多电平逆变器也越来越受到人们的重视。此时，开关损耗问题转化为多开关器件串联后的均压问题。

4）消除机械和电磁噪声的最佳方法并不是盲目地提高工作频率，这里随机 PWM 技术提供了一个分析问题的全新思路。

3.6 PWM 变频调速异步电机开环控制

3.6.1 开环变频调速系统

1. 开环通用变频器的结构

在交流调速领域中，大量使用的是风机、泵类负载。该种类型的负载一般对调速性能（特别是动态性能）要求不高，因此利用异步电机开环控制系统就可以满足使用要求。异步电机的开环控制系统是指不带速度反馈的变频调速系统，即通常所说的通用变频器。开环控制系统结构简单，工作可靠，调速范围较大，并且对数字控制的运算速度要求不高。

图 3-41 为开环通用变频器控制电路框图。由于 DSP 内部集成了较多的功能，特别适合做交流电机调速系统的控制核心，而且外围电路变得相对简单许多。

2. E^2PROM

E^2PROM 在系统中的作用主要是为存储系统设定控制参数、故障信息、断电再启动的现场保护信息等。与 DSP 的连接方式如图 3-42 所示。AT93C56 为具有自定时擦写周期、2kbit 的 I^2C 总线串行 E^2PROM。其最高时钟频率为 2MHz，使用寿命为 10 万次。

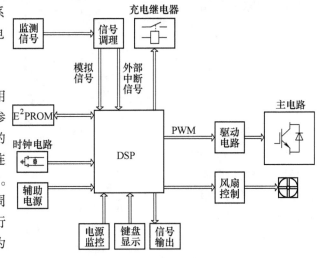

图 3-41 以 DSP 为核心的开环通用变频器控制电路框图

3. 时钟信号

DSP 与外部晶体振荡器和外部电容的连接方法如图 3-43 所示。引脚 XTAL1 和 XTAL2 处都有静电放电保护器件（图中未示出）。外接的电容值要求并不十分严格。20pF 对于工作在 1MHz 以上的质量较好的晶体振荡器都能获得良好的效果。

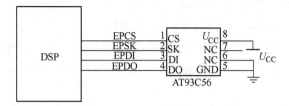

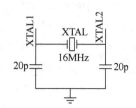

图 3-42　E²PROM

图 3-43　外部晶体振荡器连接方法

4. 键盘显示

在数字电机控制系统中，对变频器的设定操作非常复杂，如设定电机的运行频率、电机的运转方向、V/F 类型、加减速时间等。因此，必须为用户提供一个友好的人机交互界面。为了减少主控芯片的计算负担，可采用双 CPU 方案，即在键盘显示部分采用一块单片机作为控制芯片，如图 3-44 所示。

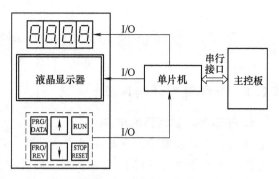

图 3-44　键盘显示框图

键盘显示与主控板之间利用串行口进行数据交换。显示模块分为两部分，4 位数码管显示和双行中文液晶显示。其中，中文液晶显示器典型应用电路如图 3-45 所示。图 3-46 ~ 图 3-48 为键盘显示模块的软件实施方案。

5. 电源监控

MAX703 ~ MAX709 是 MAXIM 公司价格低廉的微处理器监控芯片，不同型号之间功能有所差异，这里以 MAX708 为例加以介绍，如图

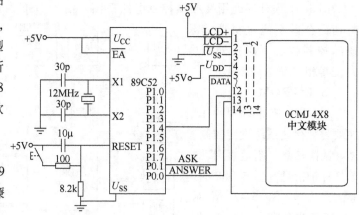

模块引脚：1—LCD　3—U_{SS} 5 ~ 12—DB0 ~ 7　13—ASK

2—LCD +　4—U_{DD}（+5V）14—ANSWER

图 3-45　中文液晶模块典型应用电路

3-49 所示。

CPU 在给电期间，电源电压处于上升过程中，且 CPU 的逻辑状态也不确定，三总线电平状态也处于未知状态，因此系统上电过程应维持在复位状态；CPU 掉电时，电压下降过程中，当电压低到一定程度，CPU 也处于未知状态，系统在掉电时也应维持在复位状态。维持在复位状态的目的是防止 CPU 执行操作码时发生错误，这对于断电数据在外部 RAM 中存储具有十分重要意义。

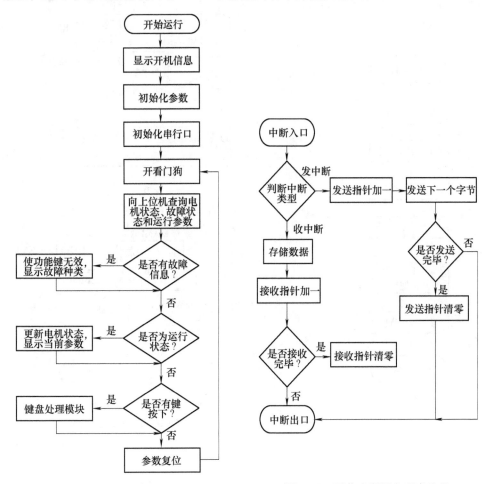

图 3-46　主程序流程　　　　图 3-47　通信中断服务程序流程

电源故障输入端 PFI 的电压与内部基准电压进行比较，如果 PFI 低于 1.25V，电源故障输出端 $\overline{PFO}$ 变为低电平。因此，可以把 PFI 接到电源的分压器上，$\overline{PFO}$ 接到 CPU 的中断输入端，就可以对电源故障进行报警或为掉电作准备，如将数据存入 E^2PROM 中。

6. 信号调理

电压或电流等模拟信号采集后，需要经过 A-D 转换才能由 CPU 运算处理。在

A-D 转换通道的输入端，可采用图 3-50 所示的接口电路。其中，两个二极管起过载保护作用，电阻与电容组成的 *RC* 滤波器可以对尖峰类噪声进行有效的抑制。

在模拟输入端加上阻容电路，除了起到低通滤波的作用外，还有以下两个作用：①在过电压的条件下，串联电阻可以起到限流作用；②模拟信号源内阻过大会降低 A-D 转换的精度，而并联的电容则起到误差补偿的作用。

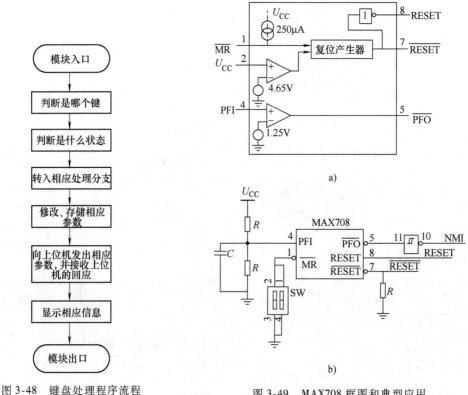

图 3-48　键盘处理程序流程

图 3-49　MAX708 框图和典型应用

a）内部框图　　b）典型应用接线

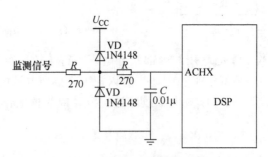

图 3-50　A-D 转换器的接口电路

开关量的输入需要利用光耦合器进行隔离。图 3-51 所示为直流母线电压的过电压检测信号的输入接口电路。当直流母线电压超过设定值时，比较器产生一个低电平信号，该信号经过 6N137 光耦合器的隔离向 CPU 发出中断信号。

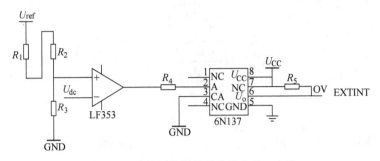

图 3-51 过电压检测信号的输入接口电路

在通用变频器的实际应用当中，经常会要求控制系统对外输出模拟控制信号。为此，可以利用 DSP 的 PWM 端口实现这一功能。通过编程可以使 DSP 的 PWM 端口输出占空比为从 0～100% 变化的调制脉冲，该脉冲信号经过缓冲、滤波、放大等环节就可以得到 0～5V 的电压信号，如图 3-52 所示。

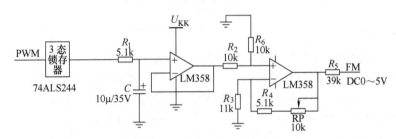

图 3-52 模拟信号输出

3.6.2 开环通用变频器的软件设计

空间矢量 PWM 的基本原理在前面已有所叙述，此处基于 TI 公司 TMS320C2000 系列 DSP 介绍一下采用 SVPWM 开环通用变频器的软件设计。

1. 开环通用变频器的软件组成

一个基本的通用变频器软件通常包括以下几个功能：

- PWM 信号产生；
- 模拟信号的采集和处理；
- 故障处理；
- 与人机界面的串行通信；
- 对端子输入信号的处理。

首先，控制软件有一个主循环，作为通用变频器控制的主控程序，当 CPU 不执行任何中断服务程序时，就在这个主循环中运行（见图3-53）。

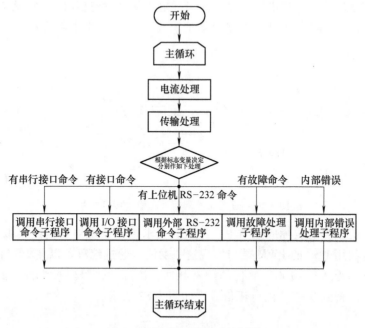

图 3-53　主循环程序运行框图

此外，还包含几个相对独立的循环作为子程序，它们之间没有相互调用关系。除了波形发生器循环模块之外，还有 A-D 转换的中断服务程序构成的独立循环模块，它也是在每次的中断服务程序中触发下一次转换，从而形成循环。

几个相对独立的循环模块之间的信息传递是用修改标志变量的方法来完成的，由发出控制的模块修改相应的标志变量，而接受控制的模块采用查询的方式响应标志变量的改变。例如，当串行通信程序接收到改变运转方向的命令后，它就修改相应标志位，在波形发生器循环中，每次都会查询这一标志位，这样就会及时响应这一命令。

串行通信也是相对独立的一个部分，主要由接收和发送两个中断服务程序以及一些相应的子程序构成，中断服务程序会根据传输信息设置标志变量，在主循环中查询这些标志变量，当发现有新的信息，就会调用相应子程序加以处理。例如，收到启动命令就会触发波形发生器的中断循环模块，并且让转速从 0 开始加速到设定转速。

对于端子命令，主要也由主循环查询各个端口的输入信息，从而保证及时响应，而响应的处理机制和串行通信非常类似。

2. 空间矢量 PWM 的中断服务程序

TI 公司的 TMS320 C2000 系列 DSP 是针对电机控制的需要专门设计的系列微控制器，在其内部集成的外围设备里，除了高速的 A-D 转换部件外，最主要的特点就是用于产生 PWM 驱动信号的事件管理器单元。这一组件提供的功能使得开发人员可以方便地按照电机控制的需要生成 PWM 触发信号。

PWM 模块提供了几个易于使用的寄存器界面，通过这几个寄存器，可以方便地定制所发出的 PWM 信号周期、占空比以及边缘对齐还是中央对齐等属性。在每个周期结束时，波形发生器会触发一个中断，而 SVPWM 的实现程序可以放在这个中断的服务程序中如图 3-54 所示。

该中断服务程序的首要功能就是要设置下次 PWM 周期和占空比，而下次 PWM 周期又触发新的中断，从而就此构成一个循环，并且每次循环的时间是严格设定的。在中断服务程序结束之前，要把计算所得的 PWM 波形参数装入寄存器中，由于寄存器带有影子寄存器，只有当下次周期结束时，才会真正生效，因此每次计算得到的参数实际上决定的是当前时刻后第二个完整周期所发出的波形。

按照 3.4.3 节中介绍的 SVPWM 的原理，首先要计算出当前要发的矢量长度和

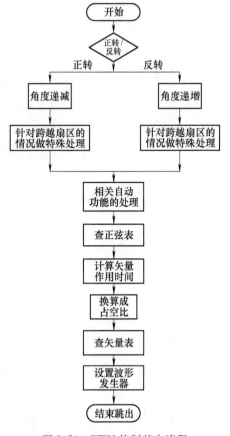

图 3-54　PWM 控制基本流程

角度，然后根据几何法则计算出待合成的两个矢量以及零矢量的作用时间，按照这几个时间，分别换算出三相 PWM 信号的占空比。

在计算矢量合成时，需要用到正弦函数，为了确保程序运行速度，可以预先制订正弦函数表放在数据区中，这样计算时只需寻址查表即可。而在 T1 最新的 C28X 系列 DSP 中，内部 ROM 中集成了三角函数表。

作为开环的 VVVF 控制，只要令电压矢量按照给定频率转动就可以计算出每次要发送的电压矢量的角度，其频率相当于电机的同步转速。

$$\theta_V(n) = \theta_V(n-1) + \Delta\theta \tag{3-40}$$

式中，$\theta_V(n)$ 为电压矢量的角度；$\Delta\theta$ 为所发送相邻两次电压矢量角度的增量，可由下式得到

$$\Delta\theta = \frac{2\pi\omega_s^*}{f_{sample}} \tag{3-41}$$

式中，ω_s^* 为给定电机同步角速度；f_{sample} 为控制系统采样频率。

作为基本的 SVPWM 功能，用上述程序即可实现，但是在实际应用当中，波形发生器中断服务程序还应该包括处理加减速和换相的功能，如图 3-55 所示。

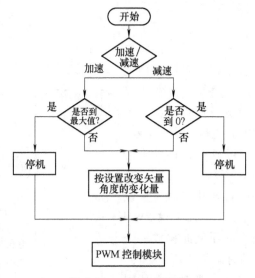

图 3-55　状态控制流程

3.7　异步电机转速闭环控制系统

异步电机转速开环控制系统虽然可以满足一般的平滑调速要求，但动静态性能均有限。要提高其性能，首先可以做到的是采用速度闭环。根据异步电机稳态数学模型可以知道，异步电机稳态运行时所产生的电磁转矩为

$$T_e = K_m \Phi_m^2 \frac{\omega_{sl} R_r'}{R_r'^2 + (\omega_{sl} L_r')^2} \tag{3-42}$$

式中，$\omega_{sl} = s\omega_s$，当电机稳定运行时，转差率 s 很小，因此 ω_{sl} 也很小，一般为 ω_{sl} 的 $2\% \sim 5\%$，所以可以认为

$$T_e \approx K_m \Phi_m^2 \frac{\omega_{sl}}{R_r'} \tag{3-43}$$

式（3-43）表明，在 s 很小的范围内，只要维持电机磁通 Φ_m 不变，异步电机的转矩就近似与转差角频率 ω_{sl} 成正比。因此，控制转差角频率 ω_{sl} 就可以控制转矩。

3.7.1　转差频率控制系统构成

图 3-56 为转差频率控制系统构成框图。在转差频率控制中，采用转子转速闭环控制，电机给定角速度 ω^* 信号与来自电机转速传感器的反馈信号 ω 进行比较，

其误差信号经过 PI 调节器并限幅以后，得到给定转差角频率。限幅的主要目的在于限制转差角频率，使电机可以用逆变器允许电流下的最大转矩进行加减速运转，所以不需要设定加减速时间，就能以最短的时间内实现加减速。系统的其他部分与 V/F 控制方式相同。

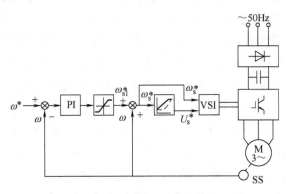

图 3-56 转差频率控制系统框图

3.7.2 转差频率控制系统的起动过程分析

由于转速调节器为 PI 调节器，在调节器不饱和时，它的输入、输出的关系为

$$\omega_{sl}^* = k_p(\omega^* - \omega) + k_i \int (\omega^* - \omega) \mathrm{d}t \tag{3-44}$$

式中，k_p 为比例放大系数；k_i 为积分系数。在调节器出现饱和时，它的输出由设定的限幅值确定，即

$$\omega_{sl}^* = \omega_{slmax}^* \tag{3-45}$$

式中，ω_{slmax}^* 为给定的最大转差角频率。变频器的给定角频率为

$$\omega_s^* = \omega_{sl}^* + \omega \tag{3-46}$$

在起动瞬间，电机的转速为零，转速调节器的输入为 ω^*。

转速调节器的积分部分在起动瞬间的输出为零，调节器的输出由比例放大部分确定，即

$$\omega_s^*|_{t=0^+} = k_p \omega_{sl}^* \tag{3-47}$$

如果 $\omega_s^*|_{t=0^+} \geqslant \omega_{slmax}^*$，则 $\omega_{sl}^*|_{t=0^+} = \omega_{slmax}^*$，此即为变频器的起动瞬时的角频率。

随着时间的推移，电机开始运转起来，调节器的积分部分将开始起作用，在 t 时刻，调节器未出现饱和时的转差角频率给定值由 PI 调节器给出。

t 时刻的定子频率给定值为

$$\omega_s^*|_t = \omega_{sl}^*|_t + \omega|_t \tag{3-48}$$

由于起动时电机的转速变化相对缓慢，转速调节器在起动后很快进入饱和，如果忽略在起动后转速调节器进入饱和的时间，可以认为在起动瞬间，转速调节器即

进入饱和，即转速调节器的输出为 $\omega_{sl}^*|_{t=0} = \omega_{slmax}^*$。于是变频器以

$$\omega_s^*|_{t=0} = \omega_{sl}^*|_{t=0} + \omega|_{t=0} = \omega_{slmax}^* \tag{3-49}$$

开始对电机进行加速。异步电机的输出转矩为 ω_{slmax}^* 所对应的转矩。电机的转速随之而升高，变频器的给定频率随着转子转速的升高而升高。但是，只要转子角速度 ω 低于转子速度的给定值 ω^*，转速调节器的输入仍为正，由于积分的作用，转速调节器继续处于饱和状态，其输出值即转差角频率给定值仍为限幅值 ω_{slmax}^*。即在电机升速过程中，电机的转差角频率由于转速调节器处于饱和，始终为 ω_{slmax}^*。这就是说，采用转差频率控制的异步电机在加速过程中，始终以 ω_{slmax}^* 所对应的电磁转矩进行加速。在系统调试时，合理设定 ω_{slmax}^*，便可以得到加速过程中的加速转矩。如果设定的 ω_{slmax}^* 大于异步电机产生最大转矩的转差角频率，在加速过程中，不仅得不到所需的加速转矩，而且由于电机在加速过程中运行在高转差状态下，将增加加速过程的电机损耗，引起电机的发热。因此加速过程中，可以设定的最大转差角频率应为对应电机产生最大转矩的转差角频率。

当异步电机的角速度 ω 高于转子转速的给定值 ω^*，转速调节器的输入变为负，由于积分的作用，调节器开始退饱和，转速调节器的输出将减小，即电机的转差角频率减小。于是，电机的输出电磁转矩亦随着减小，电机的加速过程开始变慢。当电机的输出转矩等于或小于负载转矩时，电机的加速过程停止。但这时异步电机的角速度 ω 仍高于转子转速的给定值 ω^*，转速调节器的输出继续减小，即电机的转差角频率减小。于是电机的输出转矩减小，电机开始减速。如此反复若干次，最后异步电机的角速度 ω 稳定在转子转速的给定值 ω^*，转差角频率则由负载的大小所决定。

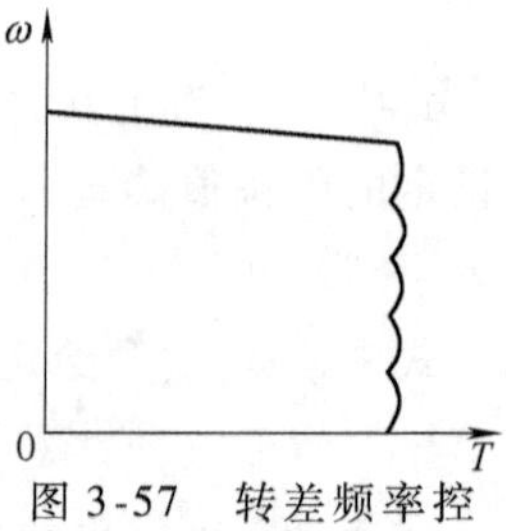

图 3-57 转差频率控制的电机起动过程

由于是采用 PI 调节器作为转速调节器，在稳态时可以实现无静差，即 $\omega = \omega_0^*$。如果电机为空载，则 ω_{sl}^* 接近为零，变频器的给定角频率 $\omega_s^* = \omega$。图 3-57 为转差频率控制的起动过程。其他运行过程的性能也可以通过类似分析得到。

3.7.3　转差频率控制系统的特点

转差频率控制的突出优点就在于频率控制环节的输入是转差信号，而给定角频率信号是由转差信号与电机的实际转速信号相加后得到的，因此，逆变器输出的实际角频率 ω_s 随着电机转子角速度 ω 同步上升或下降。与转速开环系统中按电压成正比地直接产生频率给定信号相比，加、减速更为平滑，且容易使系统稳定。同时，由于在动态过程中，转速调节器饱和，系统将以最大转矩

进行调节，保证了系统的快速响应性。

　　转差频率控制性能比 V/F 控制方式有了较大的提高，结构简单，对数字控制芯片的要求也不高，但是与直流闭环系统相比，还有很大的差距。这是因为，在分析转差频率控制规律时，是从异步电机的稳态等效电路和稳态转矩公式出发的，因此会影响系统的实际动态性能。"保持磁通 Φ_m 恒定"是转差频率控制的关键所在，但系统中并没有严格的磁通控制，特别是没有进行动态的磁通控制，因此对系统的控制只是粗略的。

参 考 文 献

［1］ Schonung A，Stemmler H. Static Frequnecy Changer with Subharmonics Control in Conjunction with Reversible Variable Speed AC Drives［J］. BBC Rev，1964（8，9）.

［2］ Bowes S R. New Sinusoidal Pulsewidth Modulated Inverter［J］. Proc. IEE，1975，122（11）.

［3］ Bowes S R，Midoun A. Suboptimal Switching Strategies for Microprocessor-contrlled PWM Inverter Drives［J］. Ibid，1985，132（3）.

［4］ Bowes S R，Midoun A. Microprocessor Implementation of New Optimal PWM Switching Strategies［J］. Ibid，1988，133（5）.

［5］ Murai Y，et al. New PWM Method for Fully Digitized Inverters［J］. IEEE Trans. on IA，1987，IA-23（5）.

［6］ 陈国呈，金东海. 最优化 PWM 模式下变频器的输出特性［C］. 首届全国交流电机调速传动学术会议论文集，1989.

［7］ 司保军. 高性能直接转矩控制系统研究［D］. 北京：清华大学，1994.

［8］ Malesani L，Tenti P. A Novel Hysterisis Control Method for Current Controlled VSI. PWM Inverters with Constant Modulation Frequency［J］. IEEE Trans. on IA，1990，26（1）.

［9］ Kazmierkowski M P，Dzieniakowski M A，Sulkowski W. Novel Space Vector Based Current Controllers for PWM Inverters［J］. IEEE Trans. PE，1991，6（1）.

［10］ Kheraluwala M&DMD. Delta Modulation Strategies for Resonant Link Inverters［C］. IEEE PESC' 87 Conf.，1987.

［11］ Turnbull F G. Selected Harmonic Reduction in Static AC-AC Inverters. IEEE Trans. on Communication and Electronics，1964，83（7）.

［12］ Patel H S，Hoft R G. Generalized Techniques of Harmonic Elimination and Voltage Control in Thyristor Inverter：PartA，B. IEEE Trans on Industry Applications，1973，IA－9（3）.

［13］ Buja G S，Indri G B. Optimal Pulse Width Modulation for Feeding AC Motors［J］. IEEE Trans. on IA，1977，IA-13（1）.

［14］ Zach F C. Efficiency Optimal Control for AC Drives with PWM Inverters［J］. IEEE Trans on IA，1985，IA-21（4）.

［15］ Taniguchi K，Irie H. Trapezoidal Modulating Signal for Three-phase PWM Inverters［J］. IEEE Trans. on IE，1986，IE-33（2）.

［16］ Sun J，Grotstollen H. Pulsewidth Modulation Based on Real-time Solution of Algebraic Harmonic Elimination Equations［C］. IECON Proc. spet.，1994：79-84.

［17］ Plunkett A B. A Current-controlled PWM Transistor Inverter Drive［C］. IEEE/IAS Annual meeting conference record，1979.

[18] Kawamura A, Haneyoshi T, Hoft R G. Deadbeat Controlled PWM Inverter with Parameter Estimation Using Only Voltage Sensors [C]. IEEE PESC'86 Conf. Rec., 1986.

[19] Hotz J, Stadtfeld S. A Predictive Controller for thd Stator Current Vector of AC Machines Fed From a Switched Voltage Source [C]. IPEC Conf. Rec., 1983.

[20] Gokkhale K P, Kawamura A, Hoft R G. Deadbeat Microprocessor Control of PWM Inverter for Sinusoidal Output Waveform Synthesis [J]. IEEE Trans. on IA, 1987, IA-23 (5).

[21] Trzynadlowsky A M, Pedersen J K, Legowski S. Random Pulsewidth Modulation Techniques for Converter-fed Drive Systems-a Review. IEEE Trans. on IA, 1994, 30 (5).

[22] Ageildis V G, Vincenti D. Optimum Non-deterministic PWM for Three-phase Inverters [C]. IEEE IECON Conf. Rec., 1993.

[23] 熊健，张凯，康勇，等. 空间矢量脉宽调制的统一形式 [C] //第七届中国电力电子与传动控制学术会议论文集. 2001：199-204.

[24] Bologenani, S, Zigliotto M. Space vector Fourier analysis of SVM inverters in the overmodulation range [D]. Proceedings of the 1996 International Conference on Power Electronics, Drives and Energy Systems for Industrial Growth, 1996：319-324.

[25] 王琛琛，周明磊，游小杰. 大功率交流电力机车脉宽调制方法 [J]. 电工技术学报，2012，27 (2).

第4章

全数字化异步电机矢量控制系统

4.1 概述

前面讨论的 V/F 恒定、转速开环控制的通用变频调速系统和转差频率转速闭环控制系统，基本上解决了异步电机平滑调速的问题。尤其是转差频率转速闭环控制系统，基本具备了直流电机双闭环控制系统的优点，是一个比较优越的控制策略，结构也不算复杂，已能满足许多工业应用的要求，因而具有广泛的应用价值。

然而，当生产机械对调速系统的动静态性能提出更高要求时，上述系统还是比直流调速系统略逊一筹。其原因在于，其系统控制的规律是从异步电机稳态等效电路和稳态转矩公式出发推导出的稳态值控制，完全不考虑过渡过程，因而在系统设计时，不得不做出较多的假设，忽略较多因素，才能得出一个近似的传递函数，这就使得设计结果与实际相差较大，系统在稳定性、起动及低速时转矩动态响应等方面的性能尚不能令人满意。

此外，早期交流调速系统主电路由于采用普通晶闸管开关电路，转矩脉动、谐波、无功功率增大也成了问题。在 20 世纪 60 ~ 70 年代，用交流调速系统取代直流调速系统几乎是不太可能的。在这一背景下，国内外学者纷纷努力去探索新的交流调速控制方案。

从 20 世纪 60 年代起，微处理器、大规模集成电路（LSI）等微电子技术开始了飞速的发展，快速的电力电子变流装置的研制工作也进展迅速，载波频率为 3kHz 的 PWM 逆变器已开始登场，可以说，这给矢量控制的研究奠定了坚实的物质基础。在交流调速方面，无论是研究还是开发，德国一直处于领先地位。20 世纪 60 ~ 70 年代，他们的学术界对交流电机理论、瞬时值解析、空间矢量等电机特性与过渡过程响应的研究已很盛行。在这种背景下，同时在许多专家学者潜心研究的基础上，终于在 20 世纪 70 年代初期提出了两项突破性的研究成果：德国西门子公司的 F. Blaschke 等提出的"异步电机磁场定向的控制原理"和美国 P. C. Custman 与 A. A. Clark 申请的专利"异步电机定子电压的坐标变换控制"，奠定了矢量控制的基础。这种原理的基本出发点是，考虑到异步电机是一个多变量、强耦合、非线性的时变参数系统，很难直接通过外加信号准确控制电磁转矩，但若以转子磁链这一旋转的空间矢量为参考坐标，利用从静止坐标系到旋转坐标系之间的变换，则可以把定子电流中的励磁电流分量与转矩电流分量变成标量独立开来，进行分别控制。这样，通过坐标变换重建的电机模型就可等效为一台直流电机，从而可像直流电机那样进行快速的转矩和磁通控制。

在这之后的实践中，经过许多学者和工程技术人员的不断完善改进，终于形成了现已得到普遍应用的矢量控制变频调速系统。在这个过程中，德国 Brunsweig 大学以 W. Leonhard 教授为首的研究所、日本长冈科技大学以 A. Nabae 为首的研究室及美国 Wisconsin 大学以 T. Lipo 教授为首的 WEMPEC 研究中心发挥了重大作用。此外，德国西门子公司、日本安川及三菱公司及美国 Rockwell 公司在推进交流电机矢量控制产品化的进程中，首先取得了突破性进展。其后，随着现代控制理论、微处理技术、电力电子技术的不断发展与应用，经过 20 年的努力，矢量控制的交流传动系统进入了伺服控制的高精度领域，而且最初设想的不用速度传感器，"只用电机三根线控制"，即无速度传感器矢量控制也实现了。

本章首先从原理和概念出发，分析研究矢量控制方法和矢量控制系统，并结合范例，对电压型 PWM 逆变器供电的异步电机矢量控制系统的设计及其全数字化硬、软件实现做了详细介绍。最后，对异步电机矢量控制系统状态估计、参数辨识等专题做了较为深入的讨论。

4.2　异步电机矢量控制原理

4.2.1　异步电机数学模型

一般来说，异步电机矢量控制调速系统的控制方式是比较复杂的，要确定最佳的控制方式，必须对系统动静态特性进行充分的研究。作为系统中的一个主要环节，异步电机的特性显得尤为重要，建立一个适当的数学模型是研究其动静态特性及其控制技术的理论基础。

为了分析方便，一般对三相异步电机做如下理想化假定：

1）电机定转子三相绕组完全对称；

2）定转子表面光滑，无齿槽效应，定转子每相气隙磁动势在空间呈正弦分布；

3）磁饱和、涡流及铁心损耗忽略不计。

异步电机本质上是一个高阶、非线性、强耦合的多变量系统，其详细的数学推导过程和物理分析比较复杂（见附录 A）。这里直接采用推导的结果，重写以任意速度 ω_k（相对于 a 相绕组轴线）旋转的坐标系（见图 4-1）下的异步电机数学模型。

1. 电压方程式

$$u_{sd} = R_s i_{sd} + p\psi_{sd} - \omega_k \psi_{sq}$$
$$u_{sq} = R_s i_{sq} + p\psi_{sq} + \omega_k \psi_{sd}$$
$$u_{rd} = R_r i_{rd} + p\psi_{rd} - (\omega_k - \omega)\psi_{rq}$$
$$u_{rq} = R_r i_{rq} + p\psi_{rq} + (\omega_k - \omega)\psi_{rd}$$

$$(4\text{-}1a)$$

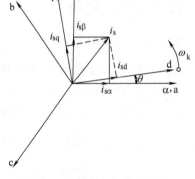

图 4-1　异步电机的坐标系

其中，ω 为异步电机转子的电角速度。

对笼型异步电机而言

$$u_{rd} = u_{rq} = 0$$

对于绕线转子异步电机，转子电压值由连接到转子绕组上的控制电路来决定。

由式（4-1）可以推导，在同步旋转 d-q 坐标系下，异步电机的定转子电压方程可以表示为

$$u_{sd} = R_s i_{sd} + p\psi_{sd} - \omega_s \psi_{sq}$$
$$u_{sq} = R_s i_{sq} + p\psi_{sq} + \omega_s \psi_{sd}$$
$$u_{rd} = R_r i_{rd} + p\psi_{rd} - \omega_{sl}\psi_{rq}$$
$$u_{rq} = R_r i_{rq} + p\psi_{rq} + \omega_{sl}\psi_{rd}$$

$$(4\text{-}1b)$$

在两相静止坐标系下，异步电机的定转子电压方程可以表示为

$$u_{s\alpha} = R_s i_{s\alpha} + p\psi_{s\alpha}$$
$$u_{s\beta} = R_s i_{s\beta} + p\psi_{s\beta}$$
$$u_{r\alpha} = R_r i_{r\alpha} + p\psi_{r\alpha} + \omega\psi_{r\beta}$$
$$u_{r\beta} = R_r i_{r\beta} + p\psi_{r\beta} - \omega\psi_{r\alpha}$$

$$(4\text{-}1c)$$

其中，w_s 为同步速，w_{sl} 为转差步速。

2. 旋转坐标系下的磁链方程式

$$\psi_{sd} = L_s i_{sd} + L_m i_{rd}$$
$$\psi_{sq} = L_s i_{sq} + L_m i_{rq}$$
$$\psi_{rd} = L_m i_{sd} + L_r i_{rd}$$
$$\psi_{rq} = L_m i_{sq} + L_r i_{rq}$$

$$(4\text{-}2a)$$

静止坐标系下的磁链方程式

$$\psi_{s\alpha} = L_s i_{s\alpha} + L_m i_{r\alpha}$$
$$\psi_{s\beta} = L_s i_{s\beta} + L_m i_{r\beta}$$
$$\psi_{r\alpha} = L_m i_{s\alpha} + L_r i_{r\alpha}$$
$$\psi_{r\beta} = L_m i_{s\beta} + L_r i_{r\beta}$$

$$(4\text{-}2b)$$

3. 转矩表达式

$$T_{em} = n_p L_m (i_{sq}\psi_{sd} - i_{sd}\psi_{sq}) \tag{4-3}$$

上式中是采用等功率变换的 3s/2r 坐标变换的转矩公式，如果采用等幅值变

换，则公式前面需要有一个 3/2 的系数。

4. 机械运动方程式

$$T_{em} = T_L + \frac{J}{n_p}\frac{d\omega}{dt}$$ (4-4)

在研究异步电机矢量控制策略中，主要采用两种坐标系：d-q 同步旋转坐标系和 α-β 两相静止坐标系。本章首先以笼型异步电机为例，对异步电机的矢量控制进行阐述，最后介绍绕线转子异步电机（双馈电机）的矢量控制策略。

4.2.2 转子磁场定向矢量控制原理

对于一般电机调速系统而言，从转矩到转速近似为一个积分环节，其积分时间常数由电机和负载的机械惯量决定，为不可控量，因此转矩控制性能的好坏直接关系到一个调速系统的动静态特性。

交流电机的转矩一般和定转子旋转磁场及其夹角有关。因此，要想控制转矩，必先检测和控制磁链。在磁场定向矢量控制系统中，一般把 d-q 坐标系放在同步旋转磁场上，把静止坐标系中的各交流量转化为旋转坐标系中的直流量，并使 d 轴与转子磁场方向重合，此时转子磁链 q 轴分量为零（$\psi_{rq} = 0$）。此时，派克方程可表示为

$$\left. \begin{aligned} u_{sd} &= R_s i_{sd} + p\psi_{sd} - \omega_s \psi_{sq} \\ u_{sq} &= R_s i_{sq} + p\psi_{sq} + \omega_s \psi_{sd} \\ 0 &= R_r i_{rd} + p\psi_{rd} \\ 0 &= R_r i_{rq} + \omega_{sl}\psi_{rd} \end{aligned} \right\}$$ (4-5)

$$\left. \begin{aligned} \psi_{sd} &= L_s i_{sd} + L_m i_{rd} \\ \psi_{sq} &= L_s i_{sq} + L_m i_{rq} \\ \psi_{rd} &= L_m i_{sd} + L_r i_{rd} \\ \psi_{rq} &= L_m i_{sq} + L_r i_{rq} \end{aligned} \right\}$$ (4-6)

$$T_{em} = n_p \frac{L_m}{L_r} i_{sq}\psi_{rd}$$ (4-7)

因为采用转子磁场定向，所以需要消去式（4-5）中的定子磁链。另外笼型异步电机的转子电流为不可测的量，所以也消去。

将式（4-6）代入式（4-5），得

$$u_{sd} = R_s i_{sd} + p(L_s i_{sd} + L_m i_{rd}) - \omega_s(L_s i_{sq} + L_m i_{rq})$$ (4-8)

由式（4-6）得

$$i_{rq} = -\frac{L_m}{L_r} i_{sq}$$ (4-9)

$$i_{rd} = \frac{\psi_{rd} - L_m i_{sd}}{L_r}$$ (4-10)

将式（4-9）和式（4-10）代入式（4-8）得

$$u_{sd} = R_s i_{sd} + pL_s i_{sd} + pL_m \frac{\psi_{rd} - L_m i_{sd}}{L_r} - \omega_s \left(L_s i_{sq} - \frac{L_m^2}{L_r} i_{sq} \right)$$

整理后可得

$$u_{sd} = R_s i_{sd} + \sigma L_s p i_{sd} + \frac{L_m}{L_r} p\psi_{rd} - \omega_s \sigma L_s i_{sq} \qquad (4\text{-}11)$$

略去推导过程，同理可得

$$u_{sq} = R_s i_{sq} + \sigma L_s p i_{sq} + \omega_s \left(\sigma L_s i_{sd} + \frac{L_m}{L_r} \psi_{rd} \right) \qquad (4\text{-}12)$$

$$\psi_{rd} = \frac{L_m}{1 + \tau_r p} i_{sd} \qquad (4\text{-}13)$$

$$\omega_{sl} = \frac{L_m i_{sq}}{\tau_r \psi_{rd}} \qquad (4\text{-}14)$$

$$T_{em} = n_p \frac{L_m}{L_r} i_{sq} \psi_{rd} = \frac{n_p}{R_r} \psi_{rd}^2 \omega_{sl} \qquad (4\text{-}15)$$

式（4-11）~式（4-15）为转子磁链定向矢量控制方程式。漏磁系数 $\sigma = 1 - L_m^2/L_s L_r$；$\tau_r$ 为转子时间常数。由式（4-13）不难发现，只需检测定子电流的 d 轴分量即可观测出转子磁链幅值。由式（4-15）可知，当 ψ_{rd} 恒定时，电磁转矩和电流的 q 轴分量或转差成正比，没有最大值限制，通过控制定子电流的 q 轴分量即可控制电磁转矩。因此，也称定子电流的 d 轴分量为励磁分量，定子电流的 q 轴分量为转矩分量。由式（4-11）、式（4-12）可知，在忽略反电动势引起的交叉耦合项以后，可由电压方程 d 轴分量控制转子磁链，q 轴分量控制转矩，控制系统的基本框图见图 4-2。矢量控制技术最初就是基于这一原理实现磁链和转矩的解耦控制的，目前大多数矢量控制系统仍采用此方法。这种带有转子磁链反馈的矢量控制系统，也称为直接转子磁链定向矢量控制，其优点是系统达到了完全的解耦控制，缺点是磁链闭环控制系统中转子磁链的检测精度受转子时间常数的影响较大，在某种程度上影响了系统的性能。

4.2.3 转差频率矢量控制原理

鉴于直接转子磁场定向矢量控制系统较为复杂、磁链反馈信号不易准确获取的缺点，日本学者 Yamamura、Nabae 等人借鉴了矢量控制的思想和方法，应用稳态转差频率，得到转子磁场的位置，即转差频率矢量控制的方法。

该控制原理的出发点是，异步电机的转矩主要取决于电机的转差频率。在运行状态突变的动态过程中，电机的转矩之所以出现偏差，是因为电机中出现了暂态电流，它阻碍着运行状态的突变，影响了动作的快速性。如果在控制过程中，只要能使电机定子、转子或气隙磁场中有一个始终保持不变，电机的转矩就和稳态工作时一样，主要由转差率决定。按照这个想法，在转子磁链定向矢量方程中，如果仅考虑转子磁链的稳态方程式（4-13），就可以从转子磁链直接得到定子电流 d 轴分量

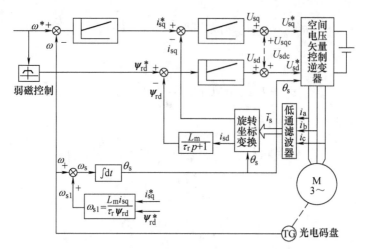

图 4-2 转子磁通定向矢量控制基本框图

的给定值。在假设异步电机转子磁链幅值保持稳定的前提下，q轴电流的给定值和转矩给定值之间仅仅差一个固定的系数，因此转速闭环可以直接输出q轴电流的给定值。由dq轴电流的给定值可以估算出转差频率值，与测量的转子转速可以计算出同步频率、磁链角度等。电流的控制可以采用旋转坐标系下的电流闭环控制，也可以采用静止坐标下的闭环控制。也可以采用类似于bang-bang控制的电流直接闭环PWM控制。通过对定子电流的有效控制，就形成了转差矢量控制，避免了磁链的闭环控制。这种控制方法也称为间接磁场定向矢量控制，不需要实际计算转子磁链的幅值和相位，用转差频率和量测的转速相加后积分来估计磁链相对于定子的位置，结构比较简单，所能获得的动态性能基本上可以达到直流双闭环控制系统的水平，得到了较多的推广应用，其控制基本框图如图4-3所示。相对于3.7节中介绍的转差频率控制，转差频率矢量控制（间接矢量控制）增加了磁链角度的估计和电流的闭环控制，而不仅仅是在恒压频比控制基础上的一个频率的补偿。

$$L_{\mathrm{m}} i_{\mathrm{sd}} \approx \psi_{\mathrm{rd}} \qquad (4\text{-}16)$$

这种原理的控制算法为

$$
\left.
\begin{aligned}
T_{\mathrm{em}} &= \frac{n_{\mathrm{p}}}{R_{\mathrm{r}}} L_{\mathrm{m}}^2 i_{\mathrm{sd}}^2 \omega_{\mathrm{sl}} \\[2mm]
i_{\mathrm{sd}}^* &= \frac{\psi_{\mathrm{rd}}^*}{L_{\mathrm{m}}} \\[2mm]
\omega_{\mathrm{sl}} &= \frac{L_{\mathrm{m}} i_{\mathrm{sq}}^*}{\tau_{\mathrm{r}} \psi_{\mathrm{d}}^*} \\[2mm]
\theta_{\mathrm{s}} &= \int (\omega + \omega_{\mathrm{sl}}) \mathrm{d}t + \arctan \frac{i_{\mathrm{sq}}^*}{i_{\mathrm{sd}}^*} \\[2mm]
I_{\mathrm{S}} &= \sqrt{i_{\mathrm{sd}}^{*2} + i_{\mathrm{sq}}^{*2}}
\end{aligned}
\right\}
\qquad (4\text{-}17)
$$

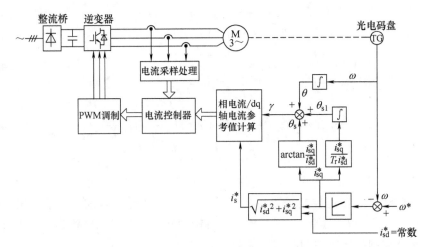

图 4-3　转差频率矢量控制基本框图

它的基本思想是以定子电流的幅值、相位和频率为控制量，保持电机的旋转磁场大小不变，而改变磁场的旋转速度，以此控制电机，可得到无延时的转矩响应。这种方法可以低速稳定运行，因而在许多接近零速运行的系统中广泛采用这种方法。但由于矢量控制方程没变，系统性能同样受转子参数变化的影响。

间接磁场定向控制中，对转子时间常数比较敏感，当控制器中这个参数不正确时，计算出的转差频率也不正确，得出的磁链旋转角度将出现偏差，即出现定向不准的问题。磁链和转矩瞬时误差表现为一个二阶暂态过程，其衰减时间常数为 τ_r，振荡频率为计算出的错误的转差频率。由于 τ_r 较大，因而振荡衰减会比较慢。而且不正确的稳态转差也将导致稳态的转矩误差，严重影响了系统性能，同时还会引起电机的额外发热和效率降低。

4.2.4　气隙磁场定向矢量控制原理

尽管转子磁场定向控制是通常（也是最初）采用的方法，但也有其他的控制方法，例如气隙磁场定向控制系统。虽然这类系统要比基于转子磁链的控制方式复杂，但是它却具有某些状态能直接测量的优点，例如气隙磁链。同时电机磁链的饱和程度与气隙磁链一致，故基于气隙磁链的控制方式更适合于处理饱和效应。下一部分给出了气隙磁场定向矢量控制方程式。

气隙磁链在 d-q 轴坐标系下可表示为

$$\psi_{md} = L_m(i_{sd} + i_{rd}) \tag{4-18}$$

$$\psi_{mq} = L_m(i_{sq} + i_{rq}) \tag{4-19}$$

当 d 轴定向于气隙磁场方向，即令 $\psi_{mq} = 0$ 时，经与前述类似的推导过程，可得异步电机数学模型为

$$u_{sd} = R_s i_{sd} + \tau_s p i_{sd} + p\psi_{md} - \omega_s \tau_s i_{sq} \tag{4-20}$$

$$u_{sq} = R_s i_{sq} + \tau_s p i_{sq} + \omega_s \tau_s i_{sq} + \omega_s \psi_{md} \tag{4-21}$$

$$\omega_{sl} = \frac{R_r + \tau_r p}{\dfrac{L_r}{L_m}\psi_{md} - \tau_r i_{sd}} i_{sq} \tag{4-22}$$

$$p\psi_{md} = \frac{1}{\tau_r}\psi_{md} + \frac{L_m}{L_r}(R_r + \tau_r p) i_{sd} - \omega_{sl}\tau_r \frac{L_m}{L_r} i_{sq} \tag{4-23}$$

$$T_{em} = n_p \psi_{md} i_{sq} \tag{4-24}$$

从式 (4-24) 也可看出，如果保持气隙磁链 ψ_{md} 恒定，转矩直接和 q 轴电流成正比，因此瞬时的转矩控制是可以实现的。此外，由式 (4-23) 不难看出，磁链关系和转差关系中存在耦合。很显然，与解耦的转子磁链控制结构相比，耦合使基于气隙磁链控制的转矩控制结构要复杂得多。

4.2.5　定子磁场定向矢量控制原理

通常，转子磁链的检测精度受电机参数影响较大；气隙磁链虽可利用磁链传感线圈或霍尔元件直接测量，精度较高，但一般情况下，不希望附加这些检测元件，而是希望通过机端检测的电压、电流量计算出所需磁链，同时降低转子参数对检测精度的影响。由此应运而生的定子磁场定向矢量控制方法便成为近年来国内外研究的热点课题。特别是在双馈异步电机作业风力发电机并网运行时，由于电网电压信息容易获取，并且基本是稳定不变的，所以定子磁场定向和定子电压定向是双馈风力发电机最常用的两种矢量控制方式。

定子磁场方向控制方法是将参考坐标的 d 轴放在定子磁场方向上，此时，定子磁链的 q 轴分量为零，矢量控制方程变为

$$u_{sd} = R_s i_{sd} + p\psi_{sd} \tag{4-25}$$

$$u_{sq} = R_s i_{sq} + \omega_s \psi_{sd} \tag{4-26}$$

$$(1 + \tau_r p)\psi_{sd} = (1 + \sigma\tau_r p) L_s i_{sd} - \omega_{sl}\sigma\tau_r L_s i_{sq} \tag{4-27}$$

$$(1 + \tau_r p) L_s \psi_{sq} = \omega_{sl}\tau_r (\psi_{sd} - \sigma L_s i_{sd}) \tag{4-28}$$

$$T_{em} = n_p \psi_{sd} i_{sq} \tag{4-29}$$

从式 (4-29) 可以看出，如果保持定子磁链 ψ_{sd} 恒定，转矩直接和 q 轴电流成正比，因此，瞬时的转矩控制是可以实现的。此外，定子磁场定向控制使定子方程大大简化，从而有利于定子磁链观测器的实现。然而在利用式 (4-27) 和式 (4-28) 进行磁链控制时，不论采用直接磁链闭环控制，还是采用间接磁链闭环控制，都难以消除耦合项的影响。因此，同气隙磁场定向一样，往往需要设计一个解耦器，使 i_{sd} 与 i_{sq} 解耦。它的基本控制框图如图 4-4 所示。

在磁链闭环控制系统中，这种控制方法在一般的调速范围内可利用定子方程做磁链观测器，非常易于实现，且不包括对温度变化非常敏感的转子参数，加解耦控

制后，可达到相当好的动静态
性能，同时控制系统结构也相
对简单。然而低速时，由于定
子电阻压降占端电压的大部分，
致使反电动势测量误差较大，
导致定子磁链观测不准，影响
系统性能。这种情况下，可采
用转子方程作磁链观测器，不
过此时观测模型较为复杂。

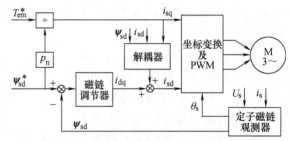

图 4-4 定子磁通定向矢量控制基本框图

4.2.6 定子电压定向矢量控制系统

上述磁场定向矢量控制的优点是系统在转矩控制上达到了完全的解耦控制，但缺点是系统的控制需采用旋转矢量变换，结构比较复杂。如果使参考坐标系的 d 轴和定子电压矢量的方向重合，则可以得到在过渡过程中也保持磁链恒定的动态控制规律，即电压定向矢量控制。此时电压方程为

$$
\left.\begin{aligned}
u_{sd} &= R_s i_{sd} + p\psi_{sd} - \omega_s\psi_{sq} \\
u_{sq} &= R_s i_{sq} + p\psi_{sq} + \omega_s\psi_{sd} \\
0 &= R_r i_{rd} + p\psi_{rd} - \omega_{sl}\psi_{rq} \\
0 &= R_r i_{rq} + p\psi_{rq} + \omega_{sl}\psi_{rd}
\end{aligned}\right\}
\tag{4-30}
$$

即磁链方程和转矩方程保持不变。

在选定的坐标系中，$u_{sd} = \sqrt{3}\,U_s$，$u_{sq} = 0$，其中 u_s 是定子电压有效值。我们希望不论转矩及电机负载如何变化，磁链始终保持恒定，即 $\psi_{sd}^2 + \psi_{sq}^2 = $ 常数。这样做可以使得电机工作在额定磁链下，从而有效地利用电机的容量，并同时避免电机磁路饱和。

现对关系式 "$\psi_{sd}^2 + \psi_{sq}^2 = $ 常数" 进行微分，得 $\psi_{sd}{}'\psi_{sd} + \psi'_{sq}\psi_{sq} = 0$，则将式 (4-30) 中的两个式子分别乘以 ψ_{sd} 及 ψ_{sq} 相加可以得到

$$
i_{sd}\psi_{sd} + i_{sq}\psi_{sq} = u_{sd}\psi_{sd}/R_s
\tag{4-31}
$$

同理，令转子磁链为恒定值，可以得到 $\psi'_{rd}\psi_{rd} + \psi'_{rq}\psi_{rq} = 0$。将式 (4-30) 的后两个式子分别乘以 ψ_{rd} 及 ψ_{rq} 再相加，即可得

$$
i_{rd}\psi_{rd} + i_{rq}\psi_{rq} = 0
\tag{4-32}
$$

将上面所述电机模型中的磁链方程式中的转子量都用定子量代替，并代入式 (4-31)、式 (4-32) 中后，便可以推导得以下规律：

$$
u_{sd} = \sqrt{3}\,U_s = \frac{3R_s(\psi_{sref}{}^2 + \sigma L_s I_s^2)}{L_s(1 + \sigma)\psi_{sd}}
\tag{4-33}
$$

式中，ψ_{sref} 为给定的定子磁链有效值；I_s 为定子相电流有效值，且 $i_{sd}^2 + i_{sq}^2 = $

$3I_s^2$。以上即为在电机过渡过程中也保持磁链恒定的动态控制规律，即电压定向矢量控制规律。

由此可以得到定子电压定向矢量控制框图，如图4-5所示。从图中可以看到，整个系统的结构比传统的矢量控制系统大大简化了。它不需要复杂的坐标变换和反变换即可实现速度闭环控制。其仿真和实验结果证明，前述控制规律不但在稳态，而且在各种动态过程中也能有效地控制磁通，并使其保持恒定。图中的转矩环对系统的动态响应性能作用较大，转矩的

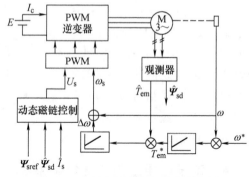

图4-5　定子电压定向矢量控制框图

观测方法可由估测到的定子磁链及定子d、q轴电流通过下式计算得到：

$$T_{em} = n_p(\psi_{sd}i_{sq} - \psi_{sq}i_{sd}) \tag{4-34}$$

在上述系统中，定子磁链观测器的实现是颇为关键的。在实际实现时，由于定子电压、电流均为可测量，通过它们可较直接地（不用进行坐标变换）构成磁链观测器。另外，转矩的观测精度也取决于定子磁链观测的精度。

上述几种方法是目前应用较多、比较成熟的方法。其中，转差频率矢量控制方法仅考虑转子磁链的稳态过程，动态性能较差，但系统结构最简单，能满足中低性能工业应用的要求，因而应用范围也较广。转子磁场定向、气隙磁场定向、定子磁场定向三种矢量控制方法均属于高性能调速方法，其中又以转子和定子磁场定向方法应用较多。这三种方法各有优缺点，转子磁场定向能做到完全解耦，而气隙磁场定向、定子磁场定向方法中均含有耦合项，需增加解耦控制器。但转子磁场检测受转子参数影响大，一定程度上影响了系统性能，气隙磁链、定子磁链的检测基本不受转子参数影响。在处理饱和效应时，应用气隙磁场定向更为适宜，而对于大范围弱磁运行情况，采用定子磁场定向方法当为最佳选择。因此，在实际系统控制过程中，要针对不同的运行情况与要求选择不同的矢量控制方案。

4.2.7　双馈电机矢量控制系统

上面的介绍中，都是假设异步电机的转子电压为零来进行公式推导的，但是在绕线转子异步电机中，转子电压不一定为零。因此本节对绕线转子异步电机的矢量控制算法进行介绍。绕线转子异步电机转子绕组可以通过集电环与外部连接，最早是用于在转子绕组中串联电阻进行调速。随着电力电子技术的发展，绕线转子异步电机的转子绕组可以连接变频器，在转子绕组中注入电压和频率可控的交流电，从而起到调速的目的，因此绕线转子异步电机又叫做双馈电机，在风力发电中有较多的应用。

双馈调速是将双馈电机的定子绕组接入工频电源，转子绕组接到一个频率、幅值、相位和相序都可以调节的变频电源上。其结构如图4-6所示。

双馈电机在稳态运行时候，定子旋转磁场和转子旋转磁场在空间保持相对静止。当定子旋转磁场以同步速旋转时，转子旋转磁场相对于转子以转差角频率旋转，二者的电角速度保持同步。当转子转速低于同步速时，转子旋转磁场旋转方向和转子转向相同，否则相反。双馈电机转子接变频器，其调速的基本思想就是要在转子回路上串入附加电势，通过调节附加电势的大小、相位和相序来实现双馈调速。

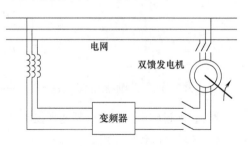

图4-6 双馈电机调速系统结构图

（1）双馈电机数学模型

跟鼠笼式异步电机一样，将双馈电机的d-q坐标系放在同步旋转坐标系上，建立双馈异步风力发电机的数学模型是比较合适的方法。当定子和转子侧都取电动机惯例时，双馈电机的基本方程可以列写如下：

电压方程：

$$u_{sd} = R_s i_{sd} + p\psi_{sd} - \omega_s \psi_{sq}$$
$$u_{sq} = R_s i_{sq} + p\psi_{sq} + \omega_s \psi_{sd}$$
$$u_{rd} = R_r i_{rd} + p\psi_{rd} - \omega_{sl} \psi_{rq}$$
$$u_{rq} = R_r i_{rq} + p\psi_{rq} + \omega_{sl} \psi_{rd} \tag{4-35}$$

磁链方程：

$$\psi_{sd} = L_s i_{sd} + L_m i_{rd}$$
$$\psi_{sq} = L_s i_{sq} + L_m i_{rq}$$
$$\psi_{rd} = L_m i_{sd} + L_r i_{rd}$$
$$\psi_{rq} = L_m i_{sq} + L_r i_{rq} \tag{4-36}$$

电磁转矩方程：

$$T_{em} = n_p L_m (i_{sq} i_{rd} - i_{sd} i_{rq}) \tag{4-37}$$

根据定向轴选择的不同，也可以分为定子磁链定向，气隙磁链定向，定子电压定向等多种矢量控制方法。因为双馈电机的定子绕组往往直接并入电网，所以定子磁链基本保持稳定。所以通常把把同步旋转d-q坐标系的d轴定向在定子磁链上，此时定子磁链的q轴分量ψ_{sq}为0。因此，上述方程中的磁链和电磁转矩的表达式可简化为

$$\psi_{sd} = L_s i_{sd} + L_m i_{rd} = L_m i_{ms} = \psi_s \tag{4-38}$$

$$i_{sq} = -\frac{L_m}{L_s} i_{rq} \tag{4-39}$$

$$\psi_{rd} = \frac{L_m^2}{L_s} i_{ms} + \sigma L_r i_{rd} \tag{4-40}$$

$$\psi_{rq} = \sigma L_r i_{rq} \tag{4-41}$$

$$T_{em} = -p_n \frac{L_m^2}{L_s} i_{ms} i_{rq} \tag{4-42}$$

式中，i_{ms} 为定子广义励磁电流，$\sigma = 1 - \frac{L_m^2}{L_s L_r}$ 为漏磁系数。

此时，通过转子绕组的变频器来控制转子电流，就可以控制转子磁通和定子磁通，也可以实现对电磁转矩的控制。其中的调节器设计、磁链观测等都跟异步电机类似，并且由于双馈电机的定转子电流、定子电压都是可测量，转子电压可以通过逆变器的电压重构或者直接测量得到，所以控制的自由度比笼型异步电机更大一些。

（2）双馈电机定子磁链定向矢量控制

在风力发电中，双馈电机定子直接并网运行。因此双馈发电机正常工况运行时，定子绕组电阻上的压降相对于电网电压而言很小，可以忽略不计。如果定子磁链 ψ_s 保持恒定，则由电压方程式（4-35）可知，定子电压矢量的 d 轴分量接近于 0，此时定子磁链与定子电压矢量近似相互垂直，且存在如下关系式：

$$\psi_s = \psi_{sd} \approx \frac{u_{sq}}{\omega_s} \tag{4-43}$$

由此可知，如果电网电压幅值和频率不变，则定子磁链恒定，定子广义励磁电流 i_{ms} 大小不变。将式（4-40）、式（4-41）分别代入式（4-35）、式（4-36）可得到：

$$\left.\begin{aligned} u_{rd}^* &= R_r i_{rd} + \sigma L_r \frac{di_{rd}}{dt} - \omega_{sl} \sigma L_r i_{rq} \\ u_{rq}^* &= R_r i_{rq} + \sigma L_r \frac{di_{rq}}{dt} + \omega_{sl} \frac{L_m^2}{L_s} i_{ms} + \omega_{sl} \sigma L_r i_{rd} \end{aligned}\right\} \tag{4-44}$$

定义由反电动势引起的交叉耦合项为 u_{rdc}、u_{rqc} 如下：

$$\left.\begin{aligned} u_{rdc} &= -\omega_{sl} \sigma L_r i_{rq} \\ u_{rqc} &= \omega_{sl} \frac{L_m^2}{L_s} i_{ms} + \omega_{sl} \sigma L_r i_{rd} \end{aligned}\right\} \tag{4-45}$$

定义转子电压调节输出 u_{rd}'、u_{rq}' 为

$$\left.\begin{aligned} u_{rd}' &= R_r i_{rd} + \sigma L_r \frac{di_{rd}}{dt} \\ u_{rq}' &= R_r i_{rq} + \sigma L_r \frac{di_{rq}}{dt} \end{aligned}\right\} \tag{4-46}$$

式（4-42）、式（4-43）、式（4-44）和式（4-45）、式（4-46）构成了双馈电机定子磁链定向矢量控制的方程式。不难看出，当定子广义励磁电流保持恒定

时，电磁转矩正比于 i_{rq}，而转子励磁由 i_{rd} 决定。当定子侧功率因数被控制为 1 时，发电机的励磁电流全部由转子提供，即 $i_{rd}^* = i_{ms}$。这样，就可实现发电机电磁转矩和转子励磁之间的完全解耦控制。

由式（4-44）可知，在经过前馈补偿去除由反电动势引起的交叉耦合项 u_{rdc}、u_{rqc} 后，可以通过调节转子电压的 d 轴分量和 q 轴分量分别控制发电机的转子磁链和电磁转矩，这样就实现了双馈发电机的有功功率和无功功率的解耦控制。

可以看出，采用定子磁链定向可实现双馈发电机的完全解耦控制，但这是以定子磁链幅值和相位的准确观测为前提的，为此需要设计复杂的磁链观测算法。定子磁链观测有多种方法，其中以采用忽略定子电阻的电压模型进行观测的方法最为常用。

并网运行时，双馈发电机定子绕组直接与电网相连，此时定子电压等于电网电压，由式（4-35）可得到定子磁链为

$$\psi_s^s = \int (u_n^s - R_s i_s^s)\,\mathrm{d}t \tag{4-47}$$

在正常运行时，定子电阻上的压降与电网电压相比很小，可以忽略不计，此时定子磁链的幅值、相位和角频率近似为

$$\psi_s \approx U_n / \omega_n$$
$$\angle \psi_s = \angle u_s - 90°$$
$$\omega_{\psi s} \approx \omega_n \tag{4-48}$$

采用式（4-48）得到的定子磁链信息进行旋转变换，得到的旋转坐标系的 d 轴落后定子电压 90°，此时定子电压与旋转坐标系的 q 轴重合，双馈发电机的空间矢量关系与图 4-7b 所示定子电压定向系统一致，分解得到的 ψ_{sq} 不再为零，双馈发电机将不能实现完全解耦。因此，若要实现严格的解耦控制，需要采用更为复杂的算法对定子磁链进行观测。由于双馈发电机的磁链观测方法与普通异步电动机的相似，而且由于双馈电机转子电流可直接测量，因此其磁链观测器较为容易设计，有关定子磁链观测算法与笼型异步电机的观测器算法类似，本节将不做展开讨论。

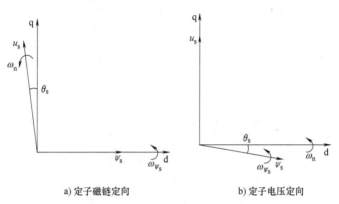

a) 定子磁链定向　　　　　　　　　b) 定子电压定向

图 4-7　双馈发电机空间矢量图

（3）双馈电机定子电压矢量控制

因为双馈电机定子往往直接并网并且是可测量，所以与定子磁链相比，定子电压的幅值和相位信息更容易准确获得，因此可以采用定子电压定向方式，取旋转坐标系的 q 轴与定子电压矢量重合，得到：

$$u_{sd} = 0$$
$$u_{sq} = U_s \tag{4-49}$$

由于并网后定子电压与电网电压一致，因此正常运行时定子电压定向旋转坐标系的旋转速度恒等于电网频率。

$$\omega_e = \omega_n \tag{4-50}$$

此时双馈发电机电磁转矩和无功功率为

$$T_e = -n_p L_m (\psi_{sd} i_{rq} - \psi_{sq} i_{rd})/L_s$$
$$Q_s = U_s i_{sd} = U_s (\psi_{sd} - L_m i_{rd})/L_s \tag{4-51}$$

其中定子磁链为

$$\psi_{sd} = (U_s - R_s i_{sq} + p\psi_{sq})/\omega_n$$
$$\psi_{sq} = (R_s i_{sd} + p\psi_{sd})/\omega_n \tag{4-52}$$

可以看出，电磁转矩和无功功率与转子 d、q 轴电流均有关系，双馈发电机不能实现解耦控制。但是考虑到双馈电机在正常工作时，电网电压稳定，定子磁链波动较小，且定子电阻压降与电网电压相比可以忽略，由此可对式（4-51）近似求解，得到：

$$T_{em} \approx -n_p L_m \psi_s i_{rq}/L_s \tag{4-53}$$
$$Q_s \approx U_s (\psi_s - L_m i_{rd})/L_s \tag{4-54}$$

其中定子磁链可由式（4-52）获得。

综上，从解耦控制效果来看，定子磁链定向矢量控制可以实现双馈电机的完全解耦控制，而定子电压定向矢量控制必须依据工程经验做出一定近似后，才能实现对电机电磁转矩和无功功率的解耦控制，当这些假设条件不能被满足，如电网电压波动较大或定子电阻上压降不能被忽略时，有功、无功解耦控制将会失效。

从定向角度观测难度来看，观测定子磁链相位要比观测定子电压相位困难很多，计算量更大，算法更复杂，但是当电网电压出现突变时，特别是对于电网电压很低，甚至为零的特殊工况，定子电压定向控制系统将会失效，而定子磁链与电流相关，不会发生突变，此时控制系统可以采用定子磁链作为定向矢量。

从并网过程来看，双馈发电机在并网之前需要进行励磁建压，待定子电压与电网电压同步后方可并网，若采用定子磁链定向矢量控制，则为实现定子电压与电网电压的同步，需要设计定子磁链幅值和相位的控制策略，这与并网后的功率控制是不一样的，由此造成算法复杂，且并网前后的控制策略需要切换。而对于定子电压定向系统，若将定向用的定子电压替换成电网电压，则可以方便地实现并网前定子电压的同步过程，完成并网操作，且并网前后控制策略一致，不需要切换。

因此，定子电压定向适用于正常电网工况下的双馈发电机控制，而定子磁链定向更适合电网异常时的系统分析和控制。

双馈发电机矢量控制对于电磁转矩和无功功率的控制是通过对转子电流的闭环调节完成的。

整理 d-q 坐标系下双馈发电机转子绕组电压方程，可以得到：

$$u_r^{dq} = R_r i_r^{dq} + \sigma L_r p i_r^{dq} + j(\omega_c - \omega_r)\psi_r^{dq} + L_m p \psi_s^{dq}/L_s \tag{4-55}$$

当采用定子电压定向时，$\omega_c = \omega_n$；当采用定子磁链定向时，$\omega_c = \omega_{\psi_s}$。电网电压稳定时，可认为定子磁链的微分项为零，简化后的转子绕组电压方程为

$$u_r^{dq} = R_r i_r^{dq} + \sigma L_r p i_r^{dq} + E_{rD} \tag{4-56}$$

其中，$E_{rD} = j(\omega_c - \omega_r)\psi_r^{dq}$ 为转子 d、q 轴电流的交叉耦合项，可将其看做是外界对电机转子绕组的电压扰动。

根据式（4-56）可设计转子电流的闭环控制如图 4-8 所示，其中虚框内的为双馈发电机转子绕组模型，$F_{IR}(p)$ 为转子电流调节器。

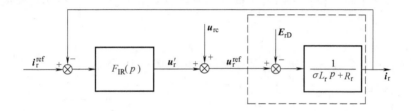

图 4-8 转子电流闭环控制框图

为减小 E_{rD} 对转子电流控制闭环的扰动，可采用加入前馈补偿项 $u_{rc} = E_{rD}$ 的方法，但受采样误差、系统参数不准等因素限制，要实现无差补偿几乎是不可能的。

由图 4-8 可得到转子电流的开环传递函数为

$$G_{CIR}(p) = F_{IR}(p)/(R_r + \sigma L_r p) \tag{4-57}$$

进而得到转子电流控制的闭环传递函数为

$$G_{IR}(p) = i_r/i_r^{ref} = F_{IR}(p)/(F_{IR}(p) + R_r + \sigma L_r p) \tag{4-58}$$

当转子电流闭环采用 PI 调节器时，$F_{IR}(p) = K_{pIR} + K_{iIR}/p$，将其代入式（4-58），可得到：

$$G_{IR}(p) = \frac{K_{pIR}p + K_{iIR}}{\sigma L_r p^2 + (K_{pIR} + R_r)p + K_{iIR}} \tag{4-59}$$

式（4-59）是一个 I 型动态系统的闭环传递函数，PI 调节器参数与系统衰减时间常数 δ 和阻尼系数 ζ 的关系为

$$K_{pIR} = 2\sigma L_r \delta - R_r \tag{4-60}$$

$$K_{iIR} = (K_{pIR} + R_r)^2/(4\sigma L_r \zeta^2) \tag{4-61}$$

转子电流闭环控制对于扰动 E_{rD} 的闭环传递函数为

$$G_{IRD}(p) = i_r / E_{rD} = 1 / \left[F_{IR}(p) + R_r + \sigma L_r p \right] \tag{4-62}$$

电磁转矩控制：

由于电磁转矩的准确观测比较困难，因此在双馈风力发电机中通常采用开环控制策略。由式（4-53）可知，转子电流 q 轴电流与电磁转矩呈线性关系，可以得到：

$$i_{rq}^{ref} = -L_s T_{em}^{ref} / (n_p L_m \psi_s) \tag{4-63}$$

双馈发电机电磁转矩开环控制的框图如图4-9所示。

由于采用电动机惯例定义各电量的正方向，双馈电机在做发电运行时，T_e^{ref} 小于零，对应 i_{rq}^{ref} 大于零。

定子无功功率控制：

由式（4-54）可得到定子无功和转子 d 轴电流给定值之间的关系为

$$i_{rd}^{ref} = i_{ms} - Q_s^{ref} L_s / (U_s L_m) \tag{4-64}$$

当双馈发电机单位功率因数运行时，无功功率给定值为0，得到此时的转子 d 轴电流的给定值为

$$i_{rd}^{ref} = i_{ms} \tag{4-65}$$

双馈发电机定子无功功率开环控制的框图如图4-10所示。

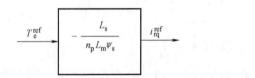

图4-9　电磁转矩开环控制框图　　　　图4-10　定子无功功率开环控制框图

由以上分析可以得到采用定子电压定向矢量控制的双馈发电机系统框图如图4-11所示，其中调节器采用 PI 调节器。由控制算法得到的转子电压参考值经过PWM 调制，驱动转子侧变流器输出，实现对转子电流的控制。

图4-12为采用定子磁链定向矢量控制策略的双馈发电机系统的框图，与图4-11不同之处仅在于由于坐标变换的定向角度和旋转角速度的获取方式不一样：定子电压定向系统通过对电网电压进行观测获得定向信息，而定子磁链定向系统通过对定子磁链进行观测获取定向信息。为尽可能获得准确的前馈补偿项，定子电压定向也需要对定子磁链的 d、q 分量进行准确观测，但由于转子电流闭环控制能够对补偿不准确的扰动部分起到抑制作用，因此定子电压定向系统对磁链的观测精度要求不高。

4.2.8　异步电机矢量控制系统的基本环节

矢量控制所基于的是磁场定向的方法，在上一节里已分别阐述了定向于定子、

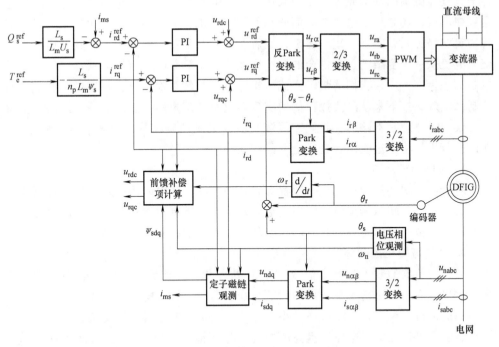

图 4-11　定子电压定向双馈发电机矢量控制系统框图

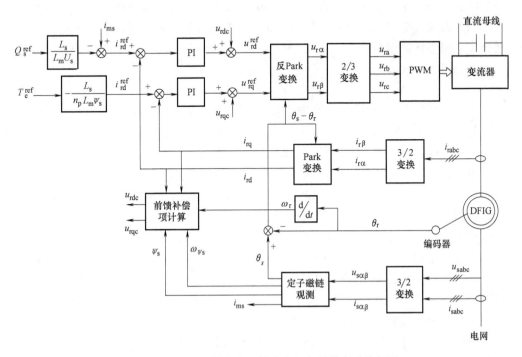

图 4-12　定子磁链定向双馈发电机矢量控制系统框图

转子或气隙磁场的基本原理。无论采用哪种定向矢量控制，无论是笼型异步电机还是双馈电机，还是异步电机与后面介绍的同步电机，矢量控制就是通过采用同步旋转的定向坐标系，实现转矩与磁链，或者是有功与无功的解耦控制。其目标都是把交流电机从一个复杂的、多耦合的系统变换为一个简单的、解耦的系统。经过矢量控制的坐标变换后，我们清楚了交流电机的磁链和转矩都可以分别通过对哪个量的控制来实现，接下来就是要探讨如何实现对这个状态量的控制。对一个控制系统而言，仅知道原理是不够的，我们需了解其基本组成环节以及每个环节所起的作用。在这一节里，将对这些内容进行全面的阐述。

1. 转速调节环节

对于转速闭环控制系统，一般都有转速调节器，其输入为给定值或位置调节器的输出，输出为转矩给定值或转矩电流给定值。如果有位置控制要求，那么还需要再设置一个位置控制闭环，此时转速闭环就成为位置控制环的内环。

2. 磁链与转矩控制环节

磁链调节器的输入为给定值或一个由转速决定的函数，输出为电流量或电压量。这里就有一个磁链水平选择的问题，众所周知，异步电机一大优点就是可以根据不同的运行点调整相应的磁通大小。在超过额定转速之后的恒功率状态下，通过减小磁链，可以在定子电压不提高的情况下达到提升转速，扩大运行范围的目的；而在低速时，则可以使电机工作在过饱和状态来增强每安培电流产生转矩的能力，提高电机出力。由于低速下，铁心损耗并非主要矛盾，与提高电机出力相比利大于弊，因而低速过饱和运行也是可行的。如果是低速轻载，还可以通过减小磁链，提高异步电机整体的运行效率。

由电机方程式

$$U \approx 4.44 f \psi_m \tag{4-66}$$

式中，U 为定子相电压；f 为定子频率；ψ_m 为主磁链。

对相电压为 220V 的电机来说，额定转速即 $f = 50\,Hz$ 时，$\psi_m \approx 1\,Wb$，忽略漏磁通，定子、转子、气隙磁链都约为 1Wb。一般来说，希望在额定速度以下，磁链维持恒定，因而控制系统中，磁链给定值约为 1Wb。超过额定转速时，电压不能再高，只能为 220V，因而 $f\psi_m \approx 220/4.44 = const$，磁链和转速近似成反比关系，也就是所谓的"弱磁升速"。当然，在很低转速下，也可以过饱和运行，这就要视不同电机而定了。总之，矢量控制方法带来了灵活有效控制电机的方法。

对于转矩调节器，其输入为转速调度器的输出或给定值，输出为电流量或电压量。任何调速系统必须实现电磁转矩的有效控制，以求快速准确地跟踪指令值，满足对系统提出的各种性能指标。与此同时，为了充分利用电机铁磁材料的导磁能力，人们也希望控制电机的磁场。这两个环节的控制性能很大程度上决定了系统性能，因而显得尤为重要。由于交流电机的电磁转矩和磁链都不是可直接测量的量，需要根据电流值来计算得到。所以在交流电机控制中，往往是通过电流的控制来实现转矩和磁链的控制。

3. 电流调节环节

众所周知，异步电机中，无论是电磁转矩还是磁场均受控于电机的定子电流，可以认为，定子电流的控制效果直接影响调速系统的性能。电流型逆变器（CSI）和电压型逆变器（VSI）都可以运行在电流控制状态下。CSI 本来就是个电流源，可以很方便地进行控制，而 VSI 需要较为复杂的电流调节器，但它与 CSI 相比，具有更简单的硬件结构、更少的电流谐波，因而更多地应用于控制系统中。

从控制意义上来讲，作为控制策略的执行机构，VSI 由于受到自身结构的限制，基于功率器件通、断控制所产生的电机控制输入，即定子电压信号，具有本质非线性和离散性的特点，因而系统的控制作用域仅是有限的几个离散点的集合。电流调节器的作用就在于，根据离散控制作用域选择优化的电压矢量，以期实现定子电流的有效控制。

由于电流调节与磁通、转矩调节本质上是一样的，因而许多情况下，这两大调节环节常常合并在一起，而并不严格地区分，这里之所以这么提出，是想给读者一个全面的概念。实际控制系统中，根据不同要求，常常需要简化或组合，而且电流调节器的任务是选择正确的电压矢量，某些情况下，也可利用磁链调节器、转矩调节器输出的电压指令值加补偿后直接形成优化电压矢量作用于 VSI。

因此，对电流调节作用的理解就不能仅仅理解为控制定子电流跟踪所需的电流指令，而是同时要考虑到各种调节方法的应用是为了选择合适的电压矢量，进而对 VSI 进行 PWM，输出优化电压。因此，电流调节这一课题包含的内容非常丰富，对它的研究也很富有挑战性。

4. 磁链与转矩观测环节

磁通和转矩控制的好坏，除了调节器设计得好坏以外，很大程度上还取决于磁链与转矩的观测是否准确。由于转矩的观测值来自于磁链的观测值和定子电流值。因而，磁链观测器的设计显得尤为重要。磁链幅值的准确性和磁链空间角度的准确性，都是至关重要的问题。人们围绕着定、转子磁链状态估计，提出了多种技术方案，大体可分为开环估计和闭环估计两种。开环估计法如电压模型法、电流模型法等，虽然简单、实时性强，但存在对电机参数敏感、抗噪声干扰能力差等缺点，实际应用时需做相应的改进。闭环估计法针对开环估计的缺点，引入了反馈量，提高了观测器的稳定性和鲁棒性。但总的来说，由于异步电机数学模型的复杂性，无论从控制角度，还是从技术实现角度来看，磁链的实时在线估计都是矢量控制中最核心的问题，也是最影响控制性能的环节。

5. 转速观测环节

在高性能异步电机矢量控制系统中，转速闭环是必不可少的。然而由于速度传感器在安装、维护、成本等方面影响了异步电机调速系统的简便性、廉价性及系统的可靠性，人们提出了无速度传感器的转速闭环控制系统这一设计要求。其核心问题是对转子的转速进行估计，控制系统性能的好坏将取决于转速辨识的精度和转速辨识的范围。国外从 20 世纪 70 年代起就已经开始了这方面的研究工作，基本的出发点是利用直接计算、观测器、自适应等手段，从定子边较易测量的量（如定子电压、定子电流）中提取出与转速有关的量，从而得出转子转速，并将其应用到转速反馈控制系统中。交流电机中转速的观测大部分是通过对磁链的观测，计算得到同步转速和转差频率，然后间接得到转速，所以转速的观测往往是跟磁链观测同步进行的。此外还有基于电机的非理想特性的方法，如信号注入法等，异步电机的无速度传感器控制算法已经逐步得到应用，发展前景比较乐观。在下面的章节中将就其中的一些转速辨识方法作一介绍。

前面所述的 5 个环节可以构成矢量控制系统的基本框架，在实际应用过程中，根据不同的运行要求，结合不同的定向策略和控制算法，可以灵活地调制与合理地简化合并。整个矢量控制系统的组成框图如图 4-13 所示。

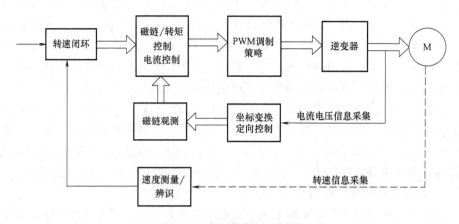

图 4-13 矢量控制组成框图

这里需要强调指出的是，矢量控制的性能取决于异步电机参数的准确程度。我们知道，异步电机的参数由于受周围环境和电机运行条件的影响，往往呈现一定的时变特性。如要获得高质量的控制性能，就要在运行过程中对参数不断进行修正。当然，并不需要对所有参数进行辨识修正，因为过多的参数被辨识，不仅使算法复杂化，而且导致计算工作量迅速增加，直接影响到控制的实时性。因此，往往只对定、转子电阻等对电机控制性能影响较大，并且具有显著时变特点的电机参数进行检测和调整，一般要用到自适应的控制方法（又称为在线自整定）。其次，实现矢量控制的前提是正确设定异步电机等效电路的参数。通常的做法是可以根据空载、堵转试验来计算求得电机的参数，但这样做降低了矢量控制系统的通用性。在现代交流调速系统中，全数字化控制器具有很大的柔性，完全可以灵活配置一系列例行子程序，利用调速系统自身固有的硬件资源（如 VSI 等），在开机前（或停机时）控制逆变器输出各种电压、电流测试信号，然后经过对采样数据的处理，求出可信度较高的电机参数值，再将测量结果自动设定到矢量控制系统中去，这也称为离线自设定，该部分内容可参考附录 C。

新型的矢量控制系统一般都具备参数的离线自设定和在线自整定两种功能。一方面扩充了调速系统的功能，增加了通用性；另一方面由于它可以向控制系统提供高精度的参数，为实现高性能的调速系统奠定了基础。可见，参数辨识环节也是提高矢量控制系统性能不可或缺的一环。

4.3 全数字化矢量控制系统设计

在前面的章节中，具体介绍和分析了异步电机矢量控制系统的基本原理和组成的基本环节，并对其中某些环节的实现方法作了简单的介绍，读者在对矢量控制系统有了较为全面的认识以后，就需要进一步了解系统设计的方法，在这一节里，将通过典型实例向读者剖析如何进行系统的软硬件设计。

4.3.1 转子磁场定向矢量控制系统调节器设计

在本节中，将结合一个转子磁场定向矢量控制系统的实例，说明如何应用模拟系统中已经成熟的工程设计方法（见附录 B）进行调节器的设计。在下节中，将直接应用第 1 章中介绍的方法，实现系统的数字化控制。

1. 转子磁场定向矢量控制系统传递函数描述

由转子磁场定向矢量控制方程式（4-5）~式（4-15）可以求得

$$u_{sd} = \sigma L_s \frac{\tau_r}{L_m} p^2 \psi_{rd} + (\tau_s + \tau_r)\frac{R_s}{L_m} p \psi_{rd} + \frac{R_s}{L_m}\psi_{rd} - \omega_s \sigma L_s i_{sq} \tag{4-67}$$

式中，$\tau_s = \dfrac{L_s}{R_s}$；$\tau_r = L_r/R_r$。

同理可得

$$u_{sq} = \frac{R_s L_r}{n_p L_m \psi_{rd}} T_{em} + \sigma L_s \frac{L_r}{n_p L_m} p\left(\frac{T_{em}}{\psi_{rd}}\right) + w_s\left(\sigma L_s i_{sd} + \frac{L_m}{L_r}\psi_{rd}\right) \tag{4-68}$$

注意到式（4-67）与式（4-68）中存在和 ω_s 有关的旋转电动势耦合项，令

$$\left.\begin{array}{l} u'_{sd} = \dfrac{\sigma L_s \tau_r}{L_m} p^2 \psi_{rd} + (\tau_s + \tau_r)\dfrac{R_s}{L_m} p \psi_{rd} + \dfrac{R_s}{L_m}\psi_{rd} \\[3mm] u'_{sq} = \dfrac{R_s L_r}{n_p L_m \psi_{rd}} T_{em} + \dfrac{\sigma L_s L_r}{n_p L_m} p\left(\dfrac{T_{em}}{\psi_{rd}}\right) \end{array}\right\} \tag{4-69}$$

交叉耦合项：

$$\left.\begin{array}{l} u_{sdc} = -\omega_s \sigma L_s i_{sq} \\[3mm] u_{sqc} = \omega_s\left(\sigma L_s i_{sd} + \dfrac{L_m}{L_r}\psi_{rd}\right) \end{array}\right\} \tag{4-70}$$

可见

$$u_{sd} = u'_{sd} + u_{sdc} \tag{4-71}$$

$$u_{sq} = u'_{sq} + u_{sqc}$$

将 d 轴磁链和电压的关系写成传递函数形式为

$$\frac{\psi_{rd}}{u'_{sd}} = \frac{L_m/R_s}{\sigma\tau_s\tau_r s^2 + (\tau_s + \tau_r)s + 1} \tag{4-72}$$

考虑到矢量控制过程中保持 ψ_{rd} 恒定，因而在式（4-72）中可认为 $\psi_{rd} = \text{const}$，则写成传递函数形式为

$$\frac{T_{em}}{u'_{sq}} = \frac{\dfrac{n_p L_m \psi_{rd}}{R_s L_r}}{\sigma\tau_s + 1}$$

令

$$K_T = \frac{n_p L_m \psi_{rd}}{L_r}$$

得

$$\frac{T_{em}}{u'_{sq}} = \frac{K_T/R_s}{\sigma\tau_s s + 1} \tag{4-73}$$

图 4-14 所示为一个转子磁场定向矢量控制系统的传递函数框图。

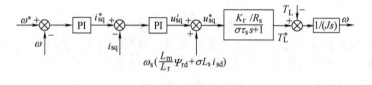

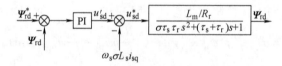

图 4-14　转子磁场定向矢量控制传递函数框图

2. 转子磁场定向矢量控制系统调节器设计

矢量控制系统是一个多环控制系统，对本系统来说，转矩环和磁链环属于内环，转速环属于外环。由本节的介绍，知道由转速环、转矩环和磁链环的开环传递函数构成的系统并不是典型系统，需要配上适当的调节器才能将它们校正成典型系统，一般可采用 PI 调节器，将内环（转子磁链环和转矩环）校正为典型 I 型系统，以提高其动态响应速度，将转速环校正为典型 II 型系统，以提高其抗干扰能力。设计的一般原则是：从内环开始，一环一环地逐步向外扩展。在这里，先从转矩和磁链环入手，首先设计好这两个环节的调节器，然后把转矩环看作是转速调节系统中的一个环节，再设计转速调节器，设计过程中认为电机各参数为已知，并认为磁链 ψ_{rd} 和转矩 T_{em} 已观测得到。

（1）磁链调节器的设计　由式（4-72）开环传递函数得到图 4-14 的磁链闭环控制框图。磁链控制环节的一项重要作用就是保证转子磁链在动态过程中维持恒定，尤其是不希望磁链饱和，即在突加控制作用时不希望有超调或超调量越小越

好。因而一般可按照典型Ⅰ型系统来设计。

转子磁链环的开环传递函数见式（4-72），若令

$$A = \frac{(\tau_{\mathrm{s}} + \tau_{\mathrm{r}}) - \sqrt{(\tau_{\mathrm{s}} + \tau_{\mathrm{r}})^2 - 4\sigma\tau_{\mathrm{s}}\tau_{\mathrm{r}}}}{2\sigma\tau_{\mathrm{s}}\tau_{\mathrm{r}}} \qquad (4-74)$$

$$B = \frac{(\tau_{\mathrm{s}} + \tau_{\mathrm{r}}) + \sqrt{(\tau_{\mathrm{s}} + \tau_{\mathrm{r}})^2 - 4\sigma\tau_{\mathrm{s}}\tau_{\mathrm{r}}}}{2\sigma\tau_{\mathrm{s}}\tau_{\mathrm{r}}} \qquad (4-75)$$

$$\sigma = 1 - \frac{L_{\mathrm{m}}^2}{L_{\mathrm{s}}L_{\mathrm{r}}} \qquad (4-76)$$

则式（4-72）可表示为

$$\frac{\psi_{\mathrm{rd}}}{u'_{\mathrm{sd}}} = \frac{\dfrac{L_{\mathrm{m}}}{R_{\mathrm{s}}}}{AB\sigma\tau_{\mathrm{s}}\tau_{\mathrm{r}}\left(\dfrac{s}{A}+1\right)\left(\dfrac{s}{B}+1\right)} \qquad (4-77)$$

这是一个二阶系统，但不是典型Ⅰ型系统。若要将之校正为典型Ⅰ型系统，可以引入一个 PI 调节器 $[K_{\mathrm{p}}(\tau s + 1)/(\tau s)]$，其结构如图 4-15 所示。

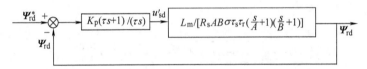

图 4-15 引入 PI 调节器的转子磁链闭环结构

由式（4-74）、式（4-75）可知，$A > 0$，$B > 0$，且 $A < B$，也就是说 $1/A > 1/B$，所以 τ 取 $1/A$ 和 $1/B$ 中较大的一个，即 $\tau = 1/A$，令

$$K = \frac{K_{\mathrm{p}}L_{\mathrm{m}}}{R_{\mathrm{s}}B\sigma\tau_{\mathrm{s}}\tau_{\mathrm{r}}} \qquad (4-78)$$

则校正后的转子磁链环开环传递函数为

$$\frac{\psi_{\mathrm{rd}}}{u_{\mathrm{sd}}} = \frac{K}{s\left(\dfrac{s}{B}+1\right)} = \frac{K}{s(Ts+1)} \qquad (4-79)$$

即转子磁链环被校正成了典型Ⅰ型系统。

由附录 B 的分析可知，要达到二阶"最优"模型的动态性能，须满足 $\xi = 0.707$、$kT = 0.5$，也就是说，须满足

$$kT = \frac{K_{\mathrm{p}}L_{\mathrm{m}}}{R_{\mathrm{s}}B\sigma\tau_{\mathrm{s}}\tau_{\mathrm{r}}}\frac{1}{B} = 0.5$$

经过整理，得

$$K_{\mathrm{p}} = \frac{0.5B^2 R_{\mathrm{s}}\sigma\tau_{\mathrm{s}}\tau_{\mathrm{r}}}{L_{\mathrm{m}}} \qquad (4-80)$$

当然，在具体的系统调试中，计算得到的 PI 调节器参数一般并不是最终的结

果。它们只是给出了参数的大致范围。在开始调试时，以上述计算结果作为 PI 调节器的初始参数，然后需要对 K_p 和 K_i 进行微调。在微调过程中，一般是先令其中一个参数不变，调节另一个参数使系统性能达到一个最优点，然后将第二个参数不变，调节第一个参数，使系统性能达到新的最优点。重复这一过程，直至转子磁链环性能满足设计要求。

这样就可以得到转子磁链环的示意图如图 4-16 所示。

图 4-16 中，定子电压磁链分量 u'_{sd} 可以由转子磁链指令值 ψ^*_{rd} 和估计值 ψ_{rd} 之间的差值经过 PI 调节器得到，即

$$u'_{sd} = (\psi^*_{rd} - \psi_{rd})\left(K_p + \frac{K_i}{s}\right) \tag{4-81}$$

考虑到 q 轴分量 i_{sq} 的影响，在 u'_{sd} 中加入补偿量 u_{sdc}

$$u_{sdc} = -\frac{\sigma\omega_s L_s T^*_{em} L_r}{p_n L_m \psi^*_{rd}} \tag{4-82}$$

从而得到最终的定子电压矢量磁链分量指令值 $u_{sd}{}^*$。这里为简化起见，转子磁链和电磁转矩采用了参考值来代替实际值，通过仿真实验可知，这样做的结果只带来很小的误差。

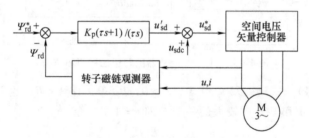

图 4-16　转子磁通环闭环示意图

（2）转矩调节器的设计　转矩环是转速环的内环，应该先于转速调节器设计。转矩环的开环传递函数见式（4-73），由于转矩信号滤波环节的存在，给反馈信号带来了延迟，为了平衡这一延迟作用，在给定信号通道中，加入相同时间常数的一阶惯性环节，称作给定滤波环节，其目的是提供恰当的配合，从而带来设计上的方便。反馈滤波环节的滤波时间常数 T_f 可根据需要而定，一般来说，$T_f < \sigma\tau_s$。转矩闭环调节的控制动态结构如图 4-17 所示。

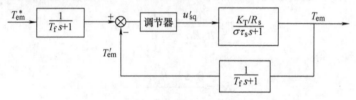

图 4-17　转矩闭环调节的控制动态结构

将给定滤波环节和反馈滤波环节等效地移到环内，从而得到转矩环的开环传递函数

$$\frac{T_{\text{em}}}{u'_{\text{sq}}} = \frac{K_T/R_s}{(\sigma \tau_s s + 1)(T_f s + 1)} \tag{4-83}$$

这是一个二阶系统，但不是典型 I 型系统，同样，引入一个 PI 调节器 $[K_p (\tau s + 1)/\tau s]$，将转矩环校正为典型 I 型系统，如图 4-18 所示。

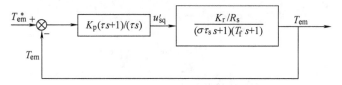

图 4-18　加入 PI 调节器进行校正的转矩环

由于 $T_f < \sigma \tau_s$，所以令

$$\tau = \sigma \tau_s \tag{4-84}$$

并且

$$K = \frac{K_p K_T}{R_s \tau} \tag{4-85}$$

则校正后的转矩环开环传递函数为

$$\frac{T_{\text{em}}}{u'_{\text{sq}}} = \frac{K}{s(T_f s + 1)} \tag{4-86}$$

从而使转矩环变为典型 I 型系统。

同样，要达到二阶"最优"模型的动态性能，须使 $\xi = 0.707$，$KT_f = 0.5$，从而得到

$$KT_f = \frac{K_p K_T}{R_s \tau} = 0.5$$

所以

$$K_p = \frac{0.5 R_s \tau_s}{K_T T_f} \tag{4-87}$$

同样，这样计算出来的 K_p 和 K_i 只是给出了 PI 调节器参数的一个大致范围，在实际进行系统调试时，应按照转子磁链调节器参数设计一节中介绍的方法进行微调。

这样就可以得到转矩环闭环的示意图如图 4-19 所示。

下一指令周期的定子电压转矩分量 u^*_{sq} 可以由转矩指令值与估计值之间的差值经过 PI 调节器得到，即

$$u^*_{\text{sq}} = (T^*_{\text{em}} - T_{\text{em}})\left(K_p + \frac{K_i}{s}\right) \tag{4-88}$$

考虑到 d 轴 ψ_{rd} 的影响，在 u^*_{sq} 中加入补偿量 u_{sqc}。

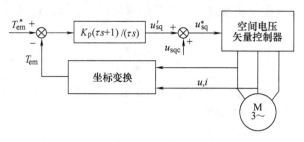

图 4-19　转矩环闭环示意图

$$u_{sqc} = \frac{\sigma \omega_s L_s \psi_{rd}^*}{L_m} + \frac{\omega_s L_m \psi_{rd}^*}{L_r} \qquad (4\text{-}89)$$

由此得到最终的电压矢量转矩分量指令值 u_{sq}^*。

转矩环是速度环的内环，确定了转矩环中 PI 调节器的参数以后，就可以得出转矩环的闭环传递函数为

$$\frac{W(s)}{1 + W(s)} = \frac{K}{T_f s^2 + s + K} = \frac{1}{2 T_f^2 s^2 + 2 T_f s + 1}$$

当小的高阶项被忽略时，上式可以简化为

$$\frac{W(s)}{1 + W(s)} = \frac{1}{2 T_f s + 1} \qquad (4\text{-}90)$$

（3）转速环 PI 调节器参数设计　一般来说，转速环应该校正成典型 II 型系统，因为由图 4-20 可以看出，在负载扰动作用点以后，已经有了一个积分环节。为了实现转速无静差，还必须在扰动作用点以前设置一个积分环节，因此需要设计成 II 型系统。再从动态性能上看，调速系统需要有较好的抗扰性能，典型 II 型系统恰好能满足这一要求。至于典型 II 型系统阶跃响应超调量大的问题，那是在线性条件下的设计数据，实际系统由于调节器的饱和作用会使超调量大大降低。

在转速辨识反馈和转速给定通道中，分别设置了转速反馈滤波环节和给定滤波环节，并用转矩环的近似传递函数代替转矩环，从而得到转速环闭环示意图如图 4-20 所示。

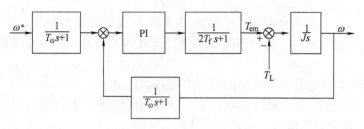

图 4-20　转速环闭环示意图

图 4-20 中，T_w 为转速检测滤波环节时间常数，把给定滤波和反馈滤波环节等效地移到环内，再把时间常数为 T_w 和 $2T_f$ 的两个小惯性环节合并起来，近似成一个

时间常数为 $T_{\sum} = T_{\mathrm{w}} + 2T_{\mathrm{f}}$ 的惯性环节，则转速环结构可进一步简化成图 4-21。

这样，应用 PI 调节器把转速环校正成了典型 Ⅱ 型系统，其开环传递函数（不考虑负载扰动）为

$$w(s) = \frac{K_{\mathrm{p}}(\tau s + 1)}{J\tau s^2 (T_{\sum} s + 1)}$$

其中，PI 调节器的传递函数为

$$W_2(s) = K_{\mathrm{p}} \frac{\tau s + 1}{\tau s}$$

按照典型 Ⅱ 型系统的参数选择方法，有

$$\tau = hT_{\sum} \tag{4-91}$$

$$\frac{K_{\mathrm{p}}}{J\tau} = \frac{h+1}{2h^2 T_{\sum}{}^2} \Rightarrow K_{\mathrm{p}} = \frac{J(h+1)}{2hT_{\sum}} \tag{4-92}$$

式中，中频带宽 $h = \tau/T_{\sum}$ 的选择要由系统对动态性能的要求来决定。如无特殊要求，一般以选择 $h = 5$ 为好。

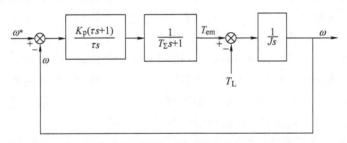

图 4-21 简化的转速环示意图

到此，本系统的三个闭环调节器都设计出来了。整个系统的结构如图 4-22 所示。值得一提的是，按上述方法设计多环控制系统时，外环响应速度受到限制，但是每个环本身都是稳定的，对系统的组成和调试工作非常有利。总之，多环系统的设计思想要以稳为主，稳中求快。

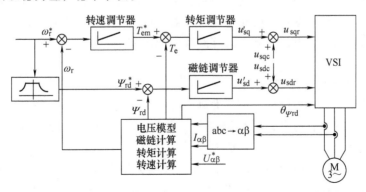

图 4-22 转子磁场定向的无速度传感器异步电机矢量控制系统

另外由于设计过程中的一些近似，PI 调节器参数可能需要在现场微调，这时需要注意 K_P、K_i 和调节器性能之间的关系，关于 PI 调节器参数对性能的影响可参考第 1 章。

4.3.2　矢量控制中的电流调节器

前面介绍过，异步电机中，无论是电磁转矩还是磁场均受控于电机的定子电流，可以认为，定子电流的控制效果直接影响调速系统的性能。所以在实际的矢量控制系统中，往往采用 d、q 轴电流调节器来代替磁链和转矩调节器。另外，电流调节器在一定意义上可看成具有理想电流源的特性，可以不考虑电机的定子侧由于电阻、电感或反电动势造成的动态行为，使控制系统的阶数降低，同时也降低了控制环节的复杂性。

定子电流控制在矢量系统中处于内环，它对于逆变器运行的过电流安全性、转矩控制的快速性，系统的稳定性有重要的影响。电流调节器设计和转速调节器设计的区别很大，表现在：电流调节器调节对象为电机和逆变器，而电机参数为已知，且随温度变化的电机的电阻参数可以在线辨识，而速度调节器调节的对象为负载，负载变化难以预知；电流调节器的 d、q 轴之间的耦合可以看为扰动，从电机模型可以得出并用前馈的方法加以补偿，而转速调节器的扰动需要负载转矩观测才能进行补偿；电流调节器的性能指标在开关频率和电机参数确定后便可确定，而速度调节器对于不同的应用场合可能希望有不同的指标（如超调等）。因此，一般产品的电流调节器的设计都是内置的，只有转速调节器可供用户根据不同应用要求进行人工调节。

因为交流电流调节器必须同时控制定子电流的幅值和相位，所以它比直流调速系统的电流调节器更为复杂。电压型逆变器（VSI）的使用，使定子电流控制受到控制作用域有限性的约束（电压矢量的有限性），而且定子电流调节器还面临着与电机运行机制有关的一些问题，如定、转子状态间的耦合现象等。另外，电机参数具有时变特性，这在定子电流控制中也必须予以考虑。同时，由于电流调节器构成了整个控制系统的最内环，因此它在系统中必须具有最大的带宽，必须具有等于零或极小的稳态误差。这些问题在电流调节器设计过程中都是需要考虑的。就目前来说，较为典型的定子电流控制方案有滞环电流控制法、PI 调节器法、预测控制法、智能控制法。

1. 滞环定子电流控制法

滞环控制是古典控制理论中一类典型的非线性控制律，具有受控对象响应速度快、鲁棒性好等固有特点，图 4-23 是最简单的滞环定子电流控制原理示意图。

图 4-23 中，i_a^*、i_b^*、i_c^* 分别为定子三相电流参考值；i_a、i_b、i_c 为定子三相电流检测值；对应相电流的差值 Δi_a、Δi_b、Δi_c 分别为各相滞环电流控制器的输入信号，各相滞环控制器的输出构成 VSI 相应桥臂功率开关器件的通、断控制信号。虽然这种控制器非常简单，并且可以对定子电流的幅值进行良好的控制，使其误差

得以限制在滞环宽度的两倍以内，但是这种控制器最大的缺点是开关频率不固定，它随着滞环宽度和电机运行条件的变化而变化，导致逆变器开关器件动作的随机性过大，不利于逆变器的保护，使得系统可靠性降低。同时，当希望减小定子电流误差，即环宽减小时，逆变器的开关频率将增高，这无疑加大了损耗，降低了运行效率。针对以上缺点，对滞环控制器采取了一些相应的改进措施：①通过变滞环宽度的方法，降低开关频率，但仍没有解决开关频率不固定的不足。②采用固定开关频率的控制器，通常也叫做 delta 调制器，它的最简单形式如图 4-24 所示。

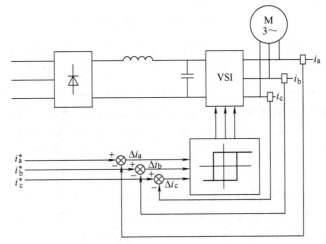

图 4-23 滞环电流控制器原理示意图

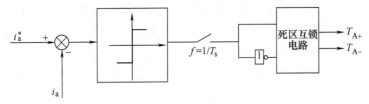

图 4-24 带 delta 调制器的一相滞环定子电流控制器

delta 调制器通过将比较器的输出锁定在 $f = 1/T_s$ 的频率上，把连续的信号转换为脉宽调制的数字信号。具体实现上，可以将电流误差信号作为调制信号，采用定时采样开关的办法直接控制滞环的接入与切断。经过改进后的滞环比较器具有成本低廉、对电机参数变化的鲁棒性强、动态性能优良等特点，其主要局限在于电流谐波较大，除非是采用高开关频率来抑制电流纹波。但一般情况下，要获得好的电流波形，开关频率常需要高于 20kHz，而这通常对逆变器来讲是不希望发生的。总的来说，滞环控制器的优点还是很突出的，目前对如何进一步改进，并设计出性能更佳的滞环控制器的研究仍然很活跃。

2. PI 调节器法

PI 调节器通常用来提供高的直流增益，以消除稳态误差和提供可控的高频响应衰减。在直流电机的电流环控制中，PI调节器就是经常使用的，交流电流调节器中PI调节器的使用也是从直流系统中借鉴过来的。其实现类型大致有以下几类：

（1）静止坐标系中三相PI调节器　图4-25给出其中一相的调节控制原理。

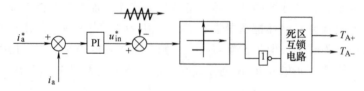

图4-25　静止坐标系中的PI电流调节器

如图4-25所示，每相中都有这样的一个PI调节器，电流给定值与检测值的误差作为PI调节器的输入，输出侧产生一个与三角载波进行比较的电压指令U_{in}^*。比较的结果送至比较器，然后再给出与逆变器相应桥臂的开关信号。这样，逆变器的桥臂切换被强制在三角波的频率上，输出电压正比于PI调节器输出的电压指令信号。这种调节器的使用，可以在一定频率范围内减小输出电流的跟踪误差。但是，与直流调速系统中相应的PI调节器相比，当考虑它的稳态效果时，还是有很大的不同。在直流情况下，由于积分作用，使得稳态响应具有零电流误差的特征，而对于交流调节器，稳态时需要具有参考频率的正弦输出，显然PI调节器中的积分作用并不会使电流误差为零，这是这种调节器的一大弊病。这个问题的解决，取决于同步旋转参考坐标系的应用。既然定子电流在不同参考坐标系中表现出不同的频率，当选择同步旋转坐标系中定子电流在其中的稳态电流表现为直流，这样应用PI调节器就可以使稳态误差为零，从控制的要求来说，这无疑是相当有效的。

这种三相电流调节器的另一个问题在于，用三个PI调节器的目的是试图调节三个独立的状态，可是实际上只有两个独立状态（三相电流之和为零）。这个问题的解决，一是可以只有两个PI调节器，同时根据三相电流关系调节第三相，这在许多情况下是可行的。另一种方法可以通过合成零序电流，并将其反馈至三个调节器，使相互解耦，达到独立调节的目的。当然，也可以在d-q同步旋转坐标系下考虑问题，同样只需两个PI调节器，并同时可以解决稳态误差问题，因而不失为较佳的解决方法，下面就将介绍这一方法。

（2）d-q同步坐标系下PI调节器　矢量控制系统中，尤其是对控制系统性能要求较高的场合，一般多采用这种PI调节方式，而不是采用三相PI调节方式，理由就是前面所分析的电流稳态误差问题。图4-26所示为其控制原理图，它是通

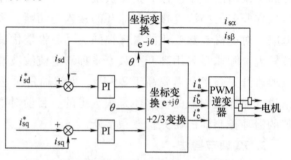

图4-26　同步旋转坐标下定子电流PI控制器

过两个 PI 调节器分别对同步旋转坐标系中电流矢量的两个分量进行调节控制的。

在转子磁场定向坐标系中的标量形式的电流控制对象方程：

$$\begin{cases} u_{sd} = R_s i_{sd} + L_\sigma p i_{sd} - \omega_s L_\sigma i_{sq} + \dfrac{L_m}{L_r} p \psi_{rd} \\[3mm] u_{sq} = R_s i_{sq} + L_\sigma p i_{sq} + \omega_s L_\sigma i_{sd} + \dfrac{L_m}{L_r} \omega_s \psi_{rd} \end{cases} \tag{4-93}$$

将交叉耦合项等看成扰动，得到的电流控制的对象方程为

$$\begin{cases} u_{sd} = R_s i_{sd} + L_\sigma p i_{sd} \\ u_{sq} = R_s i_{sq} + L_\sigma p i_{sq} \end{cases} \tag{4-94}$$

可见如果不考虑扰动，电压和电流为一阶关系，传递函数为

$$\frac{I_s(s)}{U_s(s)} = \frac{1}{R_s + L_\sigma s} = \frac{1/L_\sigma}{s + \dfrac{R_s}{L_\sigma}} \tag{4-95}$$

设 PI 调节器的形式为

$$K_p + \frac{K_i}{s} = \frac{K_p \left(s + \dfrac{K_i}{K_p} \right)}{s} \tag{4-96}$$

则电流环的开环传递函数为

$$\frac{K_p \left(s + \dfrac{K_i}{K_p} \right)}{s} \frac{1/L_\sigma}{\left(s + \dfrac{R_s}{L_\sigma} \right)} \tag{4-97}$$

令 $\dfrac{K_i}{K_p} = \dfrac{R_s}{L_\sigma}$，对消对象系统的极点，使电流环的开环传递函数为 $\dfrac{\omega_{ci}}{s}$，即可将系统闭环传递函数校正成响应频率为 ω_{ci} 的一阶环节 $\dfrac{\omega_{ci}}{s + \omega_{ci}}$，由此得到电流 PI 调节器的参数：

$$\begin{cases} K_p = \omega_{ci} L_\sigma \\ K_i = K_p R_s / L_\sigma \end{cases} \tag{4-98}$$

其中，ω_{ci} 为电流环的响应截止频率。

电流控制的前馈补偿量为

$$\begin{cases} u_{sdc} = -\omega_s L_\sigma i_{sq} + \dfrac{L_m}{L_r} p \psi_{rd} \\[3mm] u_{sqc} = \omega_s L_\sigma i_{sd} + \dfrac{L_m}{L_r} \omega_s \psi_{rd} \end{cases} \tag{4-99}$$

图 4-26 不难看出，这一方法的实现取决于磁场定向控制技术，并且要求给出

磁链矢量的空间位置 θ。需要指出的是，PWM 可以采取多种方式，如优化 PWM、SPWM 技术等，可以达到提高电压利用率、优化开关模式等目的，而且这些 PWM 方法的数字化实现也不复杂。

在 4.2.7 节中讨论电流调节环节时，曾提到电流调节器的最终目的是用以选择合适的电压矢量，对 VSI 进行 PWM，输出优化电压。在转子磁场定向控制中，由于磁链和转矩完全解耦，并分别由 i_{sd} 和 i_{sq} 控制，因而可简化电流调节环节，如图 4-22 所示。

图 4-22 所示实际上是由电压直接控制的调节方式，由于磁通和转矩的控制本质上就是 i_{sd} 和 i_{sq} 的控制，因而在图中用转矩和磁通的调节器代替了电流调节器，控制手段更加直接，控制目的也更加明了。值得注意的是在图 4-22 中，因为在转子磁场定向控制下，定子方程式中的 d-q 轴分量并没有完全解耦，这一点由式 (4-93) 和 (4-94) 可以看出，所以需加上相应的补偿量 U_{sqc} 和 U_{sdc} 方可形成目标电压矢量，然后通过空间电压矢量 PWM 法输出 VSI 的桥臂开关信号 s_a、s_b、s_c。显然，这种调节方式比常规 PI 型方法结构简单。但又保持了常规 PI 型方法的优点，不失为一种较为理想的控制方法。关于该方法的具体实现和设计，已在全数字化设计中详加叙述。

3. 预测控制法

所谓预测控制法，就是根据定子电流误差和相应的性能指标（如 VSI 功率器件开关次数最少、定子电流纹波减小、电磁转矩脉动小等），在一个恒定控制周期 T_s 中，通过选择合适的定子电压矢量，使定子电流尽快地跟踪参考信号。通常根据参考电流矢量和性能指标要求，可以定出一个图 4-27 所示的矢量平面，图中闭曲线表示使得满足该性能指标的电流允许误差范围。

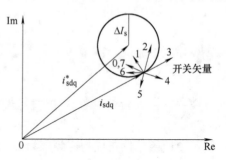

图 4-27 预测算法中的电流误差区域

预测控制法就是要在每个控制周期内，对相应位置的电流矢量预测可能的电流轨迹。众所周知，VSI 有 6 个非零电压矢量和两个零电压矢量，这样每一点的电流轨迹将会有 7 种（6 种非零矢量轨迹和 1 种零矢量轨迹）。能够使得电流矢量轨迹在允许误差范围内的电压矢量即为预测控制法所决定的下一周期的电压矢量。

以转子磁通定向控制为例，由式 (4-93) 知

$$\frac{\mathrm{d}}{\mathrm{d}t}i_s = -\left(\frac{R_s}{\sigma L_s} + \frac{1-\sigma}{\sigma\tau_r}\right)Ii_s + \frac{L_m}{\sigma L_s L_r}\left(\frac{1}{\tau_r} - \omega J\right)\psi_r + \frac{1}{\sigma L_s}Iu_s \qquad (4\text{-}100)$$

因为，相应于定子电流磁链分量 i_{sd} 的控制，转子回路为一惯性环节，所以可近似认为，在较短控制周期 T_s 的时间间隔内，转子磁链 ψ_r 为恒值。基于此，记定子电流参考信号为 i_s^*，定子电压参考信号为 u_s^*，则相应的参考定子电流动态方

程为

$$\frac{\mathrm{d}}{\mathrm{d}t}i_s^* = -\left(\frac{R_s}{\sigma L_s} + \frac{1-\sigma}{\sigma\tau_r}\right)Ii_s^* + \frac{L_m}{\sigma L_s\tau_r}\left(\frac{1}{\tau_r}I - \omega J\right)\psi_r + \frac{1}{\sigma L_s}Iu_s^* \tag{4-101}$$

由式（4-101）减去式（4-100）可得定子电流误差方程为

$$\frac{\mathrm{d}}{\mathrm{d}t}(i_s^* - i_s) = -\left(\frac{R_s}{\sigma L_s} + \frac{1-\sigma}{\sigma\tau_r}\right)I(i_s^* - i_s) + \frac{L_m}{\sigma L_s}I(u_s^* - u_s) \tag{4-102}$$

从式（4-102）可得参考定子电压的表达式为

$$u_s^* = u_s + \sigma L_s I/L_m + \frac{\mathrm{d}}{\mathrm{d}t}(i_s^* - i_s) + \left(R_s + \frac{1-\sigma}{\tau_r}L_s\right)(i_s^* - i_s)/L_m \tag{4-103}$$

式（4-103）是根据实际定子电流 i_s、实际定子电压 u_s 和参考电流 i_s^* 求取参考定子电压 u_s^* 的基础。一般情况下，u_s、i_s 采用本次控制周期起始时刻的值。然而 u_s^* 并非电机端头所加的实际定子电压，预测的任务在于根据 u_s^* 选择 VSI 的开关模式，即选择合适的 $u_i(i=0,\cdots,7)$ 的作用顺序，以满足满性能指标的要求，比如要求电磁转矩脉动小。

我们知道，转子磁场定向控制中，电磁转矩与 i_{sq} 成正比。因此，电磁转矩的脉动特性决定于 i_{sq} 的控制特性。为此，可以规定 i_{sq} 的上、下限为 b_2、b_1，控制 i_{sq} 使之保持在 b_2、b_1 决定的带域里，可以达到控制电磁转矩脉动幅度的目的。

若记（4-100）为

$$\sigma L_s I\frac{\mathrm{d}}{\mathrm{d}t}i_s = u_s - e_s \tag{4-104}$$

则 i_{sq} 控制的约束可表达为

$$\left.\begin{array}{l}\sigma L_s\dfrac{\mathrm{d}}{\mathrm{d}t}i_{sq} - (u_{sq} - e_{sq}) < 0(i_{sq} = b_2) \\[2mm] \sigma L_s\dfrac{\mathrm{d}}{\mathrm{d}t}i_{sq} - (u_{sq} - e_{sq}) > 0(i_{sq} = b_1)\end{array}\right\} \tag{4-105}$$

上式即表达了定子电流预测控制中关于电磁转矩脉动的约束条件。

以上所举只是一个例子，预测控制法并不局限于同步坐标系，任何其他坐标系也同样适用，而且预测控制法还能做到减小开关损耗、降低开关频率、减少谐波损耗等优化目的。从控制意义上讲，预测控制法是一种实时的优化算法，在理论上将很具有吸引力，但需要在每个采样周期内对每个开关状态计算将来可能的电流轨迹，计算量太大，实现起来难度颇大。近年来，许多学者也就如何减小计算量的问题做了许多研究，提出一些解决问题的方案，为预测法的实用化作出了贡献。

4. PIR 调节器法

在交流电机控制中，有时候要对交流控制变量进行控制，例如在静止坐标系下对电流进行控制。在非理想情况下，负序和零序分量在正序的同步旋转坐标系中也表现为交流分量。传统的方法往往把坐标系分为正序和负序坐标系，分别在对正序和负序分量进行控制，但是方法比较复杂。在自动控制理论中，我们可以知道 PI

调节器在控制对象为交流分量时，会存在无法消除的控制误差，因此需要增加一个谐振环节（Resonant），专门对已知频率的交流分量进行控制，PI 调节器就变为 PIR 调节器。有分析可以证明，在同步旋转坐标系下的 PI 调节器，等效变换到静止坐标系，就是对交流信号的 PIR 调节器。

比例积分谐振调节器（PIR）的传递函数如下所示：

$$G_i^{PIR}(s) = K_p + \frac{K_1}{s} + \frac{2K_R s}{s^2 + (2\omega_o)^2} \tag{4-106}$$

式（4-106）中的三项分别为比例调节器、积分调节器和谐振调节器，因此整个调节器就是比例-积分-谐振（PIR）调节器。谐振调节器是一种可以跟踪特定频率信号的调节器。谐振调节器的频率响应特性如图 4-28 中的实线所示。它的特点是在谐振频率处有无穷大的增益，使得闭环系统在此频率处的增益为 1，相移为 0，可以实现无静差跟踪该频率的信号，而在谐振频率之外幅频特性迅速衰减。因此当它与 PI 调节器构成 PIR 调节器时，在谐振频率处起决定作用的是谐振调节器，

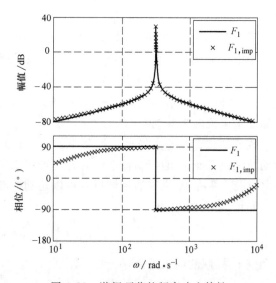

图 4-28　谐振环节的频率响应特性

在离开谐振频率一段距离后，频率特性主要由 PI 调节器决定。所以在同步旋转坐标系下，可以针对零序分量设置谐振频率为同步频率 ω_o 的谐振环节，针对负序分量设置谐振频率为 $2\omega_o$ 的谐振环节，就可以实现对零序和负序分量的控制。

PIR 调节器中包含二阶环节，所以直接离散化比较困难，所以可以用如图 4-29 框图所示方法进行量化实现。

PIR 调节器的数字化实现如下式所示：

$$\begin{cases} x_2^{(k+1)} = x_2^{(k)} + x_1^{(k)} \times T_s \\ x_1^{(k+1)} = x_1^{(k)} + (K_R \times err - x_2^{(k+1)} \times \omega_0 \times \omega_0) \times T_s \\ x_3^{(k+1)} = K_p \times err + x_2^{(k+1)} \end{cases} \tag{4-107}$$

5. 智能控制法

现代控制理论的日趋发展应用也给经典控制方法带来了新鲜血液。矢量控制系统中的某些环节，由于采用了诸如模糊逻辑控制器和人工神经元网络控制器等智能控制技术，产生了意想不到的效果。异步电机是一个多变量、非线性、强耦合的时

变参数系统，虽然矢量控制
技术在一定程度上使异步电
机得以解耦控制，然而这并
不能改变其非线性且具有时
变参数的特点，经典 PI 调节
器对此无能为力，滞环控制
属于非线性控制，预测控制
属于最优化控制，两者在一
定程度上改善了线性控制器

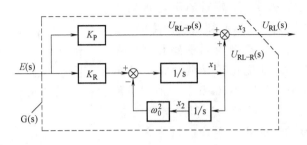

图 4-29　数字 PIR 调节器的实现方式

的不足，但仍不足以很好地解决非线性时变系统的问题。由于人工神经元网络具有
自组织、自学习、自适应的特点，故十分适合于非线性系统的控制。同样模糊控制
器基于模糊逻辑，不需要有关控制系统的准确数学模型的知识，可以用来提高经典
PI 调节器的性能。对这些智能调节器的研究方兴未艾，只是由于理论上的不成熟，
以及硬件实现上的困难，对此的研究仍停留在实验室研究阶段，离工业应用还有相
当长的路要走。但不可否认的是，这才是真正解决非线性系统控制问题的根本所
在。相信不久的将来，异步电机控制领域将会像矢量控制技术的诞生那样，面临又
一次的技术革命。

　　在本小节介绍的这些方法中，除了智能控制法外，都得到过广泛的应用，无论哪种
方法均有其优、缺点和各自的适用范围，应根据不同的应用要求选择不同的电流调节方
法。但总的来说，电流调节方法的选择又有一些共同要遵循的准则：①对电机参数变化
具有鲁棒性；②能克服定、转子间状态耦合效应；③在功率器件开关速度有限制的情况
下，能够实现电流的快速控制；④硬、软件开销尽可能少，实现比较方便。

4.3.3　基于模型预测控制的矢量控制

　　在传统的控制策略中，一般采用 PI 调节器，根据控制变量的参考值和反馈值，
计算得到所需要的控制量，其中 PI 调节器的参数由被控对象的数学模型和参数来
决定。PI 控制都是保证反馈值尽快跟踪参考值，而不考虑所付出的控制代价，也
不考虑未来几个周期的状态变量的变化。

　　模型预测控制（Model Predictive Control，MPC）是近年来兴起的一种新型的控
制算法，采用基于脉冲响应的系统模型，综合考虑系统过去和现在的状态量和控制
量，预测未来一段时间的系统状态。再根据未来一段时间的系统状态量的期望值
（控制目标），经过优化算法计算得到当前周期所需要施加的最优控制量。其中优
化目标可以有多种选择，例如跟踪误差最小、控制量的变化最小、电流的有效值最
小等。模型预测控制不断对控制量进行滚动优化，因此其控制算法要优于传统的比
例积分（PI）控制。预测控制已经广泛应用于过程控制等领域中，目前国内外已
经有一些研究把 MPC 算法应用到电机控制或者 PWM 整流器中，但模型预测算法都

比较复杂，用普通的微处理器很难实现，所以必须要进行简化。

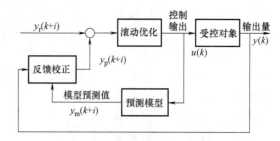

图 4-30　模型预测控制原理框图

模型预测控制主要有预测模型、滚动优化和反馈校正三部分组成，如图 4-30 所示。预测模型根据之前的状态量和控制量状态，对后续的状态变量进行预测。然后根据控制对象的预测值和期望值得到优化的控制量，从而实现对受控对象的最优控制。

模型预测算法中，首先假设控制对象的模型为

$$x(k+1) = Ax(k) + Bu(k) \tag{4-108}$$

则第 $k+2$ 个周期的预测值为

$$\begin{aligned}
x(k+2) &= Ax(k+1) + Bu(k+1) \\
&= A(Ax(k) + Bu(k)) + B(u(k) + \Delta u(k)) \\
&= A^2 x(k) + (AB + B)u(k) + B\Delta u(k)
\end{aligned} \tag{4-109}$$

假设预测 p 个周期，在实际中后面 p 个周期的控制量未知，则首先假设后面 p 个周期（包括当前周期）的控制量保持不变，均为 $u(k-1)$，则可以得到控制对象的先验预测值为

$$x_0(k+1|k) = Ax(k) + Bu(k-1) \tag{4-110a}$$

$$x_0(k+2|k) = Ax_0(k+1|k) + Bu(k-1) \tag{4-110b}$$

$$\cdots\cdots$$

$$x_0(k+p|k) = Ax_0(k+p-1|k) + Bu(k-1) \tag{4-110c}$$

然后再考虑控制量相对于 $u(k-1)$ 的变化，假设从当前周期开始，每个周期实际的控制量为

$$u(k) = u(k-1) + \Delta u(k)$$

$$u(k+1) = u(k) + \Delta u(k+1)$$

$$u(k+2) = u(k+1) + \Delta u(k+2)$$

$$\cdots\cdots$$

$$u(k+p) = u(k+p-1) + \Delta u(k+p) \tag{4-111}$$

则考虑控制量的变化之后，预测模型对于控制对象的预测值为

$$\begin{aligned}
x_m(k+1|k) &= Ax_m(k) + Bu(k) \\
&= Ax(k) + B(u(k-1) + \Delta u(k)) \\
&= x_0(k+1|k) + B\Delta u(k)
\end{aligned} \tag{4-112}$$

$$\begin{aligned}
x_m(k+2|k) &= Ax_m(k+1) + Bu(k+1) \\
&= A(x_0(k+1|k) + B\Delta u(k)) + B(u(k-1) + \Delta u(k) + \Delta u(k+1)) \\
&= x_0(k+2|k) + AB\Delta u(k) + B\Delta u(k+1)
\end{aligned} \tag{4-113}$$

因此可以推导得到：

$$x_{\mathrm{m}}(k+p\,|\,k) = x_0(k+p\,|\,k) + A^{p-1}B\Delta u(k) + \cdots + AB\Delta u(k+p-2) + B\Delta u(k+p-1) \tag{4-114}$$

写成统一形式为

$$x_{\mathrm{m}} = x_0 + G \cdot \Delta u \tag{4-115}$$

其中：

$$G = \begin{bmatrix} B & 0 & 0 & 0 \\ AB & B & 0 & 0 \\ \vdots & & \vdots & \vdots \\ A^{p-1}B & A^{p-2}B & \cdots & B \end{bmatrix}$$

$$x_0 = \begin{bmatrix} x_0(k+1\,|\,k) & x_0(k+2\,|\,k) \cdots x_0(k+p\,|\,k) \end{bmatrix}^{\mathrm{T}}$$

$$x_{\mathrm{m}} = \begin{bmatrix} x_{\mathrm{m}}(k+\,|\,k) & x_{\mathrm{m}}(k+2\,|\,k) \cdots x_{\mathrm{m}}(k+p\,|\,k) \end{bmatrix}^{\mathrm{T}}$$

$$\Delta u = \begin{bmatrix} \Delta u(k) \Delta u(k+1) \cdots \Delta u(k+p-1) \end{bmatrix}^{\mathrm{T}}$$

由于各种因素的影响，例如参数误差、模型误差、量化误差等，上述预测算法对于控制对象的预测会出现一定的误差，为了消除这种误差，利用当前周期的采样值来构成反馈校正对预测值进行修正。

$$x_{\mathrm{p}} = x_{\mathrm{m}} + h \cdot e(k) \tag{4-116}$$

其中 $e(k) = x(k) - x_{\mathrm{m}}(k)$，$h$ 为反馈系数，反映的是当前周期的反馈校正值对未来 p 个周期的影响力。

为了得到最优的控制量，评价函数可以选择控制误差和控制量的变化，也就是用最小的控制量变化来取得最好的控制效果：

$$J(k) = \sum_{i=1}^{p} q_i \big[x_{\mathrm{r}}(k+i) - x_{\mathrm{p}}(k+i) \big]^2 + \sum_{j=1}^{m} r_j \Delta u(k+j-1)^2 \tag{4-117}$$

其中 q_i、r_j 就是加权系数，分别表示对跟踪误差及控制量变化的抑制。$x_{\mathrm{r}}(k+i)$ 表示给定的期望值，$x_{\mathrm{m}}(k+i)$ 表示预测输出值，p 和 m 分别为优化时域和控制时域的周期个数，一般来说有 $m \leqslant p$。因为后面的控制量的变化往往是很难预测的，所以认为后面的一些周期内控制量的"变化"保持不变，或者"控制量"保持不变，也就是 $\Delta u = 0$。

其中：

$$Q = \mathrm{diag}(q_1, \cdots, q_p), R = \mathrm{diag}(r_1, \cdots, r_m) \tag{4-118}$$

在控制过程中，并不希望施加于系统的控制增量 Δu 变化过于剧烈，所以 Δu 的变化也作为评价函数的一部分，即要在控制量的变化和跟踪误差之间进行一定的权衡。根据控制目标的不同，评价函数可以有多种选择，例如可以选择逆变器的开关次数最少、异步电机的损耗最小等目标，这也是模型预测控制算法的一个优势所在，即能在控制目标和多个优化目标之间寻找最佳的平衡点。

求解最优化问题，可以得到当前周期最优的控制变量的数学公式为

$$\Delta u(k) = (G^T Q G + R)^{-1} G^T Q [y_r(k) - y_p(k)] \tag{4-119}$$

当前周期需要施加的控制量为 $u(k) = u(k-1) + \Delta u(k)$

从式（4-119）可看出，最优控制量的求解比较复杂，尤其在控制对象为二维向量时，矩阵 G 将是三维矩阵，式（4-119）的求解将十分困难，目前工业控制中常用的控制器很难完成在线求解工作。因此在具体的应用中需要对模型预测控制算法进行简化，尽量避免对多维向量进行同时预测控制，尽量使用单输入单输出系统。

为了尽量避免矩阵运算并简化计算，目前常用的模型预测控制算法一般采用遍历的方法，依次把所有可能的控制量代入状态方程，然后依次求解评价函数，从而选择一个相对最优的控制量。例如在两电平三相电机驱动系统中，逆变器可能施加的电压矢量有 6 个非零矢量和两个零矢量，分别把这 8 个电压矢量所代表的三相电压值代入模型的状态方程，预测未来一个周期后的系统状态变量，然后求解评价函数值，从中选择评价函数值最小的一个，并把其对应的电压矢量作为施加到电机上的电压指令值，如图 4-31 所示。

这种方法是目前模型预测控制应用最广泛的一种方法，避免了式（4-119）中的矩阵运算。但是该方法计算出的电压给定值只能是已有的基本电压矢量，只是相对最优的值。而且由于直接计算得到三相逆变器的开关状态，所以在开关状态的选择上类似于 bang-bang 控制，开关频率不固定。针对不同的逆变器拓扑，特别是针对多电平拓扑结构，算法的可移植性不强。如果要尽量接近绝对最优值，那么就要提高模型预测算法的计算频率，相当于把传统算法中的一个开关周期，在细分为多个模型预测控制的控制周期。如果计算频率远远高于开关频率，理论上模型预测算法也能实现绝对最优的控制，也能得到 PWM 调制的效果。但是这样对控制器的运算能力要求比较高，与简化算法的初衷相违背了。

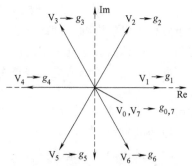

电压矢量	评价函数
V_0,V_7	$g_{0,7}=0.60$
V_1	$g_1=0.82$
V_2	$g_2=0.24$　←最优
V_3	$g_3=0.42$
V_4	$g_4=0.98$
V_5	$g_5=1.24$
V_6	$g_6=1.19$

图 4-31　两电平逆变器控制的
MPC 评价函数计算

最理想的方法应该是根据模型预测算法计算得到绝对最优的电压给定值，然后根据 PWM 算法来计算各个开关矢量所占的时间，然后计算得到开关序列值。但是这样需要求解式（4-119）中的矩阵运算和矩阵求逆，在数字控制器中实现比较困难。实际上，公式（4-119）中的矩阵运算，A 矩阵和 B 矩阵只包含电机参数，所以是一个固定值，所以公式（4-119）中的很多运算可以离线计算好，然后代入时变的变量, 算法可以大大简化。根据公式求出最优的电压给定值, 然后根据不同的逆变器拓扑结构和对应的调制算法, 再计算得到逆变器的开关序列。这样在每个开关周期只需要计算一次模型预测控制算法就可以。如果控制中选择的评价函数比较复杂, 则如式 (4-119) 所示的解析式无法写出, 则只能采用上段中的通用求解法。

本文以异步电机矢量控制算法为例, 对模型预测控制在交流电机高性能控制中的应用进行介绍。

在转子磁场定向的同步旋转坐标系 (d-q 坐标系) 中, 异步电机的定子电压方程可以写成如下形式:

$$
\begin{cases}
u_{sd} = R_s i_{sd} + L_\sigma p i_{sd} - \omega_s L_\sigma i_{sq} + \dfrac{L_m}{L_r} p \psi_r \\[3mm]
u_{sq} = R_s i_{sq} + L_\sigma p i_{sq} + \omega_s L_\sigma i_{sd} + \dfrac{L_m}{L_r} \omega_s \psi_r
\end{cases}
\tag{4-120}
$$

其中, R_s 为定子电阻, L_m 为励磁电感, L_s 和 L_r 分别为定子和转子电感, $L_\sigma = \sigma L_s$ 为总漏感, ω_s 为同步角速度, ψ_r 为转子磁链幅值, u_{sd} 和 u_{sq} 为 d 轴和 q 轴的定子电压, i_{sd} 和 i_{sq} 为 d 轴和 q 轴的定子电流。

为了减少模型预测控制算法的复杂度, 可以将二维的电流方程简化为两个单输入单输出 (SISO) 系统。将 d 轴和 q 轴之间的交叉耦合项等看成扰动, 得到 dq 轴下的电流控制的对象方程为

$$
\begin{cases}
u_{sd} = R_s i_{sd} + L_\sigma p i_{sd} \\[2mm]
u_{sq} = R_s i_{sq} + L_\sigma p i_{sq}
\end{cases}
\tag{4-121}
$$

交叉耦合项可以看作电流控制的前馈补偿量:

$$
\begin{cases}
u_{sdc} = -\omega_s L_\sigma i_{sq} + \dfrac{L_m}{L_r} p \psi_r \\[3mm]
u_{sqc} = \omega_s L_\sigma i_{sq} + \dfrac{L_m}{L_r} \omega_s \psi_r
\end{cases}
\tag{4-122}
$$

以 d 轴为例, 状态方程可以写为:

$$
\frac{d}{dt} i_{sd} = \frac{R_s}{L_\sigma} i_{sd} + \frac{u_{sd}}{L_\sigma}
\tag{4-123}
$$

把状态方程按照一阶欧拉法离散化, 得到:

$$
i_{sd}(k+1) = i_{sd}(k) + \left(\frac{R_s}{L_\sigma} i_{sd}(k) + \frac{u_{sd}}{L_\sigma} \right) T_s
\tag{4-124}
$$

$$
= \left(1 + \frac{R_s}{L_\sigma} T_s \right) i_{sd}(k) + \frac{T_s}{L_\sigma} u_{sd} = A i_{sd}(k) + B u_{sd}
$$

其中，T_s 为采样时间。

同理可以得到 q 轴电流的离散化模型。

$$i_{sq}(k+1) = \left(1 + \frac{R_s}{L_\sigma}T_s\right)i_{sq}(k) + \frac{T_s}{L_\sigma}u_{sq} = Ai_{sq}(k) + Bu_{sq} \qquad (4\text{-}125)$$

图 4-32 所示为采用模型预测控制的异步电机矢量框图。分别用上述的 MPC 算法对 d 轴和 q 轴的电流建立控制模型。由于 d 轴和 q 轴的电流状态方程类似，因此可以采用模块化的编程方式，采用共用的代码来实现 d 轴和 q 轴电流的模型预测控制。采用 MPC 算法可以得到最优的 d 轴和 q 轴的控制量。为了提高控制性能，可以在 MPC 得到的控制量上面再依据式（4-122）进行前馈补偿。

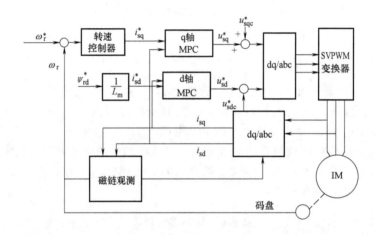

图 4-32　采用模型预测控制的异步电机矢量控制框图

这里以三步预测为例，对算法的实现进行说明。算法中采用的参数如下：

$$Q = \begin{bmatrix} 0.1 & & \\ & 0.1 & \\ & & 0.1 \end{bmatrix}, R = \begin{bmatrix} 0.1 & & \\ & 0.1 & \\ & & 0.1 \end{bmatrix}, h = \begin{bmatrix} 1.0 & & \\ & 1.0 & \\ & & 1.0 \end{bmatrix}$$

此时评价函数为

$$J = \sum_{i=0}^{p} q_i(x_r(k+i) - x_p(k+i))^2 + \sum_{j=0}^{p} r_j \Delta u(k+j-1)^2 \qquad (4\text{-}126)$$

这里使用的系数矩阵的数值只是大致设定的，实际当中要根据不同的模型等进行调整，并无理论上的推导。

算法的实现过程如下：

首先控制量采用上一个周期的控制量 $u(k)$，对未来 3 个周期的状态量进行预测：

$$i_0(k+1\,|\,k) = A \cdot i_m(k) + B \cdot u(k)$$
$$i_0(k+2\,|\,k) = A \cdot i_0(k+1\,|\,k) + B \cdot u(k)$$
$$i_0(k+3\,|\,k) = A \cdot i_0(k+2\,|\,k) + B \cdot u(k) \tag{4-127}$$

其次，假设后面 3 个周期的控制增量全部与上一个周期的控制增量 $\Delta u(k)$ 相同，对电流进行预测修正：

$$i_m = i_0 + \begin{bmatrix} B & 0 & 0 \\ A \cdot B & B & 0 \\ A^2 \cdot B & A \cdot B & B \end{bmatrix} \cdot \begin{bmatrix} \Delta u(k) \\ \Delta u(k) \\ \Delta u(k) \end{bmatrix} \tag{4-128}$$

假设本周期的电流测量值经过坐标变换后得到的 d 轴和 q 轴电流为 $i_d(k+1)$ 和 $i_q(k+1)$，误差校正为

$$e(k+1) = i_{d,q}(k+1) - i_m(k+1\,|\,k) \tag{4-129}$$

校正后的电流预测值为

$$i_p = i_m + h \cdot e(k+1) \tag{4-130}$$

由于在实际的电机控制中，很难得到 d 轴和 q 轴电流预期的轨迹，所以在实际中假设后面预测的周期内 d 轴和 q 轴电流的给定值都与当前一致。即

$$i_r(k+3) = i_r(k+2) = i_r(k+1) \tag{4-131}$$

当然，在一些特殊的电机控制场合，可以根据负载的需要对电流给出预期的轨迹，例如在做重复运动的场合，可以把预先计算得到的电流轨迹输入到 MPC 算法中，以实现更好地优化。

利用式（4-119）可以计算得到本周期最优的控制增量 $\Delta u_d(k+1)$ 和 $\Delta u_q(k+1)$，然后可以得到控制量：

$$u_d(k+1) = u_d(k) + \Delta u_d(k+1) \tag{4-132a}$$

$$u_q(k+1) = u_q(k) + \Delta u_q(k+1) \tag{4-132b}$$

为了在 DSP 中能够实现式 4-126 中的矩阵乘法和求逆过程，可以把式（4-119）提前展开写入程序中。

为了提高控制性能，可以在上式得到的控制量的基础上，把忽略掉的交叉耦合项作为前馈补偿项：

$$u_d'(k+1) = u_d(k+1) + u_{dc}(k+1) \tag{4-133a}$$

$$u_q'(k+1) = u_q(k+1) + u_{qc}(k+1) \tag{4-133b}$$

从上面的分析来看，模型预测控制算法一般用于已知控制对象的数学模型，根

据状态变量的参考值和反馈值，计算所需要的控制变量的一个控制算法，所以其地位相当于 PI 调节器。虽然模型预测控制算法通过对状态量的预测和对控制量的优化，可以得到较好的控制性能，但是受限制于数字控制器的计算能力，一般算法不能设计得太复杂，也很难实现多变量系统的同时优化。

4.3.4 全数字化矢量控制系统硬件和软件构成

1. 全数字化矢量控制系统硬件构成

数字信号处理器（DSP）具有硬件简单、控制算法灵活、抗干扰性强、无漂移、兼容性好等特点，现已广泛应用于交流电机控制中。下面对一个 DSP 的核心功能进行简要描述：

- 10 ~ 100ns 的指令周期；
- 单个周期的相乘和乘方运算；
- 单周期寻址和算法；
- 单周期的可执行指令；
- 单周期堆栈推移；
- 大于等于 16 位的字长；
- 植于芯片上的内存；
- 和外部实际物理信号快速有效的连接。

图 4-33 为一个基于 DSP 的数字控制系统在电机控制中的典型应用框图。

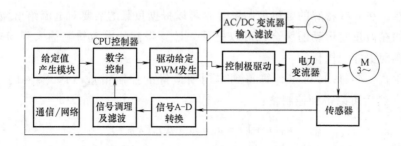

图 4-33 数字化异步电机控制系统框图

在这个系统中，各个模块的功能如下：

1）给定值产生模块的作用为
- 多项式拟合；
- 模块查表及插值。

2）数字控制模块的作用为
- 实现 PID 调节器算法；
- 参数/状态估计；

● 磁场定向控制（FOC）变换；

● 无速度传感器算法；

● 自适应控制算法。

3）驱动给定/PWM 发生模块的作用为

● PWM 发生；

● AC 电机的换向控制

● 功率因数校正（PFC）；

● 高速弱磁控制

● 直流纹波补偿。

4）信号转换及信号调理模块的作用为

● A-D 转换控制；

● 数字滤波。

在交流电机控制中，DSP 所特有的高速计算能力，可以用来增加采样频率，并且完成复杂的信号处理和控制算法，控制电力电子外围设备，以实现电机的控制和调速。PID 调节器算法、卡尔曼滤波、快速傅里叶变换（FFT）、状态观测器、自适应控制及智能控制等，均可利用 DSP 在较短的采样周期内完成。在自适应控制中，系统参数、状态变量可以通过状态观测器加以辨识。因此利用 DSP 的信号处理能力还可以用来减少传感器的数量（比如位置、速度和磁链传感器）。

电机控制专用 DSP 灵活的 PWM 发生，为电机控制带来了许多的便利；可产生高分辨率的 PWM 波形，可灵活实现 PWM 控制，以减小电磁干扰（EMI）和其他噪声问题，多路 PWM 输出可以进行多电机控制。另外，现成的第三方设备和软件、硬件开发工具简化了外围器件和 DSP 控制器间的连接及系统开发过程。

2. 数字化矢量控制系统的软件构成

下面结合 TI 公司的电机控制专用 DSP，介绍几种电机控制中采用的坐标变换等常用程序模块软件实现方法。为了便于读者理解，程序代码使用 TI 公司的 TMS320F28335 的浮点 C 语言。

（1）克拉克变换（Clark Transform） 克拉克变换是从三相坐标系到两相静止坐标系的变换，是交流电机控制系统中最常用的一种坐标变换。

$$\text{abc} \Rightarrow \alpha\beta \begin{bmatrix} X_\alpha \\ X_\beta \\ X_0 \end{bmatrix} = C_{3s/2s} \begin{bmatrix} X_a \\ X_b \\ X_c \end{bmatrix} = \sqrt{\frac{2}{3}} \begin{bmatrix} 1 & -\frac{1}{2} & -\frac{1}{2} \\ 0 & \frac{\sqrt{3}}{2} & -\frac{\sqrt{3}}{2} \\ \frac{1}{\sqrt{2}} & \frac{1}{\sqrt{2}} & \frac{1}{\sqrt{2}} \end{bmatrix} \begin{bmatrix} X_a \\ X_b \\ X_c \end{bmatrix} \quad (4\text{-}134)$$

$$\alpha\beta\Rightarrow abc \begin{bmatrix} X_a \\ X_b \\ X_c \end{bmatrix} = C_{2s/3s} \begin{bmatrix} X_\alpha \\ X_\beta \\ X_0 \end{bmatrix} = \sqrt{\frac{2}{3}} \begin{bmatrix} 1 & 0 & \frac{1}{\sqrt{2}} \\ -\frac{1}{2} & \frac{\sqrt{3}}{2} & \frac{1}{\sqrt{2}} \\ -\frac{1}{2} & -\frac{\sqrt{3}}{2} & \frac{1}{\sqrt{2}} \end{bmatrix} \begin{bmatrix} X_\alpha \\ X_\beta \\ X_0 \end{bmatrix} \tag{4-135}$$

如果考虑无中性线的电机系统中的三相电压和电流之和为零的关系，上式还可以进一步得到简化。

附：克拉克变换的例程：

```
void clarke_ calc（CLARKE * v）
{
        v - > ds = 0.81649658 * (v - > as - 0.5 * v - > bs - 0.5 * v - > cs)；// 计算 α 轴的值
        v - > qs = 0.70710678 * (v - > bs - v - > cs)；// 计算 β 轴的值
}
```

（2）派克变换（Park Transform） 派克变换是矢量控制系统中常用的旋转变换，具有如下形式：

$$\begin{bmatrix} X_d \\ X_q \end{bmatrix} = C_{2s/2r} \begin{bmatrix} X_\alpha \\ X_\beta \end{bmatrix} = \begin{bmatrix} \cos\theta & \sin\theta \\ -\sin\theta & \cos\theta \end{bmatrix} \begin{bmatrix} X_\alpha \\ X_\beta \end{bmatrix} \tag{4-136}$$

$$\begin{bmatrix} X_\alpha \\ X_\beta \end{bmatrix} = C_{2s/2r} \begin{bmatrix} X_d \\ X_q \end{bmatrix} = \begin{bmatrix} \cos\theta & -\sin\theta \\ \sin\theta & \cos\theta \end{bmatrix} \begin{bmatrix} X_d \\ X_q \end{bmatrix} \tag{4-137}$$

附：派克变换的例程：

```
void park-calc（PARK * v）
{
        / * Using look - up IQ sine table * /
        v - > sin_ ang = sin (v - > ang)；
        v - > cos_ ang = cos (v - > ang)；
        v - > de = v - > ds * v - > cos_ ang + v - > qs * v - > sin_ ang；
        v - > qe = v - > qs * v - > cos_ ang - v - > ds * v - > sin_ ang；
}
```

（3）三角函数的计算 TMS320C28x 系列 DSP 在片内的引导 ROM 中内置了三角函数表，包括正弦表、余弦表和反正切表，所以可以直接调用对应的三角函数，由编译器自动生成底层的查表程序，进行查表使用。具体指令可以查阅 DSP 的文档。

（4）CAP（捕获）模块和 QEP（正交编码脉冲）解码模块 在 DSP 中，一般使用 QEP 模块和捕获模块对电机进行测速。光电编码器输出的脉冲一般有 A、B 和 Z 信号（Index 信号），A 信号和 B 信号在电机转子一圈输出相同数目的脉冲，并且互相错开 1/4 周期如图 4-34 所示。A 和 B 的相对相位信息可以用来判断电机的转向。

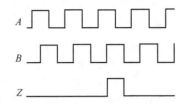

图 4-34 光电编码器及输出脉冲信号

1）QEP 解码模块

●译码器输出直接连到 DSP。

●内部逻辑电路可以检测转子转动方向。

●一个定时器可与 QEP 解码模块结合起来为位置信号计数，并且自动根据电机转向来进行增或者减计数，所以知道了初始位置的偏置，就可以实时根据计数器的值来得到转子机械位置。

●可以产生不同的中断。

DSP 的 QEP 单元的计数器是可读的，需要知道转子机械位置的时候，只需要去读取一下这个寄存器中的数值，然后进行简单的代数运算就可以得到电机转子的角度，如图 4-35 所示。

知道了转子的位置后，通过微分运算就可以得到转子转速。在实际实现中，一般是每隔固定的时刻来读取一次转子位置信息，然后做微分计算来求得转子转速 $\omega_m = \dfrac{\theta(k) - \theta(k-1)}{\Delta t}$

由于 DSP 的计数器会自动根据电机的转向来选择增还是减计数，所以位置差中已经包含了转速的方向信息。转速的计算可以采用第一章中介绍的 M 法、T 法或者 M/T 法。

在 TMS320F2812 的程序中，一般采用定时中断来对 QEP 计数器的值进行读取，然后根据上式来计

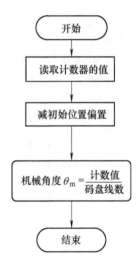

图 4-35 使用 QEP 解码模块实现位置判断的程序流程

算转子转速。但是，定时中断来读取 QEP 计数器，由于需要有中断响应、程序执行和其他中断的打断等因素，对计数值进行采样的时刻并不是非常准确的。所以在 TMS320F28335DSP 中，其 QEP 单元自带一个定时器，通过配置可以让 DSP 的硬件在一定的时刻自动把 QEP 计数器的数值读取到一个特定的寄存器中，然后再去读取这个寄存器中的数值。这样就保证了采样时刻的准确性。

使用 QEP 解码模块实现位置和转速计算的 TMS320F28335 程序可分为初始化程序和转速、位置计算程序。

其中，QEP 模块初始化程序如下：

```
InitEQep1Gpio ();//TI 提供的例程，用于对 I/O 接口的复用功能进行设置
EQep1Regs. QDECCTL. bit. QSRC = 0;//设置为正交编码计数方式
EQep1Regs. QDECCTL. bit. XCR = 1;//对上升沿计数
EQep1Regs. QDECCTL. bit. SWAP = 0;//是否把正交的 A 和 B 信号进行交换，主要用于校正码盘正方向
                                  和电机转向之间的关系，写 0 配置为不交换，1 为交换
EQep1Regs. QEPCTL. bit. PCRM = 0;//在每个 Z 信号的时候对计数器进行清零
EQep1Regs. QEPCTL. bit. QPEN = 1;//使能计数器
EQep1Regs. QPOSMAX = p - > encoder_linear * 4;//设置计数器周期为码盘线数 * 4
EQep1Regs. QPOSINIT = 0;//设定计数器的初始值
EQep1Regs. QEPCTL. bit. UTE = 1;//使能 eQEP 的定时器
EQep1Regs. QUTMR = 0;
EQep1Regs. QUPRD = p - > qep_UTO_period;//设定 QEP 的定时器的周期值
EQep1Regs. QEINT. bit. UTO = 1;//使能定时器的终端
EQep1Regs. QCLR. bit. UTO = 1;//清除定时中断标志位
EQep1Regs. QEINT. bit. IEL = 1;//使能 Z 信号的中断
EQep1Regs. QCLR. bit. IEL = 1;//清除 Z 信号中断的标志位
QEP 解码模块计算转子位置和转速的主程序如下：
void qep1_int (void)//QEP 模块的所有中断都集合在一起
{
  if (EQep1Regs. QFLG. bit. UTO = =1)//判断是否是定时器的周期中断
  {
    EQep1Regs. QCLR. bit. UTO = 1;//清除中断标志位
    qep1. posi_cnt = EQep1Regs. QPOSLAT;//读取寄存器中保持下来的计数器值，定时器在周期匹配的
                                          时刻，把计数器中的数值自动保存到 QPOSLAT 中
qep1. posi_meca = qep1. posi_cnt * qep1. encoder_linear_inv * DPI;//计算得到机械位置
// - - - - - - - - - - - - - - - - - - - - - - - - - - - - - - - - - - - - - - - - - - - //
qep1. speed_meas_cnt + + ;
if (qep1. speed_meas_cnt > qep1. qep_spd_cnt)//每隔一定数目的周期计算一次转速
{
    qep1. delta_posi = qep1. posi_meca - qep1. posi_meca_old;//计算位置偏差
    qep1. w_meca = qep1. delta_posi/qep1. Ts_speed;//计算转子角速度
    qep1. posi_meca_old = qep1. posi_meca;
    qep1. speed_meas_cnt =1;
}
    qep1. w_elec_pu = qep1. w_elec/para. BASE_w;//速度可以折算为标幺值
}
```

2）捕获（CAP）模块

QEP 解码模块中，电机的转子转速是根据一定时间间隔内，码盘输出的脉冲数来计算得到的，这种计算方法在高速区域精度比较高，又被称为测频法。但是

在低速区域，在单位时间内，码盘转过的脉冲数可能很少，这时候码盘的量化误差的影响就非常大，所以在低速区域，一般采用捕获（CAP）方式来计算电机的转速。

捕获方式的原理是让 DSP 来捕获码盘输出的脉冲的上升或者下降沿，这两个沿就代表了电机转过的角度。同时设定一个定时器计算两次捕获之间所经历的时间，这样就可以计算得到电机的转速。由于电机转速较低，所以两次捕获的时间间隔较长，定时器的量化误差影响就较小。

CAP 模块具有下列功能：

●配合一个定时器，捕获单元可以检测上升、下降的时刻。

●可以有效地减少输入信号抖动现象。

●捕获单元的处理结果保存在 FIFO 中，以简化软件实现的复杂程度。

●捕获事件可以触发中断。

●捕获事件还可用来触发其他功能，例如，触发一个从模拟到数字的转换过程。

在 TMS320F2812 及其之前的 DSP 中，QEP/CAP 模块要么运行在 QEP 方式，要么运行在 CAP 方式，所以需要在电机的某个转速下对模块的功能进行切换。一般设置捕获事件来触发中断，用 DSP 内部时钟来触发定时器，在捕获中断中读取定时器的值，并计算得到跟上次捕获之间的时间间隔，从而计算得到转速。CAP 模块会在捕获发生的时刻，把定时器的值放入 FIFO 堆栈中，所以也可以在其他程序中定时读取 FIFO 堆栈的值。CAP 模块采用两级 FIFO，同时有堆栈状态寄存器，来记录从上次读取到目前位置发生了几次堆栈写入操作，因此读取的时候要根据 FIFO 堆栈的状态寄存器的值，来判断需要读取上层还是底层的数值，如图 4-36 所示。

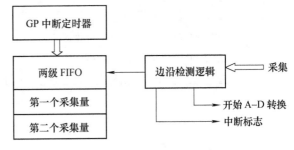

图 4-36 CAP 模块结构

而 TMS320F28335 中，该模块可以同时运行在 QEP 和 CAP 方式。

初始化程序：

EQep1Regs. QCAPCTL. bit. CEN = 1；//使能捕获功能

EQep1Regs. QCAPCTL. bit. CCPS = 7；//捕获模块的定时器时钟分频信号

EQep1Regs. QCAPCTL. bit. UPPS = 0；//对码盘信号的分频系数

主程序：

if（（EQep1Regs. QEPSTS. bit. CDEF = =0）&&（EQep1Regs. QEPSTS. bit. COEF = =0））

```
        {
            qep1. cap_cnt = EQep1Regs. QCPRD;
            qep1. cap_speed = del_taang/qep1. cap_cnt;
            if( qep1. dirQEP = =0)//判断电机转向
            qep1. cap_speed = − qep1. cap_speed;
        }
```

（5）数字 PID 调节器　在电机闭环控制中，PID 调节器应用得非常广泛，例如转速、磁链、转矩、电流等调节器，都采用 PID 的形式。

$$\frac{y}{e} = K_{\mathrm{p}} + K_{\mathrm{i}}\frac{1}{s} + K_{\mathrm{d}}s$$

写成离散形式为

$$y = K_{\mathrm{p}}e(k) + K_{\mathrm{i}}\sum e(k) + K_{\mathrm{d}}\frac{e(k) - e(k-1)}{\Delta t}$$

PID 调节器的输出一般是系统中的控制量，实际系统中，控制量都有一定的限制，如电机上的电压给定值、转矩给定值等。所以一般在 PID 调节器的输出施加一定的限幅值。PID 调节器中的积分项容易引起控制量的超调，为了减小这种现象，一般也需要对积分项进行一定的改进，在 PID 调节器的输出达到限幅值时，就停止对积分项的累加，从而有效地减小超调量。

PID 调节器的数字化实现方法如图 4-37 所示。

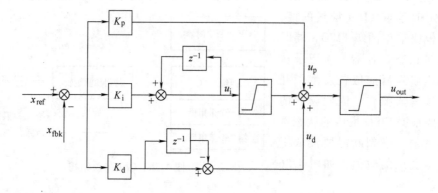

图 4-37　PID 调节器的数字化实现方法

带输出限幅的 PI 调节器程序：

```
void pi_fun_calc (PI_fun * v)
{
    v −> err = v −> pi_ref − v −> pi_fdb; //积分环节
    v −> ui_delta = v −> Tc * v −> Ki * v −> err;
    v −> ui + = v −> ui_delta; //比例环节
```

v − > up = v − > Kp * v − > err；//控制器输出量

v − > pi_ out = v − > ui + v − > up；

if（v − > pi_ out > v − > pi_ out_ max）//输出量限幅

  {v − > pi_ out = v − > pi_ out_ max；

  v − > ui − = v − > ui_ delta；//如果超出限幅，则停止积分

  }

else if（v − > pi_ out < − v − > pi_ out_ max）

  {v − > pi_ out = − v − > pi_ out_ max；

  v − > ui − = v − > ui_ delta；//如果超出限值，则停止积分

  }

}

4.4 矢量控制中的磁通观测

矢量控制技术得以有效实现的基础在于异步机磁链信息的准确获取。为了进行磁场定向和磁场反馈控制，需要知道磁通的大小和位置。在任意旋转速度坐标系下，定、转子及气隙磁链的方程式为

定子磁链：
$$\begin{cases} \psi_{sd} = L_s i_{sd} + L_m i_{rd} \\ \psi_{sq} = L_s i_{sq} + L_m i_{rq} \end{cases} \tag{4-138}$$

转子磁链：
$$\begin{cases} \psi_{rd} = L_m i_{sd} + L_r i_{rd} \\ \psi_{rq} = L_m i_{sq} + L_r i_{rq} \end{cases} \tag{4-139}$$

气隙磁链：
$$\begin{cases} \psi_{md} = L_m (i_{sd} + i_{rd}) \\ \psi_{mq} = L_m (i_{sq} + i_{rq}) \end{cases} \tag{4-140}$$

式（4-138）中的第一个式子乘以 L_r 减去式（4-139）中的第一式与 L_m 的乘积，再经整理得

$$\psi_{sd} = \frac{L_m}{L_r}\psi_{rd} + \frac{L_s L_r - L_m^2}{L_r}i_{sd} = \psi_{md} + (L_s - L_m)i_{sd} \tag{4-141}$$

同理可得

$$\psi_{sq} = \frac{L_m}{L_r}\psi_{rq} + \frac{L_s L_r - L_m^2}{L_r}i_{sq} = \psi_{mq} + (L_s - L_m)i_{sq} \tag{4-142}$$

由式（4-138）~式（4-142）不难看出：①磁链表达式与转速无关；②定子、转子、气隙磁链三者只要知道其一，另外两个就可推得。因而，在矢量控制中，无论是采用 α-β 坐标系还是 d-q 坐标系，表达式形式是一致的，而且观测出三个磁

链中的任何一个都可得到另外两个值。为叙述简便，本书以转子磁链的状态估计为例介绍异步电机的磁链观测模型。读者在应用过程中，可根据所采用的定向系统，选择所需要的相应磁链信息，并可将下面给出的转子磁链模型代入式（4-141）、式（4-142）求解，以获得该磁链。

转子磁链信息的获得，最初采用的直接检测气隙磁链的方法：一种是在电机槽内埋设探测线圈；另一种是利用贴在定子内表面的霍尔片或其他磁敏元件。利用被测量的气隙磁链，由式（4-141）、式（4-142）得

$$\psi_{rd} = \frac{L_r}{L_m}\psi_{md} - (L_r - L_m)i_{sd} \tag{4-143}$$

$$\psi_{rq} = \frac{L_r}{L_m}\psi_{mq} - (L_r - L_m)i_{sq} \tag{4-144}$$

这就是转子磁链观测最直接的方法，而且具有显著的优点，只需要两个电机参数：一个是与温度和磁通大小无关的常值——转子漏电感 $L_r - L_m$（闭槽转子除外），另一个是稍微受电机主磁路饱和程度影响的 L_r/L_m。从理论上说，这种方法应该比较准确，但实际上，埋设线圈和敷设霍尔元件都会遇到不少工艺和技术问题，而且在一定程度上破坏了电机的机械鲁棒性。同时由于齿槽的影响，检测信号中脉动分量较大，转速越低时越严重。另一类特殊的问题将会在闭合转子槽电机（笼型异步电机的典型结构之一）中出现，这是由于此时转子漏电感强烈地取决于转子电流，尤其是当转子电流比较小时，如果不采取适当措施，磁链检测误差会相当大。因此，现在实用的系统中，多采用间接观测的方法，即利用容易检测的电压、电流或转速，借助异步电机数学模型，计算转子磁链的幅值和相位。

利用能够实测的物理量的不同组合，可以获得多种转子磁链观测模型，但总的来说，可以分成两类：开环观测模型和闭环观测模型。

4.4.1 开环观测模型

这种方法是直接从异步电机数学模型推导出转子磁链的方程式，并将该方程式视为转子磁链的状态观测器。

（1）电压模型法（根据定子电流和定子电压的检测值估算 ψ_r）　在 α-β 坐标系下，由定子电压方程和磁链方程易推导出

$$\psi_{r\alpha} = \frac{L_r}{L_m}\left[\int(U_{s\alpha} - R_s i_{s\alpha})\,dt - \sigma L_s i_{s\alpha}\right] \tag{4-145}$$

$$\psi_{r\beta} = \frac{L_r}{L_m}\left[\int(U_{s\beta} - R_s i_{s\beta})\,dt - \sigma L_s i_{s\beta}\right] \tag{4-146}$$

图 4-38 给出了其运算框图。

电压模型法转子磁链观测器实质上是一纯积分器，其优点是：①算法简单；②算法中不含转子电阻，因此受电机参数变化影响小；③不需转速信息，这对于无速

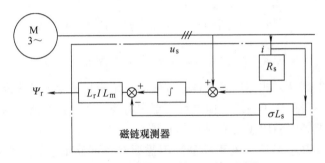

图 4-38 电压模型法转子磁链观测器

度传感器系统颇具吸引力。它的缺点是：①低速时，随着定子电阻压降作用明显，测量误差淹没了反电动势，使得观测精度较低；②纯积分环节的误差积累和漂移问题严重，可能导致系统失稳。这些局限性决定了这个方案在低速下不能使用，但是在中高速的合理范围内，它依然是可行的，而且也确实被应用于许多场合中。

（2）电流模型法（根据定子电流和转速检测值估算 ψ_r）　同样可在 α-β 坐标系下推得

$$\psi_{r\alpha} = \frac{1}{1 + \tau_r p}(L_m i_{s\alpha} - \tau_r \psi_{r\beta} \omega) \tag{4-147}$$

$$\psi_{r\beta} = \frac{1}{1 + \tau_r p}(L_m i_{s\beta} + \tau_r \psi_{r\alpha} \omega) \tag{4-148}$$

图 4-39 即是其运算框图。

可以看出，与电压模型法不同之处在于，电流模型法使用了角速度 ω 作为其输入信息。另外，它还涉及时变特性显著的参数，即转子时间常数 τ_r。当电机的运行温度发生变化或磁路出现饱和时，τ_r 变动范围较大，常需进行实时辨识才能保证磁链观测精

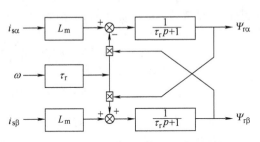

图 4-39　电流模型法转子磁链观测器

度。但由于电流模型法不涉及纯积分项，其观测值是渐近收敛的，这是它的一大优点，同时低速的观测性能强于电压模型法，但高速时不如电压模型法。

（3）组合模型法（电压、电流模型相结合的方法）　从数学本质上看，磁链观测的电压和电流模型描述的是同一个物理对象，不同模型的使用之所以造成不同计算精度，其主要原因是由于参数和检测精度的影响，并非物理过程的变化。因此，考虑到电压模型和电流模型的各自特点，将两者结合起来使用，即在高速时让电压模型起作用，通过低通滤波器将电流模型的观测值滤掉；在低速时，让电流模型起作用，通过高通滤波器将电压模型观测值滤掉。为了实现两个模型的平滑过渡，可令它们的转折频率相等，即

$$\begin{cases} \psi_{r\alpha} = \dfrac{Ts}{Ts+1}\psi_{r\alpha(电压模型)} + \dfrac{1}{Ts+1}\psi_{r\alpha(电流模型)} \\ \psi_{r\beta} = \dfrac{Ts}{Ts+1}\psi_{r\beta(电压模型)} + \dfrac{1}{Ts+1}\psi_{r\beta(电流模型)} \end{cases} \tag{4-149}$$

这种过渡用数字方式实现起来是很方便的，结果也是令人较为满意的。但是由于电压模型中不需要转子转速，而电流模型中需要转子转速，所以这种组合模型在无速度传感器控制中应用还是受到一定限制。

（4）改进电压模型法 电压模型法不需要转子回路信息，其设计是基于定子回路动态方程完成的，这是它的一个显著优点，但同时也存在如前所述的一些缺点。为了保持电压模型法转子磁链观测器的优点，并克服其存在的缺陷，这里介绍一种改进的电压模型法，其原理如图 4-40 所示。

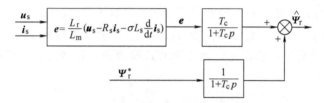

图 4-40 改进电压模型法转子磁链观测器

从图 4-40 可以看出，这种转子磁链观测器取消了普通电压模型法关于反电势 e 的纯积分环节，而代之以一阶惯性滤波环节，惯性环节产生的状态估计相位滞后由参考转子磁链 ψ_r^* 的滤波信号来补偿，转子磁链状态估计 $\hat{\psi}_r$ 的动态方程如下：

$$\hat{\psi}_r = \frac{T_C}{1+T_C p}e + \frac{1}{1+T_C p}\psi_r^* = \frac{T_C p\psi_r + \psi_r^*}{1+T_C p}$$

$$= \psi_r + (\psi_r^* - \psi_r)\frac{1}{1+T_C p}$$

在理想情况下，假设励磁的初始值 $\psi_r = \psi_r^*$，则误差为零，恒有 $\hat{\psi}_r = \psi_r = \psi_r^*$。在一般情况下，初始值 $\psi_r \neq \psi_r^*$，将引起 $\hat{\psi}_r$ 的动态收敛过程，其收敛特性取决于滤波环节的时间常数 T_C，但这并不影响 $\hat{\psi}_r$ 对 ψ_r 的绝对收敛性。而且定子电阻 R_S 的变化引起的估计偏差可以通过选择合适的惯性环节时间常数 T_C 来加以削弱，例如可取 $T_C = \tau_r$，定转子漏感参数的变化在高速时会对状态估计产生重要影响。

为了弥补采用磁链参考值作为补偿所带来的误差，可以采用同步旋转坐标系下的电流模型来观测磁链幅值，然后代替上式中的磁链给定值来作为补偿。

$$\psi_{rd} = \frac{L_m}{1+\tau_r p}i_{sd}$$

（5）旋转坐标系下转子磁链观测模型 前几种方法均为 α-β 静止坐标系下的观测模型，在磁场定向控制中，有时会用到旋转坐标系下的转子磁链观测模型。转子磁场定向控制中，电机磁链观测模型可写成

$$\psi_{rd} = \frac{L_m}{1 + \tau_r p} i_{sd} \tag{4-150}$$

$$\omega_{sl} = \frac{L_m i_{sq}^*}{\tau_r \psi_{rd}^*} \tag{4-151}$$

$$\theta = \int (\omega + \omega_{sl}) \, dt \tag{4-152}$$

当给定 ψ_{rd}^*、i_{sq}^* 时，由式（4-150）和式（4-152）就可定出转子磁链的幅值和角度，其运算框图如图 4-41 所示。

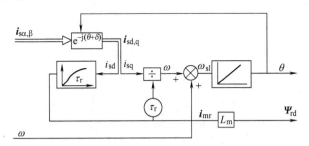

图 4-41　旋转坐标系下转子磁链观测

4.4.2　闭环观测模型

（1）基于误差反馈的转子磁链观测器

上述采用的开环估计法具有结构简单、实现方便等优点，但其精度受参数变化和外来干扰的影响较大，鲁棒性较差。究其原因在于，模型中缺少对各种干扰的抑制，尤其是电压模型法中表现更为明显。我们知道，在控制系统中抑制干扰最有效、最简单的方法是引入各种反馈措施，这在状态观测器的设计中表现为状态误差反馈环节的引入，它可以有效地改善状态观测器的稳定性，并提高状态估计精度。为此，将首先讨论图 4-42

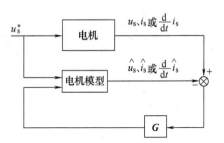

图 4-42　基于误差反馈的转子磁链观测器原理图

基于误差反馈的转子磁链观测器的设计。该原理的构成框图如图 4-45 所示。从图中不难看出，这种转子磁链观测器实质上由两部分组成：①开环观测模型，一般为电压模型或电流模型；②误差反馈环节，异步电机的可测量定子电压 U_s、定子电流 i_s 或定子电流的时间导数 di_s/dt，它们可由转子磁链的估计值 $\vec{\psi}_r$，根据异步电机的数学模型被重构出来，形成它们的估计值 $\hat{U}_s$，$\hat{i}_s$ 或 $d\hat{i}_s/dt$。这样实测值和估计值之差通过与其相应的误差校正矩阵 G 构成转子磁链观测器的误差校正环节。

在具体实现时，根据实际需要，只取一项误差反馈即可。通过对误差校正矩

G 的合理选择，可以有效地配置状态观测器的极点，从而达到改善观测器稳定性、加快状态估计的收敛速度以及提高抗干扰的鲁棒性等目的，因而误差校正矩阵 G 在这种观测器中所起的作用是相当重要的。下面，将以电流模型法转子磁链观测器为例，讨论这种观测器的设计特点。

在分析异步电机转子磁链观测方法时，通常采用以定子电流、转子磁链为状态变量的状态方程，写成矢量形式，记作

$$\frac{\mathrm{d}}{\mathrm{d}t}x = Ax + Bu \tag{4-153}$$

式中

$$x = \begin{bmatrix} i_{s\alpha} & i_{s\beta} & \psi_{r\alpha} & \psi_{r\beta} \end{bmatrix}^{\mathrm{T}}$$

$$A = \begin{bmatrix} A_{11} & A_{12} \\ A_{21} & A_{22} \end{bmatrix}$$

$$B = \begin{bmatrix} B_1 \\ 0 \end{bmatrix}$$

$$u_s = \begin{bmatrix} u_{s\alpha} & u_{s\beta} \end{bmatrix}^{\mathrm{T}}$$

$$i_s = \begin{bmatrix} i_{s\alpha} & i_{s\beta} \end{bmatrix}^{\mathrm{T}}$$

$$\psi_s = \begin{bmatrix} \psi_{r\alpha} & \psi_{r\beta} \end{bmatrix}^{\mathrm{T}}$$

$$A_{11} = -\left(\frac{R_s}{\sigma L_s} + \frac{1-\sigma}{\sigma \tau_r} \right) I$$

$$A_{12} = \frac{L_m}{\sigma L_s L_r} \left(\frac{1}{\tau_r} I - \omega J \right)$$

$$A_{21} = \frac{L_m}{\tau_r} I$$

$$A_{22} = -\frac{1}{\tau_r} I + \omega J$$

$$B_1 = \frac{1}{\sigma L_s} I$$

$$I = \begin{bmatrix} 1 & 0 \\ 0 & 1 \end{bmatrix}$$

$$J = \begin{bmatrix} 0 & -1 \\ 1 & 0 \end{bmatrix}$$

定子电流的微分方程为

$$\frac{\mathrm{d}}{\mathrm{d}t}i_s = A_{11}i_s + A_{12}\psi_r + B_1 u_s \tag{4-154}$$

从该式相应可以得到 i_s 和 u_s 的表达式为

$$i_{\mathrm{s}} = A_{11}^{-1} \left(\frac{\mathrm{d}}{\mathrm{d}t} i_{\mathrm{s}} - A_{12} \psi_{\mathrm{r}} - B_1 u_{\mathrm{s}} \right) \tag{4-155}$$

$$u_{\mathrm{s}} = B_1^{-1} \left(\frac{\mathrm{d}}{\mathrm{d}t} i_{\mathrm{s}} - A_{11} i_{\mathrm{s}} - A_{12} \psi_{\mathrm{r}} \right) \tag{4-156}$$

由式（4-154）~式（4-156）可以得到与其相应的估计值表达式为

$$\frac{\mathrm{d}}{\mathrm{d}t} \hat{i}_{\mathrm{s}} = A_{11} i_{\mathrm{s}} + A_{12} \hat{\psi}_{\mathrm{r}} + B_1 u_{\mathrm{s}} \tag{4-157}$$

$$\hat{i}_{\mathrm{s}} = A_{11}^{-1} \left(\frac{\mathrm{d}}{\mathrm{d}t} i_{\mathrm{s}} - A_{12} \hat{\psi}_{\mathrm{r}} - B_1 u_{\mathrm{s}} \right) \tag{4-158}$$

$$\hat{u}_{\mathrm{s}} = B_1^{-1} \left(\frac{\mathrm{d}}{\mathrm{d}t} i_{\mathrm{s}} - A_{11} i_{\mathrm{s}} - A_{12} \hat{\psi}_{\mathrm{r}} \right) \tag{4-159}$$

式（4-154）~式（4-156）分别与式（4-157）~式（4-159）相减可得

$$\frac{\mathrm{d}}{\mathrm{d}t} (\hat{i}_{\mathrm{s}} - i_{\mathrm{s}}) = A_{12} (\hat{\psi}_{\mathrm{r}} - \psi_{\mathrm{r}}) \tag{4-160}$$

$$\hat{i}_{\mathrm{s}} - i_{\mathrm{s}} = A_{11}^{-1} A_{12} (\hat{\psi}_{\mathrm{r}} - \psi_{\mathrm{r}}) \tag{4-161}$$

$$\hat{u}_{\mathrm{s}} - u_{\mathrm{s}} = B_1^{-1} A_{12} (\hat{\psi}_{\mathrm{r}} - \psi_{\mathrm{r}}) \tag{4-162}$$

式（4-152）~式（4-162）给出了定子电流时间导数、定子电流和定子电压的误差表达式。基于误差反馈的转子磁链观测器表达式可写成为

$$\frac{\mathrm{d}}{\mathrm{d}t} \hat{\psi}_{\mathrm{r}} = A_{22} \hat{\psi}_{\mathrm{r}} + \frac{L_{\mathrm{m}}}{\tau_{\mathrm{r}}} i_{\mathrm{s}} + G(\hat{y} - y) \tag{4-163}$$

式中，y 代表 $\mathrm{d}i_{\mathrm{s}}/\mathrm{d}t$；$\hat{y}$ 代表 $\mathrm{d}\hat{i}_{\mathrm{s}}/\mathrm{d}t$、$\hat{i}_{\mathrm{s}}$、$\hat{u}_{\mathrm{s}}$。因 A_{11} 为对角矩阵，且其对角元素相等，故从式（4-160）~式（4-162）可以看出，$\mathrm{d}\hat{i}_{\mathrm{s}}/\mathrm{d}t - \mathrm{d}i_{\mathrm{s}}/\mathrm{d}t$、$\hat{i}_{\mathrm{s}} - i_{\mathrm{s}}$、$\hat{u}_{\mathrm{s}} - u_{\mathrm{s}}$ 之间的差异仅表现在比例系数上，因此从状态观测器设计角度来看，三者是一致的。

这里，以电流误差反馈为例设计转子磁链观测器，将式（4-161）代入式（4-163）得

$$\frac{\mathrm{d}}{\mathrm{d}t} \hat{\psi}_{\mathrm{r}} = A_{22} \hat{\psi}_{\mathrm{r}} + \frac{L_{\mathrm{m}}}{\tau_{\mathrm{r}}} i_{\mathrm{s}} - G A_{11}^{-1} A_{12} (\hat{\psi}_{\mathrm{r}} - \psi_{\mathrm{r}}) \tag{4-164}$$

式（4-164）即为基于定子电流误差反馈的转子磁链观测器的表达式，它的状态估计误差为

$$\frac{\mathrm{d}}{\mathrm{d}t} e = \frac{\mathrm{d}}{\mathrm{d}t} (\psi_{\mathrm{r}} - \hat{\psi}_{\mathrm{r}}) = (A_{22} - G A_{11}^{-1} A_{12}) e \tag{4-165}$$

根据 A_{11}、A_{12}、A_{22} 的表达式可将式（4-165）整理为

$$\frac{\mathrm{d}}{\mathrm{d}t} e = (I - G') A_{22} e \tag{4-166}$$

式中，$G' = \left[\dfrac{L_{\mathrm{m}} R_{\mathrm{s}}}{\sigma^2 L_{\mathrm{s}}^2 L_{\mathrm{r}}} + \dfrac{(1 - \sigma) L_{\mathrm{m}} R_{\mathrm{r}}}{\sigma^2 L_{\mathrm{s}} L_{\mathrm{r}}^2} \right] G$

这样，状态估计的收敛特性完全取决于矩阵 $(I - G') A_{22}$ 的特征根分布，同时，

矩阵 A_{22} 为二阶满秩矩阵，状态观测器的极点可以通过选择误差校正矩阵 G（或 G'）的元素来任意配置，从而保证能获得优良动态特性和收敛特性的状态观测器。

为简单起见，设

$$G = I - \frac{1}{\tau_r \omega} kI - kJ \tag{4-167}$$

将式（4-167）代入式（4-166）得

$$\frac{\mathrm{d}}{\mathrm{d}t}e = -\lambda e \tag{4-168}$$

式中，$\lambda = \frac{1 + \tau_r \omega^2}{\tau_r \omega} \frac{1}{\tau_r} k$　　（k 为常数）。

显然，状态估计的收敛特性取决于 λ 的选择。一般情况下，按 $\lambda = 10/\tau_r$ 来确定误差校正矩阵 G，可以保证状态观测器具备应用的快速收敛能力，并同时对噪声有一定的抑制能力；过大的 λ 往往会导致状态观测器抗观测噪声干扰能力的下降。

下面推导基于电流误差反馈的转子磁链观测器的实现方法。求 $\hat{i}_s$ 的式（4-158）中存在导数项 $\mathrm{d}i_s/\mathrm{d}t$，为了消除导数带来的影响，可引入辅助变量 Z，

$$Z = A_{11} G^{-1} \hat{\psi}_r - i_s$$

由此可得

$$\frac{\mathrm{d}}{\mathrm{d}t}Z = (A_{11} G^{-1} A_{22} - A_{12}) \hat{\psi}_r + (A_{11} G^{-1} A_{21} - A_{11}) i_s - B_1 u_s \tag{4-169}$$

$$\hat{\psi}_r = G A_{11}^{-1} (Z + i_s) \tag{4-170}$$

上面两式（4-169）和（4-170）就构成了基于电流误差反馈的异步电机转子磁链观测器，用运算框图可参考图4-45。

以上给出了基于定子电流误差反馈的转子磁链观测器的设计方法，同理可根据需要设计分别基于定子电压误差反馈和定子电流时间导数误差反馈的转子磁链观测器。我们认为，与开环观测模型相比，这种状态观测器存在收敛速度和估计精度可以直接控制的特点，如果电机参数和转速均能保证有较高的测量精度，那么它可以达到较高的估计精度，同时也具备理想的收敛速度。然而，当电机参数和转速存在较大测量偏差时，必须在收敛速度和估计精度之间进行折中，从这种意义上进，基于误差反馈的转子磁链观测器对来自电机参数变化等干扰的鲁棒性没有得到显著的提高。

（2）基于龙贝格状态观测器理论的异步电机全阶状态观测器　上述各种观测器属于异步电机降阶状态观测器的范畴，因为它仅对转子磁链 ψ_r 进行估计，而对其他状态变量（如定子电流）未作估计。由于信号检测噪声是不可避免的，而普通的降阶状态观测器对定子电流检测中含有的噪声往往是无能为力的，从而削弱了降阶状态观测器的抗干扰能力。然而，这个问题在全阶状态观测器中是可以解决的，因为对可检测变量进行估计相当于引入了一个状态滤波器，使状态观测器对来自状

态检测噪声的干扰具有较强的鲁棒性。下面将简单讨论全阶状态观测器的设计原理，其设计方法与前述降阶观测器的设计相类似，这里只做一简单介绍。

异步电机状态方程式依然记作式（4-153），为

$$\frac{\mathrm{d}}{\mathrm{d}t}x = Ax + Bu$$

并令输出方程为

$$Y = Cx = \begin{bmatrix} I & 0 \end{bmatrix} \begin{bmatrix} i_\mathrm{s} \\ \psi_\mathrm{r} \end{bmatrix} \tag{4-171}$$

利用系统输入 u 和输出 Y 等可直接检测的信息，为其设计一状态观测器如下：

$$\frac{\mathrm{d}}{\mathrm{d}t}\hat{x} = A\hat{x} + BU + GC(\hat{Y} - Y) \tag{4-172}$$

$$\hat{Y} = C\hat{x} \tag{4-173}$$

将式（4-172）减去式（4-173）可得状态估计动态误差方程如下：

$$\frac{\mathrm{d}}{\mathrm{d}t}e = \frac{\mathrm{d}}{\mathrm{d}t}(\hat{x} - x) = (A + GC)e \tag{4-174}$$

根据龙贝格状态观测器理论可以证明，对于线性定常系统，若（A，C）能观，则矩阵（$A+GC$）的特征值，即状态观测器的极点可以任意配置，因而可通过选择适当的 G 矩阵保证 $\hat{x}$ 绝对收敛于 x。从上式可以看出，该误差系统的动态特性由矩阵（$A+GC$）决定，如果选择合适的 G 阵，就可以设计出抗干扰能力较强的观测器。如果 G 根据噪声特性，按照最小方差设计，那么这个观测器就成为 Kalman 滤波器。

虽然这是针对线性定常系统提出的，但它的设计思想同样适用于异步电机状态估计，图 4-43 给出了龙贝格状态观测器原理图。

以上简单叙述了异步电机的龙贝格全阶状态观测器设计原理。有兴趣的读者可参考有关自动控制理论的书籍，了解详细的证明推导过程和观测器设计方法。总

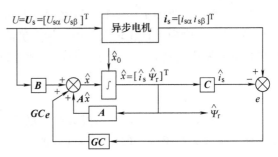

图 4-43　龙贝格状态观测器原理图

的来说，全阶状态观测器在稳定性、动、静态收敛特性，以及抗参数变化和测量噪声干扰的鲁棒性方面都有了明显的改善，只是观测器构成比较复杂，增加了控制系统的复杂性。

（3）基于模型参考自适应理论的转子磁链观测器　当电机参数发生变化或转速测量偏差较大时，虽然误差反馈可以削弱它们对状态估计的动、静态收敛特性的影响，但由于对这些参数变化缺乏适应性，其鲁棒性仍不能尽如人意。

从理论上讲，解决以上问题最直接和最有效的手段是对电机的参数或转速进行在线辨识，即采用具有参数自适应能力的状态观测器来估计电机的转子磁链，由于这牵涉到参数辨识和速度辨识，在本章的其他小节中将有详细叙述，这里不再——阐述。

小结：本节中介绍了转子磁链观测器的开环、闭环观测模型，并针对各自的特点及设计方法进行了讨论。从矢量控制的角度来看，为实现高性能，转子磁链观测器设计应满足以下几点要求：

1）估计算法是稳定的。

2）估计值对实际值的收敛速度要尽可能的快。

3）对受控对象参数变化和测量噪声应具有较好的鲁棒性。

4）实现起来要尽可能方便，结构上不过于复杂。

现有的观测器模型都不能同时满足以上几点要求，但又都有各自的适用范围。因此，根据实际需要，采取何种观测模型，需进行全面的折中考虑。

4.5　无速度传感器异步电机矢量控制系统

在高性能异步电机矢量控制系统中，转速的闭环控制环节一般是必不可少的。通常，采用光电码盘等速度传感器来进行转速检测，并反馈转速信号。但是，由于速度传感器的安装给系统带来以下一些缺陷：

1）系统的成本大大增加。精度越高的码盘价格也越贵，有时占到中小容量控制系统总成本的 15% ~ 25%。

2）码盘在电机轴上的安装，存在同心度问题，安装不当将影响测速精度。

3）使电机轴向上体积增大，而且给电机的维护带来一定困难，同时破坏了异步电机简单坚固的特点，降低了系统的机械鲁棒性。

4）在高温、高湿的恶劣环境下无法工作，而且码盘工作精度易受环境条件的影响。

如此种种，使得人们转而研究无需速度传感器的电机转速辨识方法。近年来，这项研究也成为交流传动的一个热点问题。国外在 20 世纪 70 年代就开始了这方面的研究。1975 年，A. Abbondanti 等人推导出基于稳态方程的转差频率估计方法，在无速度传感器控制领域作出了首次尝试，调速比可达 10:1，但其出发点是稳态方程，故调速范围比较小，动态性能和调速精度难以保证。其后，虽有学者在此基础上作了一些改进，但始终没有脱开稳态方程这一基础，性能总不理想，现已鲜见应用。再之后，1979 年，M. Ishida 等学者利用转子齿谐波来检测转速，限于检测技术和控制芯片的实时处理能力，仅在高于 300r/min 的转速范围内取得了较为令人满意的效果，但这种思想令人耳目一新。而首次将无速度传感器应用于矢量控制是在 1983 年由 R. Joetten 完成的，这使得交流传动技术的发展又上了一个新的台阶。

在其后的十几年中，国内外学者在这方面做了大量的工作，到目前为止，提出了许多种方法，大体上可分为：①动态转速估计器法；②模型参考自适应法（MRAS）；③基于 PI 调节器自适应法；④自适应转速观测器法；⑤转子齿谐波法；⑥高频注入法；⑦神经元网络法。下面将就上述方法的思想逐一介绍。

4.5.1 动态速度估计器法

这种方法的出发点是基于动态关系的电机派克方程，从电机电磁关系式及转速的定义中得到关于转差或转速关系的表达式。多数情况下，角速度计算表达式是由同步角速度 ω_s 与转差角速度 ω_{sl} 相减得到的。

$$\omega = \omega_s - \omega_{sl} \tag{4-175}$$

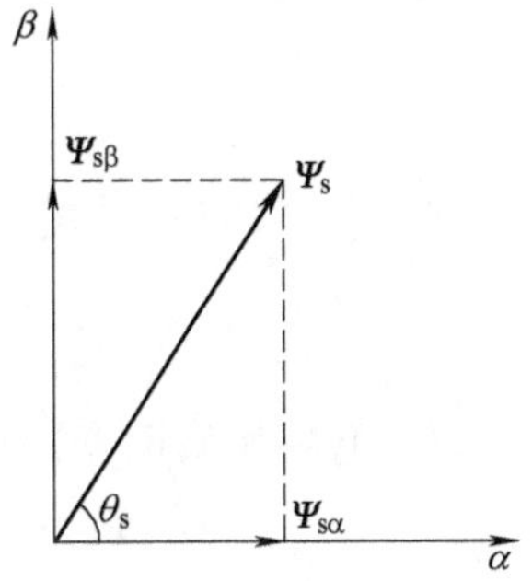

同步角速度的计算公式可由静止坐标系下的定子电压方程式推得，重写该方程式为

$$u_{s\alpha} = R_s i_{s\alpha} + p\psi_{s\alpha} \tag{4-176}$$

$$u_{s\beta} = R_s i_{s\beta} + p\psi_{s\beta} \tag{4-177}$$

由图 4-44 所示矢量关系可知

图 4-44 定子磁链
矢量示意图

$$\omega_s = \frac{\mathrm{d}}{\mathrm{d}t}\theta_s = \frac{\mathrm{d}}{\mathrm{d}t}\left[\arctan\frac{\psi_{s\beta}}{\psi_{s\alpha}}\right] \tag{4-178}$$

$$= \frac{p\psi_{s\beta}\psi_{s\alpha} - p\psi_{s\alpha}\psi_{s\beta}}{\psi_{s\alpha}^2 + \psi_{s\beta}^2}$$

将式（4-176）与式（4-177）代入式（4-178）得

$$\omega_s = \frac{(u_{s\beta} - R_s i_{s\beta})\psi_{s\alpha} - (u_{s\alpha} - R_s i_{s\alpha})\psi_{s\beta}}{\psi_{s\alpha}^2 + \psi_{s\beta}^2} \tag{4-179}$$

转差角速度的计算公式在不同的参考坐标系下有不同的表达形式。在转子磁场定向控制中，重写式（4-14）为

$$\omega_{sl} = \frac{L_m}{\tau_r}\cdot\frac{i_{sq}}{\psi_{rd}} \tag{4-180}$$

在定子磁场定向控制中，重写式（4-28）为

$$\omega_{sl} = \frac{(1 + \sigma\tau_r p)L_s i_{sq}}{\tau_r(\psi_{sd} - \sigma L_s i_{sd})} \tag{4-181}$$

由式（4-179）~式（4-181）可得转子角速度 ω。除了上述从推导转差角速度入手的思想之外，还可根据电机方程式直接推导转速，下面给出一例推导过程。

静止参考坐标下，由转子电压方程式

$$0 = R_r i_{r\alpha} + p\psi_{r\alpha} + \omega\psi_{r\beta}$$

$$0 = R_r i_{r\beta} + p\psi_{r\beta} - \omega\psi_{r\alpha}$$

消去转子电压电阻 R_r 得

$$\omega = \frac{i_{r\alpha}p\psi_{r\beta} - i_{r\beta}p\psi_{r\alpha}}{\psi_{r\alpha}i_{r\alpha} + \psi_{r\beta}i_{r\beta}} \tag{4-182}$$

再由定子磁链方程式

$$\psi_{s\alpha} = L_s i_{s\alpha} + L_m i_{r\alpha}$$

$$\psi_{s\beta} = L_s i_{s\beta} + L_m i_{r\beta}$$

得

$$i_{r\alpha} = \frac{\psi_{s\alpha} - L_s i_{s\alpha}}{L_m} \tag{4-183}$$

$$i_{r\beta} = \frac{\psi_{s\beta} - L_s i_{s\beta}}{L_m} \tag{4-184}$$

把式（4-183）和式（4-184）代入式（4-182），整理得

$$\omega = \frac{(\psi_{s\alpha} - L_s i_{s\alpha})p\psi_{r\beta} - (\psi_{s\beta} - L_s i_{s\beta})p\psi_{r\alpha}}{(\psi_{s\alpha} - L_s i_{s\alpha})\psi_{r\alpha} + (\psi_{s\beta} - L_s i_{s\beta})\psi_{r\beta}} \tag{4-185}$$

再联解转子磁链方程式

$$\psi_{r\alpha} = L_m i_{s\alpha} + L_r i_{r\alpha}$$

$$\psi_{r\beta} = L_m i_{s\beta} + L_r i_{r\beta}$$

与定子磁链方程式，并消去转子电流 $i_{r\alpha}$、$i_{r\beta}$ 可得

$$\psi_{r\alpha} = \frac{L_r}{L_m}(\psi_{s\alpha} - \sigma L_s i_{s\alpha}) \tag{4-186}$$

$$\psi_{s\beta} = \frac{L_r}{L_m}(\psi_{s\beta} - \sigma L_s i_{s\beta}) \tag{4-187}$$

将式（4-186）和式（4-187）代入式（4-185）得

$$\omega = \frac{(\psi_{s\alpha} - L_s i_{s\alpha})(p\psi_{s\beta} - \sigma L_s p i_{s\beta}) - (\psi_{s\beta} - L_s i_{s\beta})(p\psi_{s\alpha} - \sigma L_s p i_{s\alpha})}{(\psi_{s\alpha} - L_s i_{s\alpha})(\psi_{s\alpha} - \sigma L_s p i_{s\alpha}) + (\psi_{s\beta} - L_s i_{s\beta})(p\psi_{s\beta} - \sigma L_s p i_{s\beta})} \tag{4-188}$$

上面介绍了三种比较典型的估计方法，确切地说，是计算角速度的方法，它们都是从电机动态派克（Park）方程出发直接得到的，所不同的是应用的参考坐标系不同，但本质上是一样的。当然，读者还可依据电机方程式推导出由不同表达式表示的电机转速。可以说，这种方法的优点是直观性强，从理论上讲，速度的计算没有延时。但是缺点也很突出：①速度的计算需要知道磁链，因而磁链观测与控制的好坏直接影响转速辨识的精度；②计算过程中用到大量电机参数，如果缺少参数辨识环节，当电机参数变化时，计算精度将受到严重影响；③由于缺少任何误差校正环节，难以保证系统的抗干扰性能，甚至有可能出现不稳定的情况。总之，在实际系统实现时，加上参数辨识和误差校正环节来提高系统抗参数变化和干扰的鲁棒性，是这种计算的方法获得良好效果的努力方向之一。

4.5.2　基于 PI 调节器的自适应法

这种方法适用于转子磁场定向的矢量控制系统，其基本思想是利用某些量的误

差项，使其通过 PI 自适应调节器而得到转速信息。具体原理可由转子磁场定向下电机派克方程推得。同步旋转坐标系下，转子电压方程式与转子磁链方程式为

$$0 = R_r i_{rq} + p\psi_{rq} + \omega_{sl}\psi_{rd} \tag{4-189}$$

$$\psi_{rq} = L_m i_{sq} + L_r i_{rq} \tag{4-190}$$

将式（4-190）代入（4-189）消去 i_{rq} 可得

$$0 = -\frac{L_m}{\tau_r}i_{sq} + \omega_{sl}\psi_{rd} + \left(\frac{1}{\tau_r} + p\right)\psi_{rq} \tag{4-191}$$

令：

$$\omega_{sl} = \omega_{sl}^* - \omega + \hat{\omega} \tag{4-192}$$

式中，ω_{sl}^* 由转子磁场定向转差角速度方程式（4-193）来决定。

$$\omega_{sl}^* = \frac{L_m}{\tau_r \psi_{rd}^*} i_{sq}^* \tag{4-193}$$

将式（4-192）代入式（4-191）可得

$$0 = -\frac{L_m}{\tau_r}i_{sq} + (\omega_{sl}^* + \hat{\omega} - \omega)\psi_{rd} + \left(\frac{1}{\tau_r} + p\right)\psi_{rq} \tag{4-194}$$

由式（4-193）与式（4-194）可知，稳态时，若 $\psi_{rq} = 0$，则有 $\omega_{sl} = \omega_{sl}^*$，此时，辨识转速 $\hat{\omega}$ 应该等于实际角速度。

由于转子磁场定向控制时，并没有对 ψ_{rq} 进行控制，静动态过程中可能 $\psi_{rq} \neq 0$，如果附加一个使 ψ_{rq} 为零的控制，可以使稳态 $\psi_{rq} = 0$，从而使 $\hat{\omega} = \omega$。从这一点出发考虑可采用一个 PI 调节器对 ψ_{rq} 进行为零的调节控制，并令该调节器的输出即为 $\hat{\omega}$，可得角速度估计表达式为

$$\hat{\omega} = \left(K_p + \frac{K_i}{s}\right)(\psi_{rq} - 0) \tag{4-195}$$

转子磁链的 q 轴分量可由静止坐标系下的转子磁链观测器得到，即

$$\psi_{rq} = \psi_{r\alpha}\cos\theta - \psi_{r\beta}\sin\theta \tag{4-196}$$

$$\theta = \int \omega_s dt \tag{4-197}$$

这样控制的结果即使得 ψ_{rq} 达零的同时，电机转速的估计值达实际值。

另一种基于 PI 调节器的方法是利用机电运动方程式（4-198）推得的。

$$\frac{J}{p_n}\frac{d\omega}{dt} = T_{em} - T_L \tag{4-198}$$

转子磁场定向控制中

$$T_{em} = n_p \frac{L_m}{L_r} i_{sq}\psi_{rd} \tag{4-199}$$

认为控制过程中 ψ_{rd} 保持恒定，则 T_{em} 完全由 i_{sq} 决定。因而给定转矩电流分量 i_{sq}^* 与其实际响应 i_{sq} 之间的差值，就反映了转速的变化特性，对 $i_{sq}^* - i_{sq}$ 信号经过适当的处理就可得到转速信息。通常的做法是将这一误差信号送入 PI 调节器，其输

出即为角速度估计，即

$$\hat{\omega} = \left(K_{\mathrm{p}} + \frac{K_{\mathrm{i}}}{s} \right) \left(i_{\mathrm{sq}}^{*} - i_{\mathrm{sq}} \right) \tag{4-200}$$

这种基于 PI 调节器方法的最大优点是算法结构简单，有一定的自适应能力，但由于涉及转子磁链的估计及控制问题，辨识精度很大程度上受磁链控制性能的影响，而且线性 PI 调节器的有限调节能力也限制了辨识范围的进一步扩大。但总的来说，它仍不失为一种简单易行、效果良好的速度估算方法。改进的方向：一是提高转子磁链的估计及控制性能；二是提高 PI 调节器的调节性能，可考虑采用前面所提到的改进 PID 算法或采用模糊控制器等非线性控制器替代 PI 调节器。

4.5.3 自适应速度观测器

前面介绍一些方法大多属于开环估计法，其估计精度不同程度地受到电机参数变化和噪声干扰的影响，尤其是在低速情况下，所受影响更大，使用闭环观测器可在一定程度上增强抗参数变化和噪声干扰的鲁棒性。

1. 全阶状态观测器

静止坐标系下，电机状态方程可表示为

$$\frac{\mathrm{d}}{\mathrm{d}t} \begin{bmatrix} i_{\mathrm{s}} \\ \psi_{\mathrm{r}} \end{bmatrix} = \begin{bmatrix} A_{11} & A_{12} \\ A_{21} & A_{22} \end{bmatrix} \begin{bmatrix} i_{\mathrm{s}} \\ \psi_{\mathrm{r}} \end{bmatrix} + \begin{bmatrix} B_{1} \\ 0 \end{bmatrix} u_{\mathrm{s}} \tag{4-201}$$

式中

$$i_{\mathrm{s}} = \begin{bmatrix} i_{\mathrm{s\alpha}} & i_{\mathrm{s\beta}} \end{bmatrix}^{\mathrm{T}}$$

$$u_{\mathrm{s}} = \begin{bmatrix} u_{\mathrm{s\alpha}} & u_{\mathrm{s\beta}} \end{bmatrix}^{\mathrm{T}}$$

$$\psi_{\mathrm{r}} = \begin{bmatrix} \psi_{\mathrm{r\alpha}} & \psi_{\mathrm{r\beta}} \end{bmatrix}^{\mathrm{T}}$$

$$A_{11} = -\left(\frac{R_{\mathrm{s}}}{\sigma L_{\mathrm{s}}} + \frac{1-\sigma}{\sigma \tau_{\mathrm{r}}} \right) I$$

$$A_{12} = \frac{L_{\mathrm{m}}}{\sigma L L_{\mathrm{rs}}} \left(\frac{1}{\tau_{\mathrm{r}}} I - \omega J \right)$$

$$A_{21} = \frac{L_{\mathrm{m}}}{\tau_{\mathrm{r}}} I$$

$$A_{22} = -\frac{1}{\tau_{\mathrm{r}}} I + \omega J$$

$$B_{1} = \frac{I}{\sigma L_{\mathrm{s}}}$$

$$I = \begin{bmatrix} 1 & 0 \\ 0 & 1 \end{bmatrix}$$

$$J = \begin{bmatrix} 0 & -1 \\ 1 & 0 \end{bmatrix}$$

输出方程为

$$i_s = \begin{bmatrix} 1 & 0 & 0 & 0 \\ 0 & 1 & 0 & 0 \end{bmatrix} \begin{bmatrix} i_s \\ \psi_r \end{bmatrix} \tag{4-202}$$

则全阶闭环观测器可由下式构成：

$$\frac{\mathrm{d}}{\mathrm{d}t} \begin{bmatrix} \hat{i}_s \\ \hat{\psi}_r \end{bmatrix} = \begin{bmatrix} A_{11} & \hat{A}_{12} \\ A_{21} & \hat{A}_{22} \end{bmatrix} \begin{bmatrix} \hat{i}_s \\ \hat{\psi}_r \end{bmatrix} + \begin{bmatrix} B_1 \\ 0 \end{bmatrix} u_s + L(\hat{i}_s - i_s) \tag{4-203}$$

式中，$\hat{i}_s - i_s$ 为电流偏差并作为反馈项构成闭环；L 为观测器的反馈增益矩阵。

$$\hat{A}_{12} = \frac{L_m}{\sigma L_s L_r} \left(\frac{1}{\tau_r} I - \hat{\omega}_r J \right)$$

$$\hat{A}_{22} = -\frac{1}{\tau_r} I + \hat{\omega} J$$

令

$$B = \begin{bmatrix} B_1 \\ 0 \end{bmatrix}$$

$$\hat{A} = \begin{bmatrix} A_{11} & \hat{A}_{12} \\ A_{21} & \hat{A}_{22} \end{bmatrix}$$

$$C = \begin{bmatrix} 1 & 0 & 0 & 0 \\ 0 & 1 & 0 & 0 \end{bmatrix}$$

可得全阶闭环观测器的算法框图如图 4-45 所示。

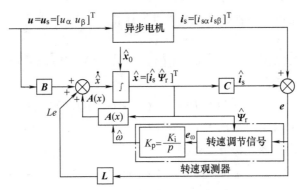

图 4-45　全阶闭环观测器算法框图

由图 4-45 可以看出，i_s 为实测电流量；$\hat{i}_s$ 为电流估计量，两者之差以及转子磁链共同作用于速度自适应律，辨识出转速反馈回去调整参数矩阵 $\hat{A}$。这种方法实际上也属于模型参考自适应法（MRAS），只不过此时参考模型为电机本身。由 Popov 稳定理论可得出转速估计表达式为

$$\hat{\omega} = \left(K_p + \frac{K_i}{s} \right) \left[\hat{\psi}_{ra}(\hat{i}_{s\beta} - i_{s\beta}) - \hat{\psi}_{r\beta}(\hat{i}_{s\alpha} - i_{s\alpha}) \right] \tag{4-204}$$

至于误差反馈增益矩阵 L 的设计可参考有关控制理论的书籍，这里不再讨论。

2. 扩展卡尔曼滤波器

卡尔曼滤波是由 R. E. Kalman 在 20 世纪 60 年代初提出的一种最小方差意义上的最优预测估计的方法，它的突出特点是可以有效地削弱随机干扰和测量噪声的影响。扩展卡尔曼滤波算法则是线性卡尔曼滤波器在非线性系统中的推广应用。如果将电机转速也看作一个状态变量，而考虑电机的五阶非线性模型，在每一步估计时都重新将模型在该运行点线性化，再沿用线性卡尔曼滤波器的递推公式进行估计。我们重新定义静止坐标系下的状态方程（4-201）的状态变量为

$$x = [\,i_{s\alpha}, i_{s\beta}, \psi_{r\alpha}, \psi_{r\beta}, \omega\,]^{\mathrm{T}}$$

$$u = [\,u_{s\alpha}, u_{s\beta}, 0, 0, 0\,]^{\mathrm{T}}$$

并考虑它的离散化的非线性模型，可记作

$$\left. \begin{array}{r} x(k+1) = f(x(k), u_{s}(k)) + G(k)W(k) \\ y(k) = Hx(k) + V(k) \end{array} \right\} \tag{4-205}$$

其中，$W(k)$，$V(k)$ 为输入和输出噪声，通常认为是具有数据统计特性的零均值噪声信号，$y(k)$ 为输出量，$y(k) = [\,i_{s\alpha} \quad i_{s\beta}\,]^{\mathrm{T}}$。

为了利用线性 Kalman 递推公式，在 $\hat{x}(k)$ 点将式（4-205）线性化为

$$\left. \begin{array}{r} x(k+1) = F(k)X(k) + G(k)W(k) + u(k) \\ y(k) = Hx(k) + V(k) \end{array} \right\} \tag{4-206}$$

式中，$F(k) = \partial f / \partial x \big|_{\hat{x}(k)}$

从而可以沿用以下线性递推公式来进行计算。

（1）预报：

$$\overline{x}(k+1) = f[\,\hat{x}(k), u_{s}(k)\,], \overline{y}(k+1) = H\overline{x}(k+1)$$

（2）计算增益矩阵：

$$\overline{P}(k+1) = F(k)P(k)F^{\mathrm{T}}(k) + G(k)Q(k)G^{\mathrm{T}}(k)$$

$$K(k+1) = \overline{P}(K+1)H^{\mathrm{T}}[\,\overline{HP}(k)H^{\mathrm{T}} + R(K+1)\,]^{-1}$$

（3）预测输出，修改协方差矩阵：

$$\hat{x}(k+1) = \hat{x}(k+1) + K(k+1)(y(k+1) - \overline{y}(k+1))$$

$$P(k+1) = [\,I - K(k+1)H\,]\overline{P}(k+1)$$

式中，$Q(k) = V_{\mathrm{ar}}[\,\omega(k)\,]$、$R(k) = V_{\mathrm{ar}}[\,v(k)\,]$ 代表了噪声的统计特性，其算法示意图见图 4-46 所示。

扩展卡尔曼滤波算法提供了一种迭代形式的非线性估计方法，避免了对测量值的微分计算，而且通过对 Q 阵和 R 阵的选择，可以调节状态收敛的速度。但可以看出，卡尔曼滤波算法计算量很大，即使是在采用降阶电机模型的情况下，这一问题依然突出。同时需要指出的是，这种方法是建立在对误差和测量噪声的统计特性已知的基础上的，需要在实践中摸索出合适的特性参数。最后，该方法对参数变化

的鲁棒性并无改进，目前，实用性上还不强。

3. 其他自适应观测器

除了前面提到的两种观测器方法，还有滑模观测器方法，该法采用估计电流偏差来确定滑模控制机构，并使控制系统的状态最终稳定在设计好的滑模超平面上。滑模控制具有良好的动态响应，在鲁棒性和简单性上也比较

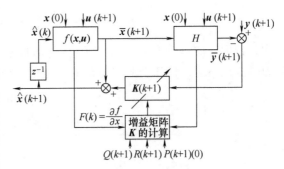

图 4-46 扩展卡尔曼滤波器算法示意图

突出。但它存在一个比较严重的问题——抖动，即由非线性引起的自振。而今许多学者正致力于研究如何去抖这一问题，并已取得了较好的效果。当然还有其他一些采用参数自适应的转速辨识方法，目的在于提高抗电机参数变化的鲁棒性。综上所述，采用自适应的观测器是为了解决抗干扰和抗参数变化的问题，以上所提的方法不同程度上改善这一性能，但系统也同时变得复杂。目前，具有实际意义的课题是研究怎样在改善鲁棒性的同时尽可能简化辨识算法，虽然已有学者提出一些采用电机降阶模型的闭环观测器方法，在系统复杂性上有所改善，但遗憾的是，总体的性能并没有获得相当的改进效果，在这一方面仍有许多工作要做。

4.5.4 转子齿谐波法

前面介绍的几种方法都依赖于电机方程式，因而不可避免地受到电机参数或多或少的影响。为了克服转速估计中对电机参数的依赖性，一些学者提出了利用基于齿谐波信号中与转速相关的频率成分来提取转速的思想。众所周知，定子表面和铁心上的齿槽会在气隙磁场中产生齿谐波，在这一谐波的作用下，定子电压、电流信号会产生相应的谐波，而这种谐波的频率与转速是相关的，因此，转速估计就是从齿谐波信号中提取相关频率，根据其与转速的关系推算转速。

M. Ishida 早在 1979 年就曾提出利用转子齿谐波电压，采用模拟滤波技术计算转差频率的设想。但受当时信号处理技术和硬件设备的限制，只是在转速大于 300r/min 的范围内取得了较为满意的结果，并未引起太多的关注，直到近些年，随着高速 DSP 芯片、硬件快速傅里叶变换（FFT）芯片的出现，以及数字信号处理技术的不断完善发展和应用，才使得这一设想又有了充分发展的空间。

一般来说，定子电压和电流均含有可检测的谐波信息，但由于低速下定子电压信号较弱，受测量噪声的影响，造成测量精度降低，使转速检测的误差增大，低速性能较差。而定子电流中的谐波信号较强，有利于提高低速性能，因而目前大多数采用定子电流的谐波检测，它的转速的估计表达式为

$$n = \frac{60}{Z}(f_{sh} \pm f_1) \tag{4-207}$$

式中，速度 n 的单位为 r/min；Z 为转子的槽数；f_{sh} 为与转速相关的齿谐波频率；f_1 为基波频率。一种基于 FFT 方法的转速估计框图如图 4-47 所示。

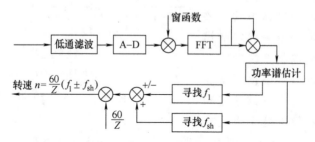

图 4-47　基于定子电流 FFT 谱分析的转度估计框图

这种方法改善了低速性能，拓宽了调速范围，但它有一个致命的缺点：依赖于电机的结构，需事先知道转子槽数 Z，而一般情况下，在实际应用中，Z 是不知道的。其后，K. D. Hurst 等学者提出了一种初始化算法来确定电机的结构参数，使得这种方法不再受电机结构的限制，扩大了它的应用范围。

值得一提的是，谐波信号频率的提取是依靠数字信号处理技术来完成的。如今广泛采用的 FFT 技术、自相关功率谱估计法以及 AR 模型等现代谱估计技术的不足之处在于，为保证估计精度，往往所需采样时间相对较长，实时处理能力相对较差，并且极易受噪声干扰的影响，造成低速下有较大的估计误差。总之，低速下的抗干扰问题、测量灵敏度问题和实时处理能力问题是这种方法亟待解决的主要问题，要想真正实用化尚需从理论和技术处理上做出努力。

4.5.5　高频注入法

上述转子齿谐波法中，所检测的谐波是在基波激励下形成的，由于在低速下信号强度弱、易受噪声干扰、不易进行谱分析等原因，造成了以上提到的一些问题，如何进行改进呢？

Lorenz 等学者另辟蹊径，不使用基波激励产生的谐波，而是通过在电机接线端上注入一个三相平衡的高频电压信号，利用人为造成的（如对电机进行改造）或内部寄生的不对称性，使电机产生一个可检测的磁凸极，通过对该磁凸极位置的检测来获取转速信息，这里称为凸极跟踪法，下面简单介绍其原理。

假设注入的高频电压信号角速度为 ω_i，$\omega_i \gg \omega_s$，幅值为 u_{si}，则

$$u_{si} = \begin{bmatrix} u_{is\alpha} \\ u_{is\beta} \end{bmatrix} = U_{si} \begin{bmatrix} \cos\omega_i t \\ \sin\omega_i t \end{bmatrix} \tag{4-208}$$

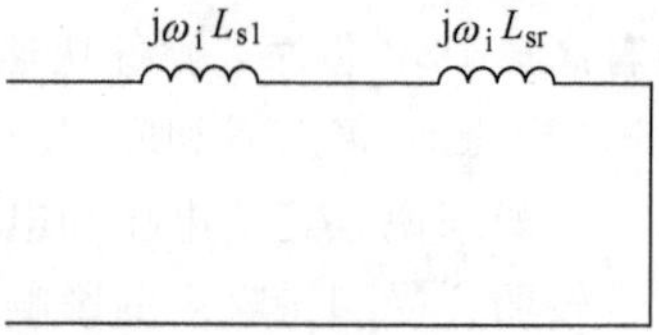

图 4-48　高频信号注入下的异步电机简化等效电路

高频信号注入下的异步电机等效电路可简化为图 4-48 所示。令

$$Z_{s\sigma} \approx j\omega_i L_{s\sigma} \qquad (4\text{-}209)$$

同时

$$U_{si} \approx j\omega_i L_{s\sigma} i_{si} \qquad (4\text{-}210)$$

对一个定子或转子存在不对称性的异步机来说，在同步旋转坐标系下，d、q 轴所对应的 $L_{s\sigma}$ 不相等，分别记为 $L_{s\sigma q}$ 和 $L_{s\sigma d}$，且 $L_{s\sigma d} \neq L_{s\sigma q}$，表示成矩阵形式为

$$L_{s\sigma}^{d-q} = \begin{bmatrix} L_{s\sigma d} & 0 \\ 0 & L_{s\sigma q} \end{bmatrix} \qquad (4\text{-}211)$$

在静止坐标系内，可表示为

$$L_{s\sigma}^{\alpha-\beta} = \begin{bmatrix} \sum L_{s\sigma} + \Delta L_{s\sigma}\cos(2\theta_r) & -\Delta L_{s\sigma}\sin(2\theta_r) \\ -\Delta L_{s\sigma}\sin(2\theta_r) & \sum L_{s\sigma} - \Delta L_{s\sigma}\cos 2\theta_r \end{bmatrix} \qquad (4\text{-}212)$$

式中，$\sum L_{s\sigma} = (L_{s\sigma d} + L_{s\sigma q})/2$ $\Delta L_{s\sigma} = (L_{s\sigma q} - L_{s\sigma d})/2$；$\theta_r$ 为转子位置。

把式（4-212）和式（4-208）代入式（4-210）并整理得

$$i_{si} = \begin{bmatrix} i_{si\alpha} \\ i_{si\beta} \end{bmatrix} = \begin{bmatrix} I_{i0}\cos\omega_i t + I_{i1}\cos(2\theta_r - \omega_i t) \\ I_{i0}\sin\omega_i t + I_{i1}\sin(2\theta_r - \omega_i t) \end{bmatrix} \qquad (4\text{-}213)$$

式中 $I_{i0} = \dfrac{U_{si}}{\omega_i} \dfrac{\sum L_{s\sigma}}{\sum L_{s\sigma}^2 - \Delta L_{s\sigma}^2}$

$$I_{i1} = \dfrac{U_{si}}{\omega_i} \dfrac{\Delta L_{s\sigma}}{\sum L_{s\sigma}^2 - \Delta L_{s\sigma}^2}$$

不难看出，高频激励产生的高频电流信号中，包括 I_{i0} 的一项与转子位置无关，而包含的一项与转子位置有关，所以应设法去掉 I_{i0} 的干扰而只留下 I_{i1}，这可以通过以下几步做到。首先令

$$\sum = i_{si\beta}\cos(2\hat{\theta}_r - \omega_i t) - i_{si\alpha}\sin(2\hat{\theta}_r - \omega_i t) \qquad (4\text{-}214)$$

式中，$\hat{\theta}_r$ 为转子位置的估计值。再将式（4-213）代入式（4-214）可得

$$\varepsilon = I_{i0}\sin[2(\omega_i t - \hat{\theta}_r)] + I_{i1}\sin[2(\theta_r - \hat{\theta}_r)] \qquad (4\text{-}215)$$

然后用低通滤波器滤去式（4-215）中右端第一项，得

$$\varepsilon_f = I_{i1}\sin[2(\theta_r - \hat{\theta}_r)] \approx 2I_{i1}\sin[(\theta_r - \hat{\theta}_r)] \to 0 \qquad (4\text{-}216)$$

由式（4-216）可知，通过调节 ε_f 使之趋于零，即可得到 $\hat{\theta}_r$ 趋于 θ_r，也就是转子位置的估计值收敛于真实值，当取 $\hat{\theta}_r$ 的微分时，就能获得转子角速度

$$\hat{\omega} = \frac{\mathrm{d}}{\mathrm{d}t}\hat{\theta}_r \qquad (4\text{-}217)$$

图 4-49 给出了这种方法的算法框图。

图 4-50 表明了如何获取图 4-50 中所需的 $i_{si\beta}$ 和 $i_{si\alpha}$。

图 4-50 中，下标 f 表示基波，下标 i 表示高频信号。

由以上分析不难看出，这种凸极跟踪的方法不取决于任何电机参数和运行工

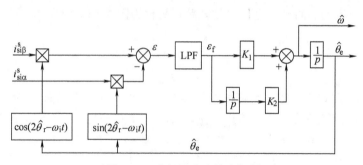

图 4-49 凸极跟踪法算法框图

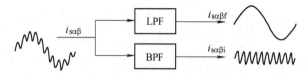

图 4-50 高频信号注入下的凸极跟踪法

况,因而可能工作在极低速甚至零速运行状态,并且系统的计算工作量并不大,可以说是目前无速度传感器控制中较理想的方法。

在上述方法中,为了获得高频负序电流分量,需要将基波电流及高频正序电流分量滤除。由于在 α-β 静止坐标系下各电流分量都为交流量,直接对采样得到的定子电流信号进行滤波处理效果一般。为了获得较为准确的负序电流分量,可采用旋转高通滤波法[7],即在相应的旋转坐标系下将各电流分量分别转换为直流量后再进行高通滤波(High Pass Filter,HPF)。这样做的好处是,由于高通滤波器的零频幅频响应为零,因此可以将直流信号完全滤除,而且可采用带宽较低的高通滤波器,减小滤波引起的相位畸变。旋转高通滤波器相当于 α-β 坐标系下的带阻滤波器(Band Stop Filter,BSF)。HPF 及 BSF 的传递函数分别如式(4-218)及(4-219)所示。

$$HPF = \frac{s}{s + \omega} \tag{4-218}$$

$$BSF = \frac{s - j\omega_h}{s - j\omega_h + \omega} \tag{4-219}$$

图 4-51、图 4-52 分别为采用旋转高通滤波器及带阻滤波器滤除 500Hz 信号时的频率响应,滤波器带宽为 5Hz。可以看出,两种滤波器的频率响应吻合。而且,由幅频特性可以看出,500Hz 信号被完全滤除;由相频特性可以看出,滤波对其他频率的信号造成的相位畸变很小。

图 4-53 所示为旋转高频信号注入法中采用旋转高通滤波器提取高频负序电流分量并进行转子磁通位置观测的原理框图。首先将采样得到的定子电流信号变换到 d-q 坐标系下,将基波电流变为直流量并用高通滤波器将其滤除。将滤除基波电流分量后的高频电流信号变换到负序高频电流分量同步旋转坐标系下,将负序高频电

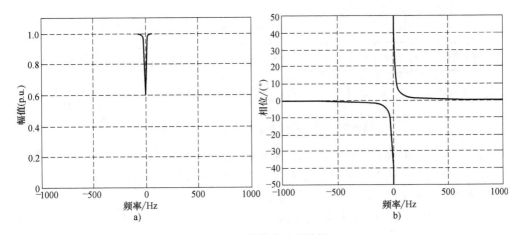

图 4-51 旋转高通滤波器

a) 幅频特性 b) 相频特性

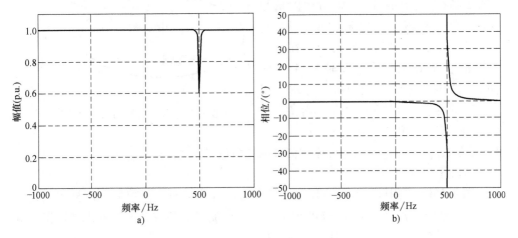

图 4-52 带阻滤波器

a) 幅频特性 b) 相频特性

流分量变为直流量并再次采用高通滤波器将其滤除，获得正序高频电流分量，将正序高频电流分量从第二次滤波前的高频电流信号中减去，便可获得所需的负序电流分量。最后，将负序电流信号与估计出的负序电流信号进行叉乘，获得误差信号 ε，如式（4-220）所示。通过调节该误差信号为零，可得到观测转速，叠加滑差转速后并积分便可获得准确的转子磁通位置。

$$\varepsilon = I_{nh}\sin\left(2\left(\hat{\theta}_r - \theta_r\right)\right) \tag{4-220}$$

值得一提的是，由于主要利用负序高频电流分量的角度信息获得误差信号 ε，因此在进行叉乘时并未引入估计的负序电流分量幅值，而是利用幅值为 1 的 $e^{j2\hat{\theta}_r}$ 信号与滤波得到的实际负序电流分量进行叉乘。这使得误差信号 ε 不受电机参数变化

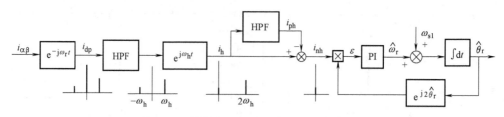

图 4-53　旋转高通滤波及转子磁通位置观测

影响，具有良好的参数鲁棒性。上述的方法是在静止坐标下的两个轴上都注入高频信号，除此之外，还有一种脉振高频信号注入法。脉振高频电压信号注入法仍然利用异步电机的高频凸极特性，但只向估计出的定子 d′轴注入脉振高频电压信号 $u_h(t) = U_h \sin(\omega_h t)$。由于异步电机的高频阻抗轨迹为椭圆（图 4-54），则在距离 d 轴 ±45°方向上的 d、q 轴高频阻抗相等，相应的高频响应电流幅值也相等。但若估计 d′由与实际 d 轴之间存在角度误差 θ_{err}，则在距离估计 d′轴 ±45°方向（q_m，d_m 轴）上的高频阻抗不相等，相应的高频响应电流幅值也不再相等 $I_{qmh} \neq I_{dmh}$。而当转子位置观测准确时，$\theta_{err} = 0$，应有 $I_{qmh} = I_{dmh}$。因此，可通过调节电流幅值误差 $I_{err} = |I_{qmh} - I_{dmh}|$ 为零，进行转速及转子位置观测。

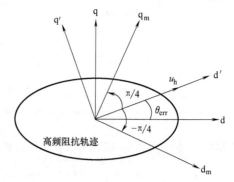

图 4-54　异步电机高频阻抗轨迹

图 4-55 为采用脉振高频电压信号注入法时异步电机矢量控制原理框图。其中 LPF 为低通滤波器（Low Pass Filter），将定子电流中的基波分量提取出来，作为电流闭环的反馈值；BPF 为带通滤波器（Band Pass Filter），将定子电流中的 d_m 及 q_m 轴分量分离出来，用于转子位置观测。

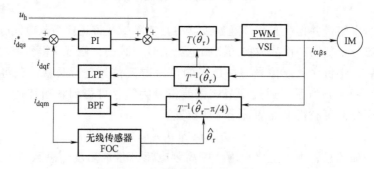

图 4-55　脉振高频电压信号注入法

上述两种高频信号注入法由于只依赖高频注入信号，因此具有良好的动态性能及稳态性能，而且不受电机参数影响，具有良好的电机参数鲁棒性。然而，高频信号注入法依赖于电机的高频凸极特性，对于本身不具备凸极特性的异步电机来说，具有一定的局限性。为了产生足够大的高频凸极，往往需要注入幅值较大的高频信号，但这会造成较大的转速及转矩脉动，并且极大地降低电机效率。此外，高频信号注入法的信号处理较为复杂。这是因为，除了高频注入信号感应出的高频信号外，还有饱和引起的高频谐波，这些高频谐波降低了信噪比，对转速观测造成误差。因此需要采用比较精确的信号处理方法，比如采用基波电流观测器或扩展卡尔曼滤波法，但却增加了控制系统的复杂性，实现起来较为困难。

此外，还有 J. Jiang 和 J. Holtz 的漏感脉动检测法，S. K. Sul 的 dq 阻抗差异定向法，Blaschke 的饱和凸极检测方法等，这几种基于电机非理想特性的无速度传感器方案为实现无速度传感器控制在极低速下的应用提供了新的思路。

4.5.6 神经元网络法

近年来，随着智能控制思想的发展，基于人工神经元网络的方法也被利用来进行速度估计。利用神经元网络进行辨识，一般都是先规定网络结构，再通过学习系统的输入和输出，使满足性能指标要求，进而归纳出隐含在系统 I/O 中的关系。利用神经网络辨识的方法有多种，最常用的是前馈多层模型法，下面就其原理作一简单介绍。

采用差分的方法对转子磁链电流模型进行离散化处理得

$$\begin{bmatrix} \psi_{r\alpha}(k) \\ \psi_{r\beta}(k) \end{bmatrix} = \left(1 - \frac{T}{\tau_r}\right) \begin{bmatrix} \psi_{r\alpha}(k-1) \\ \psi_{r\beta}(k-1) \end{bmatrix} + \omega T \begin{bmatrix} -\psi_{r\beta}(k-1) \\ \psi_{r\alpha}(k-1) \end{bmatrix} + \frac{L_m}{\tau_r} T \begin{bmatrix} \psi_{r\alpha}(k-1) \\ \psi_{r\beta}(k-1) \end{bmatrix}$$

(4-221)

式中，T 为采样周期；$k = 1, 2, 3, \cdots$。

将式（4-221）表示为

$$\psi_r(k) = w_1 x_1 + w_2 x_2 + w_3 x_3 \tag{4-222}$$

式中

$$w_1 = 1 - \frac{1}{\tau_r}$$

$$w_2 = \omega T$$

$$w_3 = \frac{L_m}{\tau_r} T$$

$$x_1 = \begin{bmatrix} \psi_{r\alpha}(k-1) \\ \psi_{r\beta}(k-1) \end{bmatrix}$$

$$x_2 = \begin{bmatrix} -\psi_{r\beta}(k-1) \\ \psi_{r\alpha}(k-1) \end{bmatrix}$$

$$x_3 = \begin{bmatrix} i_{r\alpha}(k-1) \\ i_{r\beta}(k-1) \end{bmatrix}$$

$$\psi_r(k) = \begin{bmatrix} \psi_{r\alpha}(k) \\ \psi_{r\beta}(k) \end{bmatrix}$$

可采用图 4-56 所示的两层线性神经元网络模型来代表式（4-222）。

在这个神经元网络模型中，各权值都有确定的物理含义，若采用自适应算法，以电压模型的输出为参考值，神经网络的输出为估计值，根据多层网络的反向传输（Back Propagation，BP）算法，就可以得到基于神经元网络的转速自适应辨识系统，如图 4-57 所示。

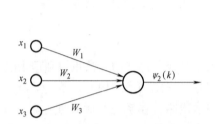

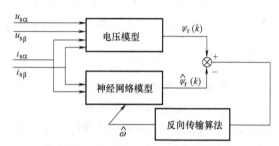

图 4-56　用神经元网络表示的电流模型　　图 4-57　基于神经元网络的转速自适应辨识系统

转速的推算公式由神经元网络学习算法可以推出为

$$\hat{\omega}(k) = \hat{\omega}(k-1) + \eta \varepsilon^T(k) \begin{bmatrix} -\psi_{r\beta}(k-1) \\ -\psi_{r\alpha}(k-1) \end{bmatrix} \tag{4-223}$$

式中，η 为学习效率；$\varepsilon^T(k)$ 为误差矩阵；$\varepsilon(k)$ 为转置矩阵。

一般来说，基于人工神经元网络的方法在理论研究上还不太成熟，其硬件实现有一定难度，通常需要专门的硬件来支持，使得这一方法的应用尚处于起步阶段，离实用化还有一段路要走。但相信在不久的将来，随着智能控制理论与应用的日益成熟，会给交流传动领域带来革命性的变化。

参 考 文 献

[1]　Abbondanti, Brennen M B. Variable Speed Induction Motor drives Use Electronic Slip Calculator Based on Motor Voltages and Currents [J]. IEEE Transactions on Industry Applications, 1975IA-11 (5)：483-488.

[2]　Venkataraman R, Ramaswami B, Hotlz J. Electronic Analog Slip Calculator for Induction Motor Drives [J]. IEEE Trans. on Industrial Electronics and Control Instrumentation, 1980, IECI-27 (2)：110-116.

[3]　Beck M, Naunin D. A New Method for the Calculation of the Slip Frequency for a Sensorless Speed Control of a Squirrel-cage Induction Motor [C]. IEEE Power

Electronics Specialists Conference, 1985: 678-683.

[4] Ishida M, Iwata K. A New Slip Frequency Detector of an Induction Motor Utilizing Rotor Slot Harmonics [J]. IEEE Transactions on Industry Applications, 1984, IA-20 (3): 575-581.

[5] Zinger D S, Profumo F, et al. A Direct Field-oriented Controller for Induction Motor Drives Using Tapped Stator Windings [J]. IEEE Transactions on Power Electronics, 1990, 5 (4): 446-453.

[6] Ferrah, Bradley K J, Asher G M. An FFT based Novel Approach to Noninvasive Speed Measurement in Induction Motor Drivers [J]. IEEE Transactions on Instrumentation and Measurement, 1992, 41 (6): 279-286.

[7] Ferrah, Bradley K J, Asher G M. Speed Sensorless Detection of Inverter Fed Induction Motor Using Rotor Slot Harmonics and Fast Fourier Transform [C]. IEEE Power Electronics Specialists Conference, 1992: 279-286.

[8] Hurst K D, Habetler T G, et al. Speed Sensorless Field-oriented Control of Induction Machines Using Current Harmonic Spectral Estimation [C]. IEEE Annual Meeting of Industry Applications Society, 1994: 601-607.

[9] Hurst K D, G Habetler T. Sensorless Speed Measurement Using Current Harmonic Spectral Estimation in Induction Machine Drivers [C]. IEEE Power Electronics Specialists Conference, 1994: 10-16.

[10] Kreindler L, Moreira J C, et al. Direct Field Orientation Controller Using the Stator Phase Voltage Third Harmonic [J]. IEEE Transactions on Industry Applications, 1994, 30 (2): 441-447.

[11] Zinger D S, Lipo T A, Novotny D W. Using Induction Motor Stator Windings to Extract Speed Information [C]. Proc. of IEEE-IAS 1989 Anm Mtg., San Diego, CA, Oct., 1989: 213-218.

[12] Jansen P L, Corley M J, Lorenz R D. Flux, Position and Velocity Estimation in AC Machines at Zero Speed via Tracking of High Frequency Saliencies [C]. 5th European Power Electronics Conf. Rec., Vol3., Sevilla, Spain, Sept. 19-21, 1995: 154-160.

[13] Jansen P L, Lorenz R D. Transducerless Position and Velocity Estimation in Induction and Salient AC Machines [J]. IEEE Trans. Ind. Appl., 1995, 31 (2): 240-247.

[14] Jansen P L, Lorenz R D. Transducerless Field Orientation Concepts Employing Saturation-Induced Saliencies in Induction Machines [C]. Proc, IEEE-IAS Annu. Meeting, Orlando, FL, Oct. 9-13, 1995: 174-181, IEEE, IAS Transactions, 1996, 32 (6).

[15] Corely M J, Lorenz R D. Rotor Position and Velocity Estimation for a Permanent Magnet Synchronous Machine at Standstill and High Speeds [C]. Proc. IEEE-IAS 1996 Annu. Meeting San Diego, CA, Oct. 5-10, 1996: 36-41.

[16] Lorenz R D. Self-sensing Methods Wide Bandwidth Position & Velocity Sensing at Any Speed Including Zero, Tutorial Notes for Sensorless Control of AC Machines [C]. Proc. IEEE-IAS 1996 Annu. Meeting San Diego, CA, Oct. 5~10, 1996.

[17] Peng F. Z, Fukao T, Lai J S. Low Speed Performance of Robuse Speed Identifi-cation Using

Instantaneous Reactive Power for Tacholess Vector Control of Induction Motros [C]. IEEE Annual Meeting of Industry Applications Socie-ty, 1994：509-514.

[18] Tae-Sik Park, et al. Speed-Sensorless Vector Control of an Induction Motor Using Recursive Least Square Algorithm [C]. IEEE International Electric Machines and Drives Conference (IEMDC).

[19] Ohtani, Takada N, Tanaka K. Vector Control of Induction Motor without Shaft Encode [J]. IEEE Transactions on Industry Applications, 1992, 28 (1)：157-64.

[20] Mineo Tsuji, et al. A Speed Sensorless Vector-Controlled Method for Induc-tion Motors Using Q-axis Flux [C]. Conf. Rec. IPEMC, 1997, 353-358.

[21] Sanwonwanich S, Doki S. Adaptive Sliding Observers for Direct Field-oriented Control of Induction Motors [C]. IECON Asilomar'90：915-920.

[22] Benchaib, et al. On Dsp-based Real Time Control of an Induction Motor Using Sliding Mode [C]. IEEE Workshop on Variable Structure Systems, 1996：78-83.

[23] Henneberger G, et al. Field Oriented Control of Synchronous and Asynchronous Drives Without Mechanical Sensors Using a Kalman-Filter [C]. Europ. Conf. Power Electr. and Appl. EPE, Florenz, 1991：664-671.

[24] Hideki Hashimoto, et al. Application of Sliding Mode Control Using Reduced Order Model in Induction Motor [C]. Power Electronics Specialists Crmference PESC 92, 1992, 259-264.

[25] Krishnan R, Bharadwaj A S. A Review of Parameter Sensitivity and Adaptation in Indirect Vector Controlled Induction Motor Drive Systems [J]. IEEE Trans. on Power Electr., 1991, 6 (4)：695-703.

[26] Brahim L B, et al. Identification of Induction Motor Speed Using Neural Net-works [C]. IEEE PCC. Yokohama, 1993：689-694.

[27] Schroder D, et al. Neural-Net Based Observers for Sensorless Drives [C]. IEEE IECON, 1994：1599-1610.

[28] Ohnishi K, Nobuyuki Matsui, Hori Y, Estimation. Identification and Sensorless Control in Motion Control Systems [J]. Proceedings of IEEE, 1994, 82 (8)：1253-1265.

[29] Lorenz R D, Lipo T A, Novotny D W. Motrion Control with Induction Motor [J]. Proceedings of IEEE, 1994, 82 (8)：1215-1239.

[30] Hirotami Nakano, Isao Takahashi. Sensorless Field Oriented Control of and Induction Motor Using an Instataneous Slip Frequency Estimation Method [C]. PESC'88, April, 1988：847-854.

[31] Baader U. Direct Self Control of Inverter Induction Machine, a Basis for Speed Control without Speed Measurement [J]. IEEE Trans. on Ind. Appl., 1992, 28 (3)：581-588.

[32] Schauder. Adaptive Speed Identification for Vector Control of Induction Motors without Rotational Transducers [C]. IAS'89 pt. 1,：493-499.

[33] Hirokazu Tajima, Hori Y. Speed Sensorless Field-orientation Control of the Induction Machine [J]. IEEE Trans. on IA, 1993, 29 (1)：175-180.

[34]   Geng Yang, Tong-Hai Chin. Adaptive-speed Identification Scheme for a Vector-controlled

Speed Sensorless Invert-induction Motor Drive ［J］. IEEE Trans. on IA, 1993, 29 （4）.

［35］ San Uk Kim. Speed Estimation of Vector Controlled Induction Motor without Speed Sensor by Reduced-order EKF ［C］. IPEC-Yokohama' 95: 1665-1670.

［36］ Zhou F, Fisher D G. Continuous Sliding Mode Control ［J］. International Joarnal of Control. 1992, 55 （2）.

［37］ Azzeddine Ferrah, Keith J Bradley, Greg M Asher. An FFT-based Novel Approach to Noninvasive Speed Measurement in Induction Motor Drives ［J］. IEEE Trans. on IM., 1992, 41 （6）: 797-802.

［38］ 陈坚. 交流电机数学模型及调速系统 ［M］. 北京：国防工业出版社, 1991.

［39］ 许大中. 交流电机调速系统 ［M］. 杭州：浙江大学出版社, 1991.

［40］ 高景德, 王祥珩, 李发海. 交流电机及其系统的分析 ［M］. 北京：清华大学出版社, 1993.

［41］ 苑国锋. 大容量变速恒频双馈异步风力发电机系统实现 ［D］. 北京：清华大学电机系, 2006.

［42］ 郑艳文. 双馈异步风力发电系统的并网运行特性与控制策略研究 ［D］. 北京：清华大学电机系, 2009.

［43］ Florent M., Xuefang L., Jean-Marcie R., et al. A Comparative Study of Predictive Current Control Schemes for a Permanent-Magnet Synchronous Machine Drive ［J］. IEEE Transactions on Industrial Electronics, 2009, 56 （7）: 2715-2728.

［44］ 李玉玲, 鲍建宇, 张仲超. 基于模型预测控制的单位功率因数电流型 PWM 整流器 ［J］. 中国电机工程学报, 2006, 26 （19）: 60-64.

［45］ Degner M W. Flux, position, and velocity estimation in AC machines using carrier frequency singal injection ［D］. Madison: University of Wisconsin-Madison, 1998.

［46］ 吴姗姗, 基于信号注入的交流电机无机械传感器矢量控制研究 ［D］, 清华大学, 2008.

第 5 章

全数字化异步电机直接转矩控制系统

5.1　概述

在致力于发展异步电机矢量控制技术的同时，各国学者并没有放弃其他控制思想的研究。1985 年，德国学者 M. Depenbrock 首次提出了直接转矩控制的理论[1]，随后日本学者 I. Takahashi 也提出了类似的控制方案[2]，并获得了令人振奋的控制效果。

和矢量控制不同，直接转矩控制摒弃了解耦的思想，取消了旋转坐标变换，简单地通过检测电机定子电压和电流，借助瞬时空间矢量理论计算电机的磁链和转矩，并根据与给定值比较所得差值，实现磁链和转矩的直接控制。

与经典矢量控制相比，直接转矩控制有以下几个主要特点[3]：

1）直接转矩控制直接在定子坐标系下分析交流电机的数学模型、控制电机的磁链和转矩。它不需要将交流电机与直流电机作比较、等效和转化；既不需要模仿直流电机的控制，也不需要为解耦而简化交流电机的数学模型。它省掉了矢量旋转变换等复杂的变换与计算。因此，它所需要的信号处理工作特别简单，所用的控制信号使观察者对于交流电机的物理过程能够做出直接和明确的判断。

2）直接转矩控制磁通估算所用的是定子磁链，只要知道定子电阻就可以把它观测出来。而磁场定向矢量控制所用的是转子磁链，观测转子磁链需要知道电机转子电阻和电感。因此直接转矩控制大大减少了矢量控制技术中控制性能易受参数变化影响的问题。

3）直接转矩控制采用空间矢量的概念来分析三相交流电机的数学模型和控制其各物理量，使问题变得特别简单明了。与著名的矢量控制的方法不同，它不是通过控制电流、磁链等量来间接控制转矩，而是把转矩直接作为被控量，直接控制转矩。因此它并非极力获得理想的正弦波波形，也不专门强调磁链必须是完全理想圆形轨迹。相反，从控制转矩的角度出发，它强调的是转矩的直接控制效果，因而它采用离散的电压状态和六边形磁链轨迹或近似圆形磁链轨迹的概念。

4）直接转矩控制技术对转矩实行直接控制。其控制方式是，通过转矩两点式调节器把转矩检测值与转矩给定值进行滞环的比较，把转矩波动限制在一定的容差范围内，容差的大小由滞环调节器来控制。因此，它的控制效果不取决于电动机的数学模型是否能够简化，而是取决于转矩的实际状况，它的控制既直接又简化。对转矩的这种直接控制方式也称之为"直接自控制"。这种"直接自控制"的思想不仅用于转矩控制，也用于磁链量的控制和磁链自控制，但以转矩为中心来进行综合控制。

综上所述，直接转矩控制技术，是用空间矢量的分析方法，直接在定子坐标系下计算与控制交流电机的转矩，借助于双位模拟调节器产生 PWM 信号，直接对逆变器的开关状态进行最佳控制，以获得转矩的高动态性能。它省掉了复杂的矢量变换，其控制思想新颖，控制结构简单，控制手段直接，信号处理的物理概念明确。其控制系统的转矩响应迅速，是一种具有高静、动态性能的交流调速方法。

5.2 直接转矩控制基本原理

5.2.1 电机数学模型

在直接转矩控制系统中，参考坐标系是放在定子绕组上的，因此，交流电机广义派克方程中的 γ 角等于 0，$(\gamma - \theta)' = -\omega$[4]，其中 ω 为转子角速度，这就是通常所用的 α-β 坐标系。电压矢量为

$$u_s = \sqrt{2/3}\left(u_{sa} + u_{sb}e^{j2\pi/3} + u_{sc}e^{j4\pi/3}\right) = u_{s\alpha} + ju_{s\beta} \tag{5-1}$$

式中

$$u_{s\alpha} = \sqrt{\frac{2}{3}}\left(u_{sa} - \frac{1}{2}u_{sb} - \frac{1}{2}u_{sc}\right)$$

$$u_{s\beta} = \frac{\sqrt{2}}{2}\left(u_{sb} - u_{sc}\right)$$

异步电机的动态特性可由下述方程描述：

$$\begin{bmatrix} u_s \\ 0 \end{bmatrix} = \begin{bmatrix} R_s + pL_s & L_m p \\ (p - j\omega)L_m & R_r + (p - j\omega)L_r \end{bmatrix}\begin{bmatrix} i_s \\ i_r \end{bmatrix} \tag{5-2}$$

$$\begin{aligned} \psi_s &= L_s i_s + L_m i_r \\ \psi_r &= L_m i_s + L_r i_r \end{aligned} \tag{5-3}$$

将实部和虚部分离可得

$$\left.\begin{aligned} u_{s\alpha} &= R_s i_{s\alpha} + p\psi_{s\alpha} \\ u_{s\beta} &= R_s i_{s\beta} + p\psi_{s\beta} \\ 0 &= R_r i_{r\alpha} + p\psi_{r\alpha} + \omega\psi_{r\beta} \\ 0 &= R_r i_{r\beta} + p\psi_{r\beta} - \omega\psi_{r\alpha} \end{aligned}\right\} \tag{5-4}$$

转矩方程不变，为

$$T_{em} = p_n L_m (i_{s\beta} i_{r\alpha} - i_{r\beta} i_{s\alpha})$$
$$= p_n (i_{s\beta} \psi_{s\alpha} - i_{s\alpha} \psi_{s\beta}) = p_n (\psi_s \otimes i_s) \tag{5-5}$$

5.2.2 空间矢量 PWM 逆变器

众所周知，当给异步电机施加三相对称正弦电压时，电机气隙磁通在静止坐标系 α-β 平面上的运动轨迹为圆形。同样可以分析三相桥逆变器供电时异步电机气隙中磁通矢量的运行轨迹。

设施加于电机上的三相电压为

$$\left.\begin{array}{l} u_{AN} = u_{AO} - u_{NO} \\ u_{BN} = u_{BO} - u_{NO} \\ u_{CN} = u_{CO} - u_{NO} \end{array}\right\} \tag{5-6}$$

则前述电机的定子电压空间矢量为

$$u_s = \sqrt{2/3}(u_{AN} + u_{BN}e^{j2\pi/3} + u_{CN}e^{j4\pi/3})$$
$$= \sqrt{2/3}(u_{AO} + u_{BO}e^{j2\pi/3} + u_{CO}e^{j4\pi/3}) = u_{s\alpha} + ju_{s\beta} \tag{5-7}$$

其中，u_{AO}、u_{BO}、u_{CO} 为三个桥臂对直流中点的电压，对 180°导通电压型逆变器来说，同一桥臂的上下两个开关器件是互锁动作的。所以桥臂中点对地电压只能取两个值，$E_d/2$ 或 $-E_d/2$。用一个开关函数来表示的话，则有

$$u_s(s_a, s_b, s_c) = \frac{-E_d}{2} \times [(-1)^{s_a} + (-1)^{s_b}e^{j2\pi/3} + (-1)^{s_c}e^{j4\pi/3}] \tag{5-8}$$

式中，S_a、S_b、S_c 为两状态量，$S_a = 1$ 表示 A 相桥臂上管导通，$S_a = 0$ 表示 A 相桥臂下管导通，余依此类推。故 u_s 只有 $2^3 = 8$ 个离散值，即 $u_s(0,0,0) \sim u_s(1, 1, 1)$，其中 $u_s(0,0,1) \sim u_s(1, 1, 0)$ 为六个非零矢量，而 $u_s(0, 0, 0)$ 和 $u_s(1, 1, 1)$ 分别表示 A、B、C 三相下桥臂或上桥臂同时导通，因它们相当于把电机三相绕组短接，故称为零矢量。在以 α 轴为实轴，β 轴为虚轴的坐标平面上，各电压矢量的空间分布如图 5-1 所示。

已知定子电压方程为

$$u_s = R_s i_s + \frac{d\psi}{dt} \tag{5-9}$$

忽略定子电阻上的压降，则电机定子磁链矢量可表示为

$$\psi_s \approx \int u_s dt = u_i t_i + \psi_{s0} \qquad i = 0, 1, \cdots, 7 \tag{5-10}$$

也就是说，定子磁链 ψ_s 的运动方向基本是沿 u_s 进行的，其运动速度快慢由电压幅值 $|u_s|$ 来确定；根据 3.4.3 节中磁通轨迹控制原理，当三相桥臂中点电压为正负

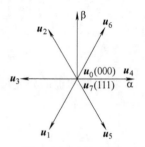

图 5-1　电压矢量图

注：$u_0(000)$
和 $u_7(111)$ 为零矢量。

180°方波时，磁通轨迹为六边形。当合理地选择非零矢量 u_s 的施加顺序及时间比例，可形成多边形磁链轨迹，亦即逼近圆轨迹。当多边形的边数大于 40 时，可以认为磁链轨迹近似为圆形。

5.2.3 磁链和转矩闭环控制原理

电机低速运转时，定子电阻压降的影响不能忽略，如果仍采用上述在固定时间内顺序给出非零电压矢量的办法，则不能保证磁链轨迹的形状和磁通幅值的大小。另外，转矩控制会引入零矢量，也将造成磁链轨迹的畸变，使其幅值下降，因此需要在低速时对定子电压进行补偿。最简单的办法是采用函数发生器来控制电压/频率的比值，近似地维持恒磁通调节，但这种补偿受很多因素影响，在动态时往往并不很有效。因此，目前倾向于采用闭环的方式控制磁链。

由异步电机方程可求出定子磁链和电压矢量 u_s 之间的传递函数

$$u_s = R_s i_s + p\psi_s$$

又因为

$$i_s L_s + L_m i_r = \psi_s$$
$$i_s (p - j\omega) L_m + [R_r + (p - j\omega) L_r] i_r = 0$$

所以

$$i_s = \psi_s \Big/ \left(L_s - \frac{(p - j\omega) L_m^2}{R_r + (p - j\omega) L_r} \right) \tag{5-11}$$

因此

$$u_s = \left\{ p + \frac{R_s [R_r + (p - j\omega) L_r]}{L_s [R_r + (p - j\omega) L_r] - (p - j\omega) L_m^2} \right\} \psi_s \tag{5-12}$$

由上可知，磁链和电压之间的关系是相当复杂的，因此用传统的 PI 调节器来控制磁通是很困难的。

在最初提出的直接转矩控制系统中，磁链和转矩都是通过双位模拟调节器来控制的，其基本思路是给定一个磁通圆环形误差带，通过不断选取合适的电压矢量 u_k，强迫 ψ_s 的端点不超出环形误差带，于是就控制了定子磁链 ψ_s。

为了确定各电压矢量作用区间，以 β 轴为起点，沿顺时针方向把整个圆周分为六个扇区，如图 5-2 所示。每个扇区内的磁链轨迹由该扇区所对应的两个电压矢量来形成，对顺时针磁通，如扇区 I 由 u_2、u_6 形成，扇区 II 由 u_2、u_3 形成等，每个扇区又可划分为前半区和后半区，对应的电压矢量称为主电压矢量。

对逆时针磁链，每个边的形成取此位置上在空间方向相反的电压矢量，因此就控制了磁链的旋转方向。这样通过选择合理的误差带及电压矢量，即可控制定子磁链的大小和方向。

下面来看一下转矩的控制规律。对转矩的控制是通过零矢量的引入实现的。异步电机的转矩稳态时为

$$T_{em} = \left(\frac{\psi_s}{L_s}\right)^2 \frac{L_m^2 \omega_{sl} R_r}{R_r^2 + \sigma^2 \omega_{sl}^2 L_r^2} \qquad (5-13)$$

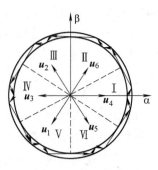

图5-2　扇区划分

可以看出，在维持磁链恒定的情况下，电机电磁转矩和转差角速度 ω_{sl} 近似成正比。对于动态过程，可以推导出类似的关系式，不过此时为转子磁场与电机转子之间的转差角速度。总之，零矢量的引入相当于磁场停止不走，也即转差变负，因此转矩相应下降。

交替使用零、非零矢量，磁链矢量走走停停，即可控制转矩的动态特性及稳态误差，零矢量的施加频率受器件开关频率的限制，对转矩的脉动影响较大。

下面以 ψ_s 在 I 区的控制为例进行说明。

$$\psi_s \text{ 增大} \begin{cases} \text{增大转矩选取 } u_6 \\ \text{减少转矩选取 } u_0/u_7 \\ \text{大幅减少转矩选取 } u_5 \end{cases}$$

$$\psi_s \text{ 减小} \begin{cases} \text{增大转矩选取 } u_2 \\ \text{减少转矩选取 } u_0/u_7 \\ \text{大幅减少转矩选取 } u_1 \end{cases}$$

其中，减少转矩时，u_0 或 u_7 的选取是根据最少开关次数的原则进行的。例如，原来作用的 $u_4(100)$ 需要零矢量时，当然选择 u_0 (000)，因为开关次数可最少。

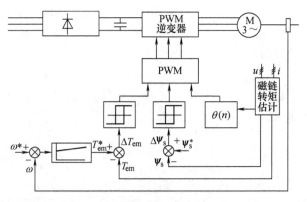

图5-3　直接转矩控制系统框图

其余各区的电压矢量可用类似的方法推出。将这些数据存表后，即可根据磁链和转矩的误差信号及所在的区域读出所需的最佳电压开关矢量。图5-3为直接转矩控制系统框图。

5.3　磁链和转矩控制性能分析

5.3.1　磁链控制性能分析

上面提到，在 I 区使磁链增大的矢量为 u_6，减少的矢量为 u_2，下面具体分析一下其原理。

根据异步机方程式（5-2），为方便分析，忽略电阻压降，可得到下面的方程式：

$$\frac{\mathrm{d}}{\mathrm{d}t}\psi_s = u_s - R_s i_s \approx u_s \tag{5-14}$$

将此方程离散化后可得到

$$\psi_s(n) = \psi_s(n-1) + u_s(n-1)T_s \tag{5-15}$$

式中，T_s 为采样周期。在全数字化控制系统中，由于采样周期是固定的，磁链的波动范围也是一定的，是一个与采样周期成正比的量。采样周期越短，磁链的波动范围就会越小。我们可以大致估计一下磁链的波动范围。

用矢量三角形的方式描述式（5-15），如图5-4所示。

图5-4中，$\theta_{u\psi}$ 为电压矢量和磁链矢量的夹角。通常，采样周期 T_s 为几十至几百微秒，所以以下关系成立：

$$|u_s(n-1)T_s| \ll |\psi_s(n)|$$
$$|u_s(n-1)T_s| \ll |\psi_s(n-1)|$$
$$|\psi_s(n-1)| \approx |\psi_s(n)|$$

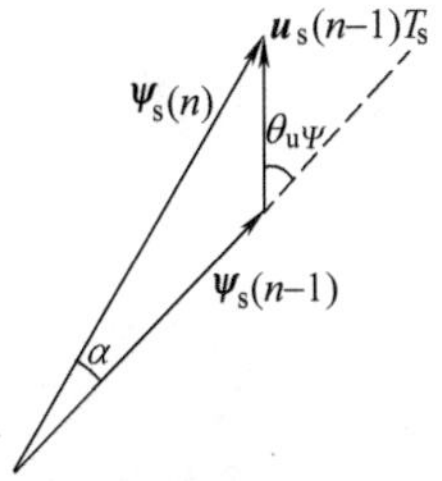

由图5-4及上述条件易知

$$\Delta\psi_s = |\psi_s(n)| - |\psi_s(n-1)| \tag{5-16}$$
$$\approx |u_s(n-1)T_s|\cos\theta_{u\psi}$$

图5-4 定子磁链、电压矢量关系简图

从式（5-16）不难发现，当 $\theta_{u\psi} = 0$ 时，$\Delta\psi_s$ 取最大值，即

$$\Delta\psi_{smax} \approx u_s T_s = \sqrt{\frac{2}{3}} U_d T_s \tag{5-17}$$

若假定采样周期 $T_s = 100\mu s$，直流电压 U_d 为 540V，$\psi_s^* = 1.1\mathrm{Wb}$，则

$$\frac{\Delta\psi_{smax}}{\psi_s^*} \approx \frac{\sqrt{\frac{2}{3}}\times 540\times 0.0001}{1.1} \approx 4\% \tag{5-18}$$

式（5-18）表明，磁链幅值的波动是比较小的，当缩小采样周期时，磁链波动还可以进一步减小。磁链控制得越好，电流谐波就会越小，转矩的脉动也会越小，从而就会得到更好的系统性能。

下面分析电压矢量对定子磁链的影响。由式（5-16）可得

（1）$\theta_{u\psi} = \pm\pi/2$，$\Delta\psi_s \approx 0$，定子磁链的幅值基本不变；

（2）$-\pi/2 < \theta_{u\psi} < \pi/2$，$\Delta\psi_s > 0$，定子磁链的幅值增加；

（3）$\pi/2 < \theta_{u\psi} \leq \pi$，$-\pi \leq \theta_{u\psi} < -\pi/2$，$\Delta\psi_s < 0$，定子磁链的幅值减少。

至此可以得到以下结论：

● 当所施加的电压矢量与当前磁链矢量之间夹角的绝对值小于90°时，该矢量作用的结果使得磁链幅值增加；

● 当所施加的电压矢量与当前磁链矢量之间的夹角的绝对值大于90°时，该矢量作用的结果使得磁链幅值减小；

● 当所施加的电压矢量与当前磁链矢量之间的夹角的绝对值等于 90°时（包括零矢量），该矢量作用的结果使得磁链幅值基本保持不变。

5.3.2 转矩控制性能分析

在直接转矩控制系统中，转矩控制是最重要的，下面对其性能进行分析。

对式（5-5） $T_{em} = p_n(\psi_s \otimes i_s)$ 两边取微分，再同乘以 $L_\sigma = (L_s L_r - L_m^2)/L_m$，得

$$L_\sigma \frac{\mathrm{d}}{\mathrm{d}t} T_{em} = p_n L_\sigma \left(\frac{\mathrm{d}}{\mathrm{d}t}\psi_s \otimes i_s + \psi_s \otimes \frac{\mathrm{d}}{\mathrm{d}t} i_s \right) \tag{5-19}$$

由式（5-3）推导出

$$\frac{L_r}{L_m}\psi_s = \psi_r + L_\sigma i_s \tag{5-20}$$

$$\tau_r \frac{\mathrm{d}}{\mathrm{d}t}\psi_r = L_m i_s - \psi_r + \mathrm{j}\tau_r \omega \psi_r \tag{5-21}$$

式中，τ_r 为转子时间常数，$\tau_r = L_r/R_r$。

对式（5-20）两边微分，再代入式（5-21）可得

$$L_\sigma \frac{\mathrm{d}}{\mathrm{d}t} i_s = \frac{L_r}{L_m}(u_s - R_s i_s) - \frac{L_m}{\tau_r}i_s - \left(\mathrm{j}\omega - \frac{1}{\tau_r} \right)\psi_r \tag{5-22}$$

将式（5-2）、式（5-3）和式（5-22）代入式（5-19），整理可得

$$L_\sigma \frac{\mathrm{d}}{\mathrm{d}t} T_e = p_n \left(\frac{L_r}{L_m}\psi_s - L_\sigma i_s \right) \otimes u_s - p_n \omega \psi_s \cdot \psi_r$$
$$- \left(\frac{L_r}{L_m}R_s + \frac{L_m}{L_r}R_r \right)(p_n \psi_s \otimes i_s) - \frac{R_r}{L_r} p_n (\psi_r \otimes \psi_s) \tag{5-23}$$

因为

$$T_{em} = p_n(\psi_s \otimes i_s) = \frac{p_n}{L_\sigma}(\psi_r \otimes \psi_s)$$

所以

$$L_\sigma \frac{\mathrm{d}}{\mathrm{d}t} T_{em} = p_n \left(\frac{L_r}{L_m}\psi_s - L_\sigma i_s \right) \otimes u_s - p_n \omega \psi_s \cdot \psi_r$$
$$- \left(\frac{L_r}{L_m}R_s + \frac{L_m}{L_r}R_r + \frac{L_\sigma}{L_r}R_r \right) T_{em}$$
$$= p_n(\psi_r \otimes u_s) - p_n \omega \psi_s \cdot \psi_r - R_m T_{em} \tag{5-24}$$

式中

$$R_m = \frac{L_r}{L_m}R_s + \frac{L_m}{L_r}R_r + \frac{L_\sigma}{L_r}R_r = \frac{L_r}{L_m}R_s + \frac{L_s}{L_m}R_r$$

式（5-24）中，T_{em}、ψ_s、ψ_r 及 ω 在一个采样周期内的变化相对于外加激励电压 u_s 的变化可忽略不计，即认为基本恒定不变，也就是说影响瞬间转矩变化的主要因素

是 u_s。在直接转矩控制中，只需在一拍内实现 u_s 有明确的突变，就可使转矩迅速变化，这一点是传统矢量控制无法做到的。因而，在电机、逆变器允许的条件下，尽可能地提高直流母线电压 U_d 和缩短采样控制周期，就可以获得高动态的转矩响应。

由式（5-24）不难看出，当 ψ_r 和 u_s 垂直时，转矩响应是最快的。但由于 ψ_r 和 u_s 之间的关系比较复杂，而定子磁链 ψ_s 和 u_s 的关系比较简单，在直接转矩控制系统中，是对 ψ_s 进行直接控制的。这就要求 ψ_s 和 ψ_r 的相角和幅值都不能相差过大，否则就会造成控制失败，其关键就在于定子电流的控制。

对式（5-20）进行分析，由于

$$L_r \approx L_s \approx L_m \Rightarrow L_\sigma = \frac{L_s L_r - L_m^2}{L_m} \approx L_{sl} + L_{rl}$$

在 L_σ 通常很小的情况下，当限制 $|i_s| \leqslant 1.5 I_N$ 时，由于漏磁通降落很少，所以此时定子磁链和转子磁链无论在相位还是幅值上均很接近，即 $\psi_r \approx \psi_s$。图 5-5 的仿真结果也很好地证明了这一点。

在直接转矩控制系统中，无论是基于逆变器的安全使用还是控制策略的要求，限流措施都是必需的。通常可以将电机定子绕组三相短路，即逆变器输出零矢量，来达到限流的目的。

将 $\psi_r \approx \psi_s$ 代入式（5-24）得

$$L_\sigma \frac{\mathrm{d}}{\mathrm{d}t} T_{em} \approx p_n(\psi_s \otimes u_s) - p_n \omega \psi_s \cdot \psi_s - R_m T_{em}$$

$$(5-25)$$

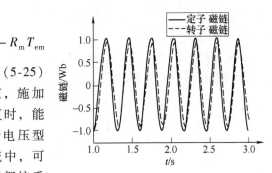

图 5-5　定子转子磁链幅值相位比较图

从这个动态转矩公式可以知道，施加的电压矢量与当前定子磁链相垂直时，能够得到最大的转矩变化量。但对于电压型逆变器来说，在直接转矩控制系统中，可供选择的矢量只有 8 个，每一时刻都按垂直磁链方向 90°施加电压矢量是不可能的，但可以选择包含这个 90°方向矢量的两个非零矢量之一，从综合的效果来看，是没有区别的。

单纯从式（5-25）上来看，不难得到以下结论：

- 当施加超前于定子磁链的电压矢量，使 $\mathrm{d}T_{em}/\mathrm{d}t > 0$ 时，转矩将会增加。
- 当施加落后于定子磁链的电压矢量或零矢量，使 $\mathrm{d}T_{em}/\mathrm{d}t < 0$ 时，转矩将会减小。

从物理概念上也很容易解释，

$$T_{em} = \frac{p_n}{L_\sigma}(\psi_r \otimes \psi_s)$$

$$(5-26)$$

由式（5-26）可知，电磁转矩的大小是由转子磁链和定子磁链之间的叉积来决定的。在实际系统运行中，控制定转子磁链的幅值基本不变，要改变电磁转矩的大小，可以通过改变定转子磁链间的夹角来实现。而转子磁链的旋转速度不会突变，因而，这又主要是通过改变定子磁链的旋转速度来达到改变转矩这一目的的。

当施加超前定子磁链90°的电压矢量时，定子磁链的旋转速度最大，因而前进的角度也最大，相应获得的转矩变化量也最大，这与前面的数学分析是一致的。一般地，当施加超前矢量使定子磁链的旋转速度大于转子磁链的旋转速度时，磁链夹角加大，相应地转矩增加。同样，如果施加零矢量或滞后矢量，相当于定子磁链矢量停滞不前或反转，而转子磁链矢量继续旋转，磁链夹角减小，相应地转矩减小。

可以看出，数学和物理上的解释是一致的。事实上，直接转矩控制技术中，其基本的控制方法就是通过电压空间矢量来控制定子磁链的旋转速度，控制定子磁链走走停停，以改变定子磁链的平均旋转速度，从而改变定转子磁链的夹角，以达到控制电磁转矩的目的。

5.3.3 磁通和转矩的估算和观测

在前述控制规律的叙述过程中，均假设定子磁链和电磁转矩为已知量。事实上，它们均为不可测量。由于测量这些变量的困难，因此直接转矩控制系统中，用状态重构的方法观测电机的磁链和转矩。

一个最简单的磁链观测器就是电机定子电压方程（也称为电压模型）。通过一个积分得到磁链的 $\alpha\text{-}\beta$ 轴分量。

$$\begin{cases} \psi_{s\alpha} = \int_0^t (u_{s\alpha} - i_{s\alpha}R_s)\,\mathrm{d}t \\ \psi_{s\beta} = \int_0^t (u_{s\beta} - i_{s\beta}R_s)\,\mathrm{d}t \end{cases} \tag{5-27}$$

因此

$$\psi_s^* = \sqrt{\psi_{s\alpha}^2 + \psi_{s\beta}^2}$$
$$T_{em}^* = p_n(\psi_{s\alpha}i_{s\beta} - \psi_{s\beta}i_{s\alpha})$$

该模型简单，在理论上很准确，但当转速很低时，电阻 R_s 上的压降占电压的绝大部分，因此 $e = u - iR_s$ 接近零。这样测量误差将把 e 掩盖掉，也就无法使用了。

另一种磁链观测器就是利用电机转子电压方程（也称电流模型），将其略加变换代入磁链电流方程得

$$\left.\begin{array}{l} \tau_r p\psi_{r\alpha} + \psi_{r\alpha} - i_{s\alpha}L_m + \tau_r\omega\psi_{r\beta} = 0 \\ \tau_r p\psi_{r\beta} + \psi_{r\beta} - i_{s\beta}L_m - \tau_r\omega\psi_{r\alpha} = 0 \end{array}\right\} \tag{5-28}$$

其结构框图如图 5-6 所示。因此

$$\psi_{s\alpha} = \psi_{r\alpha}\frac{L_m}{L_r} + \sigma L_s I_{s\alpha}$$

$$\psi_{s\beta} = \psi_{r\beta}\frac{L_m}{L_r} + \sigma L_s I_{s\beta}$$

$$\sigma = 1 - \frac{L_m^2}{L_s L_r}$$

此模型的特点是使用了较多的电机参数，而电机参数往往随温度变化较大，尤其是转子时间常数 τ_r。在高速时，此模型的观测结果不如电压模型的准确。因此，可将电压模型和电流模型结合使用，即在高速时让电压模型起作用，通过低通滤波器将电流模型的观测值滤掉；在低速时，

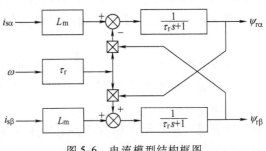

图 5-6　电流模型结构框图

让电流模型起作用，通过高通滤波器将电压模型观测值滤掉，为了实现平滑过渡，可令转折频率相等，即

$$\psi_s = \frac{sT}{sT+1}\psi_{s电压模型} + \frac{1}{sT+1}\psi_{s电流模型}$$

$$= \frac{(Te_s + \psi_{s电流模型})}{sT+1}$$

5.4　全数字化控制系统的实现

5.4.1　电压矢量的选择

在模拟直接转矩控制系统中，定子磁链和电磁转矩的控制是由两个双位模拟调节器来调节完成的。在全数字化控制系统中，由于采样时间的延迟作用存在，转矩和磁链的控制存在较大的误差，为减少该误差，可令滞环控制器的宽度等于零，即变为纯粹的比较器。调节器的输出是由输入误差信号的符号来决定的，其结构如图 5-7 所示。

图 5-7 中，ψ_s^*、T_{em}^* 为磁链调节器和转矩调节器的给定值；$\hat{\psi}_s$、$\hat{T}_{em}$ 为磁链调节器和转矩调节器的反馈值，是从电机模型计算出来的值。

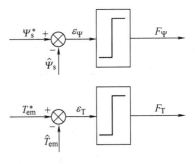

图 5-7　磁链、转矩调节器

定义输入信号误差 $\begin{cases} \varepsilon_{\mathrm{T}} = T_{\mathrm{em}}^{*} - \hat{T}_{\mathrm{em}} \\ \varepsilon_{\psi} = \psi_{\mathrm{s}}^{*} - \hat{\psi}_{\mathrm{s}} \end{cases}$

调节器输出标志 F_{T}, $F_{\psi} = \begin{cases} 1 \ 表示 \ \varepsilon_{\mathrm{T}} > 0, \ \varepsilon_{\psi} > 0 \\ 0 \ 表示 \ \varepsilon_{\mathrm{T}} < 0, \ \varepsilon_{\psi} < 0 \end{cases}$

经过前几节的分析，将磁链和转矩两个调节器结合起来，共同控制逆变器的输出矢量，就既能保证电机的磁链在给定值附近变化，又能使电机的输出转矩快速跟随指令值，从而使系统获得高动态性能。下面给出具体的电压矢量选择方法。

为表述方便，先将电压空间矢量分布的平面划分为图 5-8 所示的 6 个扇区，6 条虚线代表各个扇区间的分界线，每个扇区包含一个非零电压矢量，并且是该扇区的角平分线，暂称作"扇区主矢量"。对每个扇区编号，依次为 1 ~ 6，同时为实际系统中存表或计算方便，对相应各扇区主矢量进行重新编号，分别对应 $u_1 \sim u_6$，零矢量仍记为 u_0 和 u_7。

首先，计算磁链的幅值和相位。对式（5-27）离散化并写成 α、β 分量的形式，得

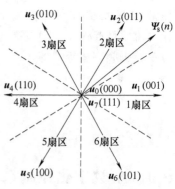

图 5-8 矢量扇区图

$$\hat{\psi}_{s\alpha}(n) = \hat{\psi}_{s\alpha}(n-1) + [u_{s\alpha}(n-1) - R_{s}i_{s\alpha}(n-1)]T_{s} \tag{5-29}$$

$$\hat{\psi}_{s\beta}(n) = \hat{\psi}_{s\beta}(n-1) + [u_{s\beta}(n-1) - R_{s}i_{s\beta}(n-1)]T_{s} \tag{5-30}$$

磁链的幅值为

$$\hat{\psi}_{s}(n) = \sqrt{\hat{\psi}_{s\alpha}^{2} + \hat{\psi}_{s\beta}^{2}} \tag{5-31}$$

磁链的相位为

$$\theta_{\psi} = \arctan(\hat{\psi}_{s\beta}/\hat{\psi}_{s\alpha}) \tag{5-32}$$

转矩的计算由式（5-5）离散化后得到，有

$$\hat{T}_{\mathrm{em}} = p_{\mathrm{n}}(\hat{\psi}_{s\alpha}i_{s\beta} - \hat{\psi}_{s\beta}i_{s\alpha}) \tag{5-33}$$

可以看出，整个计算非常简单，只需知道定子电阻、电压和电流的检测量就足够了。然后，就可以按照前几节所述的转矩和磁链的控制原理，根据磁链和转矩调节器的输出来选择下一周期要施加的电压矢量。具体的选择方法见表 5-1。

表中，u_0 或 u_7 的选择应根据最少开关次数的原则进行。

在实际控制方案中，矢量的选取可以采用上述查表的方法，也可以采用表 5-3 中所示的计算方法。观察表 5-1 和表 5-2，不难得到表 5-3 所示的一般形式的矢量选择方法。

表 5-1　直接转矩控制策略中电压矢量选取（一）（逆时针旋转）

磁链所在扇区位置		1	2	3	4	5	6
F_ψ	F_T						
1	1	u_2	u_3	u_4	u_5	u_6	u_1
	0	u_0/u_7	u_0/u_7	u_0/u_7	u_0/u_7	u_0/u_7	u_0/u_7
0	1	u_3	u_4	u_5	u_6	u_1	u_2
	0	u_0/u_7	u_0/u_7	u_0/u_7	u_0/u_7	u_0/u_7	u_0/u_7

表 5-2　直接转矩控制策略中电压矢量选取（二）（顺时针旋转）

磁链所在扇区位置		1	2	3	4	5	6
F_ψ	F_T						
1	1	u_6	u_1	u_2	u_3	u_4	u_5
	0	u_0/u_7	u_0/u_7	u_0/u_7	u_0/u_7	u_0/u_7	u_0/u_7
0	1	u_5	u_6	u_1	u_2	u_3	u_4
	0	u_0/u_7	u_0/u_7	u_0/u_7	u_0/u_7	u_0/u_7	u_0/u_7

表 5-3　直接转矩控制策略中电压矢量选取表（一般形式）

磁通所在扇区位置		$k(k=1,2,\cdots,6)$	
F_ψ	F_T	电机正转(逆时针)	电机反转(顺时针)
1	0	u_0/u_7	u_{k+1}
	1	u_{k-1}	u_0/u_7
0	0	u_0/u_7	u_{k-2}
	1	u_{k+2}	u_0/u_7

值得一提的是，在上述表中，当需要减小转矩时，都选择了零矢量，而没有考虑磁链调节器的输出。其原因在于：①磁链本身的波动很小，这一点在前面的分析中已经得到了证明，一两拍内不控，不会对磁链的轨迹造成多大影响。②如果选择滞后矢量，虽然兼顾到磁链的控制，但对于转矩的控制来说，施加的结果造成转矩波动变大，从而使电流和转速的波动变大，影响了系统的稳态性能。所以，在直接转矩控制系统中，一般来说，应优先考虑转矩。但是，当定子磁链偏离指令值过大或尚未建立磁场时，就不能优先考虑转矩了。通常的做法是，在磁链偏离指令值过大时，优先考虑磁链的控制。当磁链比指令值小很多时，可以采用与磁链（位于 k 扇区）处于同一扇区的电压矢量（u_k），使磁链尽快增加；若磁链比指令值大很多时，可以采用与磁链相隔两个扇区的矢量（u_{k+3}），使磁链尽快减小。当磁链的幅值到达一定区域时，再优先考虑转矩。当然，在整个控制过程中，都要考虑转矩和电流的限幅。通过这样的控制策略，可以获得较好的系统性能。

5.4.2 控制系统硬件的实现

目前最常用的控制芯片是 TMS320F28335。TMS320F28335 有高速信号处理和数字控制功能所必需的体系结构特点,而且它有为电机控制应用提供单片解决方案所必需的外围设备。这个应用优化的外围设备单元与高性能的 DSP 内核一起,使在所有类型电机的高精度、高效、全变速控制中使用先进的控制技术成为可能。由于上述的特点,也使得系统的硬件设计变得十分简单,所需的外围电路大大地简化了,既降低了系统的成本,又提高了可靠性,同时给编程带来诸多方便。图5-9为整个系统硬件结构框图。

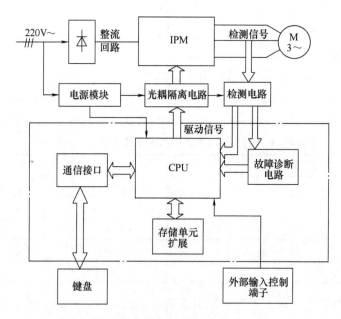

图 5-9 F240 硬件结构框图

5.4.3 低速控制性能分析

1. 转矩脉动分析

在全数字化的控制系统中,采样周期一般是固定的。直接转矩控制数字化策略中,在一个采样周期内一般只输出一个电压矢量,这样电机输出转矩与指令值之间的误差的大小就由式(5-34)决定。

$$L_\sigma \frac{\mathrm{d}}{\mathrm{d}t} T_{em} = p_n (\psi_r \otimes u_s) - p_n \omega \psi_s \cdot \psi_r - R_m T_{em} \Rightarrow$$

$$\Delta T_{em} = \hat{T}_{em} - T_{em}^* \approx \frac{T_s}{L_\sigma} [p_n (\psi_r \otimes u_s) - p_n \omega \psi_s \cdot \psi_r - R_m \hat{T}_{em}] \qquad (5-34)$$

可以看出,当电压矢量 u_s 选定以后,误差的大小与角速度 ω、负载和采样周

期 T_s 有关。负载和转速属于系统的外部运行条件，控制无法改变，因而可以说，采样周期的大小很大程度上决定了转矩波动的幅值。采样周期越小，转矩的波动越小。图 5-10 很好地说明了这一点。

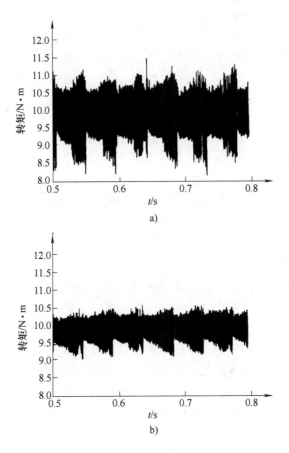

图 5-10 不同采样周期下的转矩脉动

a）采样周期为 $100\mu s$ b）采样周期为 $50\mu s$

下面分析当采样周期一定时，随角速度 ω、转矩 $\hat{T}_{em}$ 的不同，转矩的波动情况。如图 5-11 所示，由式（5-34）可知，

$$\hat{T}_{emax} - T_{em}^* \approx \frac{T_s}{L_\sigma}[p_n(\psi_r \otimes u_s) - p_n\omega\psi_s \cdot \psi_r - R_m\hat{T}_{em}] \tag{5-35}$$

$$\hat{T}_{emin} - T_{em}^* \approx \frac{T_s}{L_\sigma}(-p_n\omega\psi_s \cdot \psi_r - R_m\hat{T}_{em}) \tag{5-36}$$

式（5-35）减去式（5-36）得

$$\Delta\hat{T}_{em} = \hat{T}_{emax} - \hat{T}_{emin} \approx \frac{T_s}{L_\sigma}p_n(\psi_r \otimes u_s) \approx \frac{p_n \cdot T_s}{L_\sigma}(\psi_s \otimes u_s) \tag{5-37}$$

从式（5-37）可以看出，转矩波动的上限与下限的差和负载与转速的大小无关。进一步推导，设电机为额定工况，即相电压为 U_N，相电流为 I_N，同步角速度为 ω_s，功率因数角为 φ_N，则额定电磁转矩 T_{eN} 为

$$T_{eN} \approx \frac{3p_n U_N I_N \cos\varphi_N}{\omega_s} \quad (5\text{-}38)$$

由公式 $u_s = R_s i_s + \mathrm{d}\psi_s / \mathrm{d}t$，得稳态时的公式为

$$e_s = u_s - R_s i_s = \mathrm{j}\omega_s \psi_s$$

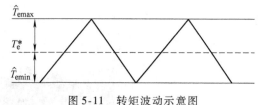

图 5-11　转矩波动示意图

从而

$$|e_s| = \xi |u_s| = \omega_s |\psi_s| \qquad (5\text{-}39)$$

由式（5-38）和式（5-39）可得

$$\frac{\Delta \hat{T}_e}{T_{eN}} \approx \frac{p_n \cdot T_s}{L_\sigma T_{eN}}(\psi_s \otimes u_s) \approx \frac{p_n \psi_s u_s T_s \omega_s}{3p_n U_N I_N \cos\varphi_N L_\sigma}$$

$$\approx \frac{3\xi U_N^2 T_s}{3(L_{sl} + L_{rl}) U_N I_N \cos\phi_N} = \frac{\xi}{Z_{sl} + Z_{rl}} \cdot \frac{\omega_s}{\cos\phi_N} \qquad (5\text{-}40)$$

式中，Z_{sl}、Z_{rl} 分别为定、转子漏抗的标幺值。

对于中小型异步机而言，Z_{sl}，Z_{rl} 均小于 0.1，$\cos\varphi_N \approx 0.85$，$\xi \approx 0.93$，所以，

$$\frac{\Delta \hat{T}_e}{T_{eN}} \approx 18\%$$

可见，在直接转矩控制中，在一个采样周期内发单一矢量，转矩脉动幅度还是比较大的。同时，需要指出的是，这种脉动并不是一种单纯的交流脉动，它还包含了直流的成分。现分析如下。由式（5-35）和式（5-36）可以知道：

1）当电机运行在高速或中速重载时，在一个采样周期内，转矩的上升幅度可能会小于转矩的下降幅度。实际平均转矩相对于指令值有一个负偏置。

2）当电机运行在中速轻载或较低速重载时，在一个采样周期内，转矩的上升幅度可能会约等于转矩的下降幅度。实际平均转矩基本上等于指令值，无偏置。

3）当电机运行在低速范围，尤其是极低速而接近零速时，在一个采样周期内，转矩的上升幅度可能会大于转矩的下降幅度。实际平均转矩相对于指令值有一个正偏置。

以上三种情况就造成了图 5-12 所示的三种不同的转矩脉动波形。

图 5-13 针对上述的三种情况分析进行了仿真，可以看出，仿真的结果基本与分析相符，这就解释了为什么转矩脉动包含直流成分，而且可以看出，三种情况下转矩脉振的幅度也大致相等，这也同样与式（5-40）的分析相吻合。

另外一个现象也很值得注意，即转矩的锯齿形脉动现象。图 5-13a 和 c 就清楚地显示了这种现象。一种是周期性上行的锯齿，另一种是周期性下行的锯齿，这两

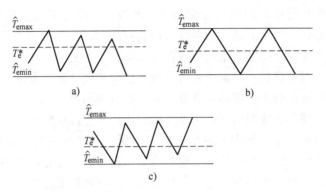

图 5-12　不同转速、负载下的转矩脉动简图

a）高速区　b）中速区　c）低速区

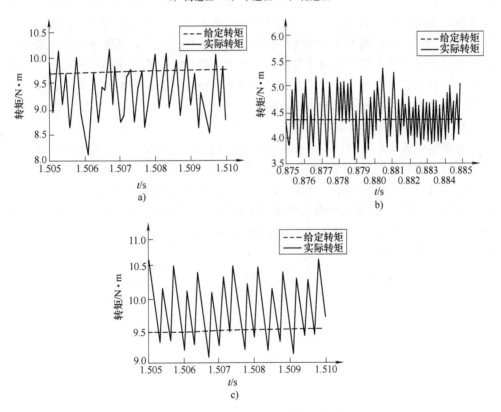

图 5-13　转矩脉动直流成分仿真结果

a）高速区　b）中速区　c）低速区

种现象都是由于在一个采样周期中，转矩增加或转矩减少时的转矩变化率不相同所造成的。

以上从数学公式的角度分析了直接转矩控制系统转矩脉动的原因及现象。现在从物理概念上再来解释一下其原因。由于电压型逆变器只有六个非零电压矢量可供选择，而这六个矢量在空间上是相隔60°分布的，所以电压矢量的切换是步进式的，而磁链在旋转过程中，其空间角度只能是连续的，它是电压的积分效果，这就造成磁链与电压矢量之间的夹角同样是跃进式的，这种夹角的不连续性造成了脉振转矩。而转矩的锯齿形脉动现象则是因为电压空间矢量对转矩增加与减小的贡献不对称造成的，这也是造成转矩脉动有直流偏置的直接原因。

转矩的脉动现象直接影响到传动系统的速度特性。脉振转矩的直流成分将影响到系统的稳态误差，也会导致到达稳态时间的延长，无论在高速和低速都会有影响。交流成分则会导致速度的脉动。交流成分在高速运转时对电机的速度脉动影响不大，主要因为夹角虽然仍是步进的，但是磁链的旋转速度极快，在极短的时间里可以消除夹角的跃变，即此时转矩脉振分量中的交流成分频率很高，反映到转速上相当于经过一个积分环节，高频的脉振信号会被滤掉，不会造成速度的脉动；但是在低速时则会不同，低速运行时，定子磁链旋转较慢，因此脉动转矩交流成分频率较低，这将造成在低速情况下转速的周期性脉动。综上所述，速度误差是在稳态误差的基础上又叠加了周期性的速度脉动，尤其严重的是，在低速下运行时，不大的转矩脉动会造成速度相对误差很大，甚至高达100%，这样的速度效果是造成转矩直接控制系统低速性能下降的主要原因。

2. 磁链轨迹分析

直接转矩控制系统中，不但要控制磁链的幅值，而且出于转矩控制的要求，同时也要控制磁链的旋转速度。在5.3.1节中已经分析过磁链的幅值控制效果是比较好的，通常脉动的幅度很小，在这里将着重分析磁链轨迹的运行情况。

如图5-14所示，假设当前时刻磁链矢量位于k扇区内，$\theta_{u\psi}$为下一拍要施加的非零电压矢量与当前磁链矢量的空间夹角，由前面的分析，结合图5-4和式(5-16)有

$$\Delta\psi_s = |\psi_s^*| - |\psi_s| \approx |u_s T_s| \cos\theta_{u\psi} \quad (5-41)$$

由于施加零矢量相当于磁链矢量基本保持不变，为简化分析，这里仅考虑图示非零矢量u_{k+1}、u_{k+2}对磁链轨迹的影响。

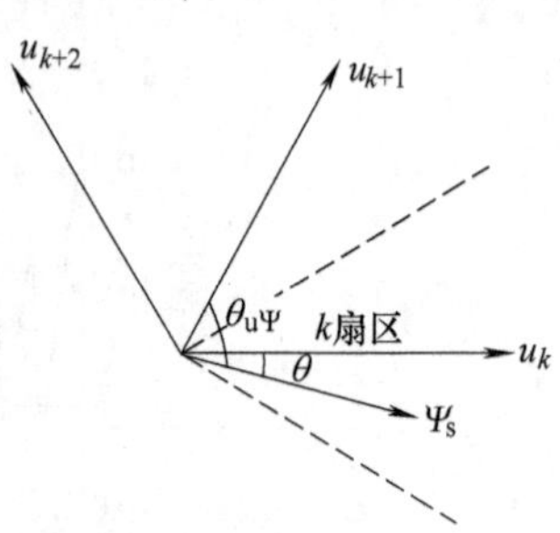

图5-14 磁链轨迹矢量分析图

当需要增加磁链时，选取u_{k+1}，有

$$\Delta\psi_s \uparrow = |u_{k+1}| T_s \cos\theta_{u\psi}, \quad \theta_{u\psi} \in (30°, 90°)$$
$$(5-42)$$

当需要减小磁链时，选取u_{k+2}，有

$$\Delta\psi_s \downarrow = |u_{k+2}| T_s \cos\theta_{u\psi}, \quad \theta_{u\psi} \in (90°, 120°) \quad (5-43)$$

为直观起见，将式(5-42)和式(5-43)画成图5-15，并设θ为u_k与ψ_s的夹角，$\theta \in (-30°, 30°)$。

由图5-14可知，当磁链矢量处于扇区线附近时，磁链的增加和减少在一个采样周期内是不同的。根据θ角范围的不同，大致可以把一个扇区分成三个区域

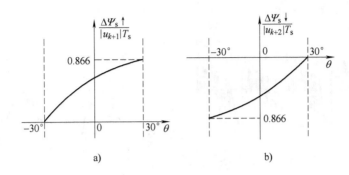

图 5-15　磁通幅值变化图

a) 磁通增加时幅值变化　b) 磁通减小时幅值变化

（以逆时针旋转为例）：

1) 当磁链矢量刚刚进入 k 扇区时，$\theta \in (-30°, -10°)$，在一个周期内，磁链的增加很少，而磁链的减小则很多，施加一个 u_{k+2} 后，需要施加多个 u_{k+1} 才能平衡。而且这种不对称现象在 θ 角越小时越明显。

2) 当磁链矢量进入 k 扇区中部时，$\theta \in (-10°, 10°)$，在一个周期内，磁链的增加和减小基本是对称的，一般 u_{k+2} 和 u_{k+1} 是交替使用的。

3) 当磁链矢量将要转出 k 扇区时，$\theta \in (10°, 30°)$，在一个周期内，磁链的增加很多，而磁链的减小则很少，施加一个 u_{k+1} 后，需要施加多个 u_{k+2} 才能平衡。而且这种不对称现象在 θ 角越大时越明显。

不难看出，磁链脉动的方式与转矩的脉动方式很相似，所不同的是这三种脉动方式在同一种运行状态下是交替出现的。其在一个扇区内大致的脉动波形如图5-16所示。从仿真的结果看，也大致与图5-17所示相符，每个扇区内的波形重复性很好。扇区之间存在明显的分区界限，这是由于扇区切换造成的。在切换的瞬间，由于施加的电压矢量方向突然改变，引起磁链幅值显著减小，形成了图示的现象。上述分析的磁链幅值的这种变化体现在磁链的空间运行轨迹上，就是在每个扇区线附近，磁链的轨迹不再是一个圆的轨迹，而是大致的直线，在一个周期内会存在 6 个这样的区域。这种畸变必然会对系统性能产生不良的影响，同时反映到电流上，将会引起电流的畸变。如图 5-18 所示，以 A 相电流为例，每个周期有 4 次畸变。因为，在一个周期内，扇区要切换 6 次。其中有 4 次切换时，A 相的开关状态发生改变，只有两次是在 A 相开关状态不变的情况下进行扇区切换的。频率越低，这种畸变现象会越明显。

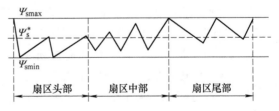

图 5-16　一个扇区内磁链幅值波动轨迹示意图

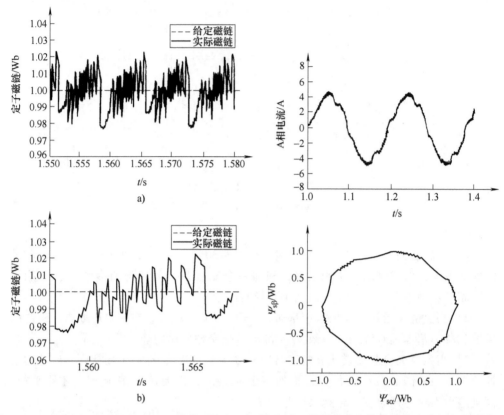

图 5-17　磁链波动轨迹仿真图
a）多扇区脉动波形　b）单个扇区波形展开

图 5-18　低频时畸变的磁链轨迹和相电流波形

5.4.4　改进算法

1. 磁链轨迹改善

电压型逆变器上只能输出 6 个电压矢量和 2 个零矢量，它们的分布如图 5-8 所示。在第 3 章中，我们看到，可以采用一些方法，使用两个矢量来合成任一方向、任一幅值的电压矢量。基于这种想法，利用相邻的 2 个矢量沿它们的角平分线方向（即 6 扇区划分时的扇区线方向）进行合成，再得到一个矢量，这样总共加起来就有 12 个工作矢量，就像细分电路一样，我们称之为矢量细分法，如图 5-19 所示。

可以重新将各矢量命名，并且重新划分扇区。很自然，新的扇区共有 12 个，每个扇区为 30°电角度，重新划分的扇区与矢量如图 5-20 所示。

我们可以分析一下矢量细分法，为什么会消除一般的直接转矩控制实施方案在磁通轨迹上的缺点。与一般的实施方案相比，矢量细分法有两点相同：矢量细分法里对于每一扇区可选的矢量也只有四个（另外三个由于和磁链基本垂直，对磁链影响很小，一般不选用），例如当前磁链在扇区 1 时，则可选矢量是扇区 1、2、6、

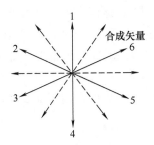

图 5-19 矢量合成示意图

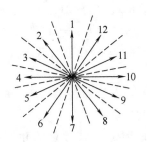

图 5-20 采用矢量细分法的
空间矢量及其对应扇区

7 的主矢量，而扇区 3、4、5 的主矢量因为和当前磁链近似垂直，就不选用了；而且其中两个矢量，即扇区 1、7 的主矢量一般只用于大幅增加或减小磁链时，它们不是影响磁链轨迹的主要因素，将它们排除在外，而考虑另两个（即扇区 2、6 的主矢量）对磁链幅值的影响。分析的方法与前面的一致，可以得到如下公式：

$$\Delta\psi_1 \approx uT_k\cos(\theta - \pi/6) \tag{5-44}$$

$$\Delta\psi_2 \approx uT_k\cos(\theta - 5\pi/6) \tag{5-45}$$

图 5-21 给出了采用矢量细分法时磁链幅值变化的情况。由公式和图 5-21 可以看到，这两个矢量对电机定子磁链幅值的改变比较对称，消除了前面分析中产生磁链幅值波动的根本性来源。矢量细分法由于消除了所选矢量在某些区域的不对称作用而使磁链的轨迹得到了改善，并且在磁链旋转速度上也提高了对称性，所以消除了电流的畸变。

2. 减小转矩脉动

根据前面的分析，直接转矩控制的转矩与给定的转矩之间，不仅有恒定的偏差（即直流偏差），同时也含有周期性的脉动成分，即交流误差。直流偏差是转矩在一段时间内平均转矩值与给定转矩值的偏差，在一个采样周期里，由于有限且不连续的空间电压矢量的选择，转矩会急剧地增加

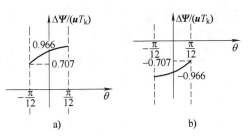

图 5-21 用矢量细分法时磁链幅值变化
a) 磁链增加时的幅值变化 b) 磁链减小时的幅值变化

或减少，但是多个采样周期的平均值与给定转矩相近。

增加转矩时，转矩变化量为

$$\Delta T_{up} \approx \frac{1}{L_\sigma}\big[p_n(\,|\psi_r|\,\,|u_s|\,\sin\theta_{up}) - R_mT_{em} - p_n\omega(\psi_s\psi_r)\big]\Delta t \tag{5-46}$$

而减少转矩时转矩变化量为

$$\Delta T_{dn} \approx \frac{1}{L_\sigma}\big[-p_n(\,|\psi_r|\,\,|u_s|\,\sin\theta_{dn}) - R_mT_e - p_n\omega(\psi_s\cdot\psi_r)\big]\Delta t \tag{5-47}$$

式中，θ_{up}、θ_{dn} 分别为增加和减小转矩时 ψ_r 与 u_s 之间的夹角（取绝对值），且 $30° \leqslant \theta_{up}$，$\theta_{dn} \leqslant 150°$。一般情况下，增减磁链交替出现，在相邻两个周期中，应有 $\theta_{up} + \theta_{dn} = 180°$。因此在负载较大时，在给定转矩 T_{em}^* 附近，相邻两个周期里有

$$|\Delta T_{up}| \leqslant |\Delta T_{dn}|$$

这就是说，增加转矩与减小转矩的变化率是不一样的。用图 5-22 可以更好地说明这个问题。

这个低频锯齿波分量的频率与转速有关。转速高时，它的频率也较高，对电机性能影响不大；当电机的转速较低且负载较大时，锯齿波分量的频率也较低，对电机控制性能影响较大。怎样才能消除或减弱直接转矩控制中转矩上的误差呢？转矩预测控制可以实现这一目的。

图 5-22　转矩脉动

转矩追踪法的基本思路如下：既然在一个周期里，工作矢量不连续性造成了转矩的急剧增加或减小，以至于比给定转矩大或是小，那么能否使这个工作矢量的作用时间缩短，余下的时间可以施加零矢量，以使转矩刚好减小到给定转矩值。这样一定可以减小转矩的脉动。

根据当前的转矩调节器和磁链调节器的输出，已经选定电压矢量 u_s。现在就有一个问题，如何确定该电压矢量的作用时间。

设此时转矩误差 $\Delta T_{em} = T_{em}^* - T_{em}$，施加非零电压矢量的时间为 t_1，则施加零矢量的时间应为 $t_0 = T_s - t_1$。

我们作如下的讨论：

1）$t_1 > T_s$：此时由于转矩与给定转矩值相差较大，甚至工作矢量作用于整个采样周期也不能达到给定转矩。所以此时只能取 $t_1 = T_s$，零矢量就没有必要再施加。

2）$t_1 < T_s$：这种情况说明转矩可以在不到一个周期达到给定的转矩，为了减少转矩脉动，须加零矢量。此时，零矢量施加的时间为 $t_0 = T_s - t_1$。

实际上，零矢量的施加是会减小转矩的。

在 $0 \sim t_1$ 时间内有

$$\Delta T_{em} \uparrow = \frac{p_n(\varphi_{s\alpha} u_{s\beta} - \varphi_{s\beta} u_{s\alpha}) - R_m T - p_n \omega \psi_s^2}{L_\sigma} t_1 \tag{5-48}$$

在 $t_1 \sim T_s$ 时间内有

$$\Delta T_{em} \downarrow = \frac{-R_m T - p_n \omega \psi_s^2}{L_\sigma}(T_s - t_1) \tag{5-49}$$

令 $\Delta T_{em} \uparrow + \Delta T_{em} \downarrow = \Delta T_{em} = T_{em}^* - T_{em}$，即

$$t_1 = \frac{L_\sigma \Delta T_{em} + (R_m T_{em} + p_n \omega \psi_s^2) T_s}{p_n(\psi_{s\alpha} u_{s\beta} - \psi_{s\beta} u_{s\alpha})} \tag{5-50}$$

转矩预测控制对消除转矩脉动有着很明显的效果，这从它的推导过程就可以得到这个结论。即使由于电机的参数缘故而使算出的作用时间不准确，但只要比采样周期小，转矩的脉动就会减小。

矢量细分法是一种简易的矢量合成法，它可以有效地消除磁链轨迹的直线问题。这种方法简单地将矢量作周期等分，使原有的 6 个电压矢量扩展到 12 个，这样可使两电平的电压型逆变器达到三电平的控制效果。

转矩预测通过合理的预测电压矢量的作用时间来达到减小转矩脉动的目的。通常的转矩反馈控制具有效果滞后的缺点，而转矩预测确定下一周期的作用矢量时，同时预测该矢量的作用时间，这种预测的思想来源于前馈控制。转矩预测不仅可以减小转矩脉动，也可以削弱电流谐波、降低电机运行时的噪声与振动。

5.5 无速度传感器直接转矩控制

正如上一章所述，无速度传感器的异步电机高性能控制是近年来交流传动的热点问题之一。然而目前对无速度传感器的研究，主要还是应用于矢量控制系统中，而应用在直接转矩控制系统中的就相对较少，尤其在实用化的研究上更少。事实上，直接转矩控制系统由于其控制方法决定了系统包含较多的谐波和脉动成分，速度估算的精度难以保证；但为了保持其动态响应快、对参数鲁棒性强的特点，速度的观测也必须具有相应的性能，这就给速度的估算提出更高的要求。

由于直接转矩控制本身的特点，上一章列举的常用速度辨识方法，有的或是与直接转矩控制结合时效果不如矢量控制时好，有的甚至根本就不适用于直接转矩控制系统。例如 4.5.2 节 "基于 PI 调节器的自适应法"，它的推导基础就是转子磁场定向的矢量控制，无法用于直接转矩控制，对于其他方法，如自适应转速观测器法、转子齿谐波法和神经元网络法，一则方法本身比较复杂，实现有一定的难度；二来对该方法的研究还不够成熟，尚处于理论研究阶段，所以离实用化还有一段距离。因此有必要针对直接转矩控制系统中的速度辨识问题进行深入的研究。

5.5.1 直接计算法

这种方法的出发点是，根据电机的基本电路及电磁关系式，推导出关于转差或转速的速度估计表达式。其中转子角速度的计算是通过计算同步角速度以及转差角速度来得到的。

1. 滑差计算的基本方法

假设定子磁链已经由电压模型计算得出，由异步电机基本方程，转子磁链可以写成如下的形式：

$$\psi_r = \frac{L_r}{L_m}\psi_s - \frac{L_rL_s - L_m^2}{L_m}i_s \qquad (5\text{-}51)$$

转子磁链和静止坐标系α轴的夹角为

$$\theta = \arctan\left(\frac{\psi_{r\alpha}}{\psi_{r\beta}}\right) \qquad (5\text{-}52)$$

对式（5-52）求导得转子磁链的角速度为

$$\omega_e = \left(\psi_{r\beta}\frac{d\psi_{r\alpha}}{dt} - \psi_{r\alpha}\frac{d\psi_{r\beta}}{dt}\right)/\,|\,\psi_r^2\,| \qquad (5\text{-}53)$$

转子转差角速度的计算公式为

$$\omega_{sl} = \frac{T_{em}R_r}{p_n\ |\,\psi_r\,|^{\,2}} \qquad (5\text{-}54)$$

电机转子的角速度为转子磁链角速度减去转差角速度，即

$$\omega = \omega_e - \omega_{sl} \qquad (5\text{-}55)$$

从以上一系列表达式可以看出，这种速度估计方法理论上没有延时，具有较好的动静态性能，但是它缺乏任何误差校正环节，任何参数的变化或者检测的误差都直接导致转速的推算误差。在运用这种方法之前，必须采取措施解决这个问题。

2. 转子磁链计算方法的改进

在转速推算的表达式中，转子磁链是一个十分关键的量，必须保证转子磁链的检测具有足够的精度，而简单地利用式（5-51）计算是不够的。下面给出一组仿真的对比结果，分别说明了转差计算基本方法在有 A-D 检测误差和负载变化时的辨识性能。为了避免其他控制因素对系统性能的干扰，这里的仿真系统是一个开环的 VVVF 系统，异步电机被施加了一个频率固定的 40Hz 的三相对称电压。

可以看出，计算出的转速比实际转速要高，负载越大，这种误差越大。图 5-23a 是电机空载时的情况，此时的辨识转速超过了同步转速。图 5-23b 为电机带上负载后的情况。

图 5-24 显示了在 A-D 采样中加入了噪声后的转速辨识结果。由于噪声的影响，辨识的转速有较大幅度的振荡，实

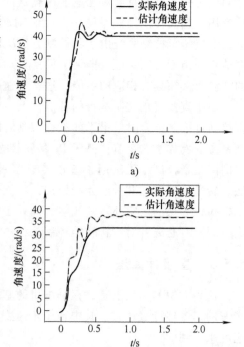

图 5-23 转速辨识受负载的影响
a）空载 b）带负载

际上，电流信号的噪声除了 A-D 采样以外，还包括谐波成分，可以预计，实际的转速辨识振荡幅值比图 5-24 中的要大。

造成转速检测不准确的原因有多方面：

1）式（5-51）中的定子磁链是由前面的电压模型得到的，而从电压模型得到的定子磁链有幅值和相位上的误差，它将影响转子磁链的计算精度。特别表现在计算转差上，由于估测的转矩总是小于实际转矩，而转差直接和转矩成正比，因此辨识的转速一般要大于实际转速。

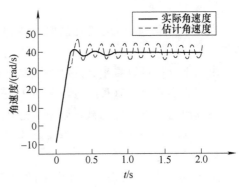

图 5-24 A-D 采样误差对角速度辨识的影响

2）由于定子电压模型对定子电阻压降采用截止频率较大的低通滤波，使负载电流对磁链的影响大大减小，从而使该速度辨识器无法辨识出由负载变化而引起的转速下降。

3）定子电流的 A-D 采样误差和谐波成分直接引入到计算出的磁链中，而在计算同步转速时，转子磁链的微分项对这些误差十分敏感。

由上面的分析可知，直接利用观测到的定子磁链来计算转子磁链误差较大，不如重新构造一个转子磁链观测器，直接由最基本的测量值进行计算。把式（5-51）中的定子磁链由电压和电流表示，可得

$$e_r = \frac{L_r}{L_m}(u_s - i_s R_s) - \frac{L_r L_s - L_m^2}{L_m} \frac{d}{dt} i_s \tag{5-56}$$

$$\psi_r = \int e_r dt \tag{5-57}$$

在计算式（5-57）时，由于纯积分的作用，使得转子磁链估算值在低速时出现较大累积误差，甚至发散。因此，人们又提出了一种新的积分策略，这种新的积分器的结构框图如图 5-25 所示。

它的放大通路就是一个简单的一阶惯性环节，另外由输出引出一路反馈信号，对惯性环节带来的幅值和相位误差进行补偿。对图 5-25 的输出可以表示成下式：

$$Y = \frac{\omega_c}{s + \omega_c} Z + \frac{1}{s + \omega_c} X \tag{5-58}$$

式中，X 为输入；Y 为输出；Z 为输出经过限幅后的值。

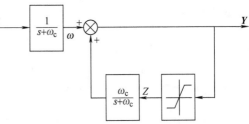

图 5-25 新积分方法的框图

下面分析一下补偿项的作用：

当 $Z = 0$ 时，也即没有引入反馈的时候，该积分器就表现为一个一阶惯性环节。

当 $Z = Y$ 时，也即反馈直接取自输出的时候，该积分器就表现为一个纯积分环节。

由以上分析可以看出，这种新型积分器介于纯积分和惯性环节之间。进一步的分析表明，实际上，这种积分器相当于一个截止频率可调的惯性环节，对于输入为正弦的理想情况下，它的截止频率就是 0，如果由于输入的误差导致积分器输出发生漂移，这时反馈环节的饱和作用就体现出来了，零漂越大，反馈作用越弱，积分器的截止频率越高。

图 5-26 的仿真结果是从纯数学的观点比较了新积分器和惯性环节的性能。仿真时，在新积分器和惯性环节的输入端处施加一个有直流偏移的正弦信号。可以看出，新的积分器对幅值和相位的补偿作用是很明显的，稳态下甚至可以做到无相位偏移。但是，如果选择同样的 ω_c，它对零漂的抑制作用就没有惯性环节的强。

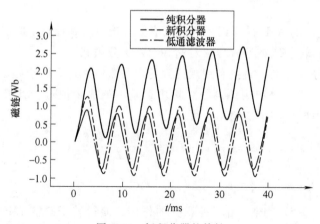

图 5-26　新积分器的特性

采用新的积分器计算转子磁链后，就可以由式（5-54）和式（5-55）分别计算转子磁链角速度和转差角速度。离散化后的计算公式如下。

同步角速度：

$$\omega_e(k) = \frac{\psi_{r\alpha}(k-1)\psi_{r\beta}(k) - \psi_{r\alpha}(k)\psi_{r\beta}(k-1)}{|\psi_r(k-1)|^2 T_s}$$

转差角速度：

$$\omega_{sl}(k) = \frac{T_e R_r}{p_n |\psi_r(k)|^2}$$

转子角速度：

$$\omega(k) = \omega_e(k) - \omega_{sl}(k)$$

同样地，图 5-27 ~ 图 5-29 所示的仿真对比结果考察了采用新的积分器计算转子磁链后，在有 A-D 检测误差和负载变化时的速度辨识性能。可以看出，新的方法对负载扰动所引起的转速变化也能够很准确地进行辨识。这也表明，采用了新的积分器后，对转子磁链的辨识能够达到较高的精度。

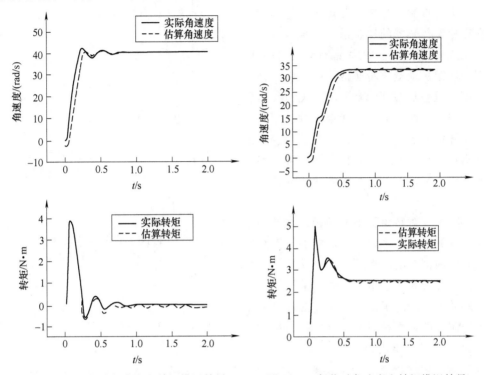

图 5-27 空载时角速度和转矩辨识结果   图 5-28 负载时角速度和转矩辨识结果

对于由 A-D 采样误差而引起的速度振荡，虽然从图 5-29 中没有表现出明显的改进，然而产生速度振荡的原因主要是由于转矩脉动引起的转差脉动。从计算出的同步角速度可以发现，采用新的转子磁链计算方法后，同步角速度的脉动明显地减小了。

但是，这种新的积分方法在用于定子磁链的检测时却遇到了问题。仿真时发现采用这种方法估算的定子磁链也具有零点漂移现象，和采用纯积分时的结果几乎一致，分析图 5-25 不难理解这种现象的发生，图 5-25 中的零点漂移是依靠饱和环节的限幅作用来抑制的，但是由于直接转矩控制对定子磁链控制的作用很强，定子磁链幅值控制比较恒定，因此这个饱和环节就失去了作用。整个积分器和纯积分就没有什么区别了。

3. 转差角速度脉动问题

转速直接计算方法的难点在于转差角速度的计算。由前面的讨论可以知道，首先是检测转速偏小带来的偏差，这个问题通过采用改进的磁链观测方法可得以解决。其次由于直接转矩控制方法而带来的转矩和转速的较大脉动，这由推算转速的表达式不难理解。由于电机的瞬时转差和转矩成正比关系，转矩的脉动自然导致转差的脉动。从这个角度来说，为了减小转速的脉动，也必须对直接转矩控制的转矩脉动进行抑制。当然，转矩脉动这个问题在有速度传感器的控制系统中也存在，但是在无速度传感器中表现得更突出一些。因为转矩脉动造成转速估算的偏差，而角速度的偏差通过 PI 调节器反映到参考转矩中去，从而又加剧了转矩的脉动。关于转矩脉动问题，许多讨论直接转矩控制的文献中进行了阐述，并且有许多可供参考的方法，在说明控制系统的转矩性能分析时已做详细的阐述。

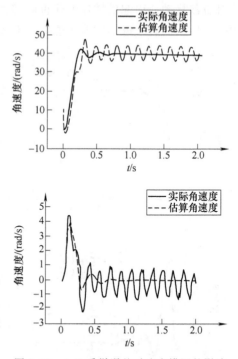

　　当然，对转矩脉动的问题，在转差角速度计算时还是采取一些措施的。系统在控制环内部对电磁转矩作了滑动平均的处理，而在计算转差角速度时，采用了平均后的转矩。一般来说，转速环的计算频率为控制环的计算频率数十分之一，平均后对脉动的抑制作用还是很明显的。另外，

图 5-29　A-D 采样误差对速度辨识的影响

由于离散化时会带来量化误差，为了消除这个量化误差，对由式（5-55）得到的角速度加了一个低通滤波，这种低通滤波对抑制转速脉动也有一定的作用。

5.5.2　模型参考自适应法（MRAS）

　　用模型参考自适应法（Model Reference Adaptive System——MRAS）辨识参数的主要思想是将不含未知参数的方程作为参考模型，而将含有待估计参数的方程作为可调模型，两个模型具有相同物理意义的输出量，利用两个模型输出量的误差构成合适的自适应律来实时调节可调模型的参数，以达到控制对象的输出跟踪参考模型的目的。

　　C. Schauder 首次将模型参考自适应法引入异步电机转速辨识中，这也是首次基于稳定性理论设计异步电机转速的辨识方法，其推导如下。

　　静止参考坐标系下的转子磁链方程为

$$p\begin{bmatrix}\psi_{r\alpha}\\\psi_{r\beta}\end{bmatrix}=\begin{bmatrix}-\dfrac{1}{\tau_r}&-\omega\\\omega&-\dfrac{1}{\tau_r}\end{bmatrix}\begin{bmatrix}\psi_{r\alpha}\\\psi_{r\beta}\end{bmatrix}+\dfrac{L_m}{\tau_r}\begin{bmatrix}i_{r\alpha}\\i_{r\beta}\end{bmatrix}\qquad(5-59)$$

　　据此构造参数可调的转子磁链估计模型为

$$p\begin{bmatrix} \hat{\psi}_{r\alpha} \\ \hat{\psi}_{r\beta} \end{bmatrix} = \begin{bmatrix} -\dfrac{1}{\tau_r} & -\hat{\omega} \\ \hat{\omega} & -\dfrac{1}{\tau_r} \end{bmatrix} \begin{bmatrix} \hat{\psi}_{r\alpha} \\ \hat{\psi}_{r\beta} \end{bmatrix} + \dfrac{L_m}{\tau_r}\begin{bmatrix} i_{r\alpha} \\ i_{r\beta} \end{bmatrix} \tag{5-60}$$

认为估计模型中 ω 是需要辨识的量，而认为其他参数不变化。式（5-60）和式（5-59）可简写为

$$p\begin{bmatrix} \psi_{r\alpha} \\ \psi_{r\beta} \end{bmatrix} = A_r\begin{bmatrix} \psi_{r\alpha} \\ \psi_{r\beta} \end{bmatrix} + b\begin{bmatrix} i_{r\alpha} \\ i_{r\beta} \end{bmatrix} \tag{5-61}$$

$$p\begin{bmatrix} \hat{\psi}_{r\alpha} \\ \hat{\psi}_{r\beta} \end{bmatrix} = \hat{A}_r\begin{bmatrix} \hat{\psi}_{r\alpha} \\ \hat{\psi}_{r\beta} \end{bmatrix} + b\begin{bmatrix} i_{r\alpha} \\ i_{r\beta} \end{bmatrix} \tag{5-62}$$

式中

$$A_r = \begin{bmatrix} -\dfrac{1}{\tau_r} & -\omega \\ \omega & -\dfrac{1}{\tau_r} \end{bmatrix}$$

$$\hat{A}_r = \begin{bmatrix} -\dfrac{1}{\tau_r} & -\hat{\omega} \\ \hat{\omega} & -\dfrac{1}{\tau_r} \end{bmatrix}$$

定义状态误差为

$$e_{\psi\alpha} = \hat{\psi}_{r\alpha} - \psi_{r\alpha}$$
$$e_{\psi\beta} = \hat{\psi}_{r\beta} - \psi_{r\beta}$$
$$e_{\omega} = \hat{\omega} - \omega$$

则式（5-62）减式（5-61）可得

$$p\begin{bmatrix} e_{\psi\alpha} \\ e_{\psi\beta} \end{bmatrix} = A_r\begin{bmatrix} e_{\psi\alpha} \\ e_{\psi\beta} \end{bmatrix} - \omega \tag{5-63}$$

$$\omega = e_{\omega}\begin{bmatrix} 0 & -1 \\ 1 & 0 \end{bmatrix}\begin{bmatrix} \hat{e}_{r\alpha} \\ \hat{e}_{r\beta} \end{bmatrix}$$

根据 Popov 超稳定性理论，取比例积分自适应律 $K_p + K_i/s$ 可以推得转速辨识公式为

$$\hat{\omega} = \left(K_p + \dfrac{K_i}{s}\right)\left[\hat{\psi}_{r\beta}(\hat{\psi}_{r\alpha} - \psi_{r\alpha}) - \hat{\psi}_{r\alpha}(\hat{\psi}_{r\beta} - \psi_{r\beta})\right]$$

$$= K_p(\psi_{r\beta}\hat{\psi}_{r\alpha} - \psi_{r\alpha}\hat{\psi}_{r\beta}) + K_i\int_0^T (\psi_{r\beta}\hat{\psi}_{r\alpha} - \psi_{r\alpha}\hat{\psi}_{r\beta})\,\mathrm{d}t \tag{5-64}$$

式中，$\hat{\psi}_{r\alpha}$、$\hat{\psi}_{r\beta}$ 由转子磁链的电流模型即由式（5-59）获得，而 $\psi_{r\alpha}$、$\psi_{r\beta}$ 由转

子磁链的电压模型即由式（5-65）和式（5-66）来获得。

$$\psi_{r\alpha} = \frac{L_r}{L_m}\Big[\int (u_{s\alpha} - R_s i_{s\alpha})\,dt - \sigma L_s i_{s\alpha}\Big] \tag{5-65}$$

$$\psi_{r\beta} = \frac{L_r}{L_m}\Big[\int (u_{s\beta} - R_s i_{s\beta})\,dt - \sigma L_s i_{s\beta}\Big] \tag{5-66}$$

辨识算法框图如图5-30所示。正如在介绍磁链观测方法时所提到的，这种方法在辨识角速度的同时，也可以提供转子磁链的信息。

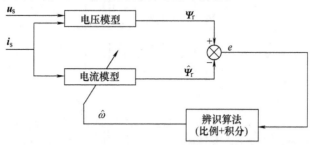

图5-30　模型参考自适应角速度辨识算法框图

由于 C. Schauder 仍然采用电压模型法转子磁链观测器来作为参考模型，电压模型法的一些固有缺点在这一辨识算法中依然存在。为了削弱电压模型中纯积分的影响，Y. Hori 引入了输出滤波环节，改善估计性能，但同时带来了磁链估计的相移偏差，为了平衡这一偏差，同样在可调模型中引入相同的滤波环节，算法如图5-31所示。

经过改进后的算法，在一定程度上改善了纯积分环节带来的影响，但仍没能很好地解决电压模型中另一个问题——定子电阻的影响。低速的辨识精度仍不理想，这也就限制了控制系统调速范围的进一步扩大。

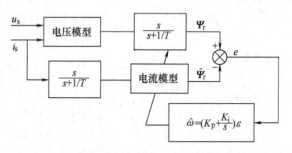

图5-31　带滤波环节的 MRAS 角速度辨识算法

前两种方法是用角速度的估算值重构转子磁链作为模型输出的比较量，也可以采用别的量，如反电动势。由于转速的变化在一个采样周期内可以忽略不计，即认为角速度不变，对式（5-59）两边微分，可得反电动势的近似模型为

$$p\begin{bmatrix} e_{m\alpha} \\ e_{m\beta} \end{bmatrix} = \begin{bmatrix} -\dfrac{1}{\tau_r} & -\omega \\ \omega & -\dfrac{1}{\tau_r} \end{bmatrix}\begin{bmatrix} e_{m\alpha} \\ e_{m\beta} \end{bmatrix} + \frac{L_m p}{\tau_r}\begin{bmatrix} i_{s\alpha} \\ i_{s\beta} \end{bmatrix} \tag{5-67}$$

经与磁链模型类似的推导，可得角速度辨识公式为

$$\hat{\omega} = \left(K_P + \frac{K_i}{s} \right)(\hat{e}_{m\alpha} e_{m\beta} - \hat{e}_{m\beta} e_{m\alpha}) \tag{5-68}$$

式中，$\hat{e}_{m\alpha}$、$\hat{e}_{m\beta}$ 由式（5-67）估计获得，而 $e_{m\alpha}$、$e_{m\beta}$ 由参考模型式（5-69）和式（5-70）求得。

$$e_{m\alpha} = p\psi_{r\alpha} = \frac{L_r}{L_m}(u_{s\alpha} - R_s i_{s\alpha} - \sigma L_s p i_{s\alpha}) \tag{5-69}$$

$$e_{m\beta} = p\psi_{r\beta} = \frac{L_r}{L_m}(u_{s\beta} - R_s i_{s\beta} - \sigma L_s p i_{s\beta}) \tag{5-70}$$

用反电动势信号取代磁链信号的方法，去掉了参考模型中的纯积分环节，改善了估计性能，但式（5-67）的获得是以角速度恒定为前提的，这在动态过程中会产生一定的误差，而且参考模型中定子电阻的影响依然存在。

由于定子电阻的存在，使辨识性能在低速下没有得到较大的改进。解决的办法：一是实时辨识定子电阻，但无疑会增加系统的复杂性；二是可以从参考模型中去掉定子电阻，采用无功功率模型，正是基于这一考虑，令

$$e_m = e_{m\alpha} + j e_{m\beta}$$

$$i_m = i_{m\alpha} + j i_{m\beta}$$

无功功率可表示为

$$Q_m = i_s \otimes e_m \tag{5-71}$$

式中，$\otimes$ 表示叉积。

将式（5-69）和式（5-70）写成复数分量形式为

$$e_m = \frac{L_r}{L_m}(u_s - R_s i_s - \sigma L_s p i_s) \tag{5-72}$$

由于 $i_s \otimes i_s = 0$，将式（5-72）代入式（5-71）得

$$Q_m = \frac{L_r}{L_m} i_s \otimes (u_s - \sigma L_s p i_s) \tag{5-73}$$

以式（5-73）作为参考模型，以式（5-67）求得的 $\hat{e}_m$ 与 i_s 叉积的结果式（5-74）作为可调模型的输出，同样可以推得角速度表达式为式（5-75）。

$$\hat{Q}_m = i_s \otimes \hat{e}_m \tag{5-74}$$

$$\hat{\omega} = \left(K_P + \frac{K_i}{s} \right)(\hat{Q}_m - Q_m) \tag{5-75}$$

显然，这种方法的最大优点是消除了定子电阻的影响，为拓宽调速范围提供了新途径。另外一种以无功形式表示的参考模型为

$$Q_m = u_{s\beta} i_{s\alpha} - u_{s\alpha} u_{s\beta} \tag{5-76}$$

该式可直接根据实测电压、电流计算得出，与任何电机参数都无关。当假设转子磁链变化十分缓慢，可以忽略不计而认为磁链幅值为恒定时，可以近似得到反电

动势表达式为

$$e_m = p\psi_r \approx j\omega_s\psi_r$$

进而得到定子电压方程式为

$$u_s = e_m + R_s i_s + \sigma L_s p i_s = j\omega_s\psi_r + R_s i_s + \sigma L_s p i_s$$

可调模型可表示为

$$\hat{Q}_s = i_s \otimes u_s = i_s \otimes (j\omega_s\psi_r + \sigma L_s p i_s) \tag{5-77}$$

由 Popov 超稳定性理论，可推出定子角速度表达式为

$$\hat{\omega}_s = \left(K_P + \frac{K_i}{s}\right)(\hat{Q}_m - Q_m) \tag{5-78}$$

将其减去转差角速度 ω_{sl}，得角速度推算表达式为

$$\hat{\omega} = \hat{\omega}_s - \omega_{sl} \tag{5-79}$$

这种方法也同样消去了定子电阻的影响，有较好的低速性能和较宽的调速范围，然而这种方法基于转子磁链幅值恒定的假设，因而辨识性能受磁链控制好坏的影响。

总的来说，MRAS 是基于稳定性设计的参数辨识方法，它保证了参数估计的渐进收敛性。但是由于 MRAS 的速度观测是以参考模型准确为基础的，参考模型本身的参数准确程度就直接影响到速度辨识和控制系统工作的成效，解决的方法应着眼于：①选取合理的参考模型和可调模型，力求减少变化参数的个数；②解决多参数辨识问题，同时辨识转速和电机参数；③选择更合理有效的自适应律，替代目前广泛使用的 PI 自适应律，努力的主要目标仍是在提高收敛速度的同时，保证系统的稳定性和对参数的鲁棒性。

参 考 文 献

[1] Depenbrock M. Direkte Selbstregelung（DSR）fuhrhochdy namische Drehfeldantriebe mit Strom-richterspeisung [J]. ETZ Archiv, 1985, 7（7）: 211-218.

[2] Isao Takahashi, Toshihiko Noguchi. A New Quick Response and High Efficiency Control Strategy of an Induction Motor [J]. IEEE Trans. on Industry Applications, 1986, IA-22（5）: 820-827.

[3] 李夙. 异步电动机直接转矩控制 [M]. 北京：机械工业出版社, 1994.

[4] 李永东. 交流电机广义派克方程及其应用 [D]. 清华大学博士后论文集, 1990.

[5] 姬志艳. 异步电机直接转矩控制系统的研究 [D]. 北京：清华大学, 1994.

[6] 邵剑文. 全数字化异步电机直接转矩控制转矩特性及低速研究 [D]. 北京：清华大学, 1995.

[7] 司保军. 高性能直接转矩控制及无速度传感器系统研究 [D]. 北京：清华大学, 1995.

[8] 陈杰. 直接转矩控制系统性能改进及无速度传感器运行 [D]. 北京：清华大学, 1999.

[9] 姬志艳, 李永东, 郑逢时. 异步电机直接转矩控制系统的数字仿真研究 [C]. CAVD'93. 562-569.

［10］ 李永东，曹江涛，邵剑文. 异步电机直接转矩控制低速转矩特性研究及其全数字化控制
［J］. 电气传动，1994（4）.

［11］ 邵剑文，李永东，司保军，等. 高性能直接转矩控制低速研究［C］. CAVD' 95.

［12］ 司保军，李永东，姬志艳，等. 应用无速度传感器的直接转矩控制系统研究［C］. 第四
届中国电气传动会议论文，1995.

［13］ Hurst KD，Habetler T G. Sensorless Speed Measurement Using Current Harmonic Spectral Esti-
mation in Induction Machine Drives［C］. IEEE Power Electronics Specialists Conference，
1994：10-16.

［14］ Peng FZ，Fukao T，Lai J S. Low Speed Performance of Robust Speed Identification Using In-
stantaneous Reactive Power for Tacholess Vector Control of Induction Motors［C］. IEEE Indus-
try Applications Society Annual Meeting，1994：509-514.

［15］ Schauder C. Adaptive Speed Identification for Vector Control of Induction Motors without Rota-
tional Transducer［C］. IEEE IAS Ann Meeting，1989：493-499.

［16］ KubotaH，Matsuse K，Nakano T. New Adaptive Flux Observer of Induction Motor for Wide
Speed Range Motors［C］. Conf. Rec IEEE IECON' 90，1990：921-926.

［17］ 吴继雄. 无速度传感器异步电机直接转矩控制系统低速性能研究［D］. 北京：清华大
学，2000.

［18］ Ohtani，Takada N，Tanaka K. Vector Control of Induction Motor Without Shaft Encode［J］.
IEEE Transaction on Industry Applications，1992，28（1）：157-64.

［19］ ［法］朗道. ID. 自适应控制-模型参考方法［M］. 吴百凡，译. 北京：国防工业出版
社，1985.

第6章

全数字化同步电机控制系统

6.1 概述

同步电机控制系统是由一台逆变器和一台同步电机构成的交流变频调速系统。同步电机的特点是其转速与电压频率保持严格的同步关系，所以只要电源频率不变，同步电机的转速就保持不变。因此同步电机的转速控制性能要好于异步电机。同步电机的这一特点使其在许多领域都有广泛的应用。但是，同步电机也存在起动困难和重载时失步的缺点，这方面的问题在很大程度上限制了它的应用领域。

电力电子技术和计算机技术的发展，使得同步电机在调速领域的应用得到了推广。采用电力电子器件的软起动设备解决了同步电机起动困难的问题，以微处理器为核心的转速和频率的闭环控制，又解决了同步电机的失步问题。这两个问题的解决从根本上改变了同步电机在调速系统这一领域的地位。

随着交流电机控制理论的发展和微处理器技术的进步，同步电机高性能闭环控制技术也得到了快速的发展，与异步电机一样，同步电机也可以进行矢量控制和直接转矩控制。电励磁同步电机的矢量控制方案是由德国西门子公司的学者 Baker 在异步电机的矢量控制基础上提出的。同样，在异步电机的直接转矩控制的基础上，经过学者们的研究，用于电励磁同步电机的直接转矩控制方案也被提出来。

同步电机由于其功率大，所以最早同步电机调速系统多采用晶闸管组成。根据逆变器的结构形式和变频原理，同步电机又可分为交-直-交型和交-交型两种。交-直-交型自控式同步电机是把 50Hz 交流电经可控整流变成直流，然后再由逆变器转变成频率可调的交流电，供给同步电机以实现变频调速。交-交型则是直接将 50Hz 交流电转变成可变频率的交流电供给同步电机，其结构复杂，需要的功率器件数量多，但由于其工作在自然晶闸管换相状态，具有在 1/3 ~ 1/2 同步转速下的低速特性、过载能力大等特点，一般用于大容量的球磨机、轧钢机、水泥窑等大型低速设备的无齿轮传动系统中。与交-交型相比，交-直-交型同步电机具有适应性强、结构简单、成本低、控制方便、应用范围广等特点而被广泛应用于工业传动领域。目前采用大功率 IGCT 器件的交-直-交型同步电机控制系统，也已经在冶金领域得到应用。

　　同步电机由于转子转速与定子电压频率严格保持一致，所以调速性能要优于异步电机，并且由于磁场由转子励磁绕组或者永磁体产生，所以定子变频器容量要小于同等容量的异步电机调速系统，并且功率因数比较高。同步电机目前应用最为广泛的是电励磁同步电机和永磁同步电机。电励磁同步电机通过转子励磁绕组励磁，励磁电流通过电刷接入转子，其容量可以做得很大，一般用于大容量的交流调速系统中。永磁同步电机具有功率密度高、效率高等优点，其控制性能比较优越，所以一般用于高性能控制，如数控机床、机器人、伺服系统等。

6.2　电励磁同步电机数学模型

　　电励磁同步电机相对于异步电机，在转子上多了励磁绕组和阻尼绕组，但是没有鼠笼条或者双馈电机的转子绕组。所以电励磁同步电机的数学模型更加复杂一些。一般用一个纵轴阻尼绕组和一个横轴阻尼绕组（用 1d 和 1q 来表示）来等效转子阻尼绕组的作用。如果横轴定向在转子励磁绕组的磁场方向。则三相电励磁同步电机的电压方程可以表示为

$$[U] = p[\psi] + [R][I] \tag{6-1}$$

　　其中，

$$[U] = \begin{bmatrix} u_a & u_b & u_c & u_{fd} & 0 & 0 \end{bmatrix}^T \tag{6-2}$$

$$[I] = \begin{bmatrix} i_a & i_b & i_c & i_{fd} & i_{1d} & i_{1q} \end{bmatrix}^T \tag{6-3}$$

$$[\psi] = \begin{bmatrix} \psi_a & \psi_b & \psi_c & \psi_{fd} & \psi_{1d} & \psi_{1q} \end{bmatrix}^T \tag{6-4}$$

$$[L] = \begin{bmatrix} L_{aa} & M_{ab} & M_{ac} & M_{afd} & M_{a1d} & M_{a1q} \\ M_{ba} & L_{bb} & M_{bc} & M_{bfd} & M_{b1d} & M_{b1q} \\ M_{ca} & M_{cb} & L_{cc} & M_{cfd} & M_{c1d} & M_{c1q} \\ M_{fad} & M_{fbd} & M_{fcd} & L_{ffd} & M_{f1d} & 0 \\ M_{1ad} & M_{1bd} & M_{1cd} & M_{1fd} & L_{11d} & 0 \\ M_{1aq} & M_{1bq} & M_{1cq} & 0 & 0 & L_{11q} \end{bmatrix} \tag{6-5}$$

　　经过坐标变换后，可以写成同步电机在同步旋转 dq 坐标系下的方程：

　　磁链方程：

$$\begin{bmatrix} \psi_{sd} \\ \psi_{sq} \\ \psi_f \\ \psi_{1d} \\ \psi_{1q} \end{bmatrix} = \begin{bmatrix} L_d & 0 & M_{afd0} & M_{a1d0} & 0 \\ 0 & L_q & 0 & 0 & M_{a1q0} \\ M_{afd0} & 0 & L_f & M_{1fd} & 0 \\ M_{a1d0} & 0 & M_{1fd} & L_{1d} & 0 \\ 0 & M_{a1q0} & 0 & 0 & L_{1q} \end{bmatrix} \cdot \begin{bmatrix} i_{sd} \\ i_{sq} \\ i_f \\ i_{1d} \\ i_{1q} \end{bmatrix} \tag{6-6}$$

　　定子电压方程：

$$u_d = p\psi_d - \omega\psi_q + ri_d$$

$$u_q = p\psi_d + \omega\psi_d + ri_q$$

$$(6-7)$$

转子励磁回路电压方程：

$$u_{fd} = p\psi_{fd} + R_{fd}i_{fd}$$

$$(6-8)$$

阻尼回路电压方程：

$$0 = p\psi_{1d} + R_{1d}i_{1d}$$

$$0 = p\psi_{1q} + R_{1q}i_{1q}$$

$$(6-9)$$

可以看出，电励磁同步电机由于阻尼绕组的存在，其数学方程变为 5 阶方程，存在着定子绕组、转子绕组和阻尼绕组之间的耦合，其耦合关系更加复杂，给控制带来了一定的复杂度。

参考异步电机矢量控制中的做法，除了转子磁链定向控制，电励磁同步电机还可以采用气隙磁链定向、定子磁链定向、阻尼磁链定向等。

6.3　电励磁同步电机高性能闭环控制

图 6-1 所示为电励磁同步电机磁场定向控制的框图，跟异步电机矢量控制不同的是，电励磁同步电机的磁场既可以通过转子励磁绕组来控制，也可以通过定子电流来控制。由于定子、转子和阻尼绕组之间耦合的存在，控制更加复杂，控制的自由度也相应增加。

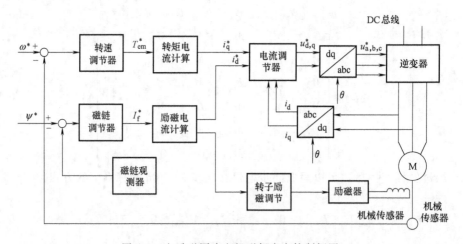

图 6-1　电励磁同步电机磁场定向控制框图

电励磁同步电机的磁链观测，也可以通过 6.2 节中所示的数学方程，根据异步电机类似的方法，通过电压模型、电流模型等方法来实现观测。而转子励磁电流值可以根据磁场控制的需要，在满足一定的约束条件下来计算得到，例如保持定子功率因数为 1 等。详细内容可以参考文献 [21]，本书中不做详细介绍。

6.4 永磁同步电动机及其数学模型

6.4.1 永磁同步电机结构

20 世纪 80 年代，永磁材料特别是具有高磁能积、高矫顽磁力、低廉价格的钕铁硼永磁材料的发展，使人们研制出了价格低廉、体积小、性能高的永磁电机。永磁同步电机与传统的电励磁同步电机的不同之处在于永磁同步电机中用永磁体产生的磁场代替了励磁绕组产生的磁场，而在工作原理上类似。永磁同步电机省去了电励磁绕组，因此结构较为简单。由于其不需要励磁电流，因此不存在励磁损耗。稀土材料的使用可以在气隙中得到高磁链密度，电机的效率和功率密度都得到提高，功率因数也大大提高，因此永磁同步电机逐渐得到了越来越广泛的应用。

永磁电机分为两种：一种反电动势为方波，也称为无刷直流电机（Brushless DC Motor，BLDC）；另一种反电动势为正弦波，也称为永磁同步电机（Permenant Magnet Synchronous Motor，PMSM）。这里主要介绍第二种即永磁同步电机。随着永磁材料和电机设计理论的发展，永磁同步电机也出现了很多新的形式，如横向磁场电机、外转子电机等。本章仍然以常见的内转子径向磁场永磁同步电机为例，简要介绍永磁同步电机的结构及工作原理，并得到永磁同步电机的数学模型，从而为研究永磁同步电机的控制方法的研究奠定基础。

PMSM 不需要励磁电流，在逆变器供电的情况下，不需要阻尼绕组，效率和功率因数都比较高，而且体积较之同容量的异步电机小，而 PMSM 的矢量控制系统能够实现高精度、高动态性能、大范围的速度和位置控制，尤其是在数控机床和机器人等技术对高精度、高动态性能以及体积小的伺服驱动需求不断增长的情况下，PMSM 数字控制系统逐渐成为高性能伺服控制的主流。

永磁同步电机由定子、转子和端盖等部件构成，永磁体一般布置在转子上，定子与普通感应电动机基本相同，也采用叠片结构以减小电动机运行时的铁损。定子绕组同样也可以采用集中绕组或者分布绕组。永磁同步电机转子结构主要有如图 6-2 所示几种形式：

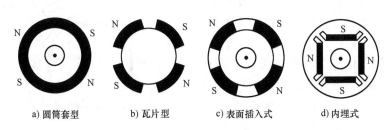

a) 圆筒套型   b) 瓦片型   c) 表面插入式   d) 内埋式

图 6-2　永磁同步电机转子结构

　　图 6-2a 为圆筒套型，图 6-2b 为瓦片型，这两种都属于表面贴式永磁电机。由于永磁材料的相对磁导率接近 1，因此交直轴电感基本相等，属隐极转子结构，具有结构简单、制造成本较低、转动惯量小等优点，永磁磁极易于实现最优设计，使电机气隙磁密波形趋近于正弦波，提高电机的电气性能。为了提高永磁体的结构可靠性，一般在永磁体外表面附加非磁性套筒或者无纬玻璃丝带作为保护层。这种结构形式的电机在无刷直流电机和恒功率运行范围不宽的正弦波永磁同步电机中得到了广泛应用。

　　图 6-2c 为表面插入式，由于相邻两极永磁磁极间有磁导率很大的铁磁材料，因此交直轴电感不相等，属于凸极转子结构，但是可以充分利用转子磁路的不对称所产生的磁阻转矩，提高电动机的功率密度，动态性能较表面贴式有所改善，制造工艺也较简单，但漏磁系数和制造成本较表面贴式大，一般用作调速式永磁同步电机。

　　图 6-2d 为内埋式，也属于凸极转子结构，同样可以利用凸极特性产生的磁阻转矩来提高电机的过载能力和功率密度，扩大弱磁调速范围。这类结构的永磁体位于转子内部，永磁体外面有铁磁物质制成的极靴保护，因此可靠性提高，可以实现更高的转速运行。极靴中还可以安装起动或者阻尼绕组，提高动态性能和稳定性。永磁体沿径向充磁，气隙磁通密度在一定程度上会受到永磁体供磁面积的限制。在某些电动机中，可能要求气隙磁通值很高，在这种情况下，可利用另外一种结构的内埋式永磁转子，它将永磁体横向充磁。为将磁极表面的磁通集中起来，相邻磁极表面的极性应相同（扩大供磁面积），这样可以得到比外装式结构更高的气隙磁通。

　　除了上面 4 种典型永磁同步电机结构，还有混合式和爪极式永磁同步电机。表面贴式、表面插入式和爪极式永磁电机无法安装启动绕组，无异步起动能力，内埋式和混合式永磁电机可以安装起动绕组，具有异步起动能力。

6.4.2　永磁同步电机数学模型

　　一台 PMSM 的内部电磁结构如图 6-3 所示，其中各相绕组的轴线方向也作为各相绕组磁链的正方向，电流的正方向也标示在图中，可以看出，定子各相的正值电流产生各相的负值磁链。而定子绕组的电压正方向为电机惯例。

　　永磁同步电机是一个多变量、强耦合、非线性的系统，各变量之间互相影响，因此对其精确控制也比较困难。为了研究其控制方法，得到最好的控制性能，必须对系统进行建模和分析，而永磁同步电机的数学模型

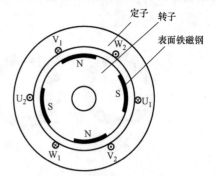

图 6-3　电机转子 d、q 轴方向

是其中的一个重要环节。永磁同步电机的精确模型比较复杂，而对于一般的控制系统研究来讲，其中的很多次要因素是可以忽略的，忽略这些因素不会对永磁同步电机的控制性能产生明显影响。为了便于研究，我们往往做如下假设：

1）定子三相绕组完全对称；

2）忽略铁心饱和，不计涡流和磁滞损耗；

3）永磁材料的电导率为零；

4）转子上没有阻尼绕组；

5）定转子表面光滑，无齿槽效应，转子每相气隙磁势在空间呈正弦分布。

假设电机定子绕组为星形（Y型）连接，定子三相绕组的电压方程可以表示为

$$\begin{cases} u_a = R \cdot i_a + \dfrac{\mathrm{d}\psi_{sa}}{\mathrm{d}t} \\[2mm] u_b = R \cdot i_b + \dfrac{\mathrm{d}\psi_{sb}}{\mathrm{d}t} \\[2mm] u_c = R \cdot i_c + \dfrac{\mathrm{d}\psi_{sc}}{\mathrm{d}t} \end{cases} \tag{6-10}$$

其中，R 为定子绕组的相电阻，u_a、u_b、u_c 为定子三相绕组的相电压值。ψ_{sa}、ψ_{sb}、ψ_{sc} 为与定子三相绕组交联的磁链瞬时值，一般称之为定子磁链的瞬时值。

当电机绕组连接为三角形时，可以通过星-三角变换将其等效为星形联结，相应地，在数学模型中使用的电机参数也是实测参数进行变换后的结果。

与交流同步电机和异步电机中类似，在永磁同步电机控制中，常用的坐标系也有3种：静止三相坐标系（a-b-c）、静止两相坐标系（α-β）、同步旋转坐标系（d-q）。其中静止三相坐标系的3个坐标轴分别为 a-x、b-y、c-z 三相绕组的轴线，正方向为在 a、b、c 三相绕组中分别通入正向的直流电时所产生的磁场方向，如图6-4 所示。

静止两相坐标系的 α 轴和 A 轴重合，把 α 轴逆时针旋转90°即得到 β 轴。如果把坐标系放在转子上，则坐标系相对于定子以同步频率在旋转，同步旋转坐标系中 d 轴相对于 α 轴的角度记为 θ，其旋转速度为转子电角速度 ω。同步旋转坐标系的 d 轴可以定向在不同的位置，如转子磁场、定子磁场或者气隙磁场的方向，常用的是把 d 轴定向在转子永磁体产生的磁场幅值处，称为转子磁场定向的同步旋转坐标系。

假设转子永磁体产生的磁链在空间按照正弦分布，定子绕组中的磁链可以表达为转子永磁体产生的磁链和定子绕组电枢反应产生的磁链的和的形式。为了表述方便，在定子上以 a 相绕组的轴线方向

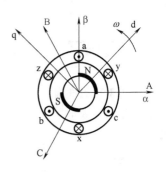

图6-4 永磁同步电机坐标系

（图中 A 轴和 α 轴所示），即 a 相绕组中通入正向的电流时产生的磁场最大值的位置为转子位置角 θ 的初始位置，θ 采用电角度表示，即一对磁极的角度为 360°电角度。定子绕组中的磁链可以表示为

$$
\begin{bmatrix} \psi_{sa} \\ \psi_{sb} \\ \psi_{sc} \end{bmatrix} = \begin{bmatrix} L \end{bmatrix}_{abc} \cdot \begin{bmatrix} i_a \\ i_b \\ i_c \end{bmatrix} + \psi_f \cdot \begin{bmatrix} \cos(\theta) \\ \cos(\theta - 120^\circ) \\ \cos(\theta + 120^\circ) \end{bmatrix} \tag{6-11}
$$

ψ_f 为转子永磁体磁链幅值。$\begin{bmatrix} L \end{bmatrix}_{abc}$ 为定子三绕组的电感矩阵。如果只考虑气隙基波磁场，在定子三相坐标系下，考虑各绕组之间的互感和自感，定子绕组电感矩阵可以写作

$$
\begin{bmatrix} L \end{bmatrix}_{abc} = \begin{bmatrix} L_{aa} & L_{ab} & L_{ac} \\ L_{ba} & L_{bb} & L_{bc} \\ L_{ca} & L_{cb} & L_{cc} \end{bmatrix} \tag{6-12}
$$

其中，L_{aa} 代表 a 相绕组的自感，L_{ab} 代表 b 相绕组对 a 相绕组的互感。在绕组对称的情况下，绕组的自感和互感之间有如下关系：

$$
L_{aa} = L_{bb} = L_{cc} \qquad L_{ab} = L_{ba} \qquad L_{ac} = L_{ca}, L_{bc} = L_{cb} \tag{6-13}
$$

由于转子结构对定子磁路的影响，转子自感和互感跟转子位置有关，在只考虑气隙基波磁场的情况下，根据参考文献［11］中的推导，a 相绕组的自感可以表示为

$$
L_{aa} = L_{sl} + L_{s0} + L_{s2} \cos 2\theta \tag{6-14}
$$

a 相绕组和 b 相绕组的互感可以表示为

$$
L_{ab} = -L_{ml} - \frac{L_{s0}}{2} - L_{s2} \cos 2\left(\theta + \frac{\pi}{6} \right) \tag{6-15}
$$

其中 L_{sl} 和 L_{ml} 是由槽漏磁和端部漏磁引起的自感和互感系数。θ 为转子 d 轴顺转动方向领先 a 相绕组轴线（A 轴）的电角度。三相定子绕组的电感矩阵如下：

$$
\begin{bmatrix} L \end{bmatrix}_{abc} = \begin{bmatrix} L_{sl} + L_{s0} + L_{s2}\cos 2\theta & -L_{ml} - \frac{L_{s0}}{2} - L_{s2}\cos 2\left(\theta + \frac{\pi}{6}\right) & -L_{ml} - \frac{L_{s0}}{2} - L_{s2}\cos 2\left(\theta + \frac{5\pi}{6}\right) \\ -L_{ml} - \frac{L_{s0}}{2} - L_{s2}\cos 2\left(\theta + \frac{\pi}{6}\right) & L_{sl} + L_{s0} + L_{s2}\cos 2\left(\theta - \frac{2\pi}{3}\right) & -L_{ml} - \frac{L_{s0}}{2} - L_{s2}\cos 2\left(\theta - \frac{\pi}{2}\right) \\ -L_{ml} - \frac{L_{s0}}{2} - L_{s2}\cos 2\left(\theta + \frac{5\pi}{6}\right) & -L_{ml} - \frac{L_{s0}}{2} - L_{s2}\cos 2\left(\theta - \frac{\pi}{2}\right) & L_{sl} + L_{s0} + L_{s2}\cos 2\left(\theta + \frac{2\pi}{3}\right) \end{bmatrix} \tag{6-16}
$$

为了对上述的矩阵做进一步的简化，我们考虑几种特殊情况。当转子 d 轴与 a 相绕组轴线（α 轴）重合时，即 $\theta = 0$ 时，永磁同步电机定子 a 相绕组的自感可以表示为

$$
L_{aa} = L_{sl} + L_{s0} + L_{s2} = L_{sl} + L_{aad} \tag{6-17}
$$

其中，L_{sl} 是漏磁产生的自感系数，定义 $L_{aad} = L_{s0} + L_{s2}$ 为转子 d 轴与 a 相轴线重

合时，由 a 相绕组中除漏磁后的其他磁场，即气隙磁场产生的 a 相绕组的自感系数。

同样，当转子 q 轴与 a 相绕组轴线重合时，即 $\theta = \dfrac{\pi}{2}$ 时，a 相绕组的自感可以表示为

$$L_{aa} = L_{sl} + L_{s0} - L_{s2} = L_{sl} + L_{aaq} \tag{6-18}$$

式中定义 $L_{aaq} = L_{s0} - L_{s2}$ 为转子 q 轴与 a 相轴线重合时，由气隙磁场产生的 a 相绕组的自感系数。

由式（6-17）和式（6-18）可以得到：

$$\begin{cases} L_{s0} = \dfrac{L_{aad} + L_{aaq}}{2} \\[3mm] L_{s2} = \dfrac{L_{aad} - L_{aaq}}{2} \end{cases} \tag{6-19}$$

因此，在只考虑气隙基波磁场时，a 相绕组的自感系数可以写作：

$$\begin{aligned} L_{aa} &= L_{sl} + L_{s0} + L_{s2}\cos 2\theta = L_{sl} + \frac{L_{aad} + L_{aaq}}{2} + \frac{L_{aad} - L_{aaq}}{2}\cos 2\theta \\ &= L_{sl} + L_{aad}\cos^2\theta + L_{aaq}\sin^2\theta \end{aligned} \tag{6-20}$$

同样可以得到 b 相、c 相绕组的自感系数 L_{bb} 和 L_{cc} 如下所示：

$$L_{bb} = L_{sl} + L_{aad}\cos^2\left(\theta - \frac{2}{3}\pi\right) + L_{aaq}\sin^2\left(\theta - \frac{2}{3}\pi\right) \tag{6-21}$$

$$L_{cc} = L_{sl} + L_{aad}\cos^2\left(\theta + \frac{2}{3}\pi\right) + L_{aaq}\sin^2\left(\theta + \frac{2}{3}\pi\right) \tag{6-22}$$

类似地，我们可以用 L_{aad} 和 L_{aaq} 来表示绕组之间的互感系数：

a 相绕组和 b 相绕组的互感系数为

$$\begin{aligned} L_{ab} &= -L_{ml} - \frac{L_{aad} + L_{aaq}}{4} - \frac{L_{aad} - L_{aaq}}{2}\cos 2\left(\theta + \frac{\pi}{6}\right) = \\ &\quad -L_{ml} + L_{aad}\cos\gamma\cos\left(\theta - \frac{2}{3}\pi\right) + L_{aaq}\sin\theta\sin\left(\theta - \frac{2}{3}\pi\right) \end{aligned} \tag{6-23}$$

a 相绕组和 c 相绕组的互感系数为

$$\begin{aligned} L_{ac} &= -L_{ml} - \frac{L_{s0}}{2} - L_{s2}\cos 2\left(\theta + \frac{5\pi}{6}\right) \\ &= -L_{ml} + L_{aad}\cos\theta\cos\left(\theta + \frac{2}{3}\pi\right) + L_{aaq}\sin\theta\sin\left(\theta + \frac{2}{3}\pi\right) \end{aligned} \tag{6-24}$$

b 相绕组和 c 相绕组的互感系数为

$$\begin{aligned} L_{bc} &= -L_{ml} - \frac{L_{s0}}{2} - L_{s2}\cos 2\left(\theta - \frac{\pi}{2}\right) \\ &= -L_{ml} + L_{aad}\cos\left(\theta + \frac{2}{3}\pi\right)\cos\left(\theta - \frac{2}{3}\pi\right) + L_{aaq}\sin\left(\theta + \frac{2}{3}\pi\right)\sin\left(\theta - \frac{2}{3}\pi\right) \end{aligned} \tag{6-25}$$

其中，L_{sl} 和 L_{ml} 是与漏感相关的项。

如前所述，定子电流的电枢反应和转子永磁体在 a 相绕组中产生的定子磁链可以为：

$$\psi_{sa} = L_{aa}i_a + L_{ab}i_b + L_{ac}i_c + \psi_f\cos\theta \tag{6-26}$$

把前面推导得到的电感公式代入上式，可以得到定子 a 相绕组中的磁链为

$$\psi_{sa} = L_{aad}\left[i_a\cos\theta + i_b\cos\left(\theta - \frac{2}{3}\pi\right) + i_c\cos\left(\theta + \frac{2}{3}\pi\right) \right]\cos\theta + L_{aaq}$$
$$\left[i_a\sin\theta + i_b\sin\left(\theta - \frac{2}{3}\pi\right) + i_c\sin\left(\theta + \frac{2}{3}\pi\right) \right]\sin\theta + \left[L_{sl}i_a - L_{ml}(i_b + i_c) \right] + \psi_f\cos\theta \tag{6-27}$$

同样可以得到 b、c 相绕组中的磁链为

$$\psi_{sb} = L_{aad}\left[i_a\cos\theta + i_b\cos\left(\theta - \frac{2}{3}\pi\right) + i_c\cos\left(\theta + \frac{2}{3}\pi\right) \right]\cos\left(\theta - \frac{2}{3}\pi\right) + L_{aaq}$$
$$\left[i_a\sin\theta + i_b\sin\left(\theta - \frac{2}{3}\pi\right) + i_c\sin\left(\theta + \frac{2}{3}\pi\right) \right]\sin\left(\theta - \frac{2}{3}\pi\right) +$$
$$\left[L_{sl}i_b - L_{ml}(i_a + i_c) \right] + \psi_f\cos\left(\theta - \frac{2}{3}\pi\right) \tag{6-28}$$

$$\psi_{sc} = L_{aad}\left[i_a\cos\theta + i_b\cos\left(\theta - \frac{2}{3}\pi\right) + i_c\cos\left(\theta + \frac{2}{3}\pi\right) \right]\cos\left(\theta + \frac{2}{3}\pi\right) + L_{aaq}$$
$$\left[i_a\sin\theta + i_b\sin\left(\theta - \frac{2}{3}\pi\right) + i_c\sin\left(\theta + \frac{2}{3}\pi\right) \right]\sin\left(\theta + \frac{2}{3}\pi\right) +$$
$$\left[L_{sl}i_c - L_{ml}(i_a + i_b) \right] + \psi_f\cos\left(\theta + \frac{2}{3}\pi\right) \tag{6-29}$$

从上述的分析可以看出，永磁同步电机在传统的三相静止坐标系（a-b-c 坐标系）下的数学模型比较复杂，电感参数随转子位置的变化而变化。为了简化模型，可以参照直流电机模型，把三相静止坐标系下的电机方程变换到两相旋转坐标系（d-q 坐标系）。

为了推导永磁同步电机在上述各个坐标系下的数学模型，首先要定义各物理量在几个坐标系之间的坐标变换方程。为了保持各个坐标系下的功率相等，电压、电流和磁链需要按照如下坐标变换进行转换[1]：

三相静止坐标系与两相静止坐标系之间的坐标变化为 Clark 变换及其逆变换

$$\begin{bmatrix} X_\alpha \\ X_\beta \\ X_0 \end{bmatrix} = \boldsymbol{C}_{3s/2s} \cdot \begin{bmatrix} X_a \\ X_b \\ X_c \end{bmatrix} = \sqrt{\frac{2}{3}} \begin{bmatrix} 1 & -\frac{1}{2} & -\frac{1}{2} \\ 0 & \frac{\sqrt{3}}{2} & -\frac{\sqrt{3}}{2} \\ \frac{1}{\sqrt{2}} & \frac{1}{\sqrt{2}} & \frac{1}{\sqrt{2}} \end{bmatrix} \begin{bmatrix} X_a \\ X_b \\ X_c \end{bmatrix} \tag{6-30}$$

$$
\begin{bmatrix} X_a \\ X_b \\ X_c \end{bmatrix} = \boldsymbol{C}_{2s/3s} \cdot \begin{bmatrix} X_\alpha \\ X_\beta \\ X_0 \end{bmatrix} = \sqrt{\frac{2}{3}} \begin{bmatrix} 1 & 0 & \dfrac{1}{\sqrt{2}} \\ -\dfrac{1}{2} & \dfrac{\sqrt{3}}{2} & \dfrac{1}{\sqrt{2}} \\ -\dfrac{1}{2} & -\dfrac{\sqrt{3}}{2} & \dfrac{1}{\sqrt{2}} \end{bmatrix} \begin{bmatrix} X_\alpha \\ X_\beta \\ X_0 \end{bmatrix} \tag{6-31}
$$

两相静止坐标系与同步旋转坐标系之间的坐标变换为 Park 变换及其逆变换

$$
\begin{bmatrix} X_d \\ X_q \\ X_0 \end{bmatrix} = \boldsymbol{C}_{2s/2r} \cdot \begin{bmatrix} X_\alpha \\ X_\beta \\ X_0 \end{bmatrix} = \begin{bmatrix} \cos\theta & \sin\theta & 0 \\ -\sin\theta & \cos\theta & 0 \\ 0 & 0 & 1 \end{bmatrix} \begin{bmatrix} X_\alpha \\ X_\beta \\ X_0 \end{bmatrix} \tag{6-32}
$$

$$
\begin{bmatrix} X_\alpha \\ X_\beta \\ X_0 \end{bmatrix} = \boldsymbol{C}_{2r/2s} \cdot \begin{bmatrix} X_d \\ X_q \\ X_0 \end{bmatrix} = \begin{bmatrix} \cos\theta & -\sin\theta & 0 \\ \sin\theta & \cos\theta & 0 \\ 0 & 0 & 1 \end{bmatrix} \begin{bmatrix} X_d \\ X_q \\ X_0 \end{bmatrix} \tag{6-33}
$$

上面两个变换合并为一个，可以得到三相静止坐标系与同步旋转坐标系之间的变换矩阵如下：

$$
\begin{bmatrix} X_d \\ X_q \\ X_0 \end{bmatrix} = \boldsymbol{C}_{3s/2r} \cdot \begin{bmatrix} X_a \\ X_b \\ X_c \end{bmatrix} = \sqrt{\frac{2}{3}} \begin{bmatrix} \cos\theta & \cos\left(\theta - \dfrac{2\pi}{3}\right) & \cos\left(\theta + \dfrac{2\pi}{3}\right) \\ -\sin\theta & -\sin\left(\theta - \dfrac{2\pi}{3}\right) & -\sin\left(\theta + \dfrac{2\pi}{3}\right) \\ \dfrac{1}{\sqrt{2}} & \dfrac{1}{\sqrt{2}} & \dfrac{1}{\sqrt{2}} \end{bmatrix} \begin{bmatrix} X_a \\ X_b \\ X_c \end{bmatrix}
$$

$$\tag{6-34}$$

$$
\begin{bmatrix} X_a \\ X_b \\ X_c \end{bmatrix} = \boldsymbol{C}_{2r/3s} \cdot \begin{bmatrix} X_d \\ X_q \\ X_0 \end{bmatrix} = \sqrt{\frac{2}{3}} \begin{bmatrix} \cos\theta & -\sin\theta & \dfrac{1}{\sqrt{2}} \\ \cos\left(\theta - \dfrac{2\pi}{3}\right) & -\sin\left(\theta - \dfrac{2\pi}{3}\right) & \dfrac{1}{\sqrt{2}} \\ \cos\left(\theta + \dfrac{2\pi}{3}\right) & -\sin\left(\theta + \dfrac{2\pi}{3}\right) & \dfrac{1}{\sqrt{2}} \end{bmatrix} \begin{bmatrix} X_d \\ X_q \\ X_0 \end{bmatrix} \tag{6-35}
$$

当采用上述的坐标变换时，可以推导得到在以转子磁链定向的同步旋转坐标系下的永磁同步电机定子电压方程。首先把电流的变换方程

$$
\begin{bmatrix} i_d \\ i_q \\ i_0 \end{bmatrix} = \sqrt{\frac{2}{3}} \begin{bmatrix} \cos\theta & \cos\left(\theta - \dfrac{2\pi}{3}\right) & \cos\left(\theta + \dfrac{2\pi}{3}\right) \\ -\sin\theta & -\sin\left(\theta - \dfrac{2\pi}{3}\right) & -\sin\left(\theta + \dfrac{2\pi}{3}\right) \\ \dfrac{1}{\sqrt{2}} & \dfrac{1}{\sqrt{2}} & \dfrac{1}{\sqrt{2}} \end{bmatrix} \begin{bmatrix} i_a \\ i_b \\ i_c \end{bmatrix} \tag{6-36}
$$

代入 a 相绕组的磁链方程可以得到：

$$\psi_{sa} = \sqrt{\frac{3}{2}}L_{aad}i_d\cos\theta + \sqrt{\frac{3}{2}}L_{aaq}i_q\sin\theta + [L_{sl}i_a - L_{ml}(i_b + i_c)] + \psi_f\cos\theta \qquad (6\text{-}37)$$

同样可以得到：

$$\psi_{sb} = \sqrt{\frac{3}{2}}L_{aad}i_d\cos\left(\theta - \frac{2}{3}\pi\right) + \sqrt{\frac{3}{2}}L_{aaq}i_q\sin\left(\theta - \frac{2}{3}\pi\right) + [L_{sl}i_b - L_{ml}(i_a + i_c)] +$$

$$\psi_f\cos\left(\theta - \frac{2}{3}\pi\right)$$

$$(6\text{-}38)$$

$$\psi_{sc} = \sqrt{\frac{3}{2}}L_{aad}i_d\cos\left(\theta + \frac{2}{3}\pi\right) + \sqrt{\frac{3}{2}}L_{aaq}i_q\sin\left(\theta + \frac{2}{3}\pi\right) + [L_{sl}i_c - L_{ml}(i_a + i_c)] +$$

$$\psi_f\cos\left(\theta + \frac{2}{3}\pi\right)$$

$$(6\text{-}39)$$

采用前述的坐标变换公式，可以得到在转子磁链定向的同步旋转坐标系下的 d，q 轴磁链为

$$\psi_{sd} = \sqrt{\frac{2}{3}}\left[\psi_{sa}\cos\theta + \psi_{sb}\cos\left(\theta - \frac{2}{3}\pi\right) + \psi_{sc}\cos\left(\theta + \frac{2}{3}\pi\right)\right]$$

$$(6\text{-}40)$$

$$= \frac{3}{2}L_{aad}i_d + L_{sl}i_d + L_{ml}i_d + \sqrt{\frac{3}{2}}\psi_r = \left(\frac{3}{2}L_{aad} + L_{sl} + L_{ml}\right)i_d + \sqrt{\frac{3}{2}}\psi_f$$

$$\psi_{sq} = \sqrt{\frac{2}{3}}\left[\psi_{sa}\sin\theta + \psi_{sb}\sin\left(\theta - \frac{2}{3}\pi\right) + \psi_{sc}\sin\left(\theta + \frac{2}{3}\pi\right)\right]$$

$$(6\text{-}41)$$

$$= \frac{3}{2}L_{aaq}i_q + L_{sl}i_q + L_{ml}i_q = \left(\frac{3}{2}L_{aaq} + L_{sl} + L_{ml}\right)i_d$$

$$\psi_{s0} = \frac{1}{\sqrt{2}}[\psi_{sa} + \psi_{sb} + \psi_{sc}] = (L_{sl} - 2L_{ml})i_0 \qquad (6\text{-}42)$$

因此转子磁场定向的 dq 坐标系下的磁链方程可以写成如下形式

$$\psi_{sd} = L_d i_d + \psi_d$$

$$\psi_{sq} = L_q i_q$$

$$\psi_{s0} = L_0 i_0$$

$$(6\text{-}43)$$

其中，定义：

$$L_d = \frac{3}{2}L_{aad} + L_{sl} + L_{ml} = \frac{3}{2}(L_{s0} + L_{s2}) + L_{sl} + L_{ml}$$

$$L_q = \frac{3}{2}L_{aaq} + L_{sl} + L_{ml} = \frac{3}{2}(L_{s0} - L_{s2}) + L_{sl} + L_{ml}$$

$$L_0 = L_{sl} - 2L_{ml}$$

$$\begin{cases} \psi_d = \psi_r = \sqrt{\dfrac{3}{2}}\psi_f \\ \psi_q = 0 \end{cases}$$

即采用式（6-30）所示的坐标变换矩阵时，在转子磁场定向的同步旋转坐标系下使用的转子磁链幅值参数与实际的转子磁链幅值存在着一个系数的差别。

同样可以根据三相静止坐标系下的电压方程推导得到在 dq 坐标系下的电压方程：

$$\begin{cases} u_a = R \cdot i_a + \dfrac{d\psi_{sa}}{dt} \\ u_b = R \cdot i_b + \dfrac{d\psi_{sb}}{dt} \\ u_c = R \cdot i_c + \dfrac{d\psi_{sc}}{dt} \end{cases} \tag{6-44}$$

根据坐标变换方程，在转子磁场定向下的同步旋转坐标系（d-q 坐标系）下，定子两相绕组的电压可以表示为

$$\begin{aligned} u_d &= \sqrt{\frac{2}{3}}\left[u_{sa}\cos\theta + u_{sb}\cos\left(\theta - \frac{2}{3}\pi\right) + u_{sc}\cos\left(\theta + \frac{2}{3}\pi\right) \right] \\ &= Ri_{sd} + \frac{d}{dt}\psi_{sd} - \omega\psi_{sq} \end{aligned} \tag{6-45}$$

同理：

$$u_q = Ri_{sq} + \frac{d}{dt}\psi_{sq} + \omega\psi_{sd} \tag{6-46}$$

$$u_{s0} = \frac{1}{\sqrt{2}}(u_{sa} + u_{sb} + u_{sc}) = Ri_0 + \frac{d}{dt}\psi_{s0} \tag{6-47}$$

把定子磁链用定子电流的电枢反应和转子永磁体产生的磁链来表示，即把式（6-43）代入 dq 坐标系下的电压方程，可以得到在同步旋转坐标系下的定子电压方程如下：

$$\begin{aligned} u_d &= Ri_d + L_d\frac{di_d}{dt} - \omega L_q i_q \\ u_q &= Ri_q + L_q\frac{di_q}{dt} + \omega L_d i_d + \omega\psi_d \\ u_0 &= Ri_0 + L_0\frac{di_0}{dt} \end{aligned} \tag{6-48}$$

可以看到，在转子磁场定向的同步旋转坐标系下，永磁同步电机的数学方程变得非常简单，从而也就为控制算法的简化奠定了基础。

异步电机很多的控制策略是在两相旋转坐标系下完成的。类似地，为了推导在

两相静止坐标系下的永磁同步电机数学方程，我们可以把同步旋转坐标系下的方程按照坐标变换公式变换到两相静止坐标系

$$u_\alpha = u_d \cos\theta - u_q \sin\theta$$

$$= R(i_d\cos\theta - i_q\sin\theta) + L_d\frac{di_d}{dt}\cos\theta - L_q\sin\theta\frac{di_q}{dt} \tag{6-49}$$

$$- \omega L_q i_q \cos\theta - \omega L_d i_d \sin\theta - \omega\psi_d\sin\theta$$

代入电流变换公式：

$$i_d = i_\alpha\cos\theta + i_\beta\sin\theta$$

$$i_q = -i_\alpha\sin\theta + i_\beta\cos\theta$$

经过推导可以得到：

$$u_\alpha = Ri_\alpha - \omega\psi_d\sin\theta + \left(\frac{L_d+L_q}{2} + \frac{L_d-L_q}{2}\cos2\theta\right)\frac{di_\alpha}{dt} + \frac{L_d-L_q}{2}\sin2\theta\frac{di_\beta}{dt} + \tag{6-50}$$

$$\omega(-L_d+L_q)i_\alpha\sin2\theta + \omega(L_d-L_q)i_\beta\cos2\theta$$

同样可以得到：

$$u_\beta = u_d\sin\theta + u_q\cos\theta$$

$$= Ri_\beta + \omega\psi_d\cos\theta + \frac{L_d-L_q}{2}\sin2\theta\frac{di_\alpha}{dt} + \left(\frac{L_d+L_q}{2} - \frac{L_d-L_q}{2}\cos2\theta\right)\frac{di_\beta}{dt} \tag{6-51}$$

$$+ \omega(L_d-L_q)\cos2\theta i_\alpha + \omega(L_d-L_q)\sin2\theta i_\beta$$

写成矩阵的形式：

$$
\begin{bmatrix} u_\alpha \\ u_\beta \end{bmatrix} = R\begin{bmatrix} i_\alpha \\ i_\beta \end{bmatrix} + \begin{bmatrix} \dfrac{L_d+L_q}{2} + \dfrac{L_d-L_q}{2}\cos2\theta & \dfrac{L_d-L_q}{2}\sin2\theta \\ \dfrac{L_d-L_q}{2}\sin2\theta & \dfrac{L_d+L_q}{2} - \dfrac{L_d-L_q}{2}\cos2\theta \end{bmatrix} \cdot \frac{d}{dt}\begin{bmatrix} i_\alpha \\ i_\beta \end{bmatrix}
$$

$$
+ \omega(L_d-L_q)\begin{bmatrix} -\sin2\theta & \cos2\theta \\ \cos2\theta & \sin2\theta \end{bmatrix}\begin{bmatrix} i_\alpha \\ i_\beta \end{bmatrix} + \omega\psi_d\begin{bmatrix} -\sin\theta \\ \cos\theta \end{bmatrix}
\tag{6-52}
$$

同样可以定义在两相静止坐标系下，转子永磁体产生的磁链为

$$\psi_\alpha = \psi_d\cos\theta$$

$$\psi_\beta = \psi_d\sin\theta \tag{6-53}$$

定子绕组中的磁链为转子永磁体产生的磁链和电枢反应之和：

$$\psi_{s\alpha} = \psi_{sd}\cos\theta - \psi_{sq}\sin\theta = L_d i_d\cos\theta - L_q i_q\sin\theta + \psi_d\cos\theta = L_d i_d\cos\theta - L_q i_q\sin\theta + \psi_\alpha$$

$$\psi_{s\beta} = \psi_{sd}\sin\theta + \psi_{sq}\cos\theta = L_d i_d\sin\theta + L_q i_q\cos\theta + \psi_d\sin\theta = L_d i_d\sin\theta + L_q i_q\cos\theta + \psi_\beta$$

$$\tag{6-54}$$

定子磁链用 α-β 轴下的电流来表示可以得到：

$$\psi_{s\alpha} = L_d(i_\alpha\cos\theta + i_\beta\sin\theta)\cos\theta - L_q(-i_\alpha\sin\theta + i_\beta\cos\theta)\sin\theta + \psi_\alpha$$

$$= \left(\frac{L_d + L_q}{2} + \frac{L_d - L_q}{2}\cos2\theta\right)i_\alpha + \frac{L_d - L_q}{2}\sin2\theta \cdot i_\beta + \psi_\alpha \tag{6-55}$$

$$\psi_{s\beta} = \frac{L_d - L_q}{2}\sin2\theta \cdot i_\alpha + \left(\frac{L_d + L_q}{2} - \frac{L_d - L_q}{2}\cos2\theta\right) \cdot i_\beta + \psi_\beta$$

写成矩阵的形式:

$$\begin{bmatrix} \psi_{s\alpha} \\ \psi_{s\beta} \end{bmatrix} = \begin{bmatrix} \dfrac{L_d + L_q}{2} + \dfrac{L_d - L_q}{2}\cos2\theta & \dfrac{L_d - L_q}{2}\sin2\theta \\ \dfrac{L_d - L_q}{2}\sin2\theta & \dfrac{L_d + L_q}{2} - \dfrac{L_d - L_q}{2}\cos2\theta \end{bmatrix}\begin{bmatrix} i_\alpha \\ i_\beta \end{bmatrix} + \begin{bmatrix} \psi_\alpha \\ \psi_\beta \end{bmatrix} \tag{6-56}$$

并且有:

$$\frac{d}{dt}\begin{bmatrix} \psi_{s\alpha} \\ \psi_{s\beta} \end{bmatrix} = \begin{bmatrix} \dfrac{L_d + L_q}{2} + \dfrac{L_d - L_q}{2}\cos2\theta & \dfrac{L_d - L_q}{2}\sin2\theta \\ \dfrac{L_d - L_q}{2}\sin2\theta & \dfrac{L_d + L_q}{2} - \dfrac{L_d - L_q}{2}\cos2\theta \end{bmatrix} \cdot \frac{d}{dt}\begin{bmatrix} i_\alpha \\ i_\beta \end{bmatrix}$$

$$+ \omega(L_d - L_q)\begin{bmatrix} -\sin2\theta & \cos2\theta \\ \cos2\theta & \sin2\theta \end{bmatrix}\begin{bmatrix} i_\alpha \\ i_\beta \end{bmatrix} + \omega\psi_d\begin{bmatrix} -\sin\theta \\ \cos\theta \end{bmatrix} \tag{6-57}$$

所以在两相静止坐标系下的电压方程仍然可以写成如下形式:

$$u_{s\alpha} = Ri_\alpha + \frac{d}{dt}\psi_{s\alpha}$$

$$u_{s\beta} = Ri_\beta + \frac{d}{dt}\psi_{s\beta} \tag{6-58}$$

但是永磁同步电机在两相静止坐标系下的方程含有时变参数,其电感矩阵随着转子位置的变化而发生变化,这种变化来自于转子凸极效应的存在。所以永磁同步电机在两相静止坐标系下的方程很难直接用于矢量控制。而异步电机由于没有凸极效应,所以在两相静止坐标系下的方程不含有时变参数,因此可以用于矢量控制。

如果永磁同步电机为隐极机,即 $L_d = L_q$,则在两相静止坐标系下的方程也可以得到简化。

$$\begin{bmatrix} \psi_{s\alpha} \\ \psi_{s\beta} \end{bmatrix} = \begin{bmatrix} L_d & 0 \\ 0 & L_d \end{bmatrix}\begin{bmatrix} i_\alpha \\ i_\beta \end{bmatrix} + \begin{bmatrix} \psi_\alpha \\ \psi_\beta \end{bmatrix} \tag{6-59}$$

$$\begin{bmatrix} u_\alpha \\ u_\beta \end{bmatrix} = R\begin{bmatrix} i_\alpha \\ i_\beta \end{bmatrix} + \begin{bmatrix} L_d & 0 \\ 0 & L_d \end{bmatrix} \cdot \frac{d}{dt}\begin{bmatrix} i_\alpha \\ i_\beta \end{bmatrix} + \omega\psi_d\begin{bmatrix} -\sin\theta \\ \cos\theta \end{bmatrix} \tag{6-60}$$

此时电机方程中将不再存在时变参数,因此隐极式永磁同步电机的矢量控制可以采用两相静止坐标系下的方程。

可以看出,永磁同步电机在同步旋转坐标系下数学模型最简单,电机参数也都是固定值,并且不同坐标轴之间的数学方程的交叉耦合最少。而在其他坐标系下

（静止三相坐标系、静止两相坐标系和非转子磁链定性的旋转坐标系下）的数学模型较为复杂，其中的参数也往往都是随转子位置的不同而发生变化。所以永磁同步电机的控制研究一般都是在转子磁场定向的同步旋转坐标下进行。当然，如果电机为隐极机，那么在静止坐标系下的控制也是可行的。

6.4.3　永磁同步电机的电磁转矩方程

由于从三相静止坐标系到同步旋转坐标系之间的坐标变换保持了变换前后的功率平衡，所以电机的瞬时功率可以表示为

$$P = u_a i_a + u_b i_b + u_c i_c = u_d i_d + u_q i_q + u_0 i_0$$

$$= R(i_d^2 + i_q^2 + i_0^2) + i_d L_d \frac{di_d}{dt} + i_q L_q \frac{di_q}{dt} + i_0 L_0 \frac{di_0}{dt} - \omega L_q i_d i_q + \omega L_d i_d i_q + \omega \psi_d i_q$$

$$= R(i_d^2 + i_q^2 + i_0^2) + \frac{1}{2}\left(L_d \frac{di_d^2}{dt} + L_q \frac{di_q^2}{dt} + L_0 \frac{di_0^2}{dt}\right) + \omega(L_d - L_q)i_d i_q + \omega \psi_d i_q$$

$$(6-61)$$

上式中第一项对应于电机中的铜损耗，第二项为电机定子电感中的储能变化所对应的功率，后面两项对应于定子绕组中的反电势和电流相互作用产生的功率，也就是从定子通过电磁耦合传输到转子上的功率，即电机的电磁功率部分。

因此可以得到电机转子产生的电磁转矩

$$T_{em} = \frac{P_{em}}{\Omega} = \frac{P_{em}}{\omega/p} = p_n(L_d - L_q)i_d i_q + p\psi_d i_q \tag{6-62}$$

其中，p 为电机的极对数，Ω 为电机的机械角速度。

公式中的第一项被称作磁阻转矩，第二项被称作电磁转矩。从式（6-62）中可以看到，如果永磁电机为隐极电机，那么电磁转矩方程变为

$$T_{em} = p\psi_d i_q \tag{6-63}$$

也就是说隐极式永磁同步电机电磁转矩只与永磁体的磁链和定子电流的转矩分量相关，而与电枢反应的磁链无关。也就是说无论 d 轴电流如何变化，电磁转矩只与 q 轴电流相关，这个结论对于隐极式永磁同步电机的弱磁控制非常有用，即无论采用何种弱磁策略，在忽略磁场饱和产生的凸极效应的前提下，隐极式永磁同步电机最终产生的电磁转矩只与永磁体磁链幅值和 q 轴电流相关，而与弱磁电流无关。

根据定子磁链的公式：

$$\psi_{sd} = L_d i_d + \psi_d$$

$$\psi_{sq} = L_q i_q$$

同样可以得到电磁转矩方程可以写成如下形式：

$$T_{em} = p_n(\psi_{sd} i_q - \psi_{sq} i_d) \tag{6-64}$$

或者可以写成：

$$T_{em} = p_n(\psi_{s\alpha} i_\beta - \psi_{s\beta} i_\alpha) \tag{6-65}$$

根据不同的控制策略，可以采用不同的电磁转矩形式。

6.4.4 永磁同步电机的机械传感器

在前面的介绍中，我们可以看出，永磁同步电机的转子磁链的位置对于永磁同步电机的控制非常重要。由于转子磁链是由转子永磁体产生的，所以转子磁链的位置与转子的机械位置是对应的。因此，测量转子的机械位置，就可以知道转子磁链的位置。转子机械位置的测量一般是由安装在电机转子上的机械传感器来完成的。机械传感器一般有光电码盘、旋转变压器等。下面分别进行简要介绍。

光电码盘是一种增量式的机械传感器，由光电盘（透光栅板并刻有线条）、光源、光敏管和光电整形放大电路所组成。光电码盘的工作原理是当主轴带动光电盘转动时，光源经光电盘透射至光敏管，使光敏管接收到光线亮、暗变化的信号，引起光敏管所通过的电流发生变化，该变化信号经光电整形电路调理和放大，输出矩形脉冲。同时为了测量电机的转向，一般在光电盘上设置两组光敏管，或者在光电盘上设置两组光栅刻线，相互之间错开四分之一光栅的间距，分别产生 A、B 两组脉冲信号，如图 6-5 所示。为了确定初始位置，防止在增量计算时产生累积误差，在光电盘的里圈还有一条透光条纹，用来在转子每圈的特定位置产生一个脉冲，又被称作零位置信号（Z 信号）或者索引脉冲（I 信号）。

由图可以看出，A、B 两个脉冲信号互相差 90°，在电机正转时，A 信号领先 B 信号，电机反转时，B 信号领先 A 信号。因此，根据 A 和 B 信号的相对相位就可以判断出电机的转向。而根据 Z 信号，可以判断出电机转子的零位置，用来校正对转子位置判断的误差。现在的 DSP 处理器中，ABZ 信号经过电平转换和隔离后可以直接输入到 DSP 的 QEP 正交编码单元，该单元可以直接根据 A 和 B 信号的相对相位决定计数器是增计数（正转）或者减计数（反转），在 Z 信号到来的时候可以直接对计数器清零，减轻了软件处理的工作量。

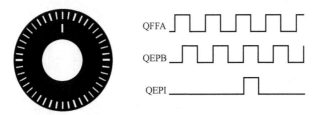

图 6-5　光电编码器示意图

光电码盘的信号输出有（TTL、HTL），集电极开路（PNP、NPN）等多种形式，其中 TTL 为长线差分驱动，光电编码器输出的信号是对称的 A、A-、B、B-、Z、Z-信号，电源电压一般为 5V，其中负信号和对应的正信号相位相反。由于带有对称负信号的连接，电流对于电缆产生的电磁场相互抵消，信号的衰减最小，信号传输过程中的抗干扰性能最佳，可传输较远的距离。对于 TTL 的带有对称负信号输出的编码器，信号传输距离可达 150m。

HTL 也称为推拉式或者推挽式输出，光电码盘的电源电压一般为 12V、15V、24V 等，对于 HTL 的带有对称负信号输出的编码器，信号传输距离可达 300m

增量式光电编码器测量的是位置的增量值，而无法测量位置的绝对值，所以需要 Z 信号来给出零位置信号，但是在电机刚起动尚未检测到 Z 信号的时候，光电编码器测量的位置是存在较大误差的。同样，增量式光电编码器无法测量电机转子的初始位置。永磁电机不同于异步电机，异步电机的转子磁场是感应产生的，所以异步电机起动时可以任意确定初始位置。而永磁电机转子磁场位置和转子机械位置是对应的，在起动时必须要知道初始位置。所以在永磁同步电机上一般还有一组辅助码盘，该辅助码盘利用霍尔效应来测量转子的初始位置。霍尔式传感器是利用霍尔效应的原理制成的。霍尔效应是指在一个矩形半导体薄片上有一电流通过，此时如果有一外部的磁场也作用于该半导体薄片上，则在垂直于电流方向的半导体两端，会产生一个很小的电压，该电压就称为霍尔电压。所以如果在永磁电机定子某个位置布设一个霍尔传感器，那么转子永磁体产生的磁场就会在该传感器中产生电压信号，电压信号的方向与转子磁场的方向有关，其幅值可以被整形为一个方波。如果在定子一对磁极的位置布设互差 120°电角度的 3 个霍尔传感器，则随着转子的旋转，每个霍尔传感器中都会产生一个脉宽为 180°电角度的方波脉冲，如图 6-6 所示。判断 3 个信号的正负值组合，就可以把电机的转子永磁体的位置确定在 60°电角度的范围内。这种安装方式需要在电机生产的时候提前把霍尔传感器安装到电机内部，测量的是真正的转子磁场位置，所以准确度比较高。但是这种霍尔传感器的安装比较复杂，目前常用的是在机械位置传感器中单独做一个转子旋转磁场和定子的霍尔传感器，把该机械位置传感器的转子磁场位置和永磁电机的转子磁场位置在装配的时候对应，或者在装配好后测量二者之间固定的相位差，则也可以间接测量永磁电机的转子初始位置。

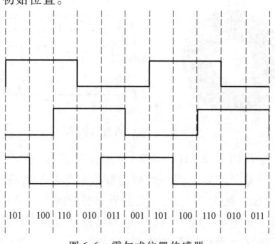

图 6-6　霍尔式位置传感器

　　如果需要实时确定永磁电机转子的绝对位置，那么就需要使用绝对值编码器。绝对值光电编码器光码盘上有许多道光通道刻线，每道刻线依次以 2 线、4 线、8 线、16 线……编排，这样，在编码器的每一个位置，通过读取每道刻线的通、暗，获得一组从 2 的零次方到 2 的 n-1 次方的唯一的二进制编码，这就称为 n 位绝对值编码器。绝对值编码器在每个机械位置上输出的编码信号是唯一的，这样的编码器的输出信号是由光电码盘的机械位置决定的，而不是像增量式编码器那样是靠码盘的运动来产生的。因此它不受停电和电机停机的影响。编码器的抗干扰特性、数据的可靠性也可以大大提高。目前已有 28 位的绝对编码器产品，成本相对于增量式光电编码器要高很多，一般用于高精度的伺服控制中。为了配合旋转式机械伺服系统，还有记忆圈数的多圈式绝对值编码器。对于一个绝对式编码器，机械位置的分辨率就越高，其码盘上的光通道刻线就越多，绝对值编码器的结构也就越复杂。

　　另外一种常用的可以直接测量绝对位置的是旋转变压器，旋转变压器（resolver）是一种电磁式的机械位置传感器，又称同步分解器。它实际上可以看作是一种测量角度用的小型交流电动机，由定子和转子组成，定子与电机本体固定，转子随永磁电机的转子同步旋转。其中定子绕组相当于旋转变压器的一次侧，由外部电路提供励磁电压，为了提高抗干扰能力和低速性能，励磁电压的频率通常选择 400Hz、3000Hz 及 5000Hz 等频率的交流电压。转子绕组相当于旋转变压器的二次侧，通过定转子直接的电磁耦合得到感应电压。旋转变压器的工作原理和普通变压器基本相似，区别在于旋转变压器的一次、二次绕组则随转子的旋转而发生相对位置的改变，因而其输出电压的大小随转子位置的不同而发生变化，如果定子励磁电流为直流，则转子输出正弦、余弦电压，其相位与转子绕组的位置相关，此时相当于一个直流励磁的同步交流电机。如果定子磁链电流为中高频交流，则相当于在基频的正、余弦电压基础上叠加了一个高频分量。通过外部解调电路可以把输出电压从高频分量中解调出来，就可以得到由转子位置决定的基波分量，然后就可以得到转子位置。信号的调制和解调可以采用专门的芯片，也可以采用 DSP 或者 CPLD 来实现。

　　旋转变压器的励磁绕组是由单相交流电压供电，励磁电压可以写为式（6-66）形式：

$$U_1(t) = U_{1m}\sin\omega t \tag{6-66}$$

　　其中，U_{1m} 为励磁电压的幅值，ω 为励磁电压的角频率。励磁绕组的励磁电流产生的交变磁通，在二次输出绕组中感生出电动势。当转子转动时，由于励磁绕组和二次输出绕组的相对位置发生变化，因而二次输出绕组感生的电动势也发生变化。又由于二次输出的两相绕组在空间成正交的 90°电角度，因而两相输出电压如式（6-67）所示：

$$
\begin{aligned}
U_{2Fs}(t) &= U_{2Fm}\sin(\omega t + \alpha_F)\sin\theta_F \\
U_{2Fc}(t) &= U_{2Fm}\sin(\omega t + \alpha_F)\cos\theta_F
\end{aligned}
\tag{6-67}
$$

式中 U_{2Fs}——正弦相的输出电压；

U_{2Fc}——余弦相的输出电压；

U_{2Fm}——次级输出电压的幅值；

α_F——励磁方和次级输出方电压之间的相位角；

θ_F——发送机转子的转角。

6.5 PMSM 数字控制系统

由 6.4 节可以知道，在转子磁场定向的坐标系下，永磁同步电机的定子电压方程为

$$u_d = p\psi_{sd} - \omega\psi_{sq} + ri_d$$
$$u_q = p\psi_{sq} + \omega\psi_{sd} + ri_q \tag{6-68}$$

也可以写成：

$$u_d = ri_d + L_d\frac{di_d}{dt} - \omega L_q i_q$$
$$u_q = ri_q + L_q\frac{di_q}{dt} + \omega L_d i_d + \omega\psi_d \tag{6-69}$$

定子磁链方程：

$$\psi_{sd} = L_d i_d + \psi_d \tag{6-70}$$
$$\psi_{sq} = L_q i_q \tag{6-71}$$

电磁转矩：

$$T_{em} = p_n(i_q\psi_d - i_q\psi_q) = p_n(L_d - L_q)i_d i_q + p_n\psi_t i_q \tag{6-72}$$

式中，p_n 是电机极对数。

电机的运动方程是

$$\frac{J}{p_n}\frac{d\omega}{dt} = T_{em} - T_L \tag{6-73}$$

如果跟异步电机一样，在两相静止坐标系下，则永磁同步电机的定子电压方程为：

$$\begin{bmatrix} u_\alpha \\ u_\beta \end{bmatrix} = R\begin{bmatrix} i_\alpha \\ i_\beta \end{bmatrix} + \begin{bmatrix} \dfrac{L_d+L_q}{2}+\dfrac{L_d-L_q}{2}\cos2\theta & \dfrac{L_d-L_q}{2}\sin2\theta \\ \dfrac{L_d-L_q}{2}\sin2\theta & \dfrac{L_d+L_q}{2}-\dfrac{L_d-L_q}{2}\cos2\theta \end{bmatrix} \cdot \frac{d}{dt}\begin{bmatrix} i_\alpha \\ i_\beta \end{bmatrix}$$

$$+ \omega(L_d - L_q)\begin{bmatrix} -\sin2\theta & \cos2\theta \\ \cos2\theta & \sin2\theta \end{bmatrix}\begin{bmatrix} i_\alpha \\ i_\beta \end{bmatrix} + \omega\psi_d\begin{bmatrix} -\sin\theta \\ \cos\theta \end{bmatrix}$$

$$\tag{6-74}$$

$$T_{em} = p_n(\psi_{s\alpha}i_\beta - \psi_{s\beta}i_\alpha) \tag{6-75}$$

可以看出，由于凸极效应的存在，两相静止坐标系下的永磁同步电机定子电压方程比较复杂，电感等参数矩阵是随转子位置变化的时变矩阵，所以很难应用，一般应用于隐极电机（$L_d = L_q$）中。

矢量控制一般通过检测或估计电机转子磁通的位置及幅值来控制定子电流或电压，这样，电机的转矩便只和磁通、电流有关，与直流电机的控制方法相似，可以得到很高的控制性能。

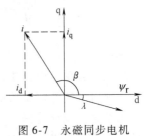

图 6-7 永磁同步电机的矢量图

对于永磁同步电机，转子磁通位置与转子机械位置相同，这样通过检测转子实际位置就可以得知电机转子磁通位置，从而使永磁同步电机的矢量控制比起异步电机的矢量控制大大简化。这时，由前面电机模型的电磁转矩公式可以看到，在励磁电流 i_d 控制为零时，通过控制 q 轴电流 i_q 即可完全控制电机转矩 T_{em}。图 6-7 是永磁同步电机的矢量图。

图 6-8 给出永磁同步电机矢量控制系统结构框图。励磁电流给定 i_d 和转矩电流给定 i_q 可以根据最大转矩、最大效率或弱磁等不同的控制策略来确定，电机的机械位置传感器可以是旋转变压器或者光电码盘等，转速数据处理环节根据机械位置传感器的输出信号得到电机的实际转速值。

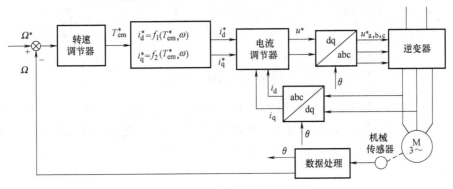

图 6-8 PMSM 矢量控制结构框图

由图 6-8 可以看到，在有机械位置传感器的永磁电机控制系统中，由于转子磁链位置与转子机械位置相同，而转子磁链的幅值由永磁体决定，可以看作是一个电机参数。所以永磁同步电机的矢量控制可以看作是异步电机矢量控制的一种简化，省去了异步电机中的磁链观测环节，唯一比较关键的就是电流环调节器的设计问题。

在电机方程中，可以近似认为系统的电磁时间常数远小于机电时间常数，即认为电机转速的变换比电流变换慢得多，因此对电流环来说，反电势 $\omega\psi_d$ 是一个比较慢的扰动，在电流瞬变的过程中，可以认为反电势基本不变，所以在设计电流调节器时，可以先把反电势的影响忽略掉。

在定子电压方程中，将交叉耦合项等看成扰动，得到的电流控制的对象方程为

$$\begin{cases} u_d = Ri_d + L_d pi_d \\ u_q = Ri_q + L_q pi_q \end{cases} \tag{6-76}$$

可见，如果不考虑交叉耦合项等扰动，永磁同步电机在 dq 坐标系下的定子电压和电流为一阶关系，其传递函数为

$$\frac{I_s(s)}{U_s(s)} = \frac{1}{R_s + L_{d,q}s} = \frac{1/L_{d,q}}{s + \dfrac{R}{L_{d,q}}} = \frac{K_{RL}}{(1 + T_{RL}s)} \tag{6-77}$$

其中，$K_{RL} = 1/R_s$，$T_{RL} = L_{d,q}/R_s$。

交叉耦合项可以看作扰动，在调节器的输出予以补偿。

前面对电流环模型的推导过程主要考虑的是控制原理，即闭环反馈控制与前馈控制相结合，推导过程中并没有考虑到电流环中的延时。但是，如果要详细分析电流环的性能，就必须考虑这些延时。在这种情况下，电流环的控制框图如 6-9 所示。图 6-9 可以理解为 d 轴或者 q 轴电流环框图，也可以理解为由 dq 轴变量组成的复变量的电流环框图。

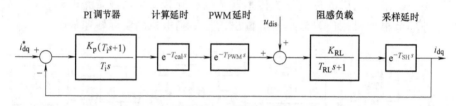

图 6-9　电流环详细框图

除了 PI 调节器和代表电抗器的阻感负载外，电流环框图中还包含 3 个延时单元，即采样延时 T_{SH}、计算延时 T_{cal} 和 PWM 延时 T_{PWM}，在数字化控制中，这 3 个延时一般为 1.5 个 PWM 开关周期，经过优化后最短可以为 0.5 个 PWM 开关周期。下面将详细分析这 3 个延时单元。

首先将电流环中的纯延时环节用一阶小惯性环节 $\dfrac{1}{(1 + T_d s)}$ 近似，式（6-77）近似为

$$G(s) = \frac{K_p K_{RL}(1 + T_i s)}{T_i s(1 + T_{RL}s)(1 + T_d s)} \tag{6-78}$$

其中，$\dfrac{K_p(1 + T_i s)}{T_i s}$ 是我们要设计的 PI 调节器。

为了按照"工程最优"方法整定参数，可以将式（6-78）化为典型 I 型系统或者典型 II 型系统。从稳态要求上来看，希望电流控制无静差，并且动态过程中不希望电流出现太大的超调，以免在控制系统中触发保护动作或者造成局部电流超过额定值而损坏，所以选用 I 型系统比较合适。

为典型 I 型系统时，取积分时间常数 $T_i = T_{RL}$，使得 $G(s)$ 的零点与系统中大惯性环节的极点对消，典型化后的电流环开环传递函数为

$$G(s) = \frac{K_p K_{RL}}{T_i s(1 + T_d s)} \tag{6-79}$$

再按照工程最优原则来整定比例系数 K_i：

$$K_p = \frac{1}{K_{RL}} \frac{T_{RL}}{2T_d} = \frac{L_{d,q}}{2T_d} \tag{6-80}$$

$$K_i = K_p / T_i = K_p / T_{RL} = \frac{R_s}{2T_d} \tag{6-81}$$

按照典型 I 型系统整定的电流环，可以得到系统的开环截止频率为

$$\omega_c = \frac{1}{2T_d} \tag{6-82}$$

由于 T_d 中包含采样延时 T_{SH}、计算延时 T_{cal} 和 PWM 延时 T_{PWM}，所以电流环的开环截止频率不能超过开关频率的 1/2。受到电力电子变换器调制电压饱的影响以及电抗器耐受电流等实际物理系统的限制，电流调节的速度不能太快。此外，电流环的性能还受到调节器 PI 参数的影响，而且 PI 参数的选择同样受到实际物理系统的影响，例如，电流环中存在的延时单元使得电流调节器的增益不能过大，否则就会影响系统的稳定性。

我们由此得到电流 PI 调节器的参数：

$$\begin{cases} K_p = \omega_c L_{d,q} \\ K_i = \omega_c R_s \end{cases} \tag{6-83}$$

此时，电流环的开环传递函数变为

$$G(s) = \frac{K_p K_{RL}}{T_i s(1 + T_d s)} = \frac{\omega_c}{s(1 + T_d s)} \tag{6-84}$$

即
d 轴电流调节器的 PI 参数为

$$\begin{cases} K_p = \omega_c L_d \\ K_i = K_p \dfrac{R}{L_d} \end{cases} \tag{6-85}$$

解耦补偿项为

$$u_{dc} = -\omega L_q i_q \tag{6-86}$$

q 轴电流调节器的 PI 参数为

$$\begin{cases} K_p = \omega_{ci} L_q \\ K_i = K_p R / L_q \end{cases} \tag{6-87}$$

解耦补偿项为

$$u_{qc} = \omega L_d i_d + \omega \psi_d \tag{6-88}$$

解耦补偿项可以在 PI 调节器的输出端给予补偿。在永磁同步电机矢量控制中的实际应用中，由于 PI 调节器具有一定的自适应和跟踪能力，所以即使不对解耦补偿项进行补偿，PI 调节器仍然会进行调节来消除这部分造成的误差。

所以永磁同步电机的电流调节器可以表示为图 6-10 的形式。

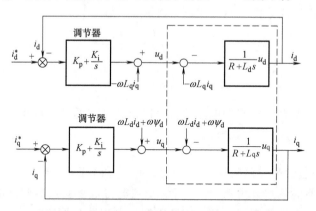

图 6-10　永磁同步电机电流调节器控制框图

其中，虚线内的部分为永磁同步电机的数学模型。

这样整定的电流环对于指令值具有较快的动态性能和较小的超调量。从式（6-75）可以看出，在 PI 参数整定方式一定的情况下，电流环的最大开环截止频率反比于电流环中总的延时 T_d。因此，减小延迟时间是增加电流环带宽的有效方式。因此，提高开环截止频率，或者减小采样和计算延时，都可以增加闭环截止频率。

6.5.1　永磁同步电机电流控制策略

前面讲到，在永磁同步电机矢量控制中，外环的速度调节器可以输出得到电磁转矩的指令值。而在永磁同步电机的电磁转矩公式，我们可以发现，对于凸极电机，即 $L_d \neq L_q$ 时，d 轴和 q 轴电流都能够产生电磁转矩。所以根据电磁转矩的指令值，要根据不同的电流控制策略来得到 d 轴和 q 轴电流的指令值。本节将对永磁同步电机的电流控制策略进行分析和介绍。

表面贴式永磁同步电机的凸极效应可以被忽略，即有 $L_d = L_q$，所以又被称作隐极电机，其电磁转矩方程可以简化为

$$T_{em} = p_n \psi_d i_q \tag{6-89}$$

即转矩只与转子永磁体产生的磁链幅值和定子绕组中的 q 轴电流有关，而励磁电流 i_d 的大小可以根据实际控制要求设定，i_d 的变化不会改变电磁转矩的大小。所以在隐极式永磁同步电机中，电磁转矩只由 q 轴电流决定，控制策略相对简单，可以看作是凸极电机的一种特殊情况。而对于凸极式永磁同步电机，电磁转矩不但和 q 轴电流有关，也与 d 轴电流有关，所以控制策略就相对复杂一些。

在凸极电机中，对于 d 轴和 q 轴电流的控制，在实际应用中主要有如下 3 种情况：

1. 令 $i_d = 0$ 的控制策略

在隐极式永磁同步电动机中，由式（6-89）可以看出，在电机参数确定的情况下，由于电磁转矩的产生只与 q 轴电流有关，而与 d 轴电流无关，所以保持 $i_d = 0$ 可以保证用最小的电流幅值得到最大的输出转矩值。而电流幅值的减小可以减小电机运行过程中在定子绕组的电阻上产生的铜损耗，提高系统的运行效率。所以在隐极式永磁同步电机的矢量控制系统中，$i_d = 0$ 是最常采用的控制策略。在凸极式永磁同步电机中，如果控制 d 轴电流为零，则电磁转矩方程变为 $T_{em} = p_n \psi_d i_q$，此时电磁转矩和 q 轴电流成正比，控制策略比较简单。但是此时由于没有利用电磁转矩中的磁阻转矩项 $p_n (L_d - L_q) i_d i_q$，所以在产生电磁转矩的角度来讲，电流的利用率未必就是最好的。为了提高电机的转矩输出能力，需要在 d 轴和 q 轴电流的分配上进行一定的优化。

在 $i_d = 0$ 的控制策略下，隐极式永磁同步电机控制效率最高，凸极式永磁同步电机的转矩控制最为简单和直接。在这种控制策略下达到稳态时，由于定子三相绕组对称，电机转速平稳，则定子绕组中三相电流应该是对称的交流，坐标变换到同步旋转坐标系下，d-q 轴电流应该是平稳的直流，即有：

$$\frac{di_d}{dt} = 0, \frac{di_q}{dt} = 0$$

忽略电阻上的压降，式（6-69）中的电压方程可以简化为

$$u_d = -\omega L_q i_q$$
$$u_q = \omega \psi_d \tag{6-90}$$

因此可以得到在 i_d 控制为零时，永磁同步电机的供电电压和转速、转矩电流之间的互相约束为

$$u^2 = \omega^2 ((L_q i_q)^2 + \psi_d^2) \tag{6-91}$$

根据这个公式可以求出电源的供电电压一定时，在不同转速下的 q 轴电流最大值约束，从而也就可以得到在此电源供电下的永磁同步电机最大输出转矩，以及在此供电电压下电机所能达到的最大转速。同时从式（6-83）可以看出，在 $i_d = 0$ 的控制策略下，电机的定子电压和电流矢量的方向并不一致，也就是定子端的功率因数并不是 1.0。

2. 控制 i_d 以追求最大转矩/电流控制（MTPA 控制）

前面分析指出，对于隐极式永磁同步电机，在控制 $i_d = 0$ 的控制策略下可以用最小的定子电流幅值实现最大的转矩输出。而在凸极式永磁同步电动机（IPMSM）中，电机参数 $L_d \neq L_q$，电机的电磁转矩如式（6-65）所示，其中第一项由转子磁场和定子电流相互作用产生，所以又被称作交互转矩。第二项是由转子凸极效应造

成的磁阻变化引起的，所以又称作磁阻转矩。在隐极机或者 $i_d = 0$ 的控制策略下，只利用了第一项交互转矩。而对于凸极式电机，如果仍然要用最小的电流幅值得到最大的输出转矩，则必须要充分利用磁阻转矩。

在已知电机运行所需要的转矩给定值的情况下，可以数学求解得到单位单溜最大转矩的曲线（MTPA），按照这样的函数曲线对电流进行控制即可保证在电流幅值不变的情况下转矩值最大，从而可以减小电流造成的铜损耗和电机发热，提高电机的运行效率。下面对电流的具体控制方法进行推导和分析。

假设在同步旋转坐标系下，三相电流的合成矢量的幅值为 I，电流矢量的角度为 α，在稳态下有：

$$i_d = I\cos\alpha$$
$$i_q = I\sin\alpha \tag{6-92}$$
$$I^2 = i_d^2 + i_q^2$$

则电磁转矩公式（6-72）变为

$$T_{em} = p_n\psi_d i_q + p_n(L_d - L_q)i_d i_q = p_n\psi_d I\sin\alpha + p_n(L_d - L_q)I^2\sin\alpha\cos\alpha \tag{6-93}$$

其中角度 α 上反映了 d、q 轴电流在定子电流中的分配比例。最大转矩/电流点的选择就是如何在确定的 I 值下，寻找角度值，使转矩最大。

$$\frac{dT_{em}}{d\alpha} = 0$$

通过求解上式，可以得到在每个电流下的最大转矩值，也就是可以求出在需要的电磁转矩 T_{em} 下，所需要的最小电流值，以及对应的电流矢量角度。在已知电机参数的情况下，可以求解得到 MTPA 的曲线，在控制中根据不同的转矩值，选择不同的电流角，即选择不同的 d-q 轴电流，来控制电机用最小的电流输出最大的转矩。

3. 最大功率因数控制

永磁同步电机由于不需要励磁电流来产生磁场，所以电机运行过程中的功率因数较高。但是在定子电枢绕组中仍然存在着电感，所以还会产生一定的无功功率。通过适当的控制策略，可以使电机的功率因数达到最大。如果在控制系统中想要达到单位功率因数，即在任意的旋转坐标系下，电压和电流矢量的角度相同，即

$$\frac{i_d}{i_q} = \frac{u_d}{u_q} \tag{6-94}$$

在电机运行在某一个稳定状态下时，dq 轴电流都是稳定的直流，所以在稳态下有：

$$u_d = Ri_d - \omega L_q i_q$$
$$u_q = Ri_q + \omega L_d i_d + \omega\psi_d \tag{6-95}$$

代入 $\dfrac{i_d}{i_q} = \dfrac{u_d}{u_q}$，经过推导可以得到：

$$L_d i_d^2 + \psi_d i_d + L_q i_q^2 = 0 \tag{6-96}$$

根据控制系统对转矩的要求：$T_{em} = p_n \psi_d i_q + p_n (L_d - L_q) i_d i_q$，可以联立方程求解得到在每一个转矩下的 d 轴和 q 轴电流的控制策略。

4. 令 i_d 为负值以达到弱磁目的

永磁同步电机在作为电动机运行时，定子绕组供电电压主要用来抵消转子旋转在定子绕组中产生的反电势。一般定义永磁同步电机在额定转速和额定转矩输出时的定子端电压为其额定电压，电机中的定子电流也为额定电流。如果要求电机转速在额定转速上进一步提高，则由转子磁链产生的反电势部分可能会高于电机的额定电压，而供电电压不能进一步提高，从而就限制了电机转速的进一步提升。随着转速的升高，如果定子磁链的幅值仍然保持不变，那么电机需要的相电压也就越来越高，在电动机电压达到逆变器所能输出的电压极限时，要想继续提高转速，需要通过对磁链电流的控制来降低定子磁链的幅值，从而降低电机定子端电压的幅值，即为弱磁控制，而定子磁链幅值的变化只有靠调节 i_d 和 i_q 来实现。此时的 i_d 与其称为励磁电流不如称为去磁电流。

根据不同的需求，弱磁也有不同的方法，最简单的方法是在定子电压方程中忽略电阻上的压降和 q 轴电流产生的电枢效应，所以在供电电压限制一定时，要提高电机的转速，需要保持定子电枢反电势不变，即

$$
\begin{aligned}
u_d &= R i_d - \omega L_q i_q \approx 0 \\
u_q &= \omega L_d i_d + \omega \psi_d \approx \omega_n \psi_d = \text{const}
\end{aligned}
\tag{6-97}
$$

ω_n 是额定角速度。

则可以计算得到：

$$i_d = \frac{\omega_n - \omega}{\omega L_d} \tag{6-98}$$

这种弱磁控制方法比较简单，但是对于电流的选择不太准确，不能充分实现电压和电流约束的利用，尤其是没有考虑转矩电流分量对定子端电压的影响，因此有可能会出现定子反电势大于端电压的情况，从而造成电流失控。

为了得到较为准确的弱磁控制策略，我们仍然从永磁同步电机的数学模型开始进行分析。

在永磁同步电机驱动系统中，电源电压存在着一个上限值，假设供电电压的限制为

$$u_d^2 + u_q^2 \leq u_{max}^2 \tag{6-99}$$

在稳态下，dq 轴电流为稳定的直流分量，同时忽略定子电阻上的压降，定子电压方程可以简化为

$$u_d = -\omega L_q i_q$$
$$u_q = \omega L_d i_d + \omega \psi_d \qquad (6\text{-}100)$$

可以得到：

$$(L_q i_q)^2 + (L_d i_d + \psi_d)^2 \leqslant \left(\frac{u_{max}}{\omega}\right)^2, \quad 即$$

$$\left(\frac{i_q}{L_d}\right)^2 + \left(\frac{i_d + \psi_d/L_d}{L_q}\right)^2 \leqslant \left(\frac{u_{max}}{L_d L_q \omega}\right)^2 \qquad (6\text{-}101)$$

由此我们可以得到，电压对电流控制的约束为一个椭圆。并且椭圆的大小是随着转速的变化而变化的。转速越高，电压约束的椭圆越小。通常情况下，由于凸极和饱和效应的影响，在永磁同步电机中，有 $L_d < L_q$，所以电压约束的椭圆中心位于 $i_d = -\psi_d/L_d$，$i_q = 0$ 的位置，长轴在 d 轴的方向。如图 6-11 所示。

而电机定子绕组中的电流值也受制于电机的额定电流和电源的输出能力，电流约束为

$$i_d^2 + i_q^2 \leqslant I_{max}^2 \qquad (6\text{-}102)$$

电流约束为一个圆，其圆心位于原点的位置。

通过上面的分析，我们可以得到在电压约束和电流约束下，电流控制策略的选择只能在两个约束的公共部分取值，如图 6-11 所示。从图中可以看出，随着电机转速的提高，电压约束的椭圆越来越小，d 轴电流也就只能在左半平面取值，即励磁电流变为去磁电流，电机进入弱磁运行区域。

永磁同步电机在电压和电流约束下，对于一个期望的转矩值，往往有多种 d、q 轴电流的组合，因此在约束范围内，可以再按照其他的约束进行选择，例如选择 $i_d = 0$，或者 MTPA，或者单位功率因数控制等。

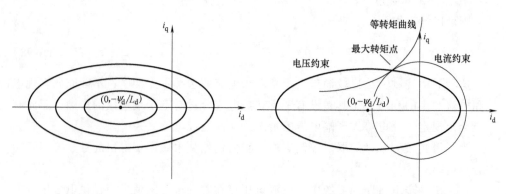

图 6-11　电压约束椭圆　　　　　　图 6-12　最优弱磁约束

6.5.2　数字化 PMSM 伺服系统总体设计

在全数字化伺服系统中，可以用微处理器实现转速计算和调节、矢量变换、电

流环控制等。内环一般为电流环，外环则为转速环。其响应时间常数不同，电流环响应时间要更短一些，一般转速环时间常数是电流环时间常数的几十倍，而两个控制环的采样时间可以采用不同值，一般转速环的采样时间是电流环采样时间的 3 ~ 10 倍。

电流环时间常数由电机电磁过渡过程来确定，不同电机有不同的值，直流电机的电磁时间常数一般大于异步电机的时间常数，而永磁同步电机的电磁时间常数一般要小于异步电机的时间常数。

在伺服控制系统中，小的电流环采样时间能减小系统的转矩脉动，获得更好的低速性能，提高系统的稳定性，达到更高的综合性能。另一方面，小的电流环采样时间要求系统硬件、软件的执行周期要短，不能有过于复杂的控制算法，会有较高的硬件成本，软件编制也要求精打细算，以减少时间开支。

因此，确定系统的电流环采样时间是确定整个系统构成的关键，需要综合考虑系统所要求的性能指标以及系统成本，必要时做一些折中处理。例如在实际系统中，考虑到对性能的要求，确定系统的电流环采样时间是 $100\mu s$，转速环采样时间为电流环采样时间的 10 倍，即 1ms。

转速环主要完成电机测速、反馈调节以及监控管理工作。速度传感器可以由增量式光电编码器构成。系统主电路开关器件采用功率器件IGBT，以简化电路，获得较高的开关频率。图 6-13 是系统结构框图。

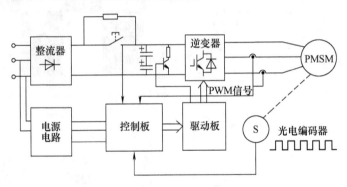

图 6-13　系统结构框图

系统软件从功能上可以分为监控程序、转速环程序和电流环程序。软件的关系结构如图 6-14、图 6-15 所示。

6.5.3　全数字 PMSM 伺服系统的性能

全数字化 PMSM 伺服系统无论是动态响应还是稳态精度都可以达到很高的性能。图 6-16 ~ 图 6-18 给出一些仿真和实际系统运行测量的结果。通过这些结果，可以看出全数字 PMSM 系统确实达到较高的性能，在高精度伺服系统中得到广泛应用。

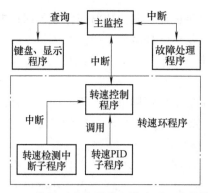

图 6-14 外环（监控程序和转速环）软件结构

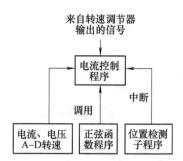

图 6-15 内环（电流环）软件结构

1. 仿真运算得到的结果

图 6-16 是系统从零速起动到给定转速（2000r/min）过程的仿真结果，其中图 6-16a 是转速波形；图 6-16b 则是电机相电流的波形。图 6-17 所示为系统稳态运行时 PMSM 上的电压仿真结果，图 6-17a 是电机相电压；图 6-17b 则是电机线电压。

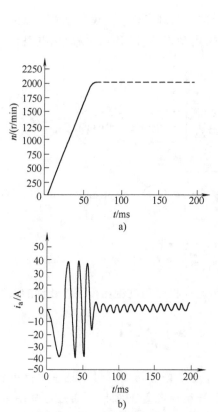

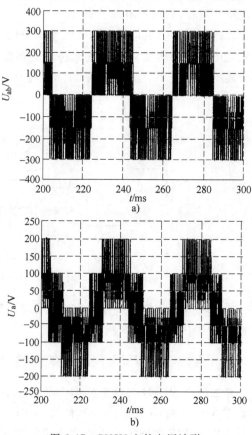

图 6-16 从零速到给定转速的过程波形
a）转速波形　b）电机相电流波形

图 6-17 PMSM 上的电压波形
a）电机相电压　b）电机线电压

2. 实验结果

图 6-18 为系统起动时测量得到的电流波形；图 6-19 所示是系统实际运行时电机的电压波形，其中上方是相电压，下方则是线电压。

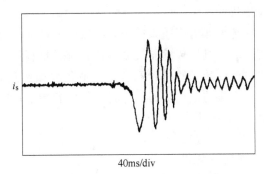

40ms/div

图 6-18 一相电流暂态响应波形

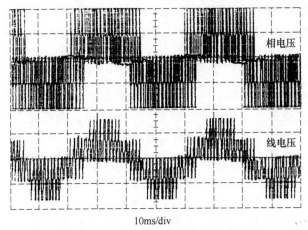

10ms/div

图 6-19 PMSM 的线电压和相电压波形

6.6 永磁同步电机无机械传感器控制

6.6.1 永磁同步电机无机械传感器技术概述

永磁同步电机控制系统中，一般需要在转子轴上安装机械式传感器，测量电机的转速和位置。这些机械传感器经常是编码器（Encoder）、解算器（Resolver）和测速发电机（Tacho generafor）。机械传感器提供了电机所需的转子信号，但也给调速系统带来了一些问题：

1）机械传感器增加了电机转子轴上的转动惯量，加大了电机空间尺寸和体积，机械传感器的使用增加了电机与控制系统之间的连接线和接口电路，使系统易受干扰，降低了可靠性。

2）受机械传感器使用条件（如温度、湿度和振动）的限制，调速系统不能广泛适应于各种场合。

3）机械传感器及其辅助电路增加了调速系统的成本，某些高精度传感器的价格甚至可与电机本身价格相比。

为了克服使用机械传感器给调速系统带来的缺陷，许多学者开展了无机械传感器交流调速系统的研究。无机械传感器交流调速系统是指利用电机绕组中的有关电信号，通过适当方法估计出转子的位置和转速，取代机械传感器，实现电机控制。目前，适用于永磁同步电机的最主要的估计转子位置和转子转速的策略有：

1）利用定子端电压和电流直接计算出 θ 和 ω；

2）观测器基础上的估算方法；

3）模型参考自适应法（MRAS）；

4）基于定子 3 次谐波相电压的估算方法；

5）检测反电动势的转子位置估算法；

6）人工智能理论（如神经元网络、模糊控制等）基础上的估算方法。

6.6.2　利用定子端电压和电流计算的方法

永磁同步电机闭环控制中，可直接检测的量是定子的三相端电压和电流，三相端电压还可以通过电压参考值等信息来重构计算得到。利用它们计算出 θ 和 ω 是最简单、最直接的方法。有以下两种典型算法。

（1）直接计算方法　由 PMSM 的 d-q 坐标系下的电压和磁链方程，可以得到

$$u_d = (R + pL_d)i_d - \omega L_q i_q \tag{6-103}$$

$$u_q = (R + pL_q)i_q + \omega L_d i_d + \omega \psi_d \tag{6-104}$$

由 α-β 和 d-q 坐标系下变量的转换关系，得到下面的公式：

$$u_d = u_\alpha \cos\theta + u_\beta \sin\theta \tag{6-105}$$

$$u_q = u_\beta \cos\theta - u_\alpha \sin\theta \tag{6-106}$$

$$i_d = i_\alpha \cos\theta + i_\beta \sin\theta \tag{6-107}$$

$$i_q = i_\beta \cos\theta - i_\alpha \sin\theta \tag{6-108}$$

根据式（6-103）~式（6-104），又可得

$$u_\alpha \cos\theta + u_\beta \sin\theta = (R + pL_d)(i_\alpha \cos\theta + i_\beta \sin\theta) - \omega L_q(i_\beta \cos\theta - i_\alpha \sin\theta) \tag{6-109}$$

$$u_\beta \cos\theta - u_\alpha \sin\theta = (R + pL_q)(i_\beta \cos\theta - i_\alpha \sin\theta) +$$

$$\omega L_d(i_\alpha \cos\theta + i_\beta \sin\theta) + \omega \psi_r \tag{6-110}$$

由式（6-109）可以推导出转子位置角 θ 的如下表达式：

$$\theta = \arctan\left(\frac{A}{B}\right) \tag{6-111}$$

式中

$$A = u_\alpha - Ri_\alpha - L_d pi_\alpha + \omega i_\beta(L_q - L_d)$$

$$B = -u_\beta + Ri_\beta + L_d pi_\beta + \omega i_\alpha(L_q - L_d)$$

这样，转子位置角 θ 可以用定子端电压和电流及转子角速度 ω 来表示，而对于表面式 PMSM，有 $L_d = L_q = L$，则 ω 可以由下式得到：

$$\omega = \frac{\sqrt{C}}{D} \qquad (6\text{-}112)$$

式中　$C = (u_\alpha - Ri_\alpha - Lpi_\alpha)^2 + (u_\beta - Ri_\beta - Lpi_\beta)^2$
$$D = \psi_r$$

将 ω 的表达式代入式（6-111）中，则可得转子位置角 θ。

（2）利用磁通的代数计算方法　这种方法通过计算 α-β 坐标系下的电机方程，以三角函数的形式得到转子的位置角。磁通由反电动势积分求得，但是由于积分器的零点漂移问题，这样得到的磁通的值会有积分误差。当电机转速较低时，问题更为严重。为了克服这个问题，需要引入误差补偿环节，使得估算的磁通和实际值相等。转速的估算值通过对转子位置角求一阶导数得到。

PMSM 在 d-q 坐标系下的方程写成矩阵形式为

$$\begin{bmatrix} u_d \\ u_q \end{bmatrix} = \begin{bmatrix} R + pL_d & -\omega L_q \\ \omega L_d & R + pL_q \end{bmatrix} \begin{bmatrix} i_d \\ i_q \end{bmatrix} + \begin{bmatrix} 0 \\ \omega\psi_d \end{bmatrix} \qquad (6\text{-}113)$$

通过坐标变换转换为 α-β 坐标系下，可表示为

$$\begin{bmatrix} u_\alpha \\ u_\beta \end{bmatrix} = C_{dq-\alpha\beta} \begin{bmatrix} u_d \\ u_q \end{bmatrix} = C_{dq-\alpha\beta} \begin{bmatrix} R + pL_d & -\omega L_q \\ \omega L_d & R + pL_q \end{bmatrix} \begin{bmatrix} i_d \\ i_q \end{bmatrix} + C_{dq-\alpha\beta} \begin{bmatrix} 0 \\ \omega\psi_d \end{bmatrix}$$

$$= R \begin{bmatrix} i_\alpha \\ i_\beta \end{bmatrix} + p \begin{bmatrix} \psi_{s\alpha} \\ \psi_{s\beta} \end{bmatrix} \qquad (6\text{-}114)$$

式中，$C_{dq-\alpha\beta}$ 为 d-q 轴到 α-β 轴的旋转坐标变换矩阵；$\psi_{s\alpha}$、$\psi_{s\beta}$ 是 α-β 坐标系下的定子磁链，$\psi_{s\alpha}$ 和 $\psi_{s\beta}$ 可通过对反电动势求积分得到。

反电动势的方程为

$$e_\alpha = u_\alpha - Ri_\alpha$$
$$e_\beta = u_\beta - Ri_\beta$$

由式（6-114），ψ_α 和 ψ_β 可表示为

$$\begin{bmatrix} \psi_{s\alpha} \\ \psi_{s\beta} \end{bmatrix} = L_q \begin{bmatrix} i_\alpha \\ i_\beta \end{bmatrix} + (L_d - L_q) \begin{bmatrix} \cos\theta & 0 \\ 0 & \sin\theta \end{bmatrix} \begin{bmatrix} \cos\theta & \sin\theta \\ \cos\theta & \sin\theta \end{bmatrix} \begin{bmatrix} i_\alpha \\ i_\beta \end{bmatrix} + \psi_r \begin{bmatrix} \cos\theta \\ \sin\theta \end{bmatrix}$$

$$= L_q \begin{bmatrix} i_\alpha \\ i_\beta \end{bmatrix} + \left[(L_d - L_q)i_d + \psi_d \right] \begin{bmatrix} \cos\theta \\ \sin\theta \end{bmatrix} \qquad (6\text{-}115)$$

定义

$$\hat{\psi} = \sqrt{(\hat{\psi}_\alpha - L_q i_\alpha)^2 + (\hat{\psi}_\beta - L_q i_\beta)^2}$$

$$= (L_d - L_q)\hat{i}_d + \psi_d \qquad (6\text{-}116)$$

则可得转子位置角的三角函数表达式为

$$\cos\hat{\theta} = \frac{\hat{\psi}_\alpha - L_q i_\alpha}{\hat{\psi}} \qquad \sin\hat{\theta} = \frac{\hat{\psi}_\beta - L_q i_\beta}{\hat{\psi}} \tag{6-117}$$

为了消除积分环节带入的零点漂移问题，引入误差补偿环节。

$$\hat{\psi}_\alpha = \frac{Te_\alpha}{1+Ts} + \frac{\psi_\alpha^*}{1+Ts} = \frac{Ts\psi_\alpha}{1+Ts} + \frac{\psi_\alpha + (\psi_\alpha^* - \psi_\alpha)}{1+Ts}$$

$$= \psi_\alpha + \frac{\psi_\alpha^* - \psi_\alpha}{1+Ts} \tag{6-118}$$

式中，$e_\alpha = u_\alpha - Ri_\alpha$；$\psi_\alpha^*$ 是 α 轴的磁链设定值；T 为时间常数；s 为拉普拉斯算子。同样地，β 轴的磁链为

$$\hat{\psi}_\beta = \frac{Te_\beta}{1+Ts} + \frac{\psi_\beta^*}{1+Ts} = \psi_\beta + \frac{\psi_\beta^* - \psi_\beta}{1+Ts} \tag{6-119}$$

磁链在 α-β 坐标系下的设定值可以用下面的方程得到：

$$\begin{bmatrix} \psi_\alpha^* \\ \psi_\beta^* \end{bmatrix} = \begin{bmatrix} \cos\hat{\theta} & -\sin\hat{\theta} \\ \sin\hat{\theta} & \cos\hat{\theta} \end{bmatrix} \begin{bmatrix} L_d i_d^* + \psi_r \\ L_q i_q^* \end{bmatrix} \tag{6-120}$$

转速的估算值通过对转子位置角求一次导数得到，即

$$\hat{\omega} = \frac{d\hat{\theta}}{dt} \tag{6-121}$$

以上这两种方法的共同特点是计算简单，动态响应快，几乎没有什么延迟。但是如果要准确地计算出转子位置角和转子转速，这两种方法都需要准确测量定子端量，而且这种方法对电机参数的准确性要求也比较高，随着电机运行状况的变化（例如温度的升高），电机参数 R、L 和 ψ_r 等都会发生变化。电机参数出现误差，则会导致估算量偏离真实值。因此，应用这种方法时最好结合电机参数的在线辨识。

6.6.3 观测器基础上的估算方法

观测器的实质是状态重构，其原理是重新构造一个系统，利用原系统中的可直接量测的变量（如输出矢量和输入矢量）作为它的输入信号，并使其输出信号 $\hat{x}(t)$ 在一定的条件下等价于原系统的状态 $x(t)$。通常，称 $\hat{x}(t)$ 为 $x(t)$ 的重构状态或估计状态，而称这个用以实现状态重构的系统为观测器。$x(t)$ 和 $\hat{x}(t)$ 之间的等价性一般采用渐近等价法。目前主要存在全阶状态观测器、降阶状态观测器、扩展卡尔曼滤波器、滑模观测器等方法，下面简单介绍几种方法在 PMSM 位置和转速估计中的应用。

（1）全阶状态观测器方法 对于一个用下面方程表示的非线性系统：

$$\left.\begin{array}{r} \dfrac{dx}{dt} = f(x) + g(x)u \\ y = h(x) \end{array}\right\} \tag{6-122}$$

非线性观测器可以设计为在原状态方程的基础上加上一个校正项：

$$\frac{d\hat{x}}{dt} = f(\hat{x}) + g(\hat{x})u + G(\hat{x}, u, y)[y - h(\hat{x})] \tag{6-123}$$

与线性观测器不同，增益矩阵 $G(\hat{x}, u, y)$ 不是常数，而是状态估计量、输入量和输出量的非线性函数。合理设计矩阵 $G(\hat{x}, u, y)$ 可使系统渐近稳定。

在一些情况下，状态量 x 部分可测量，只有其中一部分需要估计。在这种情况下，可设计降阶状态观测器，以减少计算量。

状态观测器的模型可以建立在静止坐标系下，也可以建立在旋转坐标系下。在静止坐标系下，永磁同步电机的定子电压方程可以写成

$$
\begin{bmatrix} u_\alpha \\ u_\beta \end{bmatrix} = R \begin{bmatrix} i_\alpha \\ i_\beta \end{bmatrix} + \begin{bmatrix} \dfrac{L_d+L_q}{2}+\dfrac{L_d-L_q}{2}\cos2\theta & \dfrac{L_d-L_q}{2}\sin2\theta \\ \dfrac{L_d-L_q}{2}\sin2\theta & \dfrac{L_d+L_q}{2}-\dfrac{L_d-L_q}{2}\cos2\theta \end{bmatrix} \cdot \dfrac{d}{dt}\begin{bmatrix} i_\alpha \\ i_\beta \end{bmatrix} +
$$

$$
\omega(L_d-L_q)\begin{bmatrix} -\sin2\theta & \cos2\theta \\ \cos2\theta & \sin2\theta \end{bmatrix}\begin{bmatrix} i_\alpha \\ i_\beta \end{bmatrix} + \omega\psi_d\begin{bmatrix} -\sin\theta \\ \cos\theta \end{bmatrix} \tag{6-124}
$$

可以看出，对于凸极式永磁同步电机，在静止坐标系下的定子电压方程中存在着随转子位置变化的参数，所以静止坐标系下的方程一般应用在隐极电机上。即在 $L_d=L_q$ 时，有

$$
\begin{bmatrix} u_\alpha \\ u_\beta \end{bmatrix} = R \begin{bmatrix} i_\alpha \\ i_\beta \end{bmatrix} + \begin{bmatrix} L & 0 \\ 0 & L \end{bmatrix} \cdot \dfrac{d}{dt}\begin{bmatrix} i_\alpha \\ i_\beta \end{bmatrix} + \omega\psi_d\begin{bmatrix} -\sin\theta \\ \cos\theta \end{bmatrix} \tag{6-125}
$$

转子运动方程为

$$
\frac{d\omega}{dt} = \frac{T_{em}}{p_n J} - \frac{f\omega}{J} - \frac{T_L}{p_n J} \tag{6-126}
$$

转子角度的状态方程为

$$
\frac{d\theta}{dt} = \omega \tag{6-127}
$$

式中，f 为摩擦系数；J 为电机的转动惯量。可以看出，转子转速的状态方程中，不仅参数 f 和 J 难以得到，负载转矩也很难准确知道。而相对于电压和电流等状态量，电机转速的变化相对缓慢，所以在实际应用中，一般假设转子转速的导数为零，因此可以建立全阶观测器的状态方程为

$$
\left.\begin{array}{r} \dfrac{di_\alpha}{dt} = -R\dfrac{i_\alpha}{L} + \dfrac{\omega\psi_d}{L}\sin\theta + \dfrac{u_\alpha^*}{L} \\[2mm] \dfrac{di_\beta}{dt} = -R\dfrac{i_\beta}{L} - \dfrac{\omega\psi_d}{L}\cos\theta + \dfrac{u_\beta}{L} \\[2mm] \dfrac{d\omega}{dt} = 0 \\[2mm] \dfrac{d\theta}{dt} = \omega \end{array}\right\} \tag{6-128}
$$

观测器的输出可以选择为定子电流，这样便于和测量值直接比较形成反馈校正，即有

$$y = Cx = \begin{bmatrix} 1 & 0 & 0 & 0 \\ 0 & 1 & 0 & 0 \end{bmatrix} \begin{bmatrix} i_\alpha \\ i_\beta \\ \omega \\ \theta \end{bmatrix} \tag{6-129}$$

利用上述的状态方程，根据式（6-123）即可建立全阶观测器。

对于凸极电机，永磁同步电机在静止坐标系下的方程比较复杂，所以一般只有在隐极电机中采用静止坐标系下得到的状态方程。

在转子同步旋转坐标系下，永磁同步电机的模型则相对来说比较简单，因此同步坐标系下的状态方程应用更为广泛。以定子电流、转速和转子位置为状态变量建立全阶龙贝格观测器。

$$\left. \begin{aligned} \frac{\mathrm{d}i_\mathrm{d}}{\mathrm{d}t} &= \frac{u_\mathrm{d}}{L_\mathrm{d}} - \frac{Ri_\mathrm{d}}{L_\mathrm{d}} + \omega \frac{L_\mathrm{q}}{L_\mathrm{d}} i_\mathrm{q} \\ \frac{\mathrm{d}i_\mathrm{q}}{\mathrm{d}t} &= \frac{u_\mathrm{q}}{L_\mathrm{q}} - \frac{Ri_\mathrm{q}}{L_\mathrm{q}} - \omega \frac{L_\mathrm{d}}{L_\mathrm{q}} i_\mathrm{d} - \frac{\psi_\mathrm{d}}{L_\mathrm{q}} \omega \\ \frac{\mathrm{d}\omega}{\mathrm{d}t} &= 0 \\ \frac{\mathrm{d}\theta}{\mathrm{d}t} &= \omega \end{aligned} \right\} \tag{6-130}$$

观测器的输出仍然选择为定子电流，即

$$y = Cx = \begin{bmatrix} 1 & 0 & 0 & 0 \\ 0 & 1 & 0 & 0 \end{bmatrix} \begin{bmatrix} i_\mathrm{d} \\ i_\mathrm{q} \\ \omega \\ \theta \end{bmatrix} \tag{6-131}$$

可以看到，即使在同步旋转坐标系下，观测器的状态方程仍然是非线性的，存在着转子转速和 d-q 轴电流的耦合，在实际应用时，仍然需要对观测器的状态方程进行线性化处理。根据式（6-123），考虑反馈校正之后，即可以实现全阶观测器的设计。

（2）降阶状态观测器方法　在全阶观测器模型中，由于定子电流等可以直接测量得到，所以可以把电流项从状态变量中去掉，建立降阶观测器方程，以简化计算。在全阶观测器中，状态变量中的可测量和待估计量可以分别表示为 x_n 和 x_u，则全阶观测器的状态方程可以写成如下形式：

$$\begin{bmatrix} \dot{x}_\mathrm{n} \\ \dot{x}_\mathrm{u} \end{bmatrix} = \begin{bmatrix} A_{11} & A_{12} \\ A_{21} & A_{22} \end{bmatrix} \begin{bmatrix} x_\mathrm{n} \\ x_\mathrm{u} \end{bmatrix} + \begin{bmatrix} B_1 \\ B_2 \end{bmatrix} u \tag{6-132}$$

$$y = \begin{bmatrix} I & 0 \end{bmatrix} \begin{bmatrix} x_n \\ x_u \end{bmatrix} = C \begin{bmatrix} x_n \\ x_u \end{bmatrix}$$

把可测量从状态方程中去掉，从全阶观测器中省略掉的状态方程部分仍然用作状态反馈量，从而得到降阶的状态方程式为

$$\hat{x}_u = A_{21} x_n + A_{22} \hat{x}_u + B_2 u \tag{6-133}$$

所以降阶观测器状态方程式可以写成

$$\hat{\dot{x}}_u = A_{21} x_n + A_{22} \hat{x}_u + B_2 u + L(\dot{x}_n - \hat{\dot{x}}_n) \tag{6-134}$$

式中

$$\hat{\dot{x}}_n = A_{11} x_n + A_{12} \hat{x}_u + B_1 u \tag{6-135}$$

（3）扩展卡尔曼滤波器法 卡尔曼滤波器是由美国学者 R. E. Kalman 在 20 世纪 60 年代初提出的一种最优线性估计算法，其特点是考虑了系统的模型误差和测量噪声的统计特性。卡尔曼滤波器的算法采用递推的形式，适合在数字计算机上实现。扩展卡尔曼滤波器是卡尔曼滤波器在非线性领域内的扩展，它考虑了系统参数误差和测量噪声等的影响，以最小化状态变量的观测误差为目标选择最优的反馈增益矩阵，保证系统的稳定性和收敛速度，所以非常适合于交流电机控制。一般来说，扩展卡尔曼滤波器可以采用与龙贝格状态观测器同样的状态方程，其区别在于龙贝格观测器的反馈增益矩阵是根据稳定性理论预先计算得到的，而扩展卡尔曼滤波器的反馈增益矩阵是根据迭代算法实时计算得到的。由于交流电机控制中的状态方程通常都是非线性的，反馈增益矩阵的值很难通过理论分析得到，实际中，进行参数调试的难度也比较大。而扩展卡尔曼滤波器只需要设定系统噪声和测量噪声的协方差矩阵，并且都是对角线矩阵，所有元素都是正值，所以实验中参数的试凑和调试比较容易。

德国亚琛工业大学 RWTH Aachen 电机研究所的学者在这方面的工作开展较早，在 1985 年研究了采用扩展卡尔曼滤波器的凸极同步电机的调速系统。在此基础上，又先后开展了采用扩展卡尔曼滤波器的永磁同步电机和异步电机无机械传感器调速系统的研究。但是，扩展卡尔曼滤波器的算法复杂，需要矩阵求逆运算，计算量比较大。近年来随着高速、高精度的数字信号处理器的出现和普及，扩展卡尔曼滤波器在实时控制系统中也逐步得到了应用。另一方面，扩展卡尔曼滤波器要用到许多随机误差的统计参数，由于模型复杂、设计因素较多，使得分析这些参数的工作比较困难，需要通过大量调试才能确定合适的随机参数。

下面介绍一种扩展卡尔曼滤波器基础上的转子位置和速度估算方法。为了便于在隐极电机和凸极电机中的应用，扩展卡尔曼滤波器仍然建立在同步旋转坐标系下，这时永磁同步电机的方程为

$$\left.\begin{array}{r} \dfrac{\mathrm{d}\hat{i}_\mathrm{d}}{\mathrm{d}t} = \dfrac{u_\mathrm{d}}{L_\mathrm{d}} - \dfrac{R\hat{i}_\mathrm{d}}{L_\mathrm{d}} + \hat{\omega}\,\dfrac{L_\mathrm{q}}{L_\mathrm{d}}\hat{i}_\mathrm{q} \\[3mm] \dfrac{\mathrm{d}\hat{i}_\mathrm{q}}{\mathrm{d}t} = \dfrac{u_\mathrm{q}}{L_\mathrm{q}} - \dfrac{R\hat{i}_\mathrm{q}}{L_\mathrm{q}} - \omega\,\dfrac{L_\mathrm{d}}{L_\mathrm{q}}\hat{i}_\mathrm{d} - \dfrac{\psi_\mathrm{d}}{L_\mathrm{q}}\hat{\omega} \\[3mm] \dfrac{\mathrm{d}\hat{\omega}}{\mathrm{d}t} = 0 \\[3mm] \dfrac{\mathrm{d}\hat{\theta}}{\mathrm{d}t} = \hat{\omega} \end{array}\right\} \tag{6-136}$$

把状态方程写成矩阵的形式如下:

$$\frac{\mathrm{d}}{\mathrm{d}t}\hat{x}_k = g(\hat{x}_{k-1}, u) \tag{6-137}$$

$$y_k = Cx_k$$

其中,状态变量为

$$\hat{x} = \begin{bmatrix} \hat{i}_\mathrm{d} & \hat{i}_\mathrm{q} & \hat{\omega} & \hat{\theta} \end{bmatrix}^\mathrm{T} \tag{6-138}$$

式(6-136)是连续微分方程的形式,为了用扩展卡尔曼滤波器的方法求解,把方程用近似欧拉法展开为离散迭代方程的形式,并考虑噪声和误差的影响,则有

$$x_k = f(x_{k-1}) + w_{k-1} = x_{k-1} + \dot{x}_{k-1}T_\mathrm{s} + w_{k-1} \tag{6-139}$$

$$y_k = Cx_k + v_k \tag{6-140}$$

$$f(x_{k-1}) = x_{k-1} + \dot{x}_{k-1}T_\mathrm{s} \tag{6-141}$$

式中,w 为输入噪声(系统噪声);v 为输出噪声(测量噪声)。一般来说,w 代表了系统参数误差所带来的影响,而 v 代表了码盘测量位置信号的量化误差和随机干扰。噪声一般为平稳的高斯白噪声,一般平均值为零。其中噪声的协方差矩阵如下定义:

$$Q = \mathrm{cov}(w) = E\{ww^\mathrm{T}\}$$

$$R = \mathrm{cov}(v) = E\{vv^\mathrm{T}\}$$

式中,$E\{\cdot\}$ 代表求期望值。

定义 $P_k = E\{e_k^\mathrm{T} e_k\} = \displaystyle\sum_{i=1}^{n} E\{[x_i - \hat{x}_i][x_i - \hat{x}_i]^\mathrm{T}\}$ 为估计值的误差的均方。

省略下标 k 和 $k-1$,定义矩阵:

$$F = \frac{\partial f}{\partial x} = \begin{bmatrix} 1 - \dfrac{RT_\mathrm{s}}{L_\mathrm{d}} & T_\mathrm{s}\omega\,\dfrac{L_\mathrm{q}}{L_\mathrm{d}} & T_\mathrm{s}\dfrac{L_\mathrm{q}}{L_\mathrm{d}}i_\mathrm{q} & 0 \\[3mm] -\dfrac{L_\mathrm{d}}{L_\mathrm{q}}T_\mathrm{s}\omega & 1 - \dfrac{RT_\mathrm{s}}{L_\mathrm{q}} & T_\mathrm{s}\left(-\dfrac{L_\mathrm{d}}{L_\mathrm{q}}i_\mathrm{d} - \dfrac{\psi_\mathrm{d}}{L_\mathrm{q}}\right) & 0 \\[3mm] 0 & 0 & 1 & 0 \\[3mm] 0 & 0 & T_\mathrm{s} & 1 \end{bmatrix} \tag{6-142}$$

对于非线性系统的扩展卡尔曼滤波器，可以采用如下的迭代方法来求解其状态变量的最优估计值。

1）计算状态变量的先验估计值和协方差矩阵的先验估计值

$$\hat{x}^- = f(\hat{x}_{k-1}, u_k)$$

$$P_k^- = F_k P_{k-1} F_k^T + Q_{k-1}$$

2）计算卡尔曼增益

$$K_k = P_k^- H_k^T (C_k P_k^- C_k^T + R_k)^{-1}$$

3）根据测量量更新状态估计，计算状态变量的最优估计值

$$\hat{x}_k = \hat{x}_k^- + K_k(y_k - C\hat{x}_k^-)$$

4）更新协方差矩阵

$$P_k = (I - K_k C)P_k^-$$

可以看出，扩展卡尔曼滤波器的实现过程与全阶状态观测器类似，扩展卡尔曼滤波器看似复杂的迭代过程，其根本目的是根据当前的状态估计误差和噪声统计信息等来选择合适的反馈增益系数。

除了降阶观测器、降阶观测器和扩展卡尔曼滤波器外，滑模观测器也是经常使用的方法。

在1986年召开的第25届决策和控制会议（25th Conference on Decision and Control）上，麻省理工学院的 J. J. Slotine 探讨了滑模观测器的非线性估计问题，引起了人们对滑模观测器的兴趣。滑模观测器是利用滑模变结构控制系统对参数扰动鲁棒性强的特点，把一般的状态观测器中的控制回路修改成滑模变结构的形式。滑模变结构控制的本质是滑模运动，通过结构变换开关，以很高的频率来回切换，使状态的运动点以很小的幅度在相平面上运动，最终运动到稳定点。滑模运动与控制对象的参数变化以及扰动无关，因此具有很好的鲁棒性，但是滑模变结构控制在本质上是不连续的开关控制，因此会引起系统发生抖动，这对于矢量控制在低速下运行是有害的，将会引起比较大的转矩脉动。去抖的同时仍然保证系统的鲁棒性将是这种控制方法迫切要解决的问题。

6.6.4 模型参考自适应法

还有一种较常用的估算转子位置和速度的方法就是模型参考自适应法（MRAS）。模型参考自适应辨识的主要思想是将含有待估计参数的方程作为可调模型，将不含未知参数的方程作为参考模型，两个模型具有相同物理意义的输出量。两个模型同时工作，并利用其输出量的差值，根据合适的自适应率来实时调节可调模型的参数，以达到控制对象的输出跟踪参考模型的目的。根据稳定性原理得到速度估计自适应公式，系统和速度的渐近收敛性由 Popov 的超稳定性来保证。

这种方法在异步电机的无速度传感器控制中已有很多应用。虽然永磁同步电机的方程相比异步电机的较简单，但是由于转子永磁体的存在，所以这种方法应用于 PMSM 时，有一些新的需要解决的问题。

下面具体介绍一种用模型参考自适应估算转子位置和速度的方法。

PMSM 在 d-q 轴下的定子电流数学模型为

$$\frac{di_d}{dt} = -\frac{R}{L}i_d + \omega i_q + \frac{u_d}{L} \tag{6-143}$$

$$\frac{di_q}{dt} = -\frac{R}{L}i_q - \omega i_d - \frac{\psi_r}{L}\omega + \frac{u_q}{L} \tag{6-144}$$

根据所得电机数学模型可以看出，电流模型与电机的转速有关，因此可选 PMSM 本身作为参考模型，而电流模型为可调模型，采用并联型结构辨识转速。为便于分析系统稳定性，应使转速量被约束于系统矩阵 **A** 中，因此对控制量和状态变量作相应变换，得

$$\frac{d}{dt}\begin{bmatrix} i_d + \dfrac{\psi_r}{L} \\ i_q \end{bmatrix} = \begin{bmatrix} -\dfrac{R}{L} & \omega \\ -\omega & -\dfrac{R}{L} \end{bmatrix}\begin{bmatrix} i_d + \dfrac{\psi_r}{L} \\ i_q \end{bmatrix} + \frac{1}{L}\begin{bmatrix} u_d + \dfrac{R\psi_r}{L} \\ u_q \end{bmatrix} \tag{6-145}$$

令

$$i_d' = i_d + \frac{\psi_r}{L} \quad i_q' = i_q \quad u_d' = u_d + \frac{R\psi_r}{L} \quad u_q' = u_q \tag{6-146}$$

则被辨识过程：

$$\frac{d}{dt}\begin{bmatrix} i_d' \\ i_q' \end{bmatrix} = \begin{bmatrix} -\dfrac{R}{L} & \omega \\ -\omega & -\dfrac{R}{L} \end{bmatrix}\begin{bmatrix} i_d' \\ i_q' \end{bmatrix} + \frac{1}{L}\begin{bmatrix} u_d' \\ u_q' \end{bmatrix}$$

简写为

$$\frac{d}{dt}i' = Ai' + Bu' \tag{6-147}$$

并联可调模型状态方程：

$$\frac{d}{dt}\begin{bmatrix} \hat{i}_d' \\ \hat{i}_q' \end{bmatrix} = \begin{bmatrix} -\dfrac{R}{L} & \hat{\omega} \\ -\hat{\omega} & -\dfrac{R}{L} \end{bmatrix}\begin{bmatrix} \hat{i}_d' \\ \hat{i}_q' \end{bmatrix} + \frac{1}{L}\begin{bmatrix} \hat{u}_d' \\ \hat{u}_q' \end{bmatrix}$$

简写为

$$\frac{d}{dt}\hat{i}' = \hat{A}\,\hat{i}' + Bu' \tag{6-148}$$

其中，并联可调模型中 $\hat{\omega}$ 是需要辨识的量，而其他参数不变化。

状态变量误差：

$$e = i' - \hat{i}' \tag{6-149}$$

首先将并联模型状态方程改写为以下形式：

$$\frac{\mathrm{d}}{\mathrm{d}t}e = Ae - Iw \tag{6-150}$$

$$v = De$$

式中

$$w = (\hat{A} - A)\hat{i}' \tag{6-151}$$

取 $D = I$，则

$$v = Ie = e$$

根据 Popov 超稳定性定理，如果满足：

1）传递阵 $H(s) = D (sI - A)^{-1}$ 为严格正实矩阵。

2）$\eta(0, t_0) = \int_0^{t_0} v^{\mathrm{T}} w \mathrm{d}t \geq -\gamma_0^2, \forall t_0 \geq 0, \gamma_0^2$ 为任一有限正数。那么，有 $\lim\limits_{t \to \infty} e$

$(t) = 0$，即模型参考自适应系统是渐近稳定的。可得辨识算法为

$$\hat{\omega} = \int_0^t k_1 (i'_{\mathrm{d}}\hat{i_{\mathrm{q}}} - i'_{\mathrm{q}}\hat{i_{\mathrm{d}}}) \mathrm{d}\tau + k_2 (i'_{\mathrm{d}}\hat{i_{\mathrm{q}}} - i'_{\mathrm{q}}\hat{i_{\mathrm{d}}}) + \hat{\omega}(0) \tag{6-152}$$

式中，k_1、$k_2 \geq 0$。

将式（6-56）代入式（6-62）可得

$$\hat{\omega} = \int_0^1 k_1 \left[i_{\mathrm{d}}\hat{i_{\mathrm{q}}} - i_{\mathrm{q}}\hat{i_{\mathrm{d}}} - \frac{\psi_{\mathrm{r}}}{L}(i_{\mathrm{q}} - \hat{i_{\mathrm{q}}}) \right] \mathrm{d}\tau +$$

$$k_2 \left[i_{\mathrm{d}}\hat{i_{\mathrm{q}}} - i_{\mathrm{q}}\hat{i_{\mathrm{d}}} - \frac{\psi_{\mathrm{r}}}{L}(i_{\mathrm{q}} - \hat{i_{\mathrm{q}}}) \right] + \hat{\omega}(0) \tag{6-153}$$

式中，$\hat{i_{\mathrm{d}}}$、$\hat{i_{\mathrm{q}}}$ 由可调模型的式（6-57）计算得到；i_{d}、i_{q} 从电机本身检测之后由计算得到。整个辨识算法的运算框图如图 6-20 所示。

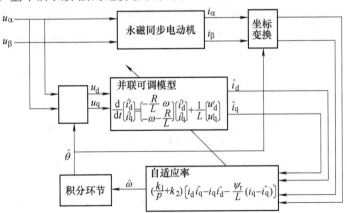

图 6-20　模型参考自适应转速辨识算法的运算框图

6.6.5　基于高频信号注入的估算方法[46-47]

永磁同步电机在低速时由于反电势很小，功率器件的死区和导通压降等对电压

重构的误差影响较大，在轻负载时电流测量中的噪声和干扰等对转子位置估计的精度影响也较大，所以永磁同步电机无机械传感器控制的低速尤其是低速空载运行一直是一个研究难题。在零速区域附近，理论上如果不注入其他信号是很难估算出转子位置的。高频信号注入法是目前公认比较有效的用于低速和零速区域的转子位置估计方法，并且不需要知道电机参数，但是需要电机具有凸极特性。在表面贴式电机中，受定子绕组饱和因素的影响，电机也具有一定的凸极特性，所以高频信号注入法也是可行的。

高频信号注入法一般有高频电压注入法和高频电流注入法。在电压型逆变器驱动的电机调速系统中，采用高频电压注入法比较方便。高频电压注入法主要有两种：旋转高频电压注入法和脉动高频电压注入法。

在无机械传感器控制中，转子磁链角度的估计值和实际值之间会存在一定的偏差，定义角度偏差如式（6-154）所示。

$$\gamma \equiv \theta - \hat{\theta} \tag{6-154}$$

同样定义以转子磁链实际位置 θ 定向的同步坐标系为 DQ 坐标系，以估计角度 $\hat{\theta}$ 定向的同步坐标系为 dq 坐标系，如图 6-21 所示。

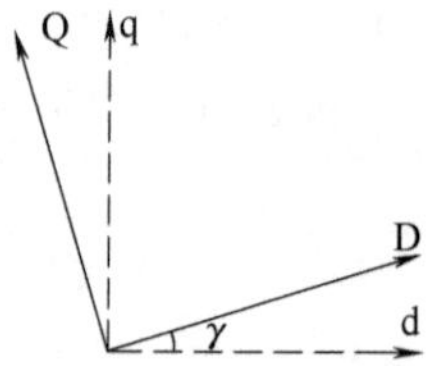

以凸极式永磁同步电机为例，在转子磁场定向的同步坐标系下，永磁电机模型可以写成式（6-155）的形式，其中 s 为微分算子。

图 6-21　转子磁场
定向同步坐标系

$$\begin{bmatrix} u_D \\ u_Q \end{bmatrix} = \begin{bmatrix} R + L_D s & -\omega L_Q \\ \omega L_D & R + L_Q s \end{bmatrix} \cdot \begin{bmatrix} i_D \\ i_Q \end{bmatrix} + \begin{bmatrix} 0 \\ \omega \psi_D \end{bmatrix} \tag{6-155}$$

为了叙述方便，我们把电机控制中的励磁电流和转矩电流（dq 轴电流）称为基频分量（静止坐标系下）或直流分量（同步坐标系下），由注入信号产生的电压和电流分量为高频分量。

在高频电压注入法中，注入信号一般有旋转高频电压注入和脉振高频电压注入。旋转高频电压注入是在 dq 轴上都注入高频电压信号：

$$\begin{bmatrix} u_{qh} \\ u_{dh} \end{bmatrix} = \begin{bmatrix} u_{inj} \cos \omega_h t \\ -u_{inj} \sin \omega_h t \end{bmatrix} = u_{inj} \cdot e^{j\omega_h t} \tag{6-156}$$

忽略高频支路中电阻的影响，可以求得高频激励下的电流响应为

$$i_h = i_{hp} \cdot \exp(j(\theta_h(t) - \pi/2)) + i_{hn} \cdot \exp(j(2\theta - \theta_h(t) + \pi/2)) \tag{6-157}$$

$\theta_h(t)$ 是注入的高频电压信号的相位。其中正、负序电流分量的幅值分别为

$$i_{hp} = \frac{L_{Dh} + L_{Qh}}{2 L_{Dh} L_{Qh}} \frac{u_{inj}}{\omega_h} \tag{6-158}$$

$$i_{hn} = \frac{L_{Qh} - L_{Dh}}{2 L_{Dh} L_{Qh}} \frac{u_{inj}}{\omega_h} \tag{6-159}$$

其中负序电流分量的相角中包含转子的位置信息。

为了获得高频负序电流分量，需要将基波电流及高频正序电流分量滤除。由于在 $\alpha-\beta$ 静止坐标系下各电流分量都为交流量，直接对采样得到的定子电流信号进行滤波处理效果一般。为了获得较为准确的负序电流分量，可采用旋转高通滤波法，即在相应的旋转坐标系下将各电流分量分别转换为直流量后再进行高通滤波（High Pass Filter，HPF）。这样做的好处是，由于高通滤波器的零频幅频响应为零，因此可以将直流信号完全滤除，而且可采用带宽较低的高通滤波器，减小滤波引起的相位畸变。旋转高通滤波器相当于 $\alpha-\beta$ 坐标系下的带阻滤波器（Band Stop Filter，BSF）。HPF 及 BSF 的传递函数分别如式（6-145）式（6-146）所示。

$$HPF = \frac{s}{s + \omega} \tag{6-160}$$

$$BSF = \frac{s - j\omega_h}{s - j\omega_h + \omega} \tag{6-161}$$

图 6-22、图 6-23 分别为采用旋转高通滤波器及带阻滤波器滤除 500Hz 信号时的频率响应，滤波器带宽为 5Hz。可以看出，两种滤波器的频率响应吻合。而且，由幅频特性可以看出，500Hz 信号被完全滤除；由相频特性可以看出，滤波对其他频率的信号造成的相位畸变很小。

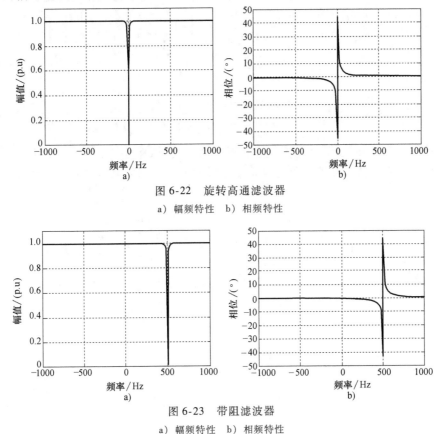

图 6-22 旋转高通滤波器

a）幅频特性 b）相频特性

图 6-23 带阻滤波器

a）幅频特性 b）相频特性

在从测量电流中提取高频信号过程中，滤波器会造成高频信号相位的滞后，从而会对转子位置的估计产生误差，需要进行相位补偿，造成估计精度降低。并且由于在 dq 轴电流中都存在高频信号，所以转矩脉动比较大。所以在永磁同步电机中，往往使用脉振高频电压注入法。

脉振高频电压

脉振高频电压注入是只在 dq 轴的其中一个轴上注入高频信号，假设注入高频信号的频率足够高，在高频分量方程中可以忽略由转速造成的交叉耦合项，高频部分方程可以写成式（6-162）的形式，可以看出 DQ 轴是相互独立的，在某一轴上注入的高频分量不会对另一个轴上的状态量产生影响。

$$\begin{bmatrix} u_{Dh} \\ u_{Qh} \end{bmatrix} = \begin{bmatrix} R_{Dh} + L_{Dh}s & 0 \\ 0 & R_{Qh} + L_{Qh}s \end{bmatrix} \cdot \begin{bmatrix} i_{Dh} \\ i_{Qh} \end{bmatrix} \tag{6-162}$$

式中　　u_{Dh}、u_{Qh}、i_{Dh}、i_{Qh}——电机 D、Q 轴电压和电流的高频分量；

L_{Dh}、L_{Qh}——定子绕组 D、Q 轴的高频电感；

R_{Dh}、R_{Qh}——定子绕组 D、Q 轴高频电阻，一般来说 $R_{Dh} = R_{Qh}$。

在实际应用中，机端电压一般用参考电压来代替。

只考虑高频回路的稳态过程，则正弦电流的微分计算可以得到简化：

$$\begin{bmatrix} u_{Dh} \\ u_{Qh} \end{bmatrix} = \begin{bmatrix} R_{Dh} + j\omega_h L_{Dh} & 0 \\ 0 & R_{Qh} + j\omega_h L_{Qh} \end{bmatrix} \cdot \begin{bmatrix} i_{Dh} \\ i_{Qh} \end{bmatrix} = \begin{bmatrix} Z_{Dh} & 0 \\ 0 & Z_{Qh} \end{bmatrix} \cdot \begin{bmatrix} i_{Dh} \\ i_{Qh} \end{bmatrix}$$

$$\tag{6-163}$$

定义阻抗：

$$Z_{Dh} = R_{Dh} + j\omega_h L_{Dh}$$
$$Z_{Qh} = R_{Qh} + j\omega_h L_{Qh} \tag{6-164}$$

我们用下标 dq 表示该变量是在估计角度 $\hat{\theta}$ 定向的同步坐标系下的值，与 DQ 坐标系下的实际值存在着由角度误差 γ 造成的偏差。例如电压之间的关系为

$$\begin{bmatrix} u_D \\ u_Q \end{bmatrix} = \begin{bmatrix} \cos\gamma & \sin\gamma \\ -\sin\gamma & \cos\gamma \end{bmatrix} \cdot \begin{bmatrix} u_d \\ u_q \end{bmatrix} \tag{6-165}$$

定义 $R(\gamma) = \begin{bmatrix} \cos\gamma & \sin\gamma \\ -\sin\gamma & \cos\gamma \end{bmatrix}$ 为两个坐标系的变量之间的变换矩阵。

那么在以估计角度 $\hat{\theta}$ 定向的坐标系中，由式（6-148）可以得到：

$$\begin{bmatrix} u_{dh} \\ u_{qh} \end{bmatrix} = R(\gamma)^{-1} \begin{bmatrix} z_{Dh} & 0 \\ 0 & z_{Qh} \end{bmatrix} R(\gamma) \cdot \begin{bmatrix} i_{dh} \\ i_{qh} \end{bmatrix}$$

$$= \begin{bmatrix} z_{avg} + \dfrac{z_{diff}}{2}\cos2\gamma & \dfrac{z_{diff}}{2}\sin2\gamma \\ \dfrac{z_{diff}}{2}\sin2\gamma & z_{avg} - \dfrac{z_{diff}}{2}\cos2\gamma \end{bmatrix} \begin{bmatrix} i_{dh} \\ i_{qh} \end{bmatrix} = \begin{bmatrix} z_{dh} & z_{ch} \\ z_{ch} & z_{qh} \end{bmatrix} \cdot \begin{bmatrix} i_{dh} \\ i_{qh} \end{bmatrix}$$

$$\tag{6-166}$$

分别定义阻抗如下：

$$z_{avg} \equiv \frac{z_{Dh} + z_{Qh}}{2} = \frac{R_{Dh} + R_{Qh}}{2} + j\omega_h \frac{L_{Dh} + L_{Qh}}{2}$$

$$z_{diff} \equiv z_{Dh} - z_{Qh} = (R_{Dh} - R_{Qh}) + j\omega_h (L_{Dh} - L_{Qh})$$

$$z_{dh} \equiv z_{avg} + \frac{z_{diff}}{2}\cos2\gamma$$

$$z_{qh} \equiv z_{avg} - \frac{z_{diff}}{2}\cos2\gamma$$

$$z_{ch} \equiv \frac{z_{diff}}{2}\sin2\gamma$$

$$R_{diff} \equiv R_{Dh} - R_{Qh}$$

$$L_{diff} \equiv L_{Dh} - L_{Qh}$$

因此，高频分量电流方程可以写为式（6-152）的形式：

$$\begin{bmatrix} i_{dh} \\ i_{qh} \end{bmatrix} = \frac{1}{z_{dh}z_{qh} - z_{ch}^2} \begin{bmatrix} z_{qh} & -z_{ch} \\ -z_{ch} & z_{dh} \end{bmatrix} \cdot \begin{bmatrix} u_{dh} \\ u_{qh} \end{bmatrix} = \frac{1}{z_{Dh}z_{Qh}} \begin{bmatrix} z_{qh} & -z_{ch} \\ -z_{ch} & z_{dh} \end{bmatrix} \cdot \begin{bmatrix} u_{dh} \\ u_{qh} \end{bmatrix}$$

$$(6-167)$$

为了减小转矩脉动，高频电压信号只注入在估计角度 $\hat{\theta}$ 定向的坐标系的 d 轴：

$$\begin{bmatrix} u_{dh} \\ u_{qh} \end{bmatrix} = \begin{bmatrix} u_{inj}\cos\omega_h t \\ 0 \end{bmatrix}$$

$$(6-168)$$

则通过式（6-167）可以计算得到 dq 轴高频电流为

$$\begin{bmatrix} i_{dh} \\ i_{qh} \end{bmatrix} = \frac{1}{z_{Dh}z_{Qh}} \begin{bmatrix} z_{qh} & -z_{ch} \\ -z_{ch} & z_{dh} \end{bmatrix} \cdot \begin{bmatrix} u_{inj}\cos\omega_h t \\ 0 \end{bmatrix}$$

$$(6-169)$$

其中 q 轴电流高频分量为

$$i_{qh} = \frac{-z_{ch}}{z_{Dh}z_{Qh}}u_{inj}\cos\omega_h t = -\frac{1}{2}\frac{(R_{diff} + j\omega_h L_{diff})u_{inj}\sin2\gamma}{(R_{Dh} + j\omega_h L_{Dh})(R_{Qh} + j\omega_h L_{Qh})}\cos\omega_h t$$

$$(6-170)$$

所以当在 d 轴注入高频电压，在转子位置估算误差 γ 不为零的时候，q 轴电流中会出现高频分量，也就是 dq 轴之间出现了耦合项，当 γ 为零的时候，耦合项也等于零。所以检测 q 轴电流中的高频分量，就可以得到关于转子位置误差的信息。与旋转电压注入法相比较，这种方法用 q 轴高频分量的幅值的正负来反映当前转子位置估计的误差，由滤波器造成的信号相位滞后和幅值误差对转子位置估计误差的影响要小很多。

式（6-155）中，R_{diff} 和 L_{diff} 是高频下 D 轴和 Q 轴电阻和电感的差。在高频下电感产生的阻抗远大于电阻值，因此可以忽略与电阻有关的项，式（6-170）可以化简为式（6-171）所示。式中跟 R_{diff} 成正比的余弦分量基本为零。一般利用正弦分量来提取转子位置信息。

$$i_{\text{qh}} \approx \frac{u_{\text{inj}}}{2}\left[\frac{R_{\text{diff}}\cos\omega_\text{h}t}{\omega_\text{h}^2 L_{\text{Dh}}L_{\text{Qh}}} - \frac{\omega_\text{h}L_{\text{diff}}\sin\omega_\text{h}t}{\omega_\text{h}^2 L_{\text{Dh}}L_{\text{Qh}}}\right]\sin2\gamma$$

$$= \frac{u_{\text{inj}}\sin2\gamma}{2\omega_\text{h}^2 L_{\text{Dh}}L_{\text{Qh}}}(R_{\text{diff}}\cos\omega_\text{h}t - \omega_\text{h}L_{\text{diff}}\sin\omega_\text{h}t) \tag{6-171}$$

传统方法通常采用如下步骤处理信号：首先用一个带通滤波器从 q 轴电流信号中把高频分量提取出来，然后把高频分量乘以 $-\sin\omega_\text{h}t$，式（6-171）中的第二项变为直流分量，可以用低通滤波器提取出来。

$$-i_{\text{qh}}\sin\omega_\text{h}t = \frac{u_{\text{inj}}\sin2\gamma}{2\omega_\text{h}^2 L_{\text{Dh}}L_{\text{Qh}}}\left[\frac{\omega_\text{h}L_{\text{diff}}}{2} - |z_{\text{diff}}|\sin(2\omega_\text{h}t - \phi)\right] \tag{6-172}$$

其中：

$$|z_{\text{diff}}| = \sqrt{R_{\text{diff}}^2 + (\omega_\text{h}L_{\text{diff}})^2} \tag{6-173a}$$

$$\tan\phi = \frac{\omega_\text{h}L_{\text{diff}}}{R_{\text{diff}}} \tag{6-173b}$$

把式（6-157）中的信号通过一个低通滤波器，理想情况下其输出为

$$f(\gamma) \equiv \text{LPF}[-i_{\text{qh}}\sin\omega_\text{h}t] = \frac{u_{\text{inj}}L_{\text{diff}}}{4\omega_\text{h}L_{\text{Dh}}L_{\text{Qh}}}\sin2\gamma \tag{6-174}$$

根据 $f(\gamma)$，用一个 PI 自适应环节就可以辨识出转子转速，然后积分得到转子位置。如图 6-24 所示。

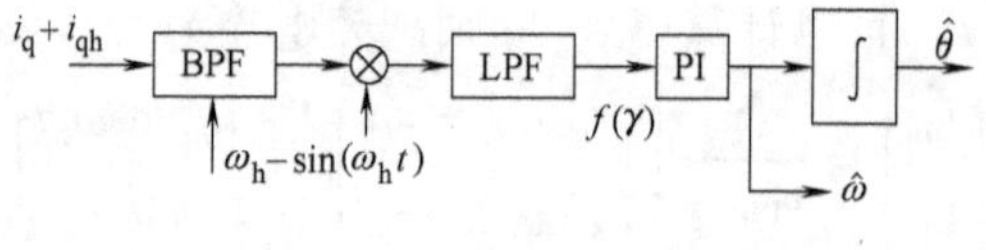

图 6-24　信号处理方法

在注入高频电压后，dq 轴电流中都会出现相应的高频分量。因此在作为电流调节器输入的反馈电流中应该把高频分量去除，否则电流调节器会产生相应的响应来消除这些高频分量。最终的结果是电流调节器输出的参考电压中也出现了对应的高频分量来抵消高频注入电压。所以需要在 dq 轴电流上施加一个低通滤波器滤掉高频分量，然后把滤波后的电流作为电流调节器的反馈输入量。整个系统的框图如图 6-25 所示。

可以看出，传统的方法中需要较多的滤波器，为了达到较好的信号提取精度，所设计的滤波器算法往往比较复杂，如切比雪夫滤波器等，而且容易对信号产生相位和幅值的误差，从而造成对位置估计误差的判断出现偏差。并且不容易区分频带内频率相近的信号和噪声，性能较差。尤其是在表面贴式电机中，由于直轴和交轴的电感差比较小，所以在同样的注入电压下，q 轴电流中的高频分量也比较小，为了准确提取信号，就对滤波器的设计提出了更高的要求。

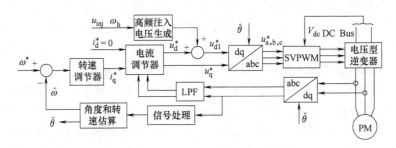

图 6-25　基于高频信号注入法的无机械传感器控制系统框图

6.6.6　人工智能理论基础上的估算方法

进入 20 世纪 90 年代，电机传动的控制方案逐步走向多元化。智能控制思想开始在传动领域显露端倪，专家系统、模糊控制、自适应控制、人工神经元网络控制纷纷应用于电机控制方案。这方面的文章虽也屡有发表，只是产业化的道路仍很漫长，相信在不远的将来，随着智能控制理论与应用的日益成熟，会给交流传动领域带来革命性的变化。这部分内容在本书中不做介绍。

6.7　转子初始位置的检测策略

异步电机的转子磁场是由定子磁场感应产生的，所以异步电机在起动时无须知道转子位置，转子磁场会从定子电压确定的初始位置开始被感应产生。而永磁电机的转子磁场是由固定在转子上的永磁体产生的，永磁同步电机的起动是一个很关键的问题，如果初始位置不知道，则初始的转矩电流也就无法得到，那么实际的电磁转矩有可能会与指令值偏差较大，甚至方向相反，因此会造成电机起动时转子反转，甚至起动失败。永磁同步电机无速度传感器控制中，通常采用的起动方法有：

1) 开环起动：这种方法主要应用于基于反电势的转子位置和转速估计方法的无传感器控制中。让电机跟随一个旋转的定子磁场开环起动，这个定子磁场由开环控制得到。当电机达到一个反电势方法能够准确估计转子位置的转速的时候，再从开环方式切换到闭环方式。这种方法必须仔细选择开环起动的方法以保证稳定性。这种方法的缺点在于降低了电机的起动性能，同时如何进行切换并减少切换过程中的冲击也是一个需要解决的问题。因此这种方法往往应用于带有阻尼绕组的永磁同步电机中，阻尼绕组的存在，可以保证转子被异步起动，并被逐步拖入同步速。

2) 使转子转动到预先设定的位置起动：在电机上施加适当的电压或电流信号让转子转到预定位置起动，常用的方法是在定子绕组上施加一定的直流电压或者直流电流。假设所施加的电流在 dq 坐标系下的角度为在定子绕组中的电流作用下，转子受到一定的力矩作用开始旋转，直到让转子磁链的方向和定子绕组电流产生的磁场的方向相同。这可以用电流闭环来实现，即在磁场定向控制中设定一个预定的角度，或者只是简单地施加一个固定角度的电压矢量。这种方法在负载转矩较大的时候预设的电压或电流矢量可能无法让电机转子转到预定位置，因此一般用于轻载的系统，并且起动之前运行转子正反旋转到设定位置的情况。

3）直接起动：在使用观测器或者转子位置估计的系统中，如果观测器或者估计方法的收敛速度足够快，那么在永磁同步电机起动过程中，估计的转子位置可以快速跟踪上实际的转子位置，那么就可以快速扭转转矩电流控制不准确的局面，实现永磁同步电机的起动。例如采用扩展 Kalman 滤波器时，在转子位置误差比较大的时候的起动过程如图 6-26 所示。

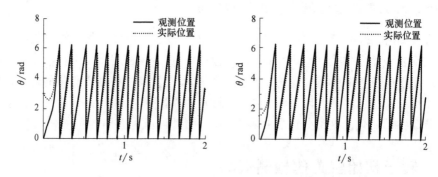

图 6-26　采用 4 阶 EKF 时，不同初始位置误差时的起动过程

4）在静止时通过特定的算法估算转子位置：如果想实现完全的无传感器运行，则需要研究在静止时的转子位置估算方法。已经有一些转子初始位置估算方法被提出来，但是这些方法大多适用于内埋式 PMSM，根据内埋式 PMSM 对于不同的转子位置其电感不同的原理。

下面介绍一种静止时估算表面式 PMSM 的转子位置的方法。这种估算方法的原理基于定子铁心的非线性磁化特性。接近转子磁极的定子铁心受到转子磁极的影响，由于定子铁心的饱和特性，使得定子绕组中顺磁方向的电流增大很多，其绝对值比去磁方向的电流大。因此可以通过检测这种电流的变化来获得转子初始位置的信息。这种方法不需要电机的参数，也不需要额外的硬件设施。

图 6-27 所示为 PMSM 的坐标系，其中 x 为所施加的电压矢量的方向，θ_v 表示电压矢量的方向与 α 轴的夹角。

给电机施加不同的电压矢量，观察相应电压下的 x 轴电流，x 轴电流由下面的公式得出：$i_x = i_\alpha \cos\theta_v + i_\beta \sin\theta_v$，通过观察可知：随着电压矢量接近转子的 N 极，由于磁场的饱和效应，相应的 x 轴电流也逐渐增加。所以，通过检测 x 轴电流的最大值，可以得出转子的初始位置信息。

转子初始位置检测方法的步骤如下：

θ_v 定义为电压矢量的方向，θ_M 为估算出的转子位置角度。

第一步：图 6-28 中的电压矢量 1 和 7 被施加到电机上，测量电流 i_{x1} 和 i_{x7}。如果 $i_{x1} > i_{x7}$，则矢量 1 比矢量 7 更加接近转子的 N 极，所以设定 θ_M 为 0°。而且在这种情况下，$i_{xmax} = i_{x1}$。而如果 $i_{x7} > i_{x1}$，则 $\theta_M = 180°$，且有 $i_{xmax} = i_{x7}$。

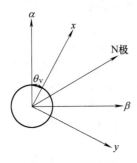

图 6-27　电机模型

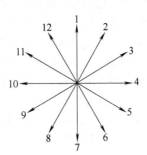

图 6-28　所施加的电压矢量图

第二步：电压矢量 2 或者 8 被施加到电机上。例如，第一步得出 $\theta_M = 0°$，则施加电压矢量 2。如果 $i_{x2} > i_{xmax}$，则矢量 2 比矢量 1 更接近转子的 N 极，因此 $\theta_M = 30°$，而且 $i_{xmax} = i_{x2}$。进一步，电压矢量 3 和 4 被施加，与上面的步骤一样，θ_M 和 i_{xmax} 的值被更新。直到 $i_x < i_{xmax}$，则第二步结束，因为是前面的一个矢量更加接近转子的 N 极。而如果 $i_{x2} < i_{xmax}$，则矢量 12、11 和 10 被施加，同样更新 θ_M 和 i_{xmax} 的值。

如果第一步得到的是 $\theta_M = 180°$，则施加电压矢量 8，步骤与上面相同。在这个步骤中，估计的误差应该在 15° 以内。

第三步：在第二步得出的 θ_M 的基础上，施加矢量 $\theta_M - 7.5°$、θ_M、$\theta_M + 7.5°$，与上面步骤一样得出新的 θ_M 和 i_{mmax} 的值。这样，估计的误差减小到 3.75°，如图 6-29 所示。同样的过程再进行两次，可以使估算值更为准确。

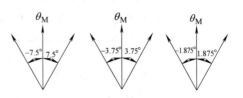

图 6-29　第三步中应用的电压矢量

因为这种方法是检测电压矢量的电流响应，所以这种方法不受电机参数变化的影响。理论上，估算误差应该在 0.9375° 以内。

这种方法中，电压矢量的幅值和作用时间非常重要，如果施加到电机上的电压矢量的幅值过大，则可能在检测过程中电机开始转动，因此在实施转子初始位置检测之前，必须确定合适的电压矢量的幅值，使得转子初始位置的检测能够正常进行。具体确定最佳的电压幅值和作用时间的方法这里不再详细介绍。

参 考 文 献

［1］ 陈伯时 . 电力拖动自动控制系统 ［M］. 北京：机械工业出版社，1996.

［2］ 李钟明，刘卫国，刘景林，等 . 稀土永磁电机 ［M］. 北京：国防工业出版社，1999.

［3］ 李发海，陈汤铭，郑逢时，等．电机学［M］．北京：科学出版社，1991．

［4］ 陈峻峰．永磁电机［M］．北京：机械工业出版社，1982．

［5］ 胡军．无机械传感器永磁同步电机调速系统的研究［D］．北京：清华大学，1995．

［6］ 吴佳．数学化永磁电动机调速系统及其空间矢量电流控制方法的研究［D］．北京：清华大学，1996．

［7］ 张东胜．全数字化永磁同步电机矢量控制调速系统的研究［D］．北京：清华大学．

［8］ 张学．全数字化永磁同步机伺服控制系统的研究［D］．北京：清华大学，1994．

［9］ 江丹．电动汽车永磁同步电机驱动系统的研究［D］．北京：清华大学，2001．

［10］ 许大中．晶闸管无换向器电机［M］．北京：科学出版社，1984．

［11］ 高景德，等．交流电机及其系统的分析［M］．北京：清华大学出版社，1993．

［12］ 佟纯厚．交流电机晶闸管调速系统［M］．北京：机械工业出版社，1988．

［13］ 孙涵芳．Intel 16 位单片机［M］．北京：北京航空航天大学出版社，1995．

［14］ 金磐石，等．Intel 96 系列单片微型机应用详解［M］．北京：电子工业出版社，1992．

［15］ 胡军．全数字控制无换向器电机及其多机调速系统的研究［D］．北京：清华大学，1990．

［16］ 曹李民．单板机控制无换向器电机调速系统的研制［D］．北京：清华大学，1987．

［17］ 刘可．MCS-51 单片机控制的自控式同步电机调速系统［D］．北京：清华大学，1989．

［18］ J. Davoine, Perret R. Operation of a self-controlled Synchronous Motor Without a Shaft Position Sensor［J］. IEEE. Trans. Ind. Appl., 1983, IA-19（2）：217-222.

［19］ 王耀民．自控式同步电动机高性能控制方式的实现［J］．清华大学学报：自然科学版，1995，35（4）：55-61．

［20］ Le-Huy H, Jakubowicz A., Perret R. A Self-Controlled Synchronous Motor Drive Using Terminal Voltage Sensing［C］. IEEE/IAS Conference Record, 1980：562-569.

［21］ Harashima F, Iwamoto K. Stability Analysis of Constant Margin-Angle Controlled Commutatorless Motor［J］. IEEE Trans. Ind. Appl., 1983, IA-19（5）：708-716.

［22］ Nishikata S, Kataoka T. Dynamic Control of a Self-Controlled Synchronous Motor Drive System［J］. IEEE. Trans. Ind. Appl., 1984, IA-20（3）：598-604.

［23］ Yikang He, Yaoming Wang. The State-Space Analysis of Excitation Regulation of Self-Controlled Synchronous Motor wit Constant Margin-Angle Control［J］. IEEE Trans. on Power Electronics, 1990, 5（3）：269-275.

［24］ Morsy Shanab M A. A Modified Converter-Fed Synchronous Motor［C］. IEEE/IAS Conference Record, 1982：886-891.

［25］ Roy S Colby, Thomas A Lipo, Donald W. Novotny. A State Space Analysis of LCI Fed Synchronous Motor Drives in the Steady State［J］. IEEE Trans. Ind. Appl., 1985, IA-21（4）：1016-1022.

［26］ Allan B Plunkett, Fred G Turnbull. System Design Method for a Load Commuateted Inverter Synchronous Motor Drive［J］. IEEE Trans. Ind. Appl., 1984, IA-20（3）：589-597.

［27］ Colby R S, Otto M D, Boys J T. Analysis of LCI Synchronous Motor Drives with Finite DC Link Inductance［J］. IEE Proceedings-B, 1993, 140（6）：379-386.

［28］ Han-Woong Park, Sang-Hoon Lee, Tae-Hyun Won, et al. Position Sensorless Speed Control Scheme for Permanent Magnet Synchronous Motor Drives ［C］. IEEE International Symposium on, 2001, 1：632-636.

［29］ Nakashima S, Inagaki Y, Miki I. Sensorless Initial Rotor Position Estimation of Surface Permanent-magnet Synchronous Motor ［J］. IEEE Transactions on Industry Applications 2000, 36 (6)：1598-1603.

［30］ Tong Liu, Elbuluk M, Husain I. Sensorless Adaptive Neural Network Control of Permanent Magnet Synchronous Motors ［C］. Electric Machines and Drives, 1999. International Conference IEMD'99, 1999：287-289.

［31］ Hamada D, Uchida K, Yusivar F, et al. Stability Analysis of Sensorless Permannent Magnet Synchronous Motor Drive with a Reduced Order Observer ［C］. Electric Machines and Drives, 1999. International Conference IEMD99, 1999：95-97.

［32］ Shouse K R, Taylor D G. Sensorless Velocity Control of Permanent-magnet Synchronous Motors. Control Systems Technology ［J］. IEEE Transactions on, 1998, 6 (3)：313-324.

［33］ Kan-Ping Chin, Zong-Hwang Hong, Hong-Ru Wang. Shaft-sensorless Control of Permanent Magnet Synchronous Motors Using a Sliding Observer. Control Applications ［C］. Proceedings of the 1998 IEEE International Conference, 1998, 1：388-392.

［34］ Andreescu G D. Nonlinear Observer for Position and Speed Sensorless Control of Permanent Magnet Synchronous Motor Drives ［C］. Optimization of Electrical and Electronic Equipments, 1998. OPTIM98. Proceedings of the 6th International Conference on, 1998, 2：473-478.

［35］ Tatematsu K, Hamada D, Uchida K, et al. Sensorless Control for Permanent Magnet Synchronous Motor with Reduced Order Observer ［C］. Power Electronics Specialists Conference, 1998. PESC 98, Record. 29th Annual IEEE, 1998, 1：125-131.

［36］ Minghua Fu, Longya Xu. A Novel Sensorless Control Technique for Permanent Magnet Synchronous Motor (PMSM) Using Digital Signal Processor (DSP) ［C］. Aerospace and Electronics Conference, 1997. NAECON 1997., Proceedings of the IEEE 1997 National, 1997, 1：403-408.

［37］ Jabbar M A, Hoque M A, Rahman M A. Sensorless Permanent Magnet Synchronous Motor Drives. Electrical and Computer Engineering, 1997 ［C］. Engineering Innovation：Voyage of Discovery. IEEE 1997 Canadian Conference on, 1997, 2：878-883.

［38］ Hoque M A, Rahman M A. Speed and Position Sensorless Permanent Magnet Synchronous Motor Drives. Electrical and Computer Engineering, 1994. Conference Proceedings ［C］. 1994 Canadian Conference on, 1994, 2：689-692.

［39］ Jun Hu, Dongqi Zhu, Yongdong Li, Jingde Gao. Application of Sliding Observer to Sensorless Permanent Magnet Synchronous Motor Drive System ［C］. Power Electronics Specialists Conference, PESC'94 Record., 25th Annual IEEE, 1994, 1：532-536.

［40］ Tian-Hua Liu, Chien-Ping Cheng. Adaptive Control for a Sensorless Permanent-magnet Synchronous Motor Drive ［J］. IEEE Transactions on, Aerospace and Electronic Systems, 1994, 30 (3)：900-909.

［41］ Min-Ho Park, Hong-Hee Lee. Sensorless Vector Control of Permanent Magnet Synchronous Motor Using Adaptive Identification. Industrial Electronics Society. 1989 ［C］, IECON'89. , 15th Annual Conference of IEEE, 1989, 1: 209-214.

［42］ Parasiliti F, Petrella R, Tursini M. Initial Rotor Position Estimation Method for PM Motors ［C］. Industry Applications Conference, 2000. Conference Record of the 2000 IEEE, 2000, 2 (2): 1190-1197.

［43］ Dae-Woong Chung, Jun-Koo Kang, Seung-Ki Sul. Initial Rotor Position Detection of PMSM at Standstill without Rotational Transducer ［C］. Electric Machines and Drives, 1999. International Conference IEMD'99, 1999: 785-787.

［44］ Wang Limei, Guo Qingding, Lorenz R D. Sensorless Control of Permanent Magnet Synchronous Motor ［C］. Power Electronics and Motion Control Conference, 2000. Proceedings. PIEC 2000. The Third International, 2000, 1 (1): 186-190.

［45］ 李崇坚. 交流同步电机调速系统 ［M］. 北京：科学出版社，2006.

［46］ 郑泽东. 永磁同步电机高性能控制及无机械传感器运行研究 ［D］. 清华大学博士学位论文，2008.

［47］ 吴姗姗. 基于信号注入的交流电机无机械传感器矢量控制研究 ［D］. 清华大学博士学位论文，2008.

附录

附录 A　交流异步电机多变量数学模型及广义派克方程

在对交流电机暂稳态特性进行分析和控制时，坐标系的选择是一个重要的问题，即采用何种坐标系才能更简便地给出分析结果和更准确地控制系统动静态特性的问题。自从勃朗台尔（Blondel）提出双反应理论（1899 年）及福提斯库（Fortescue）提出对称分量法（1918 年），到派克（Park）提出旋转变换（1929 年）及顾毓琇（Ku）提出复数分量变换（1929 年）以来，交流电机分析理论日渐成熟，各种坐标系（α、β、0，d、q、0，1、2、0，F、B、0 等）下的电机模型种类繁多，这些模型在分析电机过渡过程时所得的结论已为大家熟悉[1,2]。尽管数字计算机的应用为庞大的数值计算提供了有力的工具，使得我们能够解决越来越复杂的问题，但在实时控制系统中，人们还是希望用简易的模型和方法取得接近满意的效果。上述各种坐标变换无疑使三相电机的分析和控制大大简化，但是既然线性变换不改变系统的物理特性，那么各种坐标系下的电机模型之间就应该存在着本质的联系，而不应被完全割裂开来，这种关系是怎样的呢？这就是广义派克方程要回答的问题。

本附录从三相异步电机出发，通过严格的数学坐标变换导出在静止坐标系下的等效电机模型，进而推广至任意坐标系下即得广义派克方程，并把已知的各种坐标变换加以总结和统一。广义派克方程简单易记，由于它可方便地引申出众所周知的 α-β-0、d-q-0、1-2-0、F-B-0 等坐标系下的电机模型，在电压型或电流型逆变器给电机供电时，还导致了一些新的控制方法的产生。

A. 1　三相电机模型

首先让我们看一下异步电机的动态电磁关系。设要分析的三相异步电机具有图 A-1 所示模型结构，并满足下列条件：

1）电机定、转子三相绕组完全对称；

2）电机定、转子表面光滑，无齿槽效应；

3）电机气隙磁动势在空间中正弦分布；

4）铁心的涡流饱和及磁滞损耗忽略不计。

如取定、转子各电磁量的正方向符合电动机法则，则异步电机的基本电磁关系可由以下方程式表示：

$$u = Ri + p\psi \qquad (A-1)$$

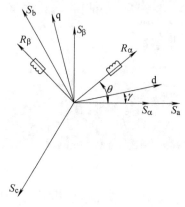

图 A-1　三相异步电动机模型

式中　$u = \begin{bmatrix} u_{sa} & u_{sb} & u_{sc} & u_{ra} & u_{rb} & u_{rc} \end{bmatrix}^T$

$i = \begin{bmatrix} i_{sa} & i_{sb} & i_{sc} & i_{ra} & i_{rb} & i_{rc} \end{bmatrix}^T$

$R = \mathrm{diag} \begin{bmatrix} R_s & R_s & R_s & R_r & R_r & R_r \end{bmatrix}^T$

$\psi = \begin{bmatrix} \psi_s \\ \psi_r \end{bmatrix} = \begin{bmatrix} L_s & L_{sr}(\theta) \\ L_{rs}(\theta) & L_r \end{bmatrix} \begin{bmatrix} i_s \\ i_r \end{bmatrix}$

在磁链表达式中，各子矢量和子矩阵分别为

$$\psi_s = \begin{bmatrix} \psi_{sa} & \psi_{sb} & \psi_{sc} \end{bmatrix}^T$$

$$\psi_r = \begin{bmatrix} \psi_{ra} & \psi_{rb} & \psi_{rc} \end{bmatrix}^T$$

$$i_s = \begin{bmatrix} i_{sa} & i_{sb} & i_{sc} \end{bmatrix}^T$$

$$i_r = \begin{bmatrix} i_{ra} & i_{rb} & i_{rc} \end{bmatrix}^T$$

$$L_s = \begin{bmatrix} L_{ss} & M_s & M_s \\ M_s & L_{ss} & M_s \\ M_s & M_s & L_{ss} \end{bmatrix}$$

$$L_r = \begin{bmatrix} L_{rr} & M_r & M_r \\ M_r & L_{rr} & M_r \\ M_r & M_r & L_{rr} \end{bmatrix}$$

$$L_{sr} = L_{rs}^T = M_{sr} \begin{bmatrix} \cos\theta & \cos\left(\theta + \dfrac{2\pi}{3}\right) & \cos\left(\theta + \dfrac{4\pi}{3}\right) \\ \cos\left(\theta + \dfrac{4\pi}{3}\right) & \cos\theta & \cos\left(\theta + \dfrac{2\pi}{3}\right) \\ \cos\left(\theta + \dfrac{2\pi}{3}\right) & \cos\left(\theta + \dfrac{4\pi}{3}\right) & \cos\theta \end{bmatrix}$$

式中，u_{sa}、u_{sb}、u_{sc}、u_{ra}、u_{rb}、u_{rc} 为三相电机定、转子绕组电压；i_{sa}、i_{sb}、i_{sc}、i_{ra}、i_{rb}、i_{rc} 为三相电机定、转子绕组电流；ψ_{sa}、ψ_{sb}、ψ_{sc}、ψ_{ra}、ψ_{rb}、ψ_{rc} 为三相电机定、转子磁链；L_{ss}、L_{rr} 为三相电机定、转子绕组自感；M_s、M_r 为三相电机定、转子互感；M_{sr} 为三相电机定转子互感；L_{sr} 为随转子位置变化的三相定转子互感矩阵。

因为电机转子是转动的，所以 L_{sr}、L_{rs} 中的角度在不断变化，电机电压和转矩方程式分别为

$$u = Ri + Lpi + p\theta \frac{\partial}{\partial \theta} Li \qquad (\text{A-2})$$

$$T_{em} = \frac{1}{2}\left\{ i_s^T \frac{\partial}{\partial \theta} L_{sr} i_r + i_r^T \frac{\partial}{\partial \theta} L_{rs} i_s \right\} \qquad (\text{A-3})$$

A.2 坐标变换

由方程式（A-1）~式（A-3）可知，即使在简化的情况下，这些关系也是很复杂的，由于电感系数是随时间变化的，因此利用这些方程来研究电机的运行相当困难。

首先让我们纯粹地从数学意义上来看如何化简方程式（A-1）中的系数矩阵，例如 Ls，此矩阵为对称矩阵，我们目的是通过适当的坐标变换矩阵 C 使其化简，具体讲即对角化。为使矩阵对角化，首先须求出矩阵的特征值，令

$$\det(L_s - \lambda I) = 0$$

即

$$\begin{vmatrix} L_{ss} - \lambda & M_s & M_s \\ M_s & L_{ss} - \lambda & M_s \\ M_s & M_s & L_{ss} - \lambda \end{vmatrix} = 0$$

展开得

$$(L_{ss} - \lambda)^3 + 2M_s^3 - 3M_s^2(L_{ss} - \lambda) = (L_{ss} - \lambda - M_s)^2(\lambda - L_s - 2M_s) = 0$$

解得重根为

$$L_s = L_{ss} - M_s (L_s 为等效两相定子自感)$$

单根为

$$L_{s0} = L_{ss} + 2M_s (L_{s0} 为等效零轴电感)$$

变换后的电感矩阵为

$$L_{sN} = \begin{bmatrix} L_s & 0 & 0 \\ 0 & L_s & 0 \\ 0 & 0 & L_{s0} \end{bmatrix}$$

将特征值 L_s、L_{s0} 代入矩阵 L_s 所表示的方程式组中，可解得对应的特征矢量应满足的关系式：

对应于重根 $\lambda = L_{ss} - M_s$，有

$$X_1 + X_2 + X_3 = 0 \qquad (\text{A-4})$$

对应于单根 $\lambda = L_{ss} + 2M_s$，有

$$X_1 = X_2 = X_3 \qquad (\text{A-5})$$

因为任何性线变换均不改变系统的物理本质，根据能量守恒定律，变换前后的能量表达式应该是相等的，即

$$u_s^T i_s = u_{sN}^T C^T C i_{sN}$$

由此得出

$$C^T C = I$$

即

$$C^{-1} = C^T$$

可见 C 必为正交矩阵。我们又知道，两相电机和三相电机一样，也同样可以产生旋转磁场，这也为变换后的电感系数矩阵所证明，它包含一个零轴等效电感的和一个两相等效电感。现在我们就和用三相电机和两相电机之间的关系来确定变换矩阵 C 的值。

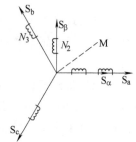

设有图 A-2 所示的两个电机（一个为三相电机，另一个为等效两相电机），等效两相电机的定子绕组为 S_α、S_β。注意：这里我们借用了大家所熟悉的 α-β-0 坐标系的符号，但意义是不同的。

图 A-2 等效两相电机模型

设 N_2、N_3 分别为两相和三相电机绕组的有效匝数，等效的条件是气隙中产生的磁通相等，即 $B_{3m} = B_{2m}$。而

$$B_{3m} = k\left\{ N_3 i_{sa}\cos\psi + N_3 i_{sb}\cos\left(\frac{2\pi}{3} - \psi\right) + N_3 i_{sc}\cos\left(\frac{4\pi}{3} - \psi\right) \right\}$$

$$= kN_3\left\{ \cos\psi\left(i_{sa} - \frac{1}{2}i_{sb} - \frac{1}{2}i_{sc}\right) + \sin\psi\left(\frac{\sqrt{3}}{2}i_{sb} - \frac{\sqrt{3}}{2}i_{sc}\right) \right\}$$

$$B_{2m} = kN_2\left(\cos i_{s\alpha} + \sin i_{s\beta}\right)$$

欲使两式相等，则有

$$\left. \begin{aligned} i_{s\alpha} &= \frac{N_3}{N_2}\left(i_{sa} - \frac{1}{2}i_{sb} - \frac{1}{2}i_{sc}\right) \\ i_{s\beta} &= \frac{N_3}{N_2}\left(i_{sb} - i_{sc}\right)\frac{\sqrt{3}}{2} \end{aligned} \right\} \tag{A-6}$$

将上式写成矩阵形式并考虑零轴分量后得变换矩阵 C^{-1}

$$\begin{bmatrix} i_{s\alpha} \\ i_{s\beta} \\ i_{s0} \end{bmatrix} = i_{sN} = C^{-1}i_s = \frac{N_3}{N_2}\begin{bmatrix} 1 & -\dfrac{1}{2} & -\dfrac{1}{2} \\ 0 & \dfrac{\sqrt{3}}{2} & -\dfrac{\sqrt{3}}{x} \\ x & x & x \end{bmatrix}\begin{bmatrix} i_{sa} \\ i_{sb} \\ i_{sc} \end{bmatrix} \tag{A-7}$$

此矩阵的各矢量满足前述特征矢量的条件式（A-4）、式（A-5），即为所求的变换矩阵（即 Clark 变换矩阵）。现在将此矩阵规格（单位）化，以求得系数 N_3'/N_2 和 x。由

$$\left\{ (1)^2 + \left(-\frac{1}{2}\right)^2 + \left(-\frac{1}{2}\right)^2 \right\}\left(\frac{N_3}{N_2}\right)^2 = 1$$

得

$$\frac{N_3}{N_2} = \sqrt{\frac{2}{3}}$$

$$\left\{ \left(\frac{\sqrt{3}}{2}\right)^2 + \left(-\frac{\sqrt{3}}{2}\right)^2 \right\} \left(\frac{N_3}{N_2}\right)^2 = 1$$

由

$$\left(\sqrt{\frac{2}{3}}\right)^2 (x^2 + x^2 + x^2) = 1$$

得

$$x = \frac{1}{\sqrt{2}}$$

最后得 Concordia 变换矩阵

$$i_s = C i_{sN}$$

$$C = (C^{-1})^{\mathrm{T}} = \sqrt{\frac{2}{3}} \begin{bmatrix} 1 & 0 & \frac{1}{\sqrt{2}} \\ -\frac{1}{2} & \frac{\sqrt{3}}{2} & \frac{1}{\sqrt{2}} \\ -\frac{1}{2} & -\frac{\sqrt{3}}{2} & \frac{1}{\sqrt{2}} \end{bmatrix} \tag{A-8}$$

对 L_r、$L_{sr}(\theta) = L_{rs}(\theta)^{\mathrm{T}}$ 和电压、电流做同样的变换，由 $L_N = C^{-1}LC$ 得

$$L_{rN} = \begin{bmatrix} L_r & 0 & 0 \\ 0 & L_r & 0 \\ 0 & 0 & L_{r0} \end{bmatrix}$$

式中

$$L_r = L_{rr} - M_r$$

$$L_{r0} = L_{rr} + 2M_r$$

$$L_{srN} = L_{rsN}^{\mathrm{T}} = \begin{bmatrix} \cos\theta & -\sin\theta & 0 \\ \sin\theta & \cos\theta & 0 \\ 0 & 0 & 0 \end{bmatrix} \times \frac{3}{2} M_{sr}$$

$$u_N = C^{-1}RCi_N + C^{-1}Cp\psi_N = Ri_N + p\psi_N \tag{A-9}$$

此变换相当于在定子和转子上分别用两相绕组代替三相绕组，因此在 $L_{srN} = L_{rsN}^{\mathrm{T}}$ 中还存在 $\cos\theta$、$\sin\theta$ 项，使得电压和转矩表达式的系数中始终存在着时变量，计算起来还是很不方便。现在我们就用新的变换来导出参数坐标轴放在定子上的电机动态方程。

因为在中点不接地的电机中，零轴分量不产生跨过气隙的基波磁通，也就不出现在转矩表达式中，因此在以下的分析中可将它略去不计。现在只考虑等效两相电

机的磁通表达式

$$\begin{bmatrix} \psi_{s\alpha} \\ \psi_{s\beta} \\ \psi_{r\alpha} \\ \psi_{r\beta} \end{bmatrix} = \begin{bmatrix} L_s & 0 & L_m\cos\theta & -L_m\sin\theta \\ 0 & L_s & L_m\sin\theta & L_m\cos\theta \\ L_m\cos\theta & L_m\sin\theta & L_r & 0 \\ -L_m\sin\theta & L_m\cos\theta & 0 & L_r \end{bmatrix} \begin{bmatrix} i_{s\alpha} \\ i_{s\beta} \\ i_{r\alpha} \\ i_{r\beta} \end{bmatrix}$$

$$L_m = \frac{3}{2}M_{sr}$$

将定子磁通表达式展开得

$$\psi_{s\alpha} = L_s i_{s\alpha} + L_m(\cos\theta i_{r\alpha} - \sin\theta i_{r\beta})$$

$$\psi_{s\beta} = L_s i_{s\beta} + L_m(\sin\theta i_{r\alpha} + \cos\theta i_{r\beta})$$

设：

$$\cos\theta i_{r\alpha} - \sin\theta i_{r\beta} = i_{rd}$$

$$\sin\theta i_{r\alpha} + \cos\theta i_{r\beta} = i_{rq}$$

则得到一个新的变换矩阵

$$B = \begin{bmatrix} \cos\theta & \sin\theta \\ -\sin\theta & \cos\theta \end{bmatrix}$$

使得

$$\begin{bmatrix} i_{rd} \\ i_{rq} \end{bmatrix} = B^{-1} \begin{bmatrix} i_{r\alpha} \\ i_{r\beta} \end{bmatrix} = \begin{bmatrix} \cos\theta & -\sin\theta \\ \sin\theta & \cos\theta \end{bmatrix} \begin{bmatrix} i_{r\alpha} \\ i_{r\beta} \end{bmatrix} \tag{A-10}$$

注意到 B 为单位正交矩阵，即 $B^{-1} = B^T$。它的物理意义可通过图 A-3 来解释，相当于用 S_α、S_β 轴上的变量 i_{rd}、i_{rq} 来代替 $i_{r\alpha}$、$i_{r\beta}$，条件是在气隙中产生相同的磁动势。通俗地讲，就是把转子上的变量通过旋转变换移到定子上来分析。

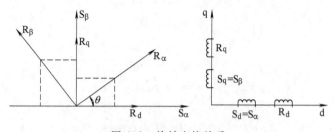

图 A-3　旋转变换关系

对转子磁通做同样的变换后可得新的坐标系中的磁通表达式

$$\begin{bmatrix} \psi_{sd} \\ \psi_{sq} \\ \psi_{rd} \\ \psi_{rq} \end{bmatrix} = \begin{bmatrix} L_s & 0 & L_m & 0 \\ 0 & L_s & 0 & L_m \\ L_m & 0 & L_r & 0 \\ 0 & L_m & 0 & L_r \end{bmatrix} \begin{bmatrix} i_{sd} \\ i_{sq} \\ i_{rd} \\ i_{rq} \end{bmatrix} \tag{A-11}$$

在以上的分析中，借用了众所周知的 d-q-0 坐标系的符号，但要注意到它们实际的区别。现在来看在新的坐标系下电压和转矩的表达式。由方程式（A-1）得定子电压表达式

$$u_{sp} = C^{-1}R_s C i_{sp} + C^{-1}p(C\psi_{sp}) = R_s i_{sp} + p\psi_{sp}$$

即

$$\left.\begin{array}{l} u_{sd} = R_s i_{sd} + L_s p i_{sd} + L_m p i_{rd} \\ u_{sq} = R_s i_{sq} + L_s p i_{sq} + L_m p i_{rq} \end{array}\right\} \tag{A-12}$$

转子电压表达式

$$\begin{aligned} u_{rp} &= B^{-1}C^{-1}R_r CB i_{rp} + B^{-1}C^{-1}p(CB\psi_{rp}) \\ &= R_r i_{rp} + p\psi_{rp} + B^{-1}pB\psi_{rp} \end{aligned}$$

即

$$\left.\begin{array}{l} u_{rd} = R_r i_{rd} + p\psi_{rd} + \omega\psi_{rq} \\ u_{rq} = R_r i_{rq} + p\psi_{rq} + \omega\psi_{rd} \end{array}\right\} \tag{A-13}$$

$$\omega = p\theta$$

电磁转矩表达式

$$T_{em} = i_s^T \frac{\partial}{\partial\theta} L_{srN} i_r = L_m (i_{sq} i_{rd} - i_{sd} i_{rq}) \tag{A-14}$$

式（A-12）~ 式（A-14）实际上就是把坐标轴放在定子上的派克方程，也就是众所周知的 α-β-0 坐标系下的电机模型。但如果仅仅到此为止，那么除做了 α-β-0 变换的数学证明之外没有什么意义。下面将要做的是把 B 变换推广到任意坐标轴上，以得出广义派克方程。

A.3　广义派克方程及其复变形式

现在来看把 d、q 轴放在任意位置或以任意角速度旋转时得到的电机模型是怎样的绕组。设 d、q 处于图 A-4 所示的位置，并以任意角速度 ω_k 旋转，它相对于定子 a 相绕组转过的角度用 γ 来表示，$\gamma = \int_0^t \omega_k dt$。

如前所述，α、β 轴上有等效两相电机的绕组。这样考虑不失一般性，因为总是可以用坐标变换把任意相电机等效为两相电机。α、β 轴上的变量等效到 d、q 轴上的坐标变换分别为

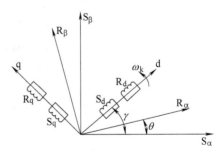

图 A-4　任意坐标系 d、q 轴绕组

定子：

$$\begin{bmatrix} i_{sd} \\ i_{sq} \end{bmatrix} = \begin{bmatrix} \cos\gamma & \sin\gamma \\ -\sin\gamma & \cos\gamma \end{bmatrix} \begin{bmatrix} i_{s\alpha} \\ i_{s\beta} \end{bmatrix} = [B_s] \begin{bmatrix} i_{s\alpha} \\ i_{s\beta} \end{bmatrix}$$

转子：

$$\begin{bmatrix} i_{rd} \\ i_{rq} \end{bmatrix} = \begin{bmatrix} \cos(\gamma-\theta) & \sin(\gamma-\theta) \\ -\sin(\gamma-\theta) & \cos(\gamma-\theta) \end{bmatrix} \begin{bmatrix} i_{r\alpha} \\ i_{r\beta} \end{bmatrix} = [B_r] \begin{bmatrix} i_{r\alpha} \\ i_{r\beta} \end{bmatrix}$$

所以：

$$\begin{bmatrix} \psi_{sd} \\ \psi_{sq} \end{bmatrix} = B_s^{-1} \begin{bmatrix} \psi_{s\alpha} \\ \psi_{s\beta} \end{bmatrix} = L_s B_s^{-1} B_s \begin{bmatrix} i_{sd} \\ i_{sq} \end{bmatrix} + L_m B_s^{-1} B^{-1} B_r^{-1} \begin{bmatrix} i_{rd} \\ i_{rq} \end{bmatrix}$$

$$= \begin{bmatrix} L_s & 0 \\ 0 & L_s \end{bmatrix} \begin{bmatrix} i_{sd} \\ i_{sq} \end{bmatrix} + \begin{bmatrix} L_m & 0 \\ 0 & L_m \end{bmatrix} \begin{bmatrix} i_{rd} \\ i_{rq} \end{bmatrix}$$

$$B_s^{-1} B^{-1} B_r^{-1} = I$$

同理可得

$$\begin{bmatrix} \psi_{rd} \\ \psi_{rq} \end{bmatrix} = \begin{bmatrix} L_r & 0 \\ 0 & L_r \end{bmatrix} \begin{bmatrix} i_{rd} \\ i_{rq} \end{bmatrix} + \begin{bmatrix} L_m & 0 \\ 0 & L_m \end{bmatrix} \begin{bmatrix} i_{sd} \\ i_{sq} \end{bmatrix}$$

可见此时的磁链表达式和式（A-11）完全相同。

现在再来看一下在上述坐标变换下的电压和转矩表达式。

（1）电压表达式

$$u_{sp} = B_s^{-1} u_{sN} = B_s^{-1} R_s B_s i_{sp} + B_s^{-1} p(B_s \psi_s)$$

$$= R_s i_{sp} + p\psi_{sp} + B_s^{-1} p B_s \psi_{sp} p\gamma \qquad (A\text{-}15)$$

对于转子电压方程来讲，除角度变为 $\gamma-\theta$ 外，其他各项均类似于定子电压式，即把下标 s 换为 r 即可。又因

$$B_s^{-1} p B_s = \begin{bmatrix} 0 & -1 \\ 1 & 0 \end{bmatrix}$$

因此的电压表达式

$$\left. \begin{aligned} u_{sd} &= R_s i_{sd} + p\psi_{sd} - p\gamma\psi_{sq} \\ u_{sq} &= R_s i_{sq} + p\psi_{sq} - p\gamma\psi_{sd} \\ u_{rd} &= R_r i_{rd} + p\psi_{rd} - p(\gamma-\theta)\psi_{rq} \\ u_{rq} &= R_r i_{rq} + p\psi_{rq} - p(\gamma-\theta)\psi_{rd} \end{aligned} \right\} \qquad (A\text{-}16)$$

（2）转矩表达式

$$T_{em} = i_{sN}^T \frac{\partial}{\partial\theta} L_m(\theta) i_{rN} = i_{sp}^T B_s^T \frac{\partial}{\partial\theta} (L_m B^{-1}) B_r i_{rp}$$

$$= L_m(i_{rd} i_{sq} - i_{rq} i_{sd}) \qquad (A\text{-}17)$$

方程式（A-16）、式（A-17）即为坐标轴 d-q 放在任意位置或以任意角速度旋转时的派克方程，也称为广义派克方程。此时，考虑了零轴分量后从三相电压到 d-q 轴的电压变换矩阵为 $B_s^{-1} C^{-1}$，即派克变换：

$$
\begin{bmatrix} u_{sd} \\ u_{sq} \\ u_{s0} \end{bmatrix} = \sqrt{\dfrac{2}{3}}
\begin{bmatrix}
\cos\gamma & \cos\left(\gamma - \dfrac{2\pi}{3}\right) & \cos\left(\gamma + \dfrac{2\pi}{3}\right) \\
-\sin\gamma & -\sin\left(\gamma - \dfrac{2\pi}{3}\right) & -\sin\left(\gamma + \dfrac{2\pi}{3}\right) \\
\dfrac{1}{\sqrt{2}} & \dfrac{1}{\sqrt{2}} & \dfrac{1}{\sqrt{2}}
\end{bmatrix}
\begin{bmatrix} u_{sa} \\ u_{sb} \\ u_{sc} \end{bmatrix} \qquad (\text{A-18})
$$

这里得到的变换矩阵的系数是规格化（即单位化）的结果，此矩阵求逆非常方便，只要把原矩阵转置即可，在分析计算时，避免了从实际值到标幺值的折算。下面来看一下广义派克方程的复变形式。

首先把广义派克方程的电压表达式写成矩阵形式，并以电流为状态变量，即

$$
\begin{bmatrix} u_{sd} \\ u_{sq} \\ u_{rd} \\ u_{rq} \end{bmatrix} =
\begin{bmatrix}
R_s + L_s p & -L_s p\gamma & \vdots & L_m p & -L_m p\gamma \\
L_s p\gamma & R_s + L_s p & \vdots & L_m p\gamma & L_m p \\
\cdots & \cdots & \cdots & \cdots & \cdots \\
L_m p & -L_m p(\gamma - \theta) & \vdots & R_r + L_r p & -L_r p(\gamma - \theta) \\
L_m p(\gamma - \theta) & L_m p & \vdots & L_r p(\gamma - \theta) & R_r + L_r p
\end{bmatrix}
\begin{bmatrix} i_{sd} \\ i_{sq} \\ i_{rd} \\ i_{rq} \end{bmatrix}
$$

$$(\text{A-19})$$

上述矩阵包含的四个子矩阵都具有 $\begin{bmatrix} a & -b \\ b & a \end{bmatrix}$ 的形式，不难求出此矩阵的特征值为一对共轭复数：$\lambda = a \pm \mathrm{j}b$。

求出相应的特征矢量，即得使其对角化的变换矩阵

$$
S_2 = k \begin{bmatrix} 1 & 1 \\ -\mathrm{j} & \mathrm{j} \end{bmatrix}
$$

根据能量守恒定律，可求出系数 $k = \dfrac{1}{\sqrt{2}}$，且 S_2 的逆矩阵为其共轭转置矩阵。

这样就得到了复变量和 d-q 轴变量之间的变换矩阵，考虑到零轴分量后变为

$$
\begin{bmatrix} u_{s+} \\ u_{s-} \\ u_{s0} \end{bmatrix} = \dfrac{1}{\sqrt{2}}
\begin{bmatrix} 1 & \mathrm{j} & 0 \\ 1 & -\mathrm{j} & 0 \\ 0 & 0 & \sqrt{2} \end{bmatrix}
\begin{bmatrix} u_{sd} \\ u_{sq} \\ u_{s0} \end{bmatrix} = S_2 B_s^{-1} C^{-1}
\begin{bmatrix} u_{sa} \\ u_{sb} \\ u_{sc} \end{bmatrix} \qquad (\text{A-20})
$$

式中

$$
S_2 B_s^{-1} C^{-1} = \dfrac{1}{\sqrt{3}}
\begin{bmatrix}
\mathrm{e}^{-\mathrm{j}\gamma} & \alpha\mathrm{e}^{-\mathrm{j}\gamma} & \alpha^2 \mathrm{e}^{-\mathrm{j}\gamma} \\
\mathrm{e}^{\mathrm{j}\gamma} & \alpha^2 \mathrm{e}^{\mathrm{j}\gamma} & \alpha\mathrm{e}^{\mathrm{j}\gamma} \\
1 & 1 & 1
\end{bmatrix}
$$

此即 Ku 变换（Ku 即顾毓琇）。

当 d、q 轴放在定子、转子或旋转磁场上时，就分别给出著名的 1-2-0 变换（Fortescue），F-B-0 变换（即前进—后退变换），Fc-Bc-0 变换。例如 d、q 轴放在

定子上时：$B_s^{-1} = I$，所以

$$S_2 B_s^{-1} C^{-1} = \frac{1}{\sqrt{3}} \begin{bmatrix} 1 & \alpha & \alpha^2 \\ 1 & \alpha^2 & \alpha \\ 1 & 1 & 1 \end{bmatrix}$$

$$\alpha = \frac{1}{2}(-1 + j\sqrt{3})$$

由于 u_{s+} 和 u_{s-} 的表达式完全共轭，因此仅列出电压表达式的正序分量，得

$$\begin{bmatrix} u_{s+} \\ u_{r+} \end{bmatrix} = \begin{bmatrix} R_s + L_s(p + jp\gamma) & L_m(p + jp\gamma) \\ L_m(p + jp(\gamma - \theta)) & R_r + L_r(p + jp(\gamma - \theta)) \end{bmatrix} \begin{bmatrix} i_{s+} \\ i_{r+} \end{bmatrix} \quad (A\text{-}21)$$

把上述方程中的电流变量换为磁链的话，可得如下表达式：

$$\begin{bmatrix} u_{s+} \\ u_{r+} \end{bmatrix} = \begin{bmatrix} \dfrac{R_s}{\sigma L_s} + p + jp\gamma & -\dfrac{R_s L_m}{\sigma L_s L_r} \\[2mm] \dfrac{R_r L_m}{\sigma L_s L_r} & -\dfrac{R_r}{\sigma L_r} + p + jp(\gamma - \theta) \end{bmatrix} \begin{bmatrix} \psi_s \\ \psi_r \end{bmatrix} \quad (A\text{-}22)$$

也即（见图 A-6）：

$$\tau_s p \psi_s + \psi_s = L_m \psi_r / L_r - j\omega_k \tau_s \psi_s + \tau_s u_s$$

$$\tau_r p \psi_s + \psi_r = L_m \psi_s / L_s - j(\omega_k - \omega)\tau_r \psi_r + \tau_r u_r$$

$$\begin{cases} \tau_s = \sigma L_s / R_s \\ \tau_r = \sigma L_r / R_r \\ \omega_k = p\gamma \\ \omega = p\theta \end{cases}$$

　　现在对已知的所有电机模型坐标变换做一总结。设三相电机和两相等效电机的绕组如图 A-5 所示，d、q 轴的位置为任意，各变换关系见表 A-1。

　　不同坐标系下的电机模型应用于电机过渡过程的分析所得的结论已为大家熟悉[1,2]，不过当它应用于交流电机尤其是异步电机的控制时，同样导致了重要的结果，如矢量控制技术的问世就标志着交流电机控制领域的一场革命。德国工程师 Blascheke 提出的转子磁场定向矢量控制技术目前得到了最广泛的应用。这种方法把 d、q 轴放在旋转磁

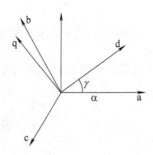

图 A-5　三相及两相等效电机

场上，并使 d 轴方向和转子磁通矢量重合，就导致转子方程和转矩方程的简化，使得过去颇为头疼的异步电机控制问题变得和直流电机一样可行了。不过，在转子磁场定向矢量控制中，需检测转子磁场的位置和大小，由于转子参数受温度化影响很大（可达 50%），所以为解决这个问题，系统变得越来越复杂。为此，我们提出了

定子电压定向矢量控制的方法，较好地解决了系统复杂性与转矩和磁通的解耦控制问题[4]。

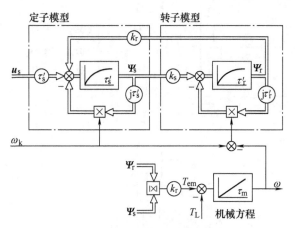

图 A-6　异步电机复变量模型

A.4　在同步旋转坐标系上的数学模型及状态方程

如前所述，在广义派克方程中，γ 角是未定的，即 d-q 轴可以放在定子上，也可以放在转子上，还可以放在旋转磁场上，更可以放在某一变量，如电压、电流或磁通（定子、转子或互感磁通）的方向上，这样就导致了不同的坐标系和控制方法，如当 d-q 轴放在定子上时，$\gamma=0$，代入式（A-18）中即得到了众所周知的 α-β-0 坐标系下的电机模型；当 d-q 轴放在转子上时，对同步电机而言，$\gamma=\omega_s t$，因此 $p\gamma=\omega_s$，此乃 d-q-0 坐标系下的电机模型，但对异步电机而言，此时 $\gamma=\omega t$，$p\gamma=\omega_s$；当 d-q 轴放在旋转磁场上时，$\gamma=\omega_s t$，$p\gamma=\omega_s$，此时 d_c-q_c-0 坐标系下的电机模型。从以上的分析及表 A-1，我们清楚地看到各坐标系下电机模型之间的关系，可以说，坐标系的选取问题也就转化为 γ 角的选取问题了。

在交流电机矢量控制中，广泛采用的一种坐标系是同步旋转坐标系，此时 d-q 轴的旋转角速度等于 $p\gamma=\omega_s$，即等于定子变量的同步角速度 ω_s，而 $p\theta$ 即为转子的角速度，$p\gamma-p\theta=\omega_{s1}$ 即为转差角速度。此时派克方程为以下各式。

（1）电压方程式

$$\left.\begin{array}{l} u_{sd}=R_s i_{sd}+p\psi_{sd}-\omega_s\psi_{sq} \\ u_{sq}=R_s i_{sq}+p\psi_{sq}+\omega_s\psi_{sd} \\ u_{rd}=R_r i_{rd}+p\psi_{rd}-(\omega_s-\omega)\psi_{rq} \\ u_{rq}=R_r i_{rq}+p\psi_{rq}+(\omega_s-\omega)\psi_{rd} \end{array}\right\} \qquad (A-23)$$

（2）磁链方程式

表 A-1 各种坐标变换的关系

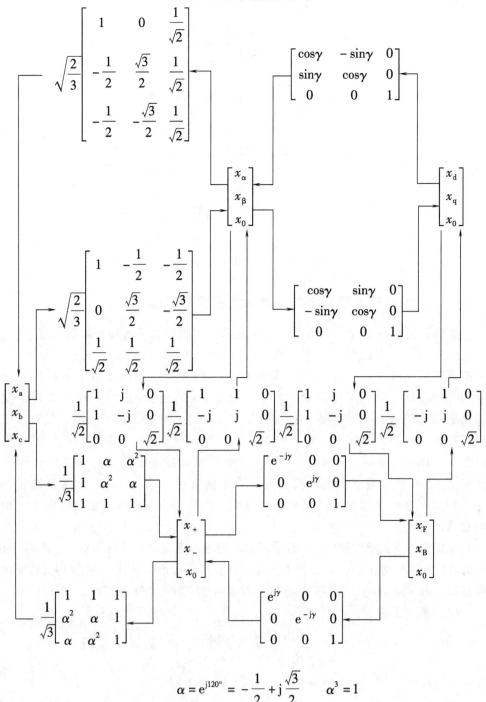

$$\alpha = e^{j120°} = -\frac{1}{2} + j\frac{\sqrt{3}}{2} \qquad \alpha^3 = 1$$

$$\left.\begin{array}{l} \psi_{sd} = L_s i_{sd} + L_m i_{rd} \\ \psi_{sq} = L_s i_{sq} + L_m i_{rq} \\ \psi_{rd} = L_m i_{sd} + L_r i_{rd} \\ \psi_{rq} = L_m i_{sq} + L_r i_{rq} \end{array}\right\} \qquad (\text{A-24})$$

（3）转矩表达式

$$T_{em} = p_n (i_{sq}\psi_{sd} - i_{sd}\psi_{sq}) \qquad (\text{A-25})$$

（4）机电运动方程式

$$T_{em} = T_L + \frac{J}{p_n}\frac{d\omega}{dt} \qquad (\text{A-26})$$

运动方程不变，但 a-b-c 坐标系中的交流量，在 d-q 旋转坐标中变为直流量，这就为异步电机多变量、非线性模型进一步简化，并推导出类似于直流电机的控制方法提供了基础。

如果用方程中的电流做状态变量，则可列出异步电机的状态方程，从中更可清楚地看出其多变量、强耦合及非线性的性质。

（5）异步电动机在 d-q 坐标系上的动态结构和动态等效电路　在电压方程式（A-19）等号右侧的系数矩阵中，含 R 项表示电阻压降，含 Lp 项为电感压降，即脉变电动势，含 ω 项表示旋转电动势。把它们分开来写，并考虑到磁链方程，则得

$$\begin{bmatrix} u_{sd} \\ u_{sq} \\ u_{rd} \\ u_{rq} \end{bmatrix} = \begin{bmatrix} R_s & 0 & 0 & 0 \\ 0 & R_s & 0 & 0 \\ 0 & 0 & R_r & 0 \\ 0 & 0 & 0 & R_r \end{bmatrix} \begin{bmatrix} i_{sd} \\ i_{sq} \\ i_{rd} \\ i_{rq} \end{bmatrix} + \begin{bmatrix} L_s p & 0 & L_m p & 0 \\ 0 & L_s p & 0 & L_m p \\ L_m p & 0 & L_r p & 0 \\ 0 & L_m p & 0 & L_r p \end{bmatrix} \times$$

$$\begin{bmatrix} i_{sd} \\ i_{sq} \\ i_{rd} \\ i_{rq} \end{bmatrix} + \begin{bmatrix} 0 & -\omega_s & 0 & 0 \\ \omega_s & 0 & 0 & 0 \\ 0 & 0 & 0 & -\omega_{sl} \\ 0 & 0 & \omega_{sl} & 0 \end{bmatrix} \begin{bmatrix} \psi_{sd} \\ \psi_{sq} \\ \psi_{rd} \\ \psi_{rq} \end{bmatrix} \qquad (\text{A-27})$$

$$u = \begin{bmatrix} u_{sd} & u_{sq} & u_{rd} & u_{rq} \end{bmatrix}^T$$

$$i = \begin{bmatrix} i_{sd} & i_{sq} & i_{rd} & i_{rq} \end{bmatrix}^T$$

$$\psi = \begin{bmatrix} \psi_{sd} & \psi_{sq} & \psi_{rd} & \psi_{rq} \end{bmatrix}^T$$

$$R = \begin{bmatrix} R_s & 0 & 0 & 0 \\ 0 & R_s & 0 & 0 \\ 0 & 0 & R_r & 0 \\ 0 & 0 & 0 & R_r \end{bmatrix}$$

$$L = \begin{bmatrix} L_s & 0 & L_m & 0 \\ 0 & L_s & 0 & L_m \\ L_m & 0 & L_r & 0 \\ 0 & L_m & 0 & L_r \end{bmatrix}$$

旋转电动势矢量

$$e_r = \begin{bmatrix} 0 & -\omega_s & 0 & 0 \\ \omega_s & 0 & 0 & 0 \\ 0 & 0 & 0 & -\omega_{sl} \\ 0 & 0 & \omega_{sl} & 0 \end{bmatrix} \begin{bmatrix} \psi_{sd} \\ \psi_{sq} \\ \psi_{rd} \\ \psi_{rq} \end{bmatrix} = \begin{bmatrix} -\omega_s\psi_{sq} \\ \omega_s\psi_{sd} \\ -\omega_r\psi_{rq} \\ \omega_r\psi_{rd} \end{bmatrix}$$

则式（A-27）变成

$$u = Ri + Lpi + e_r \tag{A-28}$$

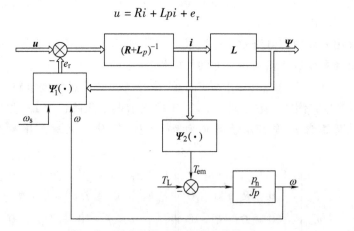

图 A-7　异步机的多变量动态结构

将式（A-28）、式（A-24）、式（A-26）画成多变量系统动态结构图，如图 A-7所示，其中 ϕ_1（·）表示 e_r 表达式的非线性函数阵，ϕ_2（·）表示 T_{em} 表达式的非线性函数。

图 A-7 是本节开始时提到的异步电动机多变量控制结构的具体体现，它表明异步电机的数学模型具有以下性质：

1) 异步电机可以看作一个双输入双输出系统，输入量是电压矢量 u 和定子与 d-q 坐标轴的相对角转速 ω_k（当 d-q 轴以同步转速旋转时，ω_k 就等于定子输入角频率 ω_s），输出量是磁链矢量 Ψ 和转子角速度 ω。电流矢量可以看作状态变量，它和磁链矢量之间有由式（A-24）确定的关系。

2) 非线性因素存在于 ψ_1（·）和 ψ_2（·）中，即存在于产生旋转电动势和电磁转矩的两个环节上。此外，系统的其他部分都是线性关系。这和直流电机弱磁控制的情况很相似。

3) 多变量之间的耦合关系主要体现在旋转电动势上。如果忽略旋转电动势的影响，系统便可演变成单变量的。

从式（A-23）中的 d、q 轴电压方程可以看出，d-q 轴之间存在旋转电动势 $\omega_s\psi_{sq}$、$\omega_r\psi_{rq}$、$\omega_s\psi_{sd}$、$\omega_r\psi_{rd}$ 互相间的耦合，这再次说明了上述第 3）项性质。

也可采用不同的变量作为状态变量，在某种程度上方便了分析和控制。如在电流控制 PWM 逆变器给异步电机供电矢量控制系统中，常选用定子电流和转子磁通作为状态变量，在忽略定子电流控制延迟的情况下，使系统控制结构大大简化，此时可将派克方程列为如下状态方程：

$$px = ax + u$$

$$
\begin{bmatrix} pi_{sd} \\ pi_{sq} \\ p\psi_{rd} \\ p\psi_{rq} \end{bmatrix} =
\begin{bmatrix}
-\left(R_s A + \dfrac{L_m R_r}{L_r}C\right) & \omega_s & \dfrac{L_m R_r}{L_r^2}A & \dfrac{L_m \omega_s}{L_r}A \\[2ex]
-\omega_s & -\left(R_s A + \dfrac{L_m R_r}{L_r}C\right) & -\dfrac{L_m \omega_s}{L_r'}A & \dfrac{L_m R_r}{L_r'^2}A \\[2ex]
\dfrac{R_r}{L_r}L_m & 0 & -\dfrac{R_r}{L_r'} & \omega_{sl} \\[2ex]
0 & \dfrac{R_r L_m}{L_r'} & -\omega_{sl} & -\dfrac{R_r}{L_r}
\end{bmatrix} \times
$$

$$
\begin{bmatrix} i_{sd} \\ i_{sq} \\ \psi_{rd} \\ \psi_{rq} \end{bmatrix} +
\begin{bmatrix} u_{sd}A \\ u_{sq}A \\ 0 \\ 0 \end{bmatrix}
\qquad (A\text{-}29)
$$

式中

$$A = 1/\sigma L_s$$
$$B = 1/\sigma L_r$$
$$C = (1-\sigma)/\sigma L_m$$

如全部采用定子量（$\Psi_{sd} \Psi_{sq} I_{sd} I_{sq}$）作为状态变量，则可方便地进行状态观测及定子磁通定向控制，此时状态方程变为

$$
\begin{bmatrix} p\psi_{sd} \\ p\psi_{sq} \\ pi_{sd} \\ pi_{sq} \end{bmatrix} =
\begin{bmatrix}
0 & \omega_s & -R_s & 0 \\[1ex]
-\omega_s & 0 & 0 & -R_s \\[1ex]
\dfrac{R_r}{L_r'}A & A\omega & -R_s A - R_r B & \omega_{sl} \\[2ex]
-\omega A & \dfrac{R_r}{L_r'}A & -\omega_{sl} & -R_s A - R_r B
\end{bmatrix}
\begin{bmatrix} \psi_{rd} \\ \psi_{rq} \\ i_{sd} \\ i_{sq} \end{bmatrix} +
\begin{bmatrix} u_{sd} \\ u_{sq} \\ u_{sd}A \\ u_{sq}A \end{bmatrix}
\quad (A\text{-}30)
$$

在仿真计算中，为缩小计算步长，降低计算时间，也可全部用磁链作为状态变量，此时状态方程变为

$$\begin{bmatrix} p\psi_{sd} \\ p\psi_{sq} \\ p\psi_{rd} \\ p\psi_{rq} \end{bmatrix} = \begin{bmatrix} -R_sA & \omega_s & R_sC & 0 \\ -\omega_s & -R_sA & 0 & R_sC \\ R_rC & 0 & -R_rB & -\omega_{sl} \\ 0 & R_rC & -\omega_{sl} & -R_rB \end{bmatrix} \begin{bmatrix} \psi_{sd} \\ \psi_{sq} \\ \psi_{rd} \\ \psi_{rq} \end{bmatrix} + \begin{bmatrix} u_{sd} \\ u_{sq} \\ 0 \\ 0 \end{bmatrix} \quad (\text{A-31})$$

总之，采用什么坐标系或用什么量作为状态变量可根据分析和控制的需要，是很灵活的。

A.5　静止 α-β 坐标系下的异步电机数学模型

这种坐标系是固定在定子上的直角坐标系，选择 A 相绕组的轴线作为 α 轴，从 α 轴沿旋转磁场方向前进 90°作为 β 轴，在式（A-16）中，取 γ = 0，并把相应下标改成 α、β，即可得 α-β 坐标系下的笼型异步电机数学模型。

（1）电压方程式

$$\left.\begin{aligned} u_{s\alpha} &= R_s i_{s\alpha} + p\psi_{s\alpha} \\ u_{s\beta} &= R_s i_{s\beta} + p\psi_{s\beta} \\ 0 &= R_r i_{r\alpha} + p\psi_{r\alpha} + \omega\psi_{r\beta} \\ 0 &= R_r i_{r\beta} + p\psi_{r\beta} - \omega\psi_{r\alpha} \end{aligned}\right\} \quad (\text{A-32})$$

（2）磁链方程式

$$\left.\begin{aligned} \psi_{s\alpha} &= L_s i_{s\alpha} + L_m i_{r\alpha} \\ \psi_{s\beta} &= L_s i_{s\beta} + L_m i_{r\beta} \\ \psi_{r\alpha} &= L_m i_{s\alpha} + L'_r i_{r\alpha} \\ \psi_{r\beta} &= L_m i_{s\beta} + L'_r i_{r\beta} \end{aligned}\right\} \quad (\text{A-33})$$

（3）转矩方程式

$$T_{em} = p_n \frac{L_m}{L_r} (i_{s\beta}\psi_{r\alpha} - i_{s\alpha}\psi_{r\beta}) \quad (\text{A-34})$$

（4）机电运动方程式

$$T_{em} = T_L + \frac{J}{p_n}\frac{\mathrm{d}\omega}{\mathrm{d}t} \quad (\text{A-35})$$

附录 B　自动控制系统的工程设计法[6]

B.1　工程设计方法的基本思路和要求

作为工程设计方法，首先要使问题简化，突出主要矛盾。简化的基本思路是根据动静态指标，得出系统预期的开环频率特性，找出典型结构，使实际系统简化或校正成典型系统的形式，具体来说，就是把调节器的设计过程分作两步：

1）根据校正要求，选择调节器的结构，保证系统稳定性和所需的稳态精度。

2）选择调节器参数，以满足动态性能指标。

在选择调节器结构时，只采用少量的典型系统，它的参数与性能指标的关系都已事先找到，具体选择参数时，只需按现成的公式和表格中的数据计算一下即可，这样就使设计方法规范化，大大减少了设计工作量。

工程设计方法的主要工具就是伯德图（对数频率响应特性图）。系统的频率特性和动静态性能之间存在着密切的联系，但一个闭环系统的频率响应特性图绘制比较费事，所以工程上希望直接从开环频率响应特性来讨论闭环系统的性能。具体的分析不属于本书的讨论范围，有兴趣的读者可参看自动控制理论方面的书籍，这里只给出一些必要的结论。图 B-1 为期望的系统开环频率响应特性。

一般来说，系统的设计需满足以下四方面的要求：

1）稳定性，要求 – 20dB 线过零点，且有一定的宽度，相位裕度要尽可能大。

2）快速性，截止频率要高，频带要宽。

3）保证稳态精度，低频段增益要大。

4）抗干扰能力强，截止频率的衰减要快。

事实上，这四个要求常常是矛盾的，如系统响应快，往往导致稳定性差。因此，在具体

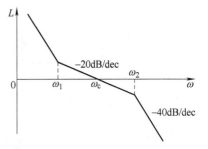

图 B-1　系统期望开环频率响应特性

选择参数时，须折中考虑，这也显示出简便实用的工程设计方法的重要性。

B. 2　典型系统

工程设计中，重要的一环就是选取满足预期开环频率响应特性的典型系统。一般来说，许多控制系统的开环传递函数都可用下式来表示：

$$W(s) = \frac{K(\tau_1 s + 1)(\tau_2 s + 1)\cdots}{s^r(T_1 s + 1)(T_2 s + 1)\cdots} \tag{B-1}$$

式中，分子和分母都可能含有复数零点和复数极点诸项；分母中的 s^r 项表示系统在原点处有 r 重极点，或者说，系统含有 r 个积分环节，根据 $r = 0$、1、2、…不同数值分别称为 0 型、Ⅰ 型、Ⅱ 型…系统。自动控制理论证明，0 型系统在稳态时是有差的，而Ⅲ型和Ⅲ型以上的系统很难稳定。因此，通常为了保证稳定性和一定的稳态精度，多用 Ⅰ 型和 Ⅱ 型系统。

Ⅰ 型和 Ⅱ 型系统的结构还是多种多样的，我们只在其中各选一种作为典型。

1. 典型 Ⅰ 型系统

作为典型系统，可选择其开环传递函数为

$$W(s) = \frac{K}{s(Ts + 1)} \tag{B-2}$$

它的闭环系统结构如图 B-2a 所示，而图 B-2b 表示它的开环对数频率响应特性。选择它作为典型系统不仅因为其结构简单，而且对数幅频响应特性的中频段为以 -20dB/dec 的斜率穿越零分贝线，只要参数的选择能保证足够的中频带宽度，系统就一定是稳定的，且有足够的稳定裕度。显然，要做到这一点，应有

$$\omega_c < \frac{1}{T} \quad \arctan\omega_c T < 45°$$

则相位稳定裕度为

$$\gamma = 180° - 90° - \arctan\omega_c T = 90° - \arctan\omega_c T > 45°$$

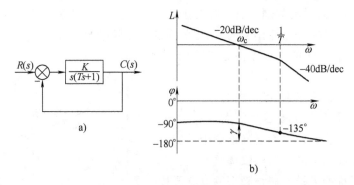

图 B-2　典型 I 型系统

a）闭环系统结构　b）开环对数频率响应特性

2. 典型 Ⅱ 型系统

在 Ⅱ 型系统中，选择一种最简单而稳定的结构作为典型，其开环传递函数为

$$W(s) = \frac{K(\tau s + 1)}{s^2(Ts + 1)} \tag{B-3}$$

它的闭环系统结图和开环对数频率响应特性如图 B-3 所示。

它的中频段也是以 -20dB/dec 的斜率穿越零分贝线。由于分母中已有 s^2 项，

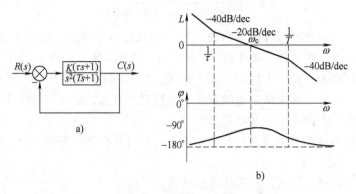

图 B-3　典型 Ⅱ 型系统

a）闭环系统结构　b）开环对数频率响应特性

对应的相频特性是 $-180°$，后面还有一个惯性环节（这是实际系统必定有的），如果在分子上不添上一个比例微分环节（$\tau s+1$），就无法把相频特性抬到 $-180°$ 线以上，也就无法保证系统稳定。要实现图 B-3b 所示这样的特性，显然应该有

$$\frac{1}{\tau}<\omega_c<\frac{1}{T}\text{或 }\tau>T$$

而相位稳定裕度为

$$\gamma=180°-180°+\arctan\omega_c\tau-\arctan\omega_c T=\arctan\omega_c\tau-\arctan\omega_c T$$

τ 比 T 大得越多，则稳定裕度就越大。

B.3 典型系统参数和性能指标的关系

确定了典型系统的结构（Ⅰ型和Ⅱ型系统）以后，接下来需要找出系统参数与性能指标的关系，也就是说，导出参数计算公式，并制出参数与性能指标关系的表格，以便工程设计时应用。

1. 典型Ⅰ型系统参数与性能指标的关系

典型Ⅰ型系统的开环传递函数中有两个参数：开环增益 K 和时间常数 T。实际上，时间常数 T 是系统本身的固有参数，能够由调节器改变的只有开环增益 K。换句话说，K 是唯一待定参数，需要找出性能指标与 K 值的关系。

（1）稳态跟随性能 典型Ⅰ型系统的稳态跟随性能指标由自动控制理论可给出表 B-1 所示的关系。

表 B-1 Ⅰ型系统在不同输入信号作用下的稳态误差

输入信号	阶跃输入 $R(t)=R_0$	斜坡输入 $R(t)=v_0 t$	加速度输入 $R(t)=\dfrac{a_0 t^2}{2}$
稳态误差	0	$\dfrac{v_0}{K}$	∞

可见，在阶跃输入下，Ⅰ型系统稳态无误差；但在斜坡输入下，则有恒值稳态误差，且与 K 值成反比。由于在加速度输入下，稳态误差为 ∞，所以Ⅰ型系统不能用于具有加速度输入的随动系统。

（2）动态跟随性能 典型Ⅰ型系统是一种二阶系统，二阶系统的动态跟随性能可由系统闭环传递函数中的参数来体现，其一般形式为

$$W_{cl}(s)=\frac{C(s)}{R(s)}=\frac{\omega_n^2}{s^2+2\xi\omega_n s+\omega_n^2} \tag{B-4}$$

式中，ω_n 为无阻尼时的自然振荡角频率（或称固有角频率）；ξ 为阻尼比（或称衰减系数）。

由式（B-2）可求出典型Ⅰ型系统的闭环传递函数为

$$\omega_{cl}(s) = \frac{W(s)}{1 + W(s)} = \frac{\dfrac{K}{s(Ts+1)}}{1 + \dfrac{K}{s(Ts+1)}} = \frac{\dfrac{K}{T}}{s^2 + \dfrac{1}{T}s + \dfrac{K}{T}} \qquad (B-5)$$

比较式（B-4）和式（B-5），可得参数换算关系如下：

$$\left.\begin{array}{l} \omega_n = \sqrt{\dfrac{K}{T}} \\[4mm] \xi = \dfrac{1}{2}\sqrt{\dfrac{1}{KT}} \\[4mm] \xi\omega_n = \dfrac{1}{2T} \end{array}\right\} \qquad (B-6)$$

由自动控制理论知识可以知道，当 $\xi < 1$ 时，系统的动态响应是欠阻尼的振荡特性；当 $\xi > 1$ 时，是过阻尼状态，当 $\xi = 1$ 时，是临界阻尼状态。由于过阻尼的动态响应较慢，所以一般常把系统设计成欠阻尼状态，同时为满足稳定性的要求，即 $-20\mathrm{dB/dec}$ 线过零点要求，需

$$KT < 1$$

所以　　　　　　　　　　　　　　$$\xi > 0.5$$

因此，在典型 I 型系统中，取 $0.5 < \xi < 1$。

下面不加推导给出二阶欠阻尼系统一些动态性能指标的解析表达式：

上升时间

$$t_r = \frac{T}{\sqrt{1-\xi^2}} \arctan\left(\frac{\sqrt{1-\xi^2}}{-\xi}\right) \qquad (B-7)$$

峰值时间

$$t = \frac{\pi T}{\sqrt{1-\xi^2}} \qquad (B-8)$$

超调量

$$\sigma = e^{\frac{-\xi\pi}{\sqrt{1-\xi^2}}} \qquad (B-9)$$

过渡过程时间

$$\left.\begin{array}{l} t_s \approx \dfrac{3}{\xi\omega_n} = 6T\,(\text{允许误差范围 } 5\%) \\[4mm] t_s \approx \dfrac{4}{\xi\omega_n} = 8T\,(\text{允许误差范围 } 2\%) \end{array}\right\} \qquad (B-10)$$

式（B-10）在 $0 < \xi < 0.9$ 的范围内近似程度较好。

截止频率

$$\omega_c = \frac{\left(\sqrt{4\xi^4+1} - 2\xi^2\right)^{\frac{1}{2}}}{2\xi T} \qquad (B-11)$$

相位稳定裕度

$$\gamma = \arctan \frac{2\xi}{\left(\sqrt{4\xi^4 + 1} - 2\xi^2 \right)^{\frac{1}{2}}} \tag{B-12}$$

表 B-2 中列出了 ξ 在 $0.5 \sim 1$ 之间的一些计算结果。

表 B-2 典型 I 型系统动态跟随性能指标和频域指标与其通用数的关系

参数关系 KT	0.25	0.39	0.5	0.69	1.0
ξ	1.0	0.8	0.707	0.6	0.5
σ	0	1.5%	4.4%	9.5%	16.3%
t_r	∞	2.67T	1.72T	3.34T	2.41T
γ	76.3°	69.9°	2.5°	59.2°	51.8°
ω_c	0.243/T	0.367/T	0.455/T	0.496/T	0.786/T

参看表 B-2，当具体选择参数时，如果主要要求动态响应快，可取 $\xi = 0.5 \sim 0.6$，则 KT 值较大；如主要要求超调小，可取 $\xi = 0.8 \sim 1.0$，即 KT 值较小；如果要求无超调，可取 $\xi = 1.0$；当无特殊要求时，一般选用折中值，即 $\xi = 0.707$，$KT = 0.5$，这种情况通常称作二阶"最优"模型。也可能出现无论怎样选择参数，总有某一项性能指标无法满足的情况，这时典型 I 型系统就不能适用了，需要采取别的控制类型。

2. 典型 II 型系统参数与性能指标的关系

典型 II 型系统的开环传递函数中，时间常数 T 是控制对象固有的。与典型 I 型系统所不同的是，有两个待定参数 K 和 τ，这就增加了选择参数工作的复杂性。为了分析方便起见，引入一个新的变量 h，令

$$h = \frac{\tau}{T} = \frac{\omega_2}{\omega_1} \tag{B-13}$$

h 是斜率为 $-20\mathrm{dB/dec}$ 的中频段宽度（对数坐标），称为"中频宽"（见图 B-4），由于中频段的状况对控制系统的动态品质起着决定性的作用，因此 h 值是一个很关键的参数。

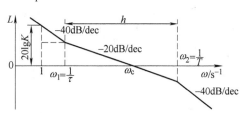

图 B-4 典型 II 型系统的
开环对数幅频特性

从幅频特性上可以看出，由于 T 一定，改变 τ 就等于改变 h，在确定 τ 以后，再改变 K 相当于使开环对数幅频特性上下平移，从而改变截止频率 ω_c，因此在设计调节器时，选择两个参数 h 和 ω_c，就相当于选择参数 τ 和 K。

在工程设计中，如果两个参数都任意选择，就需要比较多的图表和数据，虽可获得比较理想的性能，但终究是不太方便的，因此寻求两参数之间的某种关系，以

利于动态性能，同时使双参数设计问题演变为单参数设计，简化设计过程，这是相当重要的。当然，不可否认的是，这样做，对于照顾不同要求、优化动态性能来说，多少要做出一些牺牲。

现在采用"振荡指标法"中所用闭环幅频特性峰值 M_r 最小准则，来找出 h 和 ω_c 两个参数之间较好的配合关系。由自动控制理论可以证明，对于一定的 h 值，只有一个确定的 ω_c（或 K），可以得到最小的闭环幅频特性峰值 M_{rmin}，这时 ω_c 和 ω_1、ω_2 之间的关系是

$$\frac{\omega_2}{\omega_c} = \frac{2h}{h+1} \tag{B-14}$$

$$\frac{\omega_c}{\omega_1} = \frac{h+1}{2} \tag{B-15}$$

而

$$\omega_1 + \omega_2 = \frac{2\omega_c}{h+1} + \frac{2h\omega_c}{h+1} = 2\omega_c \tag{B-16}$$

因此

$$\omega_c = \frac{1}{2}(\omega_1 + \omega_2) = \frac{1}{2}\left(\frac{1}{\tau} + \frac{1}{T}\right) \tag{B-17}$$

对应地

$$M_{rmin} = \frac{h+1}{h-1} \tag{B-18}$$

表 B-3 列出了不同 h 值时由式（B-15）~表（B-18）计算出来的 M_{rmin} 和对应的频率比。

经验表明，M_r 在 $1.2 \sim 1.5$ 之间，系统的动态性能较好，有时也允许达到 $1.8 \sim 2.0$，所以 h 可在 $3 \sim 10$ 之间选择，h 更大时，对降低 M_{rmin} 的效果就不显著了。

表 B-3　不同中频宽 h 时的 M_{rmin} 值和频率比

h	3	4	5	6	7	8	9	10
M_{rmin}	2	1.67	1.5	1.4	1.33	1.29	1.25	1.22
ω_2/ω_c	1.5	1.6	1.67	1.71	1.75	1.78	1.80	1.82
ω_c/ω_1	2.0	2.5	3.0	3.5	4.0	4.5	5.0	5.5

确定了 h 和 ω_c 之后，就可以很容易地计算 τ 和 K，由 h 的定义可知

$$\tau = hT \tag{B-19}$$

不失一般性，设 $\omega = 1$ 点处在 -40dB/dec 特性段，由图 B-4 可以看出

$$20\lg K = 40\lg\omega_1 + 20\lg\omega_1\omega_c$$

因此

$$K = \omega_1\omega_c = \omega_1^2\frac{h+1}{2} = \left(\frac{1}{hT}\right)^2\frac{h+1}{2} = \frac{h+1}{2h^2T^2} \tag{B-20}$$

式（B-19）和式（B-20）就是工程设计方法中计算典型Ⅱ型系统参数的公式。只要按动态性能指标要求确定了 h 值，就可以代入这两个公式来计算调节器参数，下面讨论性能指标和 h 值的关系，作为确定 h 值的依据。

（1）稳定态跟随性能指标　自动控制理论给出的Ⅱ型系统在不同输入信号下的稳态误差见表 B-4。

表 B-4　Ⅱ型系统在不同输入信号作用下的稳态误差输入信号阶跃输入

输入信号	阶跃输入 $R(t)=r_0$	斜坡输入 $R(t)=v_0 t$	加速度输入 $R(t)=\dfrac{a_0 t^2}{2}$
稳态误差	0	0	a_0/K

由表 B-4 可见，在阶跃输入和斜坡输入下，Ⅱ型系统在稳态时都是无差的，在加速度输入下，稳态误差的大小与开环增益 K 成反比。

（2）动态跟随性能指标　按 M_r 最小准则确定调节器参数时，若要求出系统的动态跟随过程方程，可将式（B-19）和式（B-20）代入典型Ⅱ型系统的开环传递函数中，得

$$W(s)=\frac{K(\tau s+1)}{s^2(Ts+1)}=\left(\frac{h+1}{2h^2 T^2}\right)\frac{hTs+1}{s^2(Ts+1)}$$

进而求得系统的闭环传递函数为

$$W_{cl}(s)=\frac{W(s)}{1+W(s)}=\frac{hTs+1}{\dfrac{2h^2}{h+1}T^3 s^3+\dfrac{2h^2}{h+1}T^2 s^2+hTs+1}$$

而 $W_{cl}(s)=C(s)/R(s)$，单阶阶跃输入时，$R(s)=1/s$，因此

$$C(s)=\frac{hTs+1}{s\left[\dfrac{2h^2}{h+1}T^3 s^3+\dfrac{2h^2}{h+1}T^2 s^2+hTs+1\right]} \tag{B-21}$$

以 T 为时间基准，对于具体的 h 值，可由式（B-21）求出对应的单位阶跃响应函数，从而计算出超调量 σ、上升时间 t_r/T、调节时间 t_s/T 和振荡次数 k，采用数字仿真计算的结果见表 B-5。

表 B-5　典型Ⅱ型系统阶跃输入跟随性能指标（按 M_{rmin} 准则确定参数关系）

H	3	4	5	6	7	8	9	10
σ	52.6%	43.6%	37.6%	33.2%	29.8%	27.2%	25.0%	23.3%
t_r/T	2.4	2.65	2.85	3.0	3.1	3.2	3.3	3.35
t_s/T	12.15	11.65	9.55	10.45	11.30	12.25	13.25	14.20
k	3	2	2	1	1	1	1	1

由于过渡过程的衰减振荡性质，调节时间随 h 的变化不是单调的，以 $h=5$ 时

的调节时间为最短。此外，h 愈大，则超调量愈小，若要使 $\sigma \leqslant 25\%$，中频宽就得选择 $h \geqslant 9$ 才行，但中频宽过大，会使扰动作用下的恢复时间拖长，须视具体要求来决定取舍。总的来说，典型 Ⅱ 型系统的超调量都比典型 Ⅰ 型系统的大。

由于控制系统的动态抗扰性能指标因系统的结构、扰动作用点和作用函数而异，因而对典型 Ⅰ 型、Ⅱ 型系统的抗扰性能指标与参数的关系在这里就不再详细讨论。但总的来说，系统抗噪声干扰的能力与系统开环频率响应特性高频段有很大关系，因而在设计预期对数幅频特性时，在 ω_c 点穿过 0dB 线后，应当在保证足够的相位稳定裕量的前提下，使特性曲线尽快地随频率的升高而迅速减小，且第一个转折点的频率不要超过 ω_c 太多。

B.4 非典型系统的典型化

在实际系统中，大部分控制对象并不都是典型系统，需配上适当的调节器才能校正成典型系统。有些情况下，还要对一些实际系统进行事先的近似处理，才能使用前述的工程设计方法。

1. 调节器结构的选择

采用工程设计方法选择调节器时，应先根据控制系统的要求，确定要校正成哪一类典型系统。之后，选择调节器的方法就是利用传递函数的近似处理将控制对象与调节器的传递函数配成典型系统的形式。现在举两个例子来说明这个问题。

（1）将双惯性型控制对象校正成 Ⅰ 型系统　设控制对象是双惯性型的，其传递函数为

$$W_{\mathrm{obj}}(s) = \frac{K_2}{(T_1 s + 1)(T_2 s + 1)} \tag{B-22}$$

式中，$T_1 > T_2$，K_2 为控制对象的放大系数，要校正成 Ⅰ 型系统时，调节器必须具有一个积分环节，并带有一个比例微分环节，以便对消掉控制对象中的一个惯性环节，一般都是对消掉大惯性环节，使校正后的系统响应更快些。这样，就选择 PI 调节器，其传递函数形式为

$$W_{\mathrm{pi}}(s) = K_{\mathrm{pi}} \frac{\tau_1 s + 1}{\tau_1 s} \tag{B-23}$$

取 $\tau_1 = T_1$，校正后系统的开环传递函数变成

$$W(s) = K_{\mathrm{pi}} \frac{\tau_1 s + 1}{\tau_1 s} \cdot \frac{K_2}{(T_1 s + 1)(T_2 s + 1)}$$

再令 $K_{\mathrm{pi}} K_2 / \tau = K$，则

$$W(s) = \frac{K}{s(T_2 s + 1)} \tag{B-24}$$

这就是典型 Ⅰ 型系统，如图 B-5 所示。

（2）将典型 Ⅰ 型系统校正成典型 Ⅱ 型系统　设控制对象是典型 Ⅰ 型系统，其

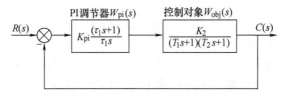

图 B-5　用 PI 调节器将双惯性
型控制对象校正成典型 I 型系统

传递函数为

$$W_{obj}(s) = \frac{K_2}{s(Ts+1)} \qquad (B\text{-}25)$$

同样，可采用 PI 调节器来对控制系统进行校正。

$$W_{pi}(s) = K_{pi}\frac{\tau_1 s + 1}{\tau_1 s}$$

校正后的开环传递函数变成

$$W(s) = W_{pi}(s)W_{obj}(s) = \frac{K_2 K_{pi}(\tau_1 s + 1)}{\tau_1 s^2 (Ts+1)}$$

令 $K_{pi}K_2/\tau_1 = K$，则

$$W(s) = \frac{K(\tau_1 s + 1)}{s^2(Ts+1)} \qquad (B\text{-}26)$$

这就是典型 II 型系统。

从以上两个例子可以看出，根据校正要求，可采用 P、I、PI、PID 以及 PD（虽然以上两例均为 PI 校正）等几种调节器，把被控对象校正成典型系统。值得指出的是，有时仅靠以上几种调节器仍难以满足要求，这时就不得不采用更复杂的控制规律，或者对受控对象做一些近似的处理。

2. 受控对象的近似处理

由自动控制理论的有关知识可以得出下述关于对系统某些环节进行近似处理的方法。

（1）大惯性环节的近似处理　当系统中存在着一个时间常数特别大的惯性环节 $1/(Ts+1)$ 时，可以近似地将它看成是积分环节 $1/(Ts)$，但这样的近似处理只适用于动态性能的分析和设计，当考虑稳态精度时，仍采用传递函数。

（2）小惯性环节的近似处理　若系统固有部分由一个大时间常数的惯性单元和若干个小时间常数的惯性单元串联组成，则有

$$W(s) = \frac{K}{(T_1 s + 1)(T_2 s + 1)\cdots(T_n s + 1)} \qquad (B\text{-}27)$$

式中，$T_i \ll T_1$（$i = 2, 3, \cdots, n$）。

这时，可将小时间常数的惯性单元合并成一个等效的惯性单元，并有

$$W(s) = \frac{K}{(T_1 s + 1)(T_\Sigma s + 1)} \tag{B-28}$$

式中，$T = T_2 + T_3 + \cdots + T_n$。

（3）高阶系统的降阶处理　上述小惯性环节的近似处理实际上是一种特殊的降阶处理，把多阶小惯性环节降为一阶子惯性环节。对更一般的情况，原则上说，当系统特征方程的高次项系数小到一定程度就可以忽略不计，前提是要保证系统的稳定性。现以三阶系统为例，设

$$W(s) = \frac{K}{as^3 + bs^2 + cs + 1} \tag{B-29}$$

式中，a、b、c 都是正的系数，且 $bc > a$，即系统是稳定的，若能忽略高次项，可得近似的一阶传递函数为

$$W(s) \approx \frac{K}{cs + 1} \tag{B-30}$$

近似的条件也可以从频率特性导出为

$$\frac{K}{a(\mathrm{j}\omega)^3 + b(\mathrm{j}\omega)^2 + c(\mathrm{j}\omega) + 1} = \frac{K}{(1 - b\omega^2) + \mathrm{j}\omega(c - a\omega^2)} \approx \frac{K}{1 + \mathrm{j}\omega c}$$

条件是

$$\left.\begin{array}{c} b\omega^2 \leqslant \dfrac{1}{10} \\[2mm] a\omega^2 \leqslant \dfrac{c}{10} \end{array}\right\} \tag{B-31}$$

也可以写成

$$\left.\begin{array}{c} \omega_c \leqslant \dfrac{1}{3}\min\left(\sqrt{\dfrac{1}{b}}, \sqrt{\dfrac{c}{a}}\right) \\[2mm] bc > a \end{array}\right\} \tag{B-32}$$

附录 C　变频器控制下的异步电机参数测量

在异步电机高性能控制中，电机参数是必不可少的，特别是定转子的电阻，电感和互感值，而且这些参数的精确度在很大程度上影响着闭环控制的性能。而通常这些电机参数又是未知的，所以需要我们对电机参数进行测量。通常意义上，电机参数需要进行一系列的电机实验来测量得到，但是在很多时候，尤其是在形成成熟的变频器产品的时候，我们往往需要变频器能够自动适应不同的电机，这时就要求变频器能够自动测量电机参数，本章将对逆变器控制下的异步电机参数测量程序进行说明。

C.1　定子电阻测量方法说明

定子电阻的测量仍然采用直流伏安法。问题的关键在于如何用变频器发出稳定

的直流电。众所周知，当变频器直接接在 380V 动力电上时，其直流母线电压将达到 540V 左右，这么高的电压是不可能直接加在定子绕组上的。通常的解决办法是：将直流母线电压斩波，发出一个平均值很低的周期固定、占空比固定的高频电压脉冲序列。这个高频的脉冲经过定子绕组中的电感滤波以后，流过定子绕组的电流就是一个脉动很小的直流电了。要发出这样的电压脉冲。利用 DSP 提供的空间矢量 PWM 机理交替发出一个非零矢量和一个零矢量。比如，在 A、B、C 三相绕组上交替发（100）矢量和（000）矢量，也就是让 B、C 两相的下桥臂一直导通，上桥臂一直关断，而让 A 相上下桥臂交替导通，就相当于把 B、C 两相端子短接，而在 A 相和 BC 之间产生电压脉冲。

设时钟周期为 T_s，脉冲宽度为 t，则脉冲的占空比 $D = t/T_s$，绕组上的电压平均值则为 $U_{dc} * D$。这样就得到一个等效的直流电压。这种方法利用空间电压矢量原理得到电压脉冲，在 3 个绕组中都有电流通过，最后得到的定子电阻实际上是三相绕组串并联的结果，消除了电机三相绕组不对称带来的影响。为了减小器件的导通时间和互锁时间对输出的直流电压带来的影响，我们可以让 A 相分别发出两个不同的占空比的 PWM，从而测量两组电流，

由 $$R_s = (U_1 - U_{db})/I_1 = (U_2 - U_{db})/I_2$$
可以得到

$$R_s = (U_1 - U_2)/(I_1 - I_2)$$

利用两组测量量之间的差值进行计算，正好抵消了死区时间等的影响。

C.2 短路实验方法

为了避免使用机械装置固定转子，又不能让转子转动，采用单相短路试验来代替三相试验，即仅在两相绕组之间（如 A、B 端）施加 SPWM 电压，使电流达到额定，对电流进行采样，通过一系列计算得到电机的短路参数。设在 A、B 两端加电压，正弦电压可以这样产生：

使与 C 相绕组相连的 T_5、T_6 始终关断，相当于使 C 相绕组被悬空。在 $0° \sim 180°$ 相位之间，令 T_1 始终导通，T_2 始终关断，T_3、T_4 交替导通，对 T_4 施加脉宽按正弦规律变化的脉冲触发其导通，则 A、B 之间出现正半周电压，在 $180° \sim 360°$ 之间，令 T_1 始终关断，T_2 始终导通，对 T_3 施加脉宽按正弦规律变化的脉冲触发其导通，则 A、B 之间出现负半周电压。SPWM 脉冲的脉宽由等面积法计算得到，其基波的相位和幅值都可以由 DSP 很容易地控制。

$t_a \sim t_b$ 之间，由正弦波面积与矩形脉冲面积相等得

$$\Delta W \cdot U_{dc} = U_m \int_{t_a}^{t_b} \sin\omega t \cdot dt = \frac{U_m}{\omega}(\cos\omega t_a - \cos\omega t_b) \qquad (C-1)$$

设采样周期为 T_s，则 $t_b = t_a + \omega T_s$，代入上式得

$$\Delta W = \frac{U_{\mathrm{m}}}{U_{\mathrm{dc}} \cdot \omega} \big[\cos\omega t_{\mathrm{a}} - \cos\omega (t_{\mathrm{a}} + T_{\mathrm{s}}) \big] = \frac{U_{\mathrm{m}}}{U_{\mathrm{dc}}} \cdot \frac{2\sin\dfrac{\omega T_{\mathrm{s}}}{2}}{\omega} \sin\left(t_{\mathrm{a}} + \frac{\omega T_{\mathrm{s}}}{2} \right) \quad （\text{C-2}）$$

令 $K = \dfrac{U_{\mathrm{m}}}{U_{\mathrm{dc}}} \cdot \dfrac{2\sin\dfrac{\omega T_{\mathrm{s}}}{2}}{\omega}$，由于 T_{s} 很小，$K \approx \dfrac{U_{\mathrm{m}}}{U_{\mathrm{dc}}} \cdot T_{\mathrm{s}}$，则

$$\Delta W = K \cdot \sin\left(t_{\mathrm{a}} + \frac{\omega T_{\mathrm{s}}}{2} \right) \quad （\text{C-3}）$$

设置 K 的大小，即可控制所发的正弦波的幅值 $U_{\mathrm{m}} = \dfrac{K \cdot U_{\mathrm{dc}}}{T_{\mathrm{s}}}$。

　　设在 A、B 两相之间产生了一个基波频率为 f（通常为 50Hz），基波幅值为 U_{m} 的正弦 PWM 电压。选择电压相位为零的时刻对电流进行采样，存储一个周期的电流采样值，对其进行 FFT 运算即可获得绕组中电流的基波幅值和相位。这里要注意，FFT 的采样窗口必须选择为基波周期的整数倍，这样可以避免频谱泄漏带来的基波幅值和相位计算误差。在短路试验中，基波频率是可控的，而开关频率和采样数据的长度一般是固定的，所以可以通过调整基波频率的值，来实现整数周期的数据采样。

　　调节所发正弦 PWM 电压的幅值，使电流达到额定值左右，撤消所加的电压，然后进行如下的计算：

　　根据从电压相位为零时刻开始的一个周期中的相电流采样数据，为了避免 FFT 算法，我们可以在采样得到的数据中寻找电流的过零点，从而就可以知道电流落后于电压的相位 θ，由于是从电压相位为零时开始采样电流的，θ 也就是电压和电流的相位差，从而就可以计算得到 $I_{\mathrm{m}}\sin\theta$ 和 $I_{\mathrm{m}}\cos\theta$，其中 I_{m} 为电流基波幅值，θ 为电流的相位。为了准确寻找电流的过零点，我们可以利用当前电压矢量的角度把采样得到的电流进行坐标变换到同步坐标系，然后在同步坐标系下对其进行滤波，然后再反变换到三相坐标系，利用滤波后的值来寻找电流波形的过零点。所发出的电压基波幅值 U_{m} 根据直流母线电压和设定的 K 值可以方便地算出，则每相电压幅值为 $U_{\mathrm{m}}/2$。于是短路电阻和短路电抗分别为

$$R = \frac{U_{\mathrm{m}} \cdot I_{\mathrm{m}}\cos\theta}{2I_{\mathrm{m}}^{2}} \quad （\text{C-4}）$$

$$X = \frac{U_{\mathrm{m}} \cdot I_{\mathrm{m}}\sin\theta}{2I_{\mathrm{m}}^{2}} \quad （\text{C-5}）$$

　　其中，$I_{\mathrm{m}}^{2} = (I_{\mathrm{m}}\cos\theta)^{2} + (I_{\mathrm{m}}\sin\theta)^{2}$。从 R 中减去定子电阻就得到转子电阻。由于转子电抗无法由试验的方法得到，近似的认为定、转子电抗相等，都等于 $X/2$，则相应的定、转子漏电感为

$$L_{1} = \frac{X}{2\pi f}, \quad L_{2} = \frac{X}{2\pi f} \quad （\text{C-6}）$$

在常规短路试验中，仅加一个很小的电压即可让电流达到额定值，在这里也一样。因此，IPM 模块中的导通压降、开关延时，以及互锁时间等都将对所发出的电压脉冲造成影响，使之与预期的 SPWM 波形有偏差，需要进行相应的补偿，但是不同于欧姆法测量电阻的补偿，交流电压一般采用类似于死区补偿的方法来进行电压的补偿。

上述的方法中，短路实验在 AB 两相之间进行，但是这样需要单独在程序中设定 SPWM 算法。除此之外，短路实验也可以在三相之间进行，即把 A 和 BC 之间发一个交流电压，即 B 和 C 两相的电压保持一致，这样电机同样也不旋转，并且可以直接用 SVPWM 调制算法，SVPWM 中的零序分量在 A – BC 之间可以相互抵消，跟施加 SPWM 调制的效果是一样的。这样计算出的漏感是 BC 两相并联，然后再跟 A 相串联后得到的等效漏感，即为单相漏感的 1.5 倍。

C.3 空载实验方法

逆变器供电下的空载试验与常规电机学试验非常类似。运用空间矢量 SVPWM 方法，使电机不带任何负载运行在 50Hz 的频率下，此时电压应在电机的额定电压 380V 左右。从一相电压的相位为零时开始对这一相的电流进行采样，通过与短路实验中相同的方法寻找电流的过零点，从而可以得到电流的基波幅值和相位，即 $I_{\mathrm{m}}\sin\theta$ 和 $I_{\mathrm{m}}\cos\theta$。每相电压幅值的大小可以根据检测到的直流母线电压由空间矢量 SPWM 方法计算得到，$U_{\mathrm{m}} = U_{\mathrm{dc}}/\sqrt{3}$。这样就可以按照短路试验的计算方法计算得到异步电动机空载等值电路中的电阻和电抗了。当然，电压和电流的幅值、相位等信息也可以按照短路试验中类似的 FFT 算法来计算得到，这样计算的结果比直接测量相位角要准确很多，并且可以尽量避免测量噪声带来的误差。不计电机的铁损耗，则电机的励磁电阻和励磁电抗分别为

$$r_{\mathrm{m}} = \frac{U_{\mathrm{m}} \cdot I_{\mathrm{m}}\cos\theta}{I_{\mathrm{m}}^2} - r_1, \quad x_{\mathrm{m}} = \frac{U_{\mathrm{m}} \cdot I_{\mathrm{m}}\cos\theta}{I_{\mathrm{m}}^2} - x_1 \tag{C-7}$$

式中　r_1——定子电阻；

$\quad\ \ x_1$——定子漏电抗。

相应地励磁电感为 $L_{\mathrm{m}} = \dfrac{x_{\mathrm{m}}}{2\pi f}$。

根据 T 形等值电路和以动态电路耦合观点推出的以电感系数表示的等值电路的对应关系，可由上述 T 形等值电路中的参数（L_1、L_2、L_{m}）求出定子电感 L_{s}，转子电感 L_{r} 和定、转子互感 M_{sr}。

$$L_{\mathrm{s}} = L_{\mathrm{r}} = L_1 + L_{\mathrm{m}} = L_2 + L_{\mathrm{m}}$$

$$M_{\mathrm{sr}} = \frac{2}{3}L_{\mathrm{m}} \tag{C-8}$$

在空载试验中有两个因素会造成辨识结果偏大。首先，电机由空间矢量 SVP-

WM 驱动运行时，电流波形毛刺较多，加上霍尔传感器和 A/D 电路带来的毛刺真正检测到的电流中含有很多高次谐波，经过同步滤波后得到的基波电流值比实际的电流基波小。其次，由于功率器件的开关延时和互锁时间的影响，使得所发出的 SVPWM 电压比预期的要小，从而使电机电流也偏小，如果计算阻抗时不计入这些影响，也不在发 SVPWM 时给予补偿，则结果会偏大。考虑到对空间电压矢量 SVPWM 进行互锁补偿比较麻烦，并且补偿的效果并不好，可以在计算阻抗时把这些影响一并计入，对结果进行修正。当然，这种修正是需要对死区等影响考虑比较全面的基础上，好在这种补偿只与变频器有关，而与电机参数等无关，所以变频器厂家可以根据自己的变频器设计和功率器件选型，提前把这个补偿量设定好，而无须根据不同的电机进行调整。同样，也可以参照变频器控制中的死区补偿方法，对空载试验中的三相电压进行补偿，包括死区补偿和管压降补偿，使电压指令值和实际值能够尽量接近，从而提高参数测量的准确性。

参 考 文 献

［1］　高景德，张麟征．电机过渡过程的基本理论及分析方法［M］．北京：科学出版社，1982．

［2］　陈文纯．电机瞬变过程［M］．北京：机械工业出版社，1982．

［3］　Tranoy B. Regime Transitoire des Machines Electrique a Courant Alternatif（交流电机暂态）法国图卢兹国家理工学院电气工程及自动化系讲义，1983．

［4］　李永东，de Fornel B，David M. PWM 供电的异步电机电压定向矢量控制［J］．电气传动，1990（4）：2-7．

［5］　陈伯时．电力拖动自动控制系统［M］．2 版．北京：机械工业出版社，1992．

［6］　陈伯时．自动控制系统［M］．北京：机械工业出版社，1981．

［7］　李永东．交流电机广义派克方程及其应用［D］//清华大学博士后论文集．北京：清华大学出版社，1992．